Die gute Form

Eine Aktion des Schweizerischen Werkbundes
Dokumentation und Interpretationen

Peter Erni

LIT

Peter Erni, 1942
Publizist und Lehrer

Publizistische Tätigkeit im Bereich visueller Aktualitäten, Beiträge zu elite- und massenkulturellen Phänomenen. Lehrer für Entwurf und Architekturgeschichte an der HTL Rapperswil. Lehrer an der Kunstgewerbeschule der Stadt Zürich / Schule für Gestaltung, «Pilotkurs Visueller Gestalter». Arbeitet zurzeit an einer Studie zur Zivilisationsgeschichte.

Autor: Peter Erni
Bildredaktion: Peter Erni und Lars Müller
Gestaltung: Lars Müller

Gedruckt in der Schweiz

Druck: Buchdruckerei AG Baden, Baden
Fotolithos: Neue Chemigraphie AG, Zürich
Einband: Buchbinderei Burkhardt, Zürich

ISBN 3-906700 01 1

Inhalt

(HVSS)

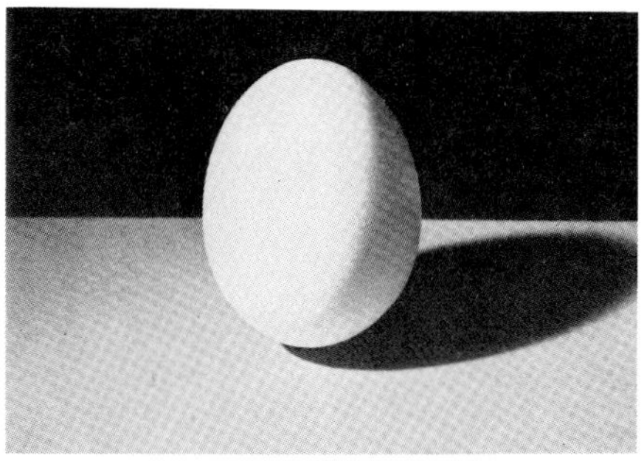

Die ausführliche Bildlegende informiert über Objekte aus der Photokartothek ‹Die gute Form›. Den übrigen Bildern ist die Bildquelle (siehe Siglen-Verzeichnis) beigefügt.

Die Legenden zu den Bildern aus der Photokartothek ‹Die gute Form› informieren über die folgenden Daten:
Bezeichnung des Gegenstandes
Entwerfer/Hersteller
Entwurfsjahr/Jahr der Auszeichnung
Fehlt der Entwerfer, ist nur der Hersteller erwähnt.
Fehlt das Entwurfsjahr, ist nur das Jahr der Auszeichnung erwähnt.

Die gute Form

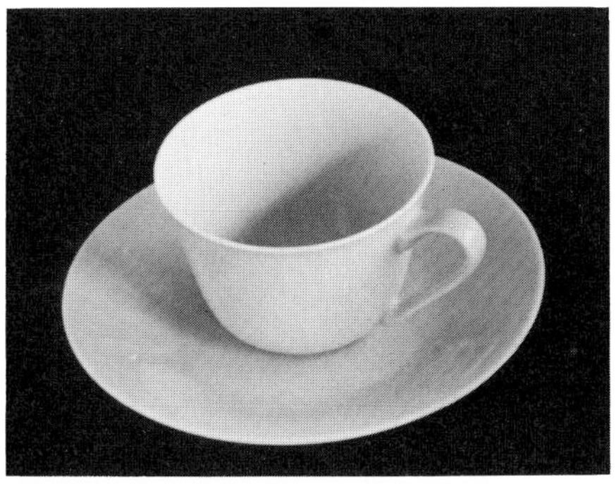

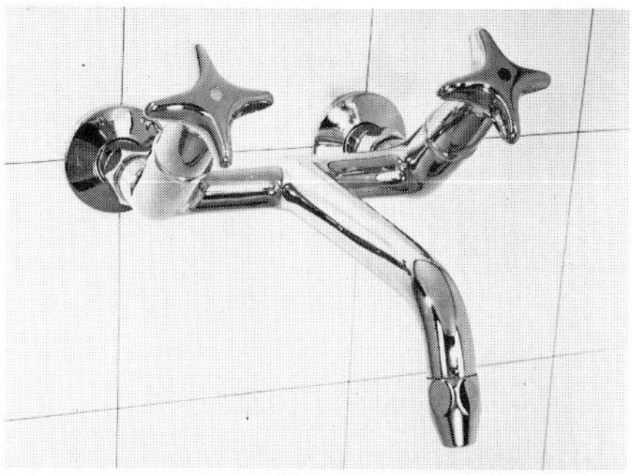

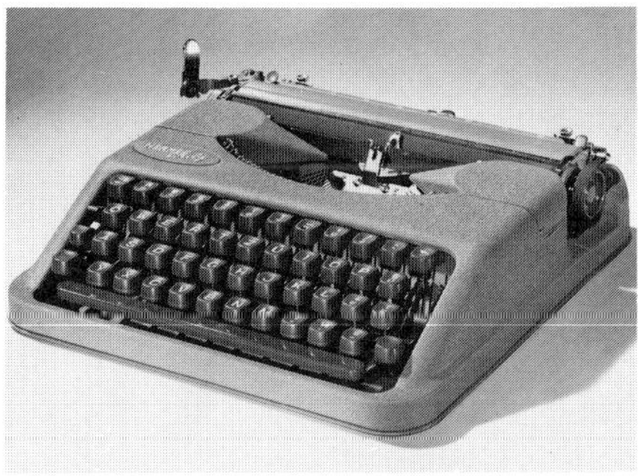

Tasse aus Tafelservice
Porzellanfabrik Langenthal AG, Langenthal
1938/1954

Toilettenbatterie
Metallgiesserei & Armaturenfabrik Lyss, Lyss
1955/1956

Schreibmaschine Hermes-Baby
Paillard SA/Hermag, Zürich
1953/1954

Die Artefakte, denen das Signum oder gar das Siegel ‹Die gute Form› anhaftet, fanden unter der Hand ihrer ‹Gestalter› zu klaren, überschaubaren Formen. Form und Farbe sind zurückhaltend; ‹sentimentale Farben›, ja das Sentimentale fehlt. Die Teile des ‹Superzeichens› Gerät sind mühelos zu identifizieren, fliessende Übergänge zwischen den Teilen des Geräts vermieden. Die Umhüllungslinien der Objekte oder einzelner ihrer Teile scheinen oder sind auf mathematischer Basis konstruiert. – Ihre Entwerfer und Konstrukteure schätzen die leere ungebrochene Fläche – kein Horror vacui, keine Angst vor leeren offenen Räumen. Die umhüllenden Flächen sind ohne Ornamente; Verzierungen fehlen ebenso wie die Häufung ineinandergreifender Formpartikel und Schmuckelemente. In keinem Fall ist ein aufoktroyierter Bedeutungsmantel zu entdecken; da ist keine aufgeheftete ästhetische Folie, keine sekundäre Bedeutungsschicht, in die figürliche Anleihen eingewoben sind. Vis-à-vis der prägnanten Erscheinung dieser Dinge drängen sich dem Betrachter am ehesten Assoziationen auf, die aufs ausgewählte Merkmal eines anthropomorphen oder zoomorphen Vorbilds deuten. Unverkennbar ist eine gewisse Glätte, die zuweilen an jene der Haut erinnert.

Das aleatorische Moment bleibt ausgeschlossen; es wird sinnfällig, dass dies Ding einem Plan, einer Strategie, einer präzisen Absicht unterworfen ist und eine präzis determinierte Bestimmung hat. Keine Willkür, kein Zufall. Der Gegenstand spricht es aus: er ist auf Grund einer optimalen Ökonomie der Handhabung erzeugt worden und strukturiert auf Grund einer Ökonomie der eingesetzten Mittel. Im Umgang mit ihm wird jeder Energieverlust vermieden. Seiner Produktion ging eine Analyse der Praktiken voraus, die sachlich dazu beigetragen hat, dass er das geworden, was er ist. An ihm und mit ihm wird man im Gebrauch nichts vermissen. Er verspricht den höchsten denkbaren Gebrauchswert. An ihm ist nichts zu viel und nichts zuwenig. Er gibt sich seriös.

«Das moderne Möbel ist ein räumliches Element, das keine vernachlässigte Rückseite kennt» (Jakob Müller). Das Gerät: jede seiner Seiten ist die beste Seite. Insofern ist der Gegenstand ‹guter Form› ein Paradoxon erster Güte oder zumindest ein seltener Fall. Ornamente, Firlefanz, ja das Unnütze weist er weit von sich. Er ist handlich, praktisch, er verheisst, wenn nicht Glück, so doch jahrelange Annehmlichkeiten und Komfort. Er geht (meist) ohne Widerspruch zur Hand, erweist einen guten Dienst.

Die Wartung der Objekte guter Form bringt keinen Ärger – wenigstens versprechen sie dies. Sie verheissen jahrelangen Komfort, stille Bequemlichkeit, ein Wohlbefinden fern jeder Erregung und in gehöri-

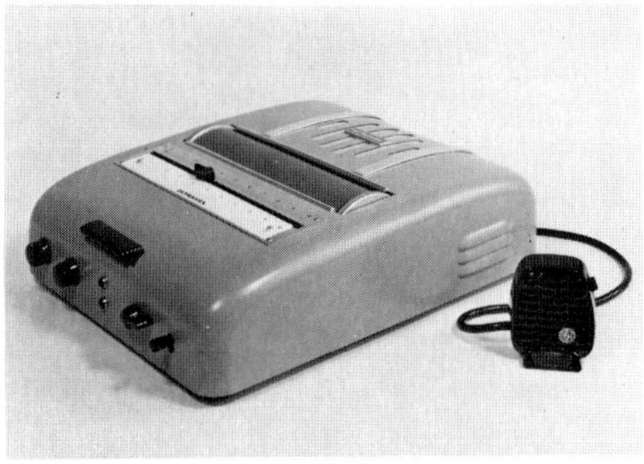

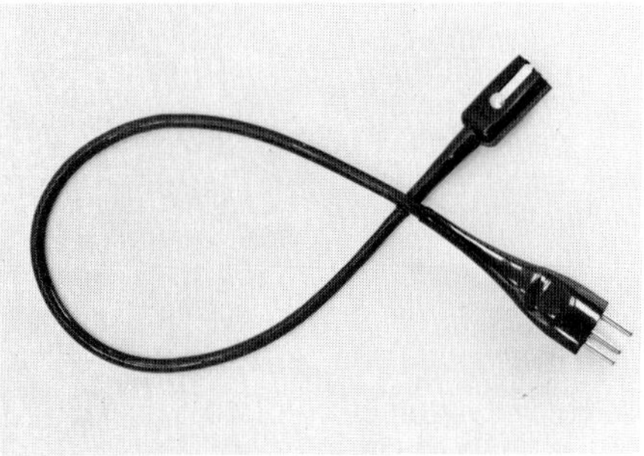

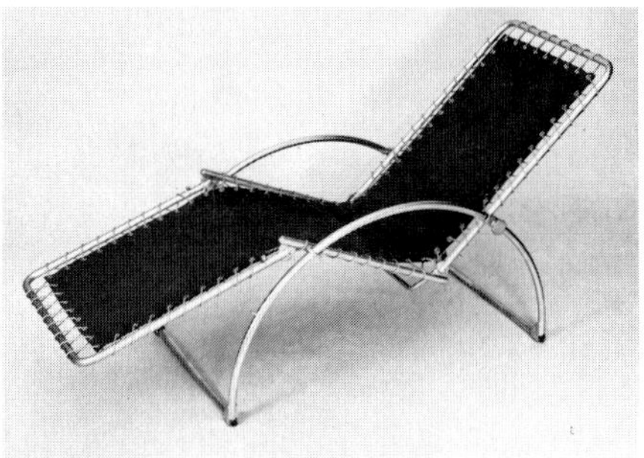

Diktiergerät
Bührle + Co., Zürich
1952/1953

Flexo-Schnüre
M. Bill/SA des Câbleries, Cossonay
1958

Liegestuhl
H. Pfalzberger/Kost + Cie., Basel
1956/1956

ger Distanz zu jenem Gefühlsschwall, der typisch ist für romantische Tendenzen.

Das Gerät ‹guter Form› meidet das Exotische und das Bodenständige, sucht nicht lautsprecherisch sein dringliches Umfeld zu übertönen – trotzdem fordert es, dass man ihm mit einem gewissen Respekt begegnet. Dies Ding verträgt nur wenig andere Dinge neben sich, es dominiert seinen Umraum. Sein Geltungsbereich ist ziemlich gross, ohne dass dies unbedingt für sein Geltungsbedürfnis Geltung hätte. Dieser Widerspruch ist ihm eingeschrieben. Sein Habitus ist distanziert, diskret. Es möchte nicht mehr sein als es scheint, aber auch nicht weniger. Es hält dem prüfenden Blick des Käufers stand. – Legt man den Gegenstand ‹guter Form› in ein zeichengesättigtes Umfeld, so erzeugt er Diskrepanz, Reibereien und Streit. In einem gewissen Sinne ist er nämlich kämpferisch. Er verkörpert eine bewusste Askese und beweist sich unablässig als sinnfälliger Demonstrant gegen schrille Formen, die ihrem Betrachter übergross entgegentreten, Formen, die von sozialem Rang, vielleicht sogar von protzender Arroganz ihres Eigners zeugen. Trotzdem: kein Imponiergehabe, wenig Appell auf den ersten Blick. Der Gegenstand ‹guter Form› weiss sich als Repräsentant eines technischen Vollzugsystems, dem routiniertes Hantieren mit seiner Umgebung zur Selbstverständlichkeit geworden ist. Trotzdem kann man an ihm eigentlich bei einem zweiten Blick wenig Technoides ausmachen. Die Ausnahme bestätigt die Regel.

Dies Gerät ist ein Massenprodukt und damit erschwinglich. Es gibt sich klassenlos (sozialen Klassen) und scheint ebenso geeignet, dem avancierten Kaufmann wie dem Dreher bei Brown Boveri zu genügen. Einzig der Parvenue und sein Gefolge sind ihm fremd. Den Parvenue weist es zurück, wie dieser den Gegenstand ‹guter Form› zurückweist. Die ‹gute Form› steht mit dem Prahlerischen auf schlechtem Fuss. Ihr Prestigewert im tradierten Kräftespiel der sozialen Formation ist eher gering. Ihr Prestigewert resultiert massgeblich aus einer Zurückhaltung, die das Lautstarke meidet.

Am Artefakt ‹guter Form› ist nichts zu viel und nichts zu wenig. Es gibt sich seriös. Seine Seriosität ist bisweilen bis ins Biedere gesteigert: es kündet sich eine Rechtschaffenheit an, der jede Dynamik fehlt. – Zuweilen ist die vorgängige Anaylse der Praktiken aber in den Dienst einer prätentiösen Bescheidenheit gestellt, die der trefflichen Formulierung zu einer gewissen Eleganz verhilft. Diese Art der Zurückhaltung verzichtet auf eloquente Rhetorik und verbirgt unter dem Deckmantel vordergründiger Belanglosigkeit eine Bezugsweise zur sozialen Realität, die dergestalt von Distanz, Eigensinn und hohem Selbstwertgefühl des Besitzers zeugt.

Sein Anspruch auf Schönheit ruht ziemlich auf seinem Anspruch an Wahrem, und dass es als einziges gut sich glaubt, darf ihm, dem praktischen Gerät, dem wahren Ding, authentisch, schön und schlicht,

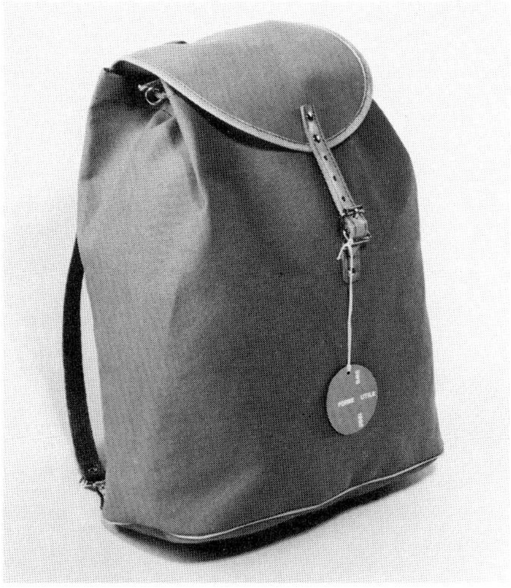

Trainingssack
A. Lutz AG, Teufen/AR
1955/1955

keiner übelnehmen. Sinnfällig erfüllt es eine Mission, hat sich in den Dienst einer guten Sache gestellt. Es predigt und missioniert für eine bessere Welt, möchte die Welt verändern – allerdings mit wenig geeigneten Mitteln. – Irgendwie erscheint der Gegenstand ‹guter Form› als Totalität, als Vorwegnahme der besseren Welt im Kleinen. Irgendwie ist er trotz allem ein Appell, ein Aufruf, der getarnt, aus blosser Sachlichkeit seinem Betrachter ins Gewissen redet. – Wir wissen es: dieser sein missionarischer Drang ist nicht neu. Schon früh haben unverbesserliche Weltverbesserer eine materialgerechte, werkgerechte und funktionell richtige, das heisst wahre Formgebung im Handwerk und in der Industrie gefordert (1908 – Thesen DWB) und modellig, im Kleinen, da und dort auch realisiert.

Max Bill zur guten Form:

SWB-Sonderschau an der MUBA 1949

1, 2, 3, 4 (F)

Plastische Kunst

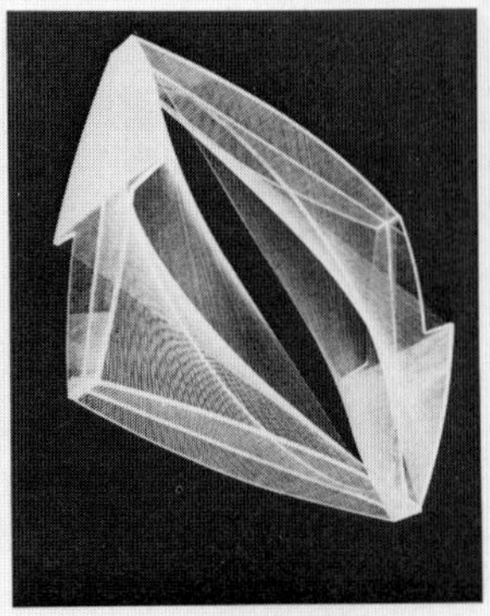

Präzis geordnete Linienbündel
ergeben ein durchsichtiges,
begrenztes Volumen
Ausführung in Plexiglas
Plastik ,Lineare Konstruktion' 1942-43
von Naum Gabo, Connecticut

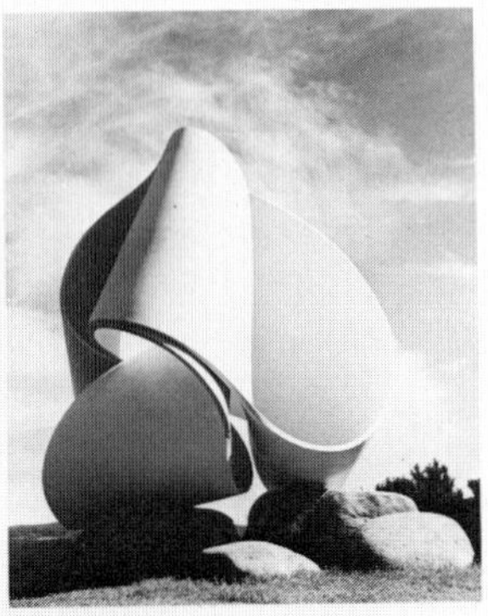

Band mit paralleler Begrenzung
konkave und konvexe Raumformen
ohne Begrenzung
Plastik ,Kontinuität' 1947
von Max Bill, Zürich

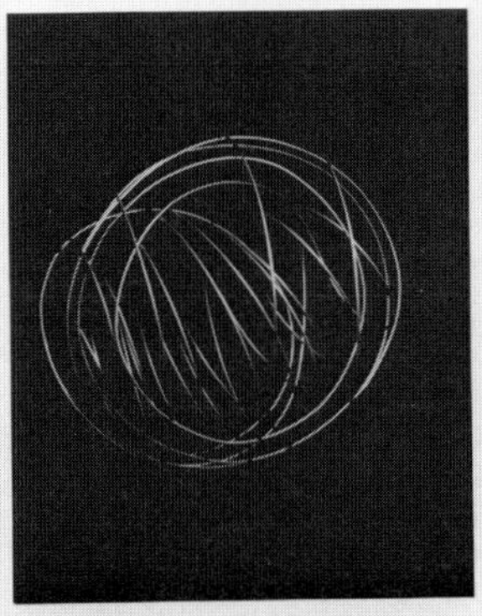

Ein einziges Material in gleichbleibender Stärke
als Träger eines dynamischen Ausdrucks
ein unbegrenzter Raum,
der durch Linien gebildet wird
Plastik ,Revolution' 1946
von Georges Vantongerloo, Paris

Bewegungen

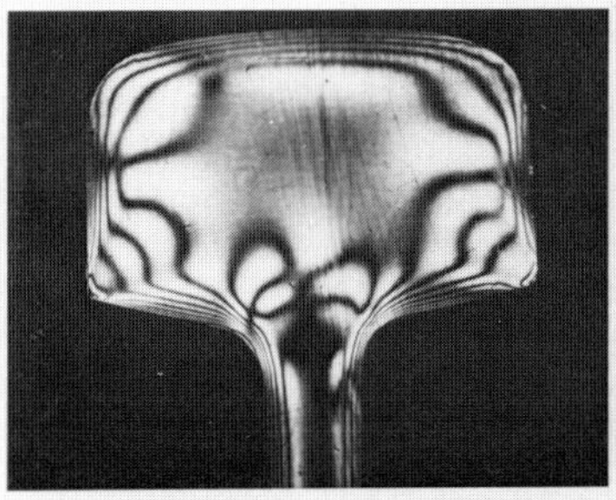

Spannungsfelder
sichtbar gemacht im polarisierten Licht
Untersuchung an Celluloidprofil

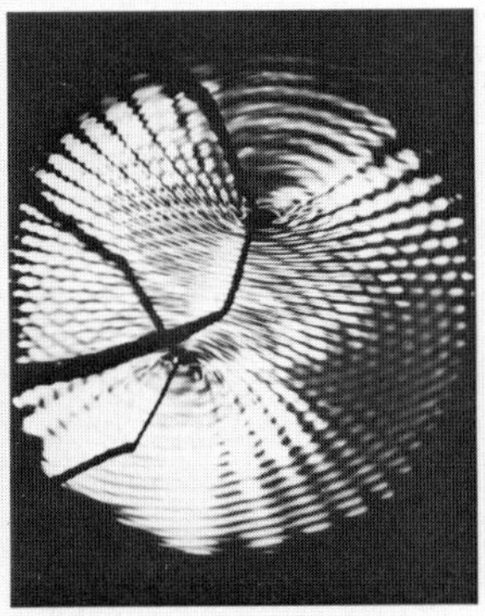

Ueberschneidung (Interferenz)
zweier Wellengruppen
die durch zwei Bewegungspole
auf einer Quecksilberoberfläche entstehen

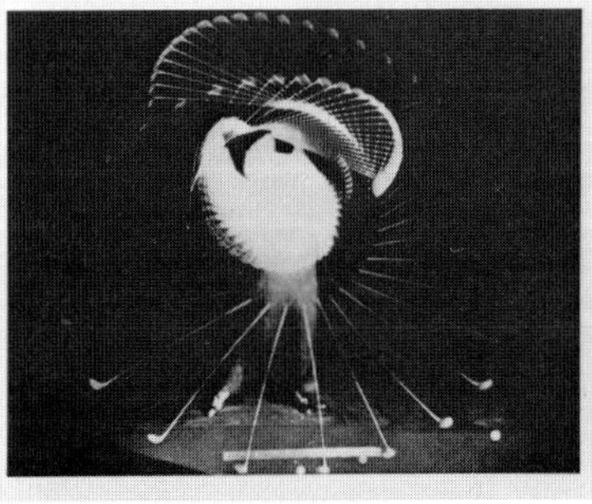

Bewegung eines Golfspielers
aufgenommen mit dem Stroboscop
von H. E. Edgerton

Eindeutige Geräteformen

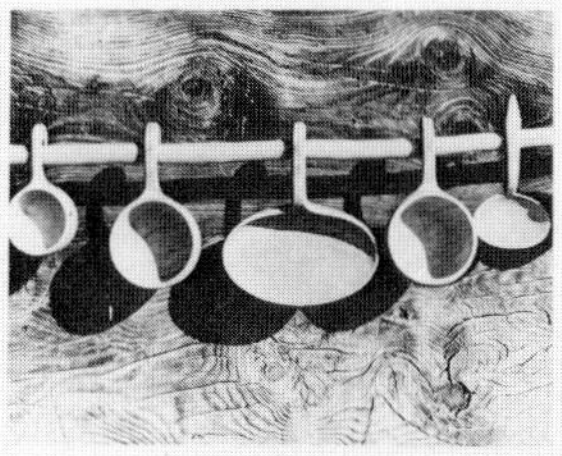

Sennerei-Kellen aus Holz
traditionelle, handwerksmässige Ausführung
jedes Gerät durch jahrhundertealte
Erfahrung geformt

Korkenzieher
letzte Form eines einfachen Gegenstandes
aus dem Zweck entwickelt
Hersteller Oskar Ruegg, Federnfabrik
Pfäffikon (Schwyz)

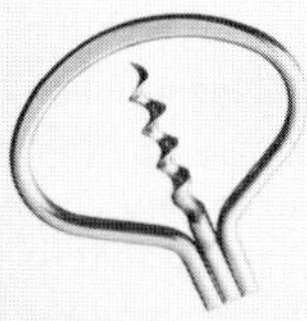

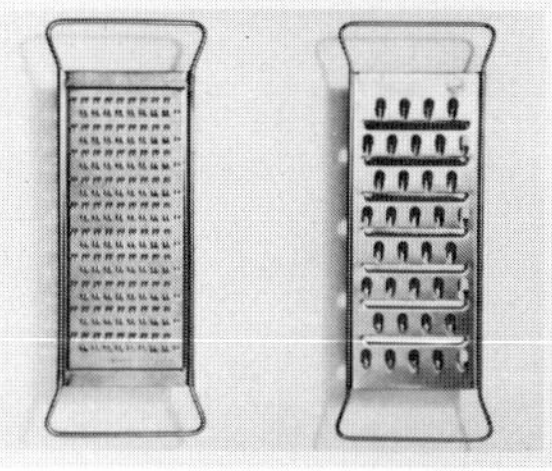

Küchen-Raffeln
aus rostfreiem Stahl
Formgebung aus Funktion und
Fabrikationsmethode
Hersteller Walter Franke, Metallwarenfabrik,
Aarburg

Maschinenformen

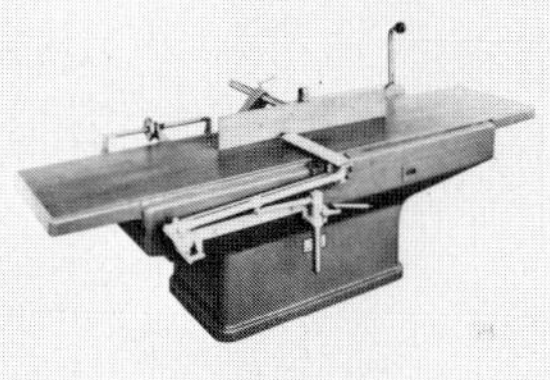

Abrichtmaschine
für Holzbearbeitung
klare, zweckmässige Gestaltung
Hersteller Georg Fischer AG. Schaffhausen

Präzisions-Fräsmaschine
für rationellste Arbeitsweise
Tisch fest montiert
in Längs-, Quer- und Vertikalrichtung
verschiebbar
Hersteller Schäublin S.A. Bévilard

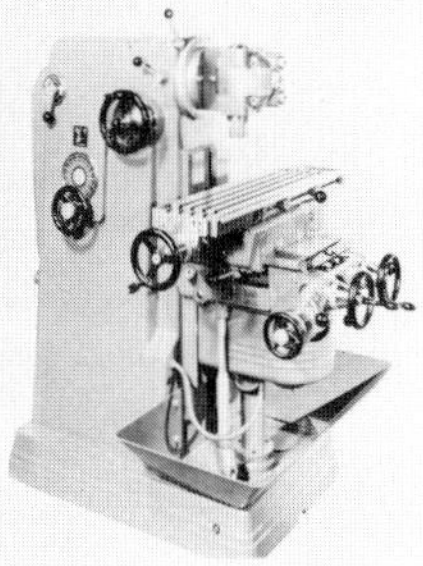

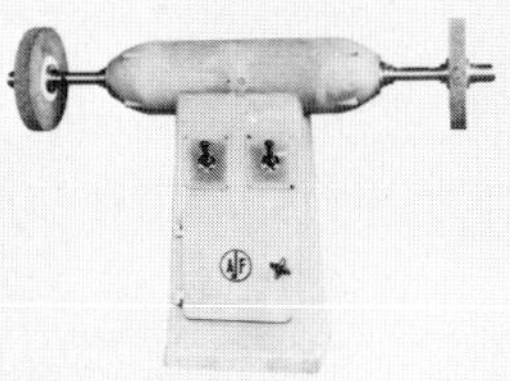

Schleif- und Poliermaschine
mit elektrischem Antrieb
übersichtliche Gesamtanordnung
harmonische Durchbildung,
einschliesslich Firmenmarke
Hersteller Aug. Joos, Maschinenfabrik,
Frauenfeld

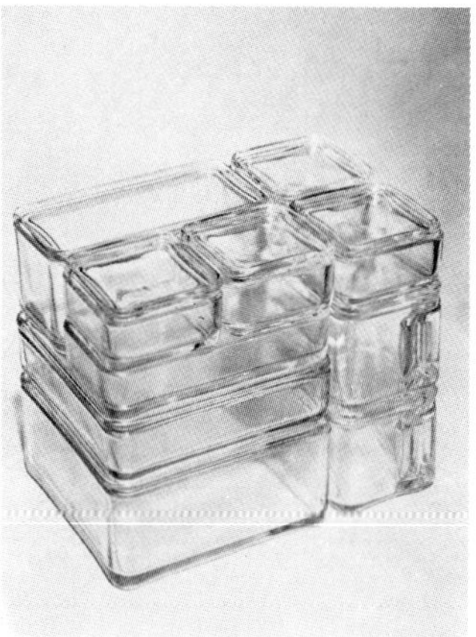

1

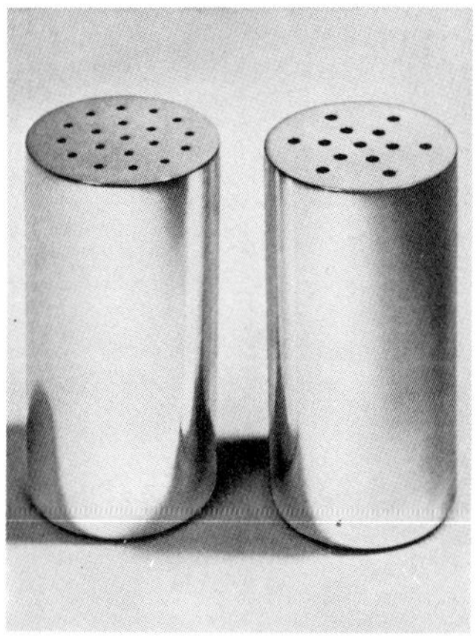

2

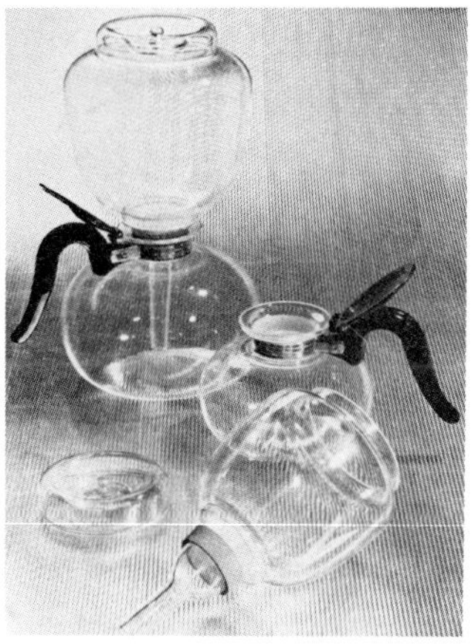

3

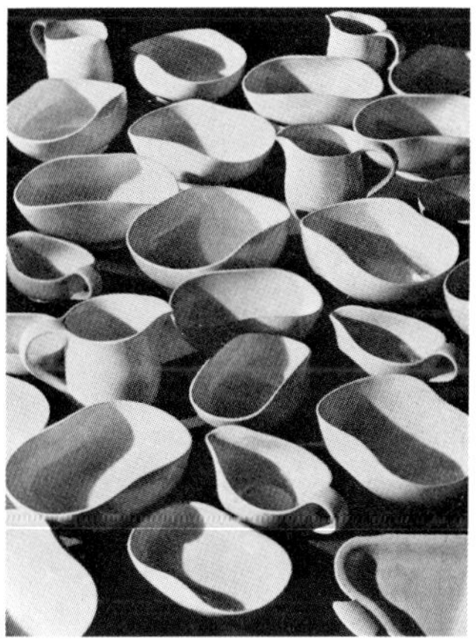

4

Kochgeschirre

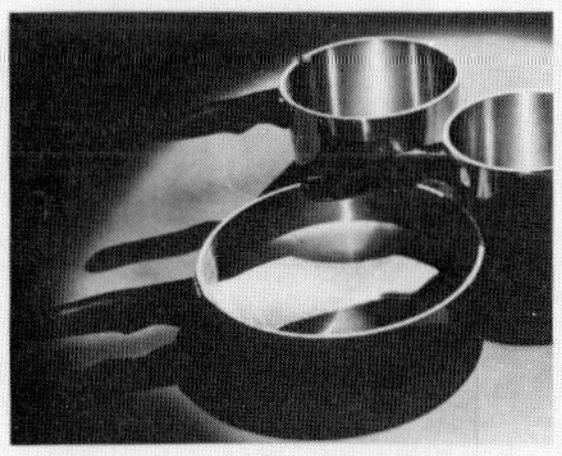

Aluminiumpfannen
Griffe nach der Hand geformt
Schutz gegen Verbrennen der Hand
Entwurf Thomas Lamb, New York

Pfannen für Gas und Elektrisch
emaillierter Stahl
leicht zu reinigen
saubere Wirkung zur direkten Verwendung
auf dem Tisch
Modelle Metallwarenfabrik Zug

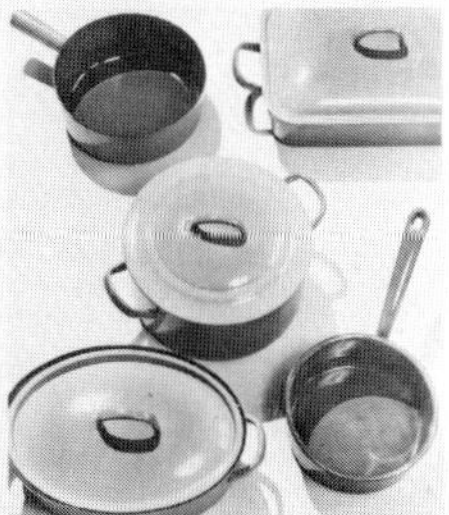

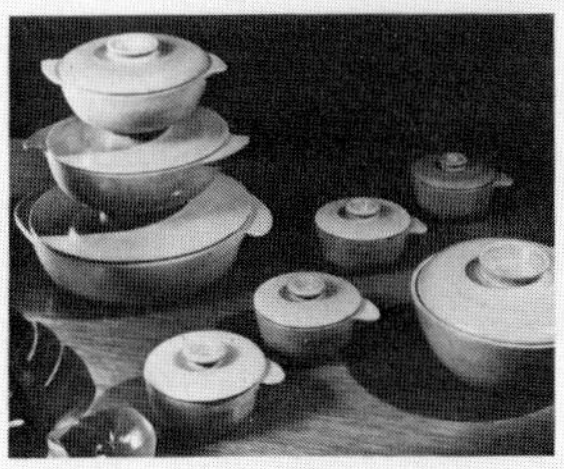

Kochgeschirr in Steinzeug
Deckel, Griff und Fuss ineinanderpassend
kann dadurch aufeinandergestellt werden
kleines Modell für individuellen Service
Modell Heath, Californian Stoneware, Sausalito

Lichtschalter und Stecker

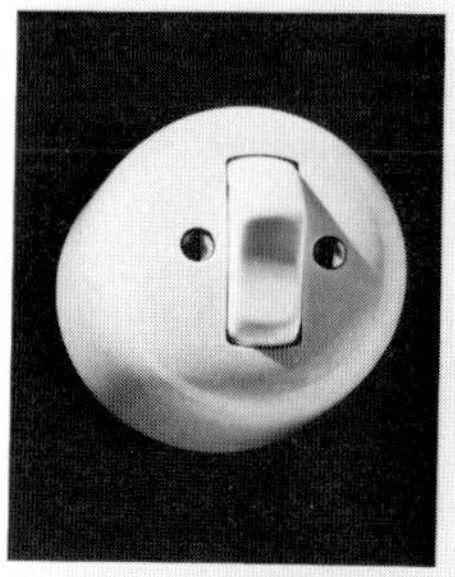

Kippschalter aus Kunstharz
mit neuartigem Schalterknopf
vielleicht die endgültige Form
eines elektrischen Lichtschalters überhaupt
Hersteller Adolf Feller AG. Horgen

Lichtschalter und Steckdose in Kunstharz
für Unterputzmontage
einwandfreie Formgebung
neuartiger Schalterknopf zum Kippen
Hersteller Adolf Feller AG. Horgen

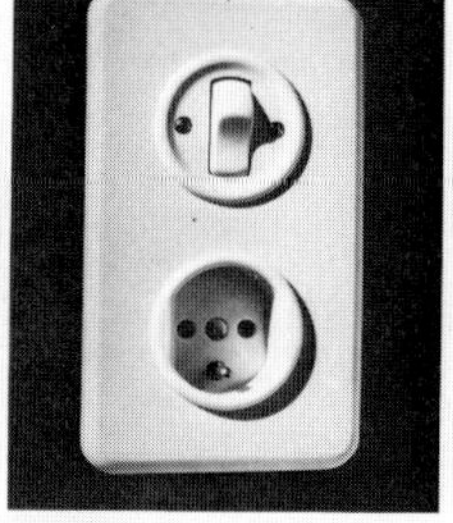

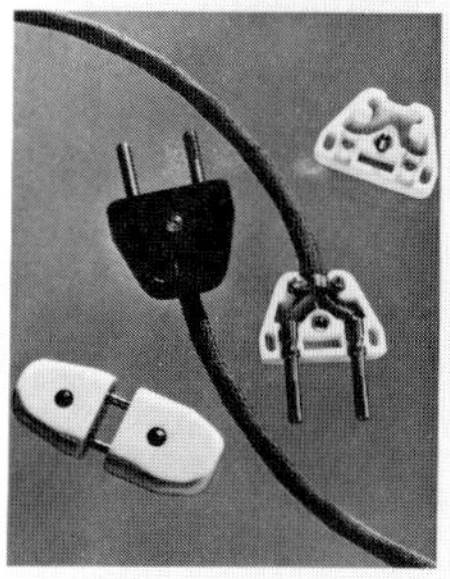

Lichtstecker
neue Form in Kunstharz
möglichst kantenlos
gute, griffige Durchbildung
Hersteller Adolf Feller AG. Horgen

20 Jahre prätentiöse Bescheidenheit

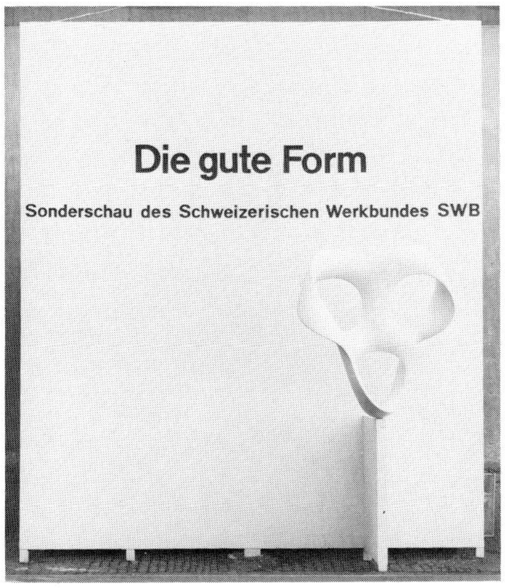

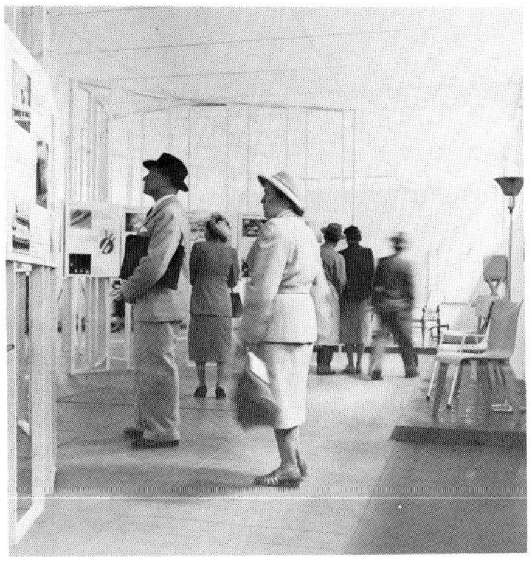

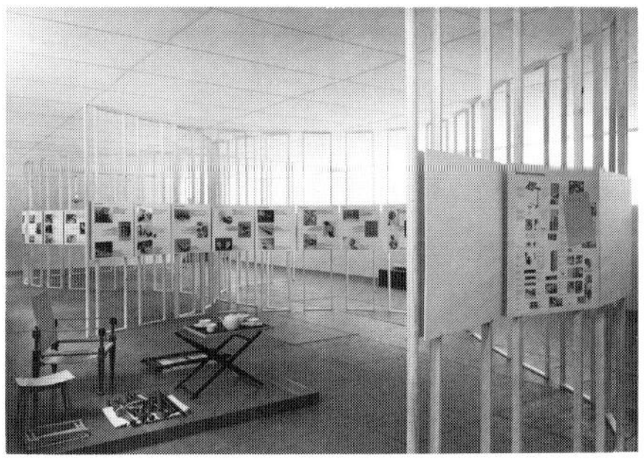

Sonderschau
‹Die gute Form›
MUBA 1949
Gestaltung: Max Bill

«Vor neun Jahren hat man mir den Auftrag gegeben, den Vorsitz im Werkbund zu übernehmen, das heisst neun Jahre war ich eine Art offizielles Organ des SWB. Ich musste jedes Frühjahr meine Unterschrift unter etwa 250 Auszeichnungen der Guten Form setzen, auch wenn ich die guten Formen gar nicht gesehen hatte. Ich musste Jahr für Jahr verkünden, dass die erste oder zweite Auflage des Warenkataloges demnächst erscheinen würde (dieses Mal ist es die dritte), und ich musste für diese oder jene Gelegenheit eine neue Variation der Bedeutung der Werkbundidee finden, obwohl ich mit dieser Idee nicht immer ganz einverstanden war. Andere durften vor einer Versammlung noch rasch überlegen, was sie am Werkbund aussetzen könnten; sie durften den Warenkatalog reif finden für ein Altertumsmuseum, die Aktion der guten Form reif zum Abbruch und den Werkbund reif zur Auflösung und Neugründung. Sie durften in den Ortsgruppen und im Gesamtwerkbund von Zeit zu Zeit Krisen konstatieren und durften sie heilen durch leicht variierte Aktionsrezepte. Das alles durfte ich nicht, denn schliesslich waren der Zentralvorstand und die Geschäftsstelle die Schuldigen an diesen Missständen. Aber ganz zum Schluss, allerdings eigentlich immer noch einen Tag zu früh, würde ich gerne auch einmal nicht die offizielle, sondern meine persönliche Meinung sagen zu einigen Themen, die den Werkbund betreffen. Ganz zu Anfang hatte ich das schon einmal getan in einigen Ortsgruppen; aber damals war meine Aufgabe zugleich ein Einleben in das Ziel und die Arbeit des Werkbundes, während ich heute versuchen möchte, unsere Grenzen zu erkennen» (→).

Finsler, H., Der Werkbund und die Dinge, Vortrag gehalten an der Generalversammlung des SWB 1956, publiziert in: WERK 1956, Nr. 9.

Die Geschichte der ‹**Guten Form/forme utile**› beginnt kurz nach dem zweiten Weltkrieg; mit erstaunlicher Beharrlichkeit übte der **Schweizerische Werkbund** während zwanzig Jahren einen Einfluss auf das, was man heute gemeinhin mit «Industrial Design» bezeichnet; die Geschichte dieser **programmatischen Aktion** ist rasch erzählt. – Ihren Anfang nimmt sie mit einer «**Sonderschau an der Schweizerischen Mustermesse Basel 1949**»(→), die, unterstützt vom Eidgenössischen Departement des Innern (EDI), anschliessend in einigen Schweizer Städten sowie in Deutschland, Holland und Österreich gezeigt worden ist. Einem Dokument des SWB ist zu entnehmen (→), der Geschäftsführer der Ortsgruppe Basel habe 1948 eine «**Sonderschau der Qualität an der Mustermesse**» angeregt, der Plan sei alsbald auf Zustimmung und die Unterstützung des Messedirektors Theodor Brogle gestossen; der Geschäftsbericht des SWB weiss zudem, nebst diesem Projekt sei eine Wanderausstellung (Deutschland, Österreich) diskutiert worden, die, nach einem Plan von Max Bill, «die Grundsätze der **reinen zweckmässigen Form in systematischem Aufbau** zeigen und sich gleichzeitig an den Produzenten und den Konsumenten richten sollte». Aus «zweckmässigen und prinzipiellen Gründen» sei man übereingekommen, diese beiden Ausstelllungen zusammenzufassen und auch in Basel die «Grundlage der Formgestaltung» unter dem Titel ‹**Die gute Form**› zu zeigen. Die Realisation der «Sonderschau des SWB» bleibt bei Max Bill. Beiläufig wird erwähnt, man verzichte auf die vorgesehene «Nationale Ausstellung für angewandte Kunst», der für diese Ausstellung zurückgestellte Betrag würde dadurch für andere Zwecke frei.

Schweizerische Mustermesse (MUBA): «Am 15. April 1917 hat die erste Schweizer Mustermesse in Basel ihre Pforten geöffnet. (. . .). Sie sollte nach dem Willen ihrer Begründer zwei Ziele erreichen: die Orientierung über die Ausweitung der eigenen Leistungsfähigkeit sowie die Besinnung des Schweizervolkes auf seine eigene Wirtschaftskraft.» 50 Jahre Schweizer Mustermesse, Basel 1967.

SWB (Schweizerischer Werkbund) – Geschäftsbericht 1949.

1946 (WERK Nr. 4) veröffentlicht S. Giedion Auszüge aus ‹Mechanization takes command› – Titel: Stromlinienstil und industrielles Entwerfen in den USA. Giedion schreibt: «Es liesse sich denken, dass dauernd die besten Schweizer Erzeugnisse, soweit sie das Haus betreffen, an gleicher Stelle (nämlich im WERK, Anmerkung p. e.) veröffentlicht werden. Vielleicht hätte es einen gewissen Anreiz für die Schweizer Industrie, wenn die Auswahl durch ein kleines und unabhängiges Komitee getroffen würde.»

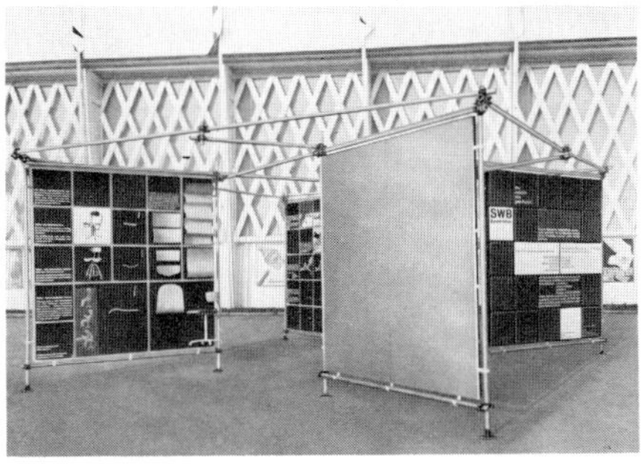

Trottoir-Schau
MUBA 1950
Gestaltung: Richard P. Lohse

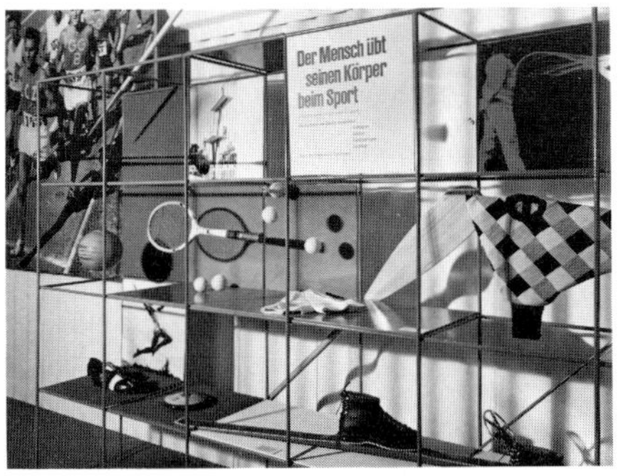

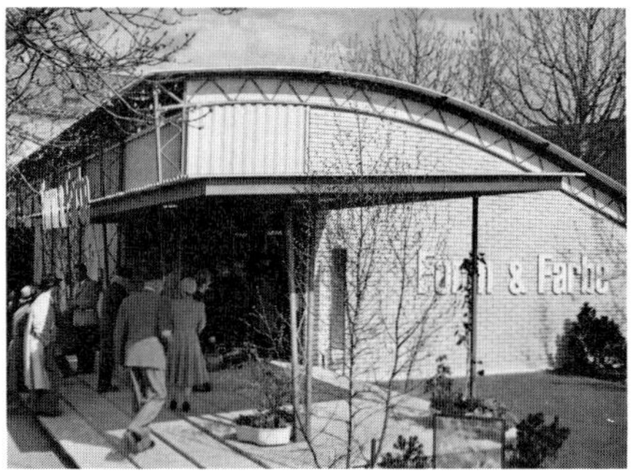

Ausstellung
‹Form & Farbe›
MUBA 1951
Gestalung: Alfred Altherr

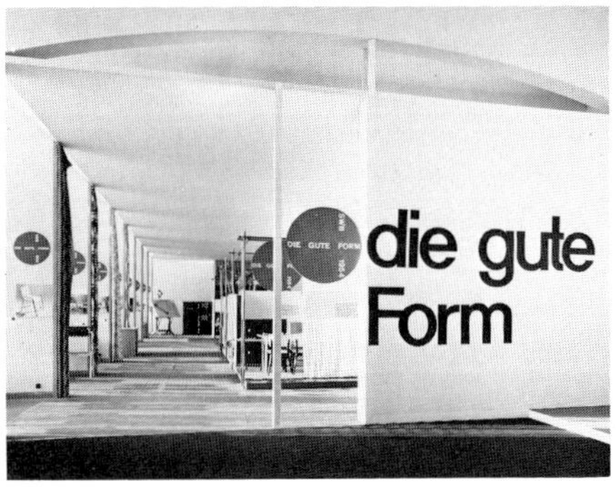

Sonderschau
‹Die gute Form 1954›
MUBA 1955
Gestaltung: Alfred Altherr

Ohne die weiter zurückliegenden Ereignisse zu recherchieren, die diese spezifische Aktion vorbereiten, lesen wir in einem Aufsatz von Egidius Streiff (→), drei Delegierte des SWB hätten sich bereits 1945 bei einem Rundgang durch die Mustermesse über Leistungen der aktuellen **Formgebung industrieller Produkte** Rechenschaft gegeben: sie hätten im Frühjahr 1945 eine Anzahl «vorbildlicher Objekte» aus den verschiedenen Abteilungen herausgegriffen, zusammengetragen und fotografisch festgehalten. Die Auswahl wird 1946 im WERK publiziert (→). Ebenda finden wir die Bemerkung, die «grosse Bedeutung, die der Formgebung industrieller Produkte im **täglichen Leben,** im **Verkauf** und schliesslich in **volkswirtschaftlichen Zusammenhängen**» zukomme, habe den Werkbund zur Frage geführt, ob nicht «für besonders gute Leistungen ein eigenes ‹**Form-Qualitäts-Zeichen**› eingeführt werden könnte, um Produzenten und Konsumenten auf vorbildliche Lösungen aufmerksam zu machen» (→). Im weiteren weisen die Quellen (→) zur ‹guten Form› auf eine Werkbundtagung in Basel, an der der Direktor der Mustermesse, der Vorsitzende des Schwedischen Werkbundes und Max Bill dem «Entstehen und der Bedeutung der Form» in ihren Vorträgen nahezukommen suchten. «Prof. Dr. Brogle verlangte in seinem Vortrag über den Qualitätsgedanken in der schweizerischen Industrie die Einheit der technischen und der formalen Qualität auch bei Dingen, deren Form in Gefahr ist, vom unerzogenen **Schundgeschmack** des Konsumenten beeinflusst zu werden»; Gregor Paullson (Uppsala) gab Auskunft über die «soziale Aufgabe im kunstindustriellen Unterricht» und erörterte eine «Systematik der Ware und der ihre Form beeinflussenden Faktoren», die in der rührenden Behauptung gipfelte: «Wenn eine Sache richtig ist, dann spielt die Schönheit eine unvergängliche Melodie»; Max Bill endlich sprach «über die Schönheit **aus** Funktion und **als** Funktion». Die Produktion solle so gestaltet werden, dass nicht nur eine relative Schönheit aus der Funktion heraus entstehe, sondern, dass diese Schönheit selbst zur Funktion werde (→).

Streiff, E., Formgebung in der Industrie, Sonderdruck WERK 1946.

WERK 1946, Nr. 5. WERK: Schweizer Monatszeitschrift für Architektur, Kunst und künstlerisches Gewerbe, gegründet 1913.

Streiff, E., op. cit. 1946.

SWB – Geschäftsbericht 1949.

SWB – Geschäftsbericht 1949.

Max Bill, 1948 (→):
«Ich glaube, dass wir als Werkbund bisher vielleicht nicht ganz den richtigen Weg beschritten haben, so dass man nicht an die massgebenden Schweizer Kreise herankam. Ich glaube, dass die schon lange vorgeschlagene Idee, innerhalb der schweizerischen Mustermesse den **kulturellen Faktor** der **Produktion** durch **Sonderausstellungen** und durch **Bezeichnung vorbildlicher Stücke** darzustellen, hier zu einem Resultat führen kann. Dadurch würden die interessierten Kreise auf diese Möglichkeit aufmerksam werden. Bekanntlich hat die **Leipziger Messe** lange Jahre solche Qualitäts-Ausstellungen durchgeführt, und der Erfolg war immerhin der, dass es viele Produzenten als Ehrensache ansahen, innerhalb dieser Qualitätsschau, die von **kompetenten Persönlichkeiten** geleitet war, ihre Erzeugnisse ausgewählt zu finden (...).
Unsere Anstrengungen müssen (...) heute in zwei Richtungen gehen: Erstens in der sorgfältigen **Aufklärung der Produzenten** und der Hebung ihres kulturellen **Verantwortungsbewusstseins.** Zweitens in der **Ausbildung** geeigneten Nachwuchses als **Industrie-Entwerfer,** die aus eigener Erfahrung, eigener Anschauung und eigenem Verantwortungsgefühl heraus jene Dinge gestalten, die wir gern täglich und jederzeit brauchen, von der **Stecknadel bis zur Hauseinrichtung,** gestaltet im Sinne einer Schönheit, **die aus der Funktion heraus entwickelt ist und durch ihre Schönheit eine eigene Funktion erfüllt.**»

Bill, M., Schönheit aus Funktion und als Funktion, Vortrag gehalten an der SWB-Tagung in Basel 1948, publiziert in: WERK Sonderdruck ‹Die gute Form›, 1949.

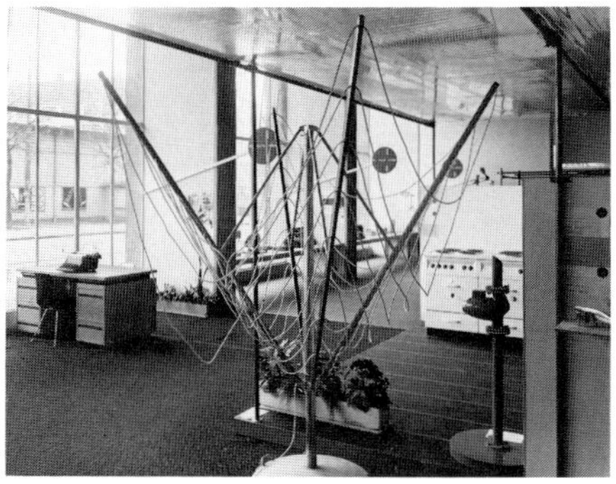

Sonderschau
‹Die gute Form 1955›
MUBA 1956
Gestaltung: Alfred Altherr

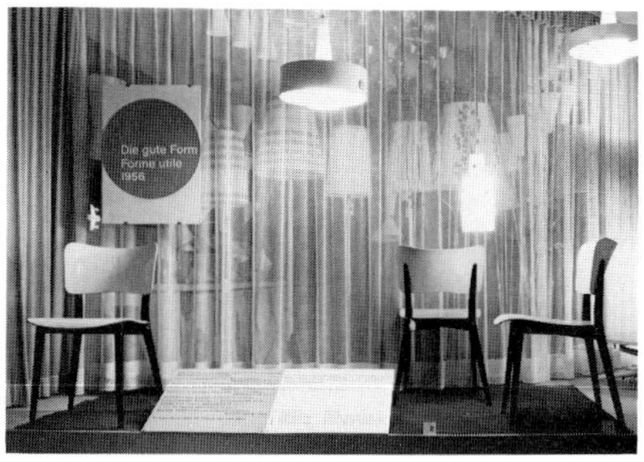

Schaufensteraktion
‹Die gute Form 1956›
der Ortsgruppe Zürich
1956

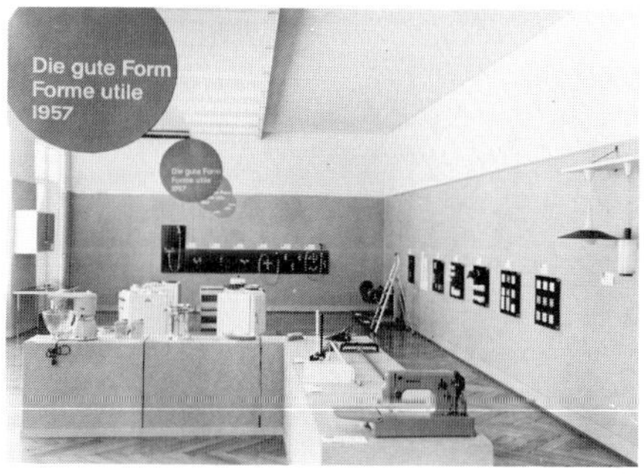

Ausstellung
‹Die gute Form 1957›
Gewerbemuseum Winterthur
1958

Aus dem Geschäftsbericht 1949 (→): Die Anregung von Schweden und England – nebst Gregor Paullson war Mark Hartland Thomas, Chief Officer of the Council of Industrial Design, aktiv an der erwähnten Tagung beteiligt – vor allem aber die Erfahrung mit der ersten Sonderschau an der Mustermesse 1949, seien nicht ohne Einfluss auf die Richtlinien der kommenden Arbeit geblieben. Es genüge nicht, dass der Werkbund sich für «die gute und zweckmässige Form» einsetze und die Industrie veranlasse, **gute** Erzeugnisse zu produzieren – zu stark sei der Einfluss einer «bewussten oder unbewussten Propaganda für das Scheinbare». Die dauernde Beeinflussung des Konsumenten für eine «**scheinbare Qualität,** eine scheinbare Ästhetik, eine scheinbare Zweckmässigkeit und Ökonomie» mache es zur Pflicht, «den Konsumenten auf breiter Basis zu schulen, zu beraten, ihn auf Zusammenhänge zwischen den Anschauungen und der Lebensweise unserer Zeit und den Dingen und Einrichtungen, die uns umgeben, aufmerksam zu machen». Das Erkennen echter Bedürfnisse sei zu fördern; «zu stark ist vor allem auf den Gebieten der Wohnung das **Kleben an einer falschen Konvention**». Eine Zentralstelle des SWB für Fragen des Wohnens wird in der Folge ins Auge gefasst; es heisst, diese Stelle könnte auch die Redaktion des **Warenkataloges** übernehmen, dessen erste Ausgabe 1949 erscheint.

SWB – Geschäftsbericht 1949.

Der vom SWB editierte Warenkatalog versammelt «gut gestaltete, im weitesten Sinn im Haushalt verwendete Gegenstände» (→). Er «stellt sich als Berater in erster Linie in den Dienst der jungen Ehepaare und aller derer, die vor dem Problem der Wohnungs-Einrichtung stehen, indem er ihnen einen Bezugsnachweis für qualitativ einwandfreie Gegenstände des Wohnbedarfs in die Hand gibt und ihnen (...) hilft, ihr Heim nach praktischen Grundsätzen auszugestalten». Er sucht vor allem Eingang in den «Haushaltungs-, Gewerbe- und ähnlichen Schulen, bei Siedlungsunternehmungen, Bauämtern, Beratungsstellen usw». Er redet einer «elastischen Ausstattung» das Wort und wendet sich gegen den «plötzlichen Ankauf einer ‹kompletten Ausstattung›». Der gegenüber früher stark reduzierten Zimmer- und Wohnungsgrösse werde kaum Rechnung getragen, so dass sich der unvorbereitete Konsument in den üblichen Kleinwohnungen plötzlich von viel zu grossen und pompösen Möbeln umgeben sehe. «Diese Stücke machen ihn statt zum Herrn der Wohnung zu ihrem Sklaven.» Eine zweite Ausgabe des Warenkatalogs erscheint 1954. – Die Reihe wird 1960 unter dem Titel «Wohnen heute» fortgesetzt. Die sechste und letzte Ausgabe erscheint 1967/68.

Schweizer Warenkatalog, Herausgeber SWB, Zürich 1949.

Der Schweizer Warenkatalog möchte den Verbraucher periodisch ebenso auf «gute, zweckmässige Gegenstände des Wohnbedarfs» hinweisen wie die «ergänzende Qualitätsschau» an der Mustermesse, die vor allem aber an die Adresse der Produzenten gerichtet, seit Beginn der 50er Jahre zur dauernden Einrichtung wird. Unterstützt sind die «Werkbund-Ideen» sowohl vom **Eidgenössischen Departement des Innern (EDI)**, wie von der Direktion der **Mustermesse**, die dem Werkbund 1950 einen ständigen, zentral gelegenen Ausstellungsraum in Aussicht stellt (→). Die ökonomische Virulenz der formalen Qualität praktischer Geräte scheint klar erkannt.

SWB – Geschäftsbericht 1950.

Richard P. Lohse richtet 1950 eine kleine Ausstellung im Freien ein; und 1951 baut der SWB – Gestaltung Alfred Altherr – in einem eigenen Pavillon die Sonderschau «Form und Farbe» auf. Diese Schau

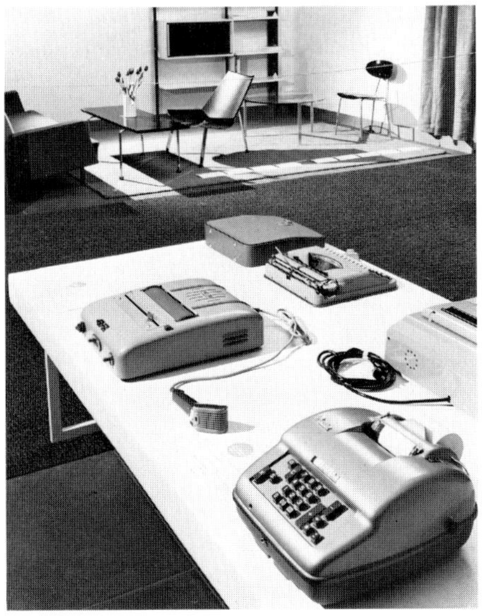

Sonderschau
‹Die gute Form 1958›
MUBA 1959
Gestaltung: Alfred Altherr

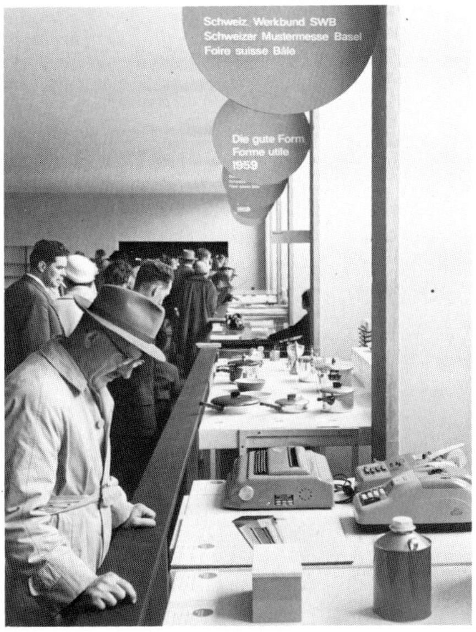

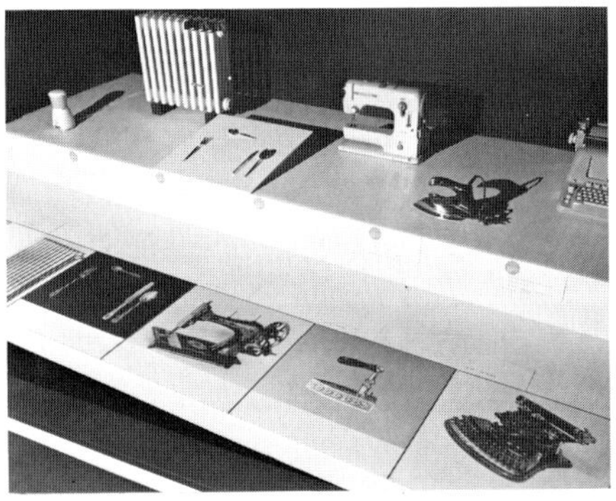

Sonderschau
‹Die gute Form 1959›
MUBA 1960
Gestaltung: Alfred Altherr

Sonderschau MUBA 1960
Gegenüberstellung von Produkten um 1900 mit solchen von 1960.
Gestaltung: Alfred Altherr

sei eine «Schau guter Produkte» gewesen, sie habe eine **starke Ausstrahlung** der **Werkbundbestrebungen** in breiteren Schichten erzielt.

Max Bill schreibt in einer programmatischen Schrift, dass Firmen, deren Erzeugnisse für die Ausstellung ‹Die gute Form› ausgewählt worden seien, dies seit Anbeginn als Auszeichnung für ihre Bemühungen um ‹Die gute Form› empfunden hätten. Einige Firmen weisen in der Werbung auf die Tatsache hin – so ist zu folgern – dass da gewissermassen eine in wirtschaftlichen Belangen (quasi-)neutrale Instanz den Unternehmer für seine Dienste am ‹hehren Ideal› sorgfältiger Gestaltung belohnt. Dies hat offenbar dem schon länger diskutierten Gedanken zum Durchbruch verholfen, eine «Auszeichnung durchzuführen» und ‹Die gute Form› als geschützte Bezeichnung für jene Dinge zu verwenden, die alljährlich im Rahmen der Mustermesse ausgewählt werden. Diese Auszeichnung, ‹**Die gute Form SWB**›, wird 1952 das erste Mal, zwischen 1952 und 1969 jährlich verliehen. Ein Reglement orientiert jährlich alle zur Beteiligung eingeladenen Aussteller. Zweck der Auszeichnung sei es, «nicht nur gute Objekte» publik zu machen, sondern auch in Entwicklung befindliche Modelle zu fördern (→).

SWB – Geschäftsbericht 1955.

Galt die Aufmerksamkeit des Werkbundes 1949 noch vor allen Dingen der grossen Zahl der zwischen den Extremen einer reinen Form (moderne Plastik) und einer zweckhaften Form (technischer Gegenstand) liegenden Produkten, mit dem Ziel, «das Kulturniveau unserer Zeit zu heben» – so betrachtete es der SWB ab 1952 als eine seiner wichtigsten Aufgaben, «bei den Produzenten dahin zu wirken, dass die formale Qualität ihrer Produkte der technischen Qualität entspricht und beim Konsumenten das Verständnis für eine Formgebung zu vertiefen, die Zweckmässigkeit, Wirtschaftlichkeit und Schönheit in sich vereinigt» (→).

Einzelblatt des SWB, zu ‹Die gute Form 1958›.

Max Bill, 1957 (→):
«Die Form eines Gegenstandes soll über die nur materielle Zweckerfüllung hinaus nicht nur das zwangsläufige Ergebnis der eng begrenzten Zweckerfüllung sein, sondern die Gesamtheit der zu erfüllenden Funktionen soll zu einem harmonischen Ganzen geformt sein und dadurch einen ästetisch einwandfreien Gesamteindruck erwecken.»

Bill, M., Die gute Form, 6 Jahre Auszeichnung ‹Die gute Form› an der Mustermesse Basel, Winterthur 1957.

Hans Hilfiker, 1965 (→):
«Eine bestmögliche Übereinstimmung der zeitlichen Gültigkeit der Form mit der mutmasslichen Benützungsdauer des Gegenstandes» sei erstrebenswert. «Wird hier, etwa **zwecks Absatz-Steigerung** künstlich eine Diskrepanz geschaffen, indem man gutes, dauerhaftes Material in **kurzlebige Form** bringt, so ist das mindestens fahrlässig, wenn nicht vorsätzlich Entwertung volkswirtschaftlicher Güter.»

Hilfiker, H., in Broschüre zu: ‹Die gute Form 1965›, Hans Hilfiker, dipl. Ing. ETH, Design Consultant, siehe ‹Impulse› 1974/75 der Henry-van- de-Velde-Gesellschaft, Hagen 1976.

Eine «Photokartothek» dokumentiert die jeweilige Auswahl ‹guter Formen›. Sie wird laufend ergänzt. 1953 wird ‹Die gute Form SWB› als **Markenzeichen** ins schweizerische **Markenregister** eingetragen. Es darf nur mit Genehmigung des SWB verwendet werden. Eine rote Etikette kennzeichnet das ausgezeichnete Produkt im Schaufenster, im Regal, auf dem Ladentisch, kurz, im Bereich des Handels, der Warenwelt. 1953: ‹Die gute Form› habe auch bei ausländischen Besuchern grosses Interesse gefunden. 1954: Die Kontakte mit der Industrie seien im Laufe der Zeit immer enger geworden. Die Schweizer Industrie unterstütze jetzt die Aktion in vermehrtem Masse. Ratschläge für die Formgebung würden be-

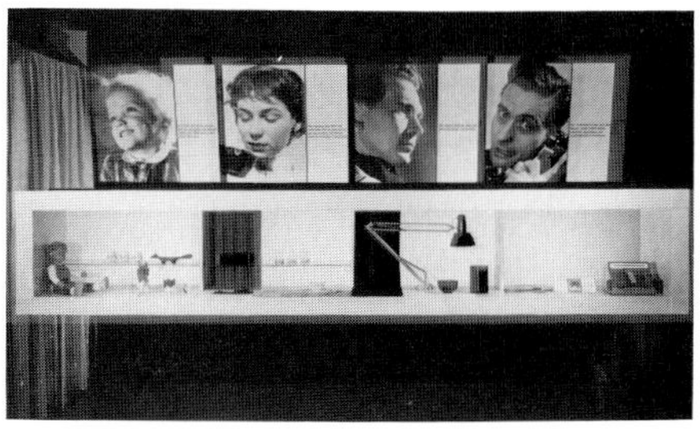

Sonderschau
‹Die gute Form 1960›
MUBA 1961
Gestaltung: Alfred Altherr

folgt und die betreffenden Objekte auf der folgenden Messe in verbessertem Zustand gezeigt. 1959: Firmen, die sich bei ihren Bemühungen um die gute Form während des Jahres erinnern, würden immer zahlreicher. «Manch einer (...) durfte erfahren, dass Formgebung mit (...) **modischer ‹Verschalung›** und **rein äusserlicher Aufmachung** wenig bis gar nichts, mit material- und herstellungsgerechter, zweckmässiger Form dagegen alles zu tun hat. Die zusätzliche Anstrengung bei der Gestaltung führt oft zwangsläufig zu einer Vereinfachung der Herstellung und damit nicht zuletzt zu einer wirtschaftlicheren Lösung» (→). So ist 1959 ‹Die gute Form› zu einem wichtigen Bestandteil der Muba geworden.

SWB – Geschäftsbericht 1959. – «So teilte eine Möbelfirma mit, sie hätte am eigenen Stand andere Modelle ausgestellt als in der Sonderschau. Erst die Nachfrage nach Modellen in der Vorhalle 8 machte ersichtlich, wie erstaunlich viele Interessenten vor dem allgemeinen Rundgang die Sonderschau besuchten. Eine andere Firma mit einem kleineren Gerät gab erfreut bekannt, dass sie 1959 dank der Beteiligung an der Sonderschau und ohne eigenen Messestand sogar bedeutend mehr Geräte verkaufte als 1958 mit einem Stand.» – Ebenda.

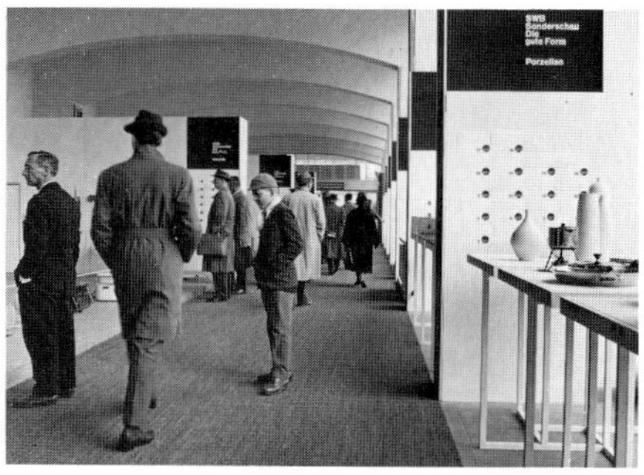

Sonderschau
‹Die gute Form 1961›
MUBA 1962
Gestaltung: Hans Neuburg

Das Konzept des SWB seit 1952: eine jährliche **Auszeichnung** (→) ‹Die gute Form›, ergänzt um eine Auswahl vorgängiger, das heisst im Jahr zuvor ausgezeichneter Produkte, die dem **Ideal** ‹Die gute Form› besonders nahe kommen und in der Tendenz die Anforderungen erfüllen, dieses Ideal im Materiellen zu verkörpern. Die ausgewählten Produkte finden ihren Ort in der «Sonderschau ‹Die gute Form›»: Deren Funktion ist **normativ,** sie sucht gleichsam den ‹kategorischen Imperativ› des SWB ‹idealtypisch› zu repräsentieren (→). Für den Unternehmer bedeutet dies Ansporn. Die Zugehörigkeit zu jenem Kreis, der für sich in Anspruch nimmt, (Grals)-Hüter des «Schönen, Guten und Wahren» zu sein, ist ein erstrebenswertes Ziel. Dieses Konzept sucht seinesgleichen: Es scheint, als ob seine Schöpfer über praktikable kybernetische Kenntnisse verfügt hätten.

Auszeichnung: Der Tätigkeit des Auszeichnens oder Hervorhebens geht jene des Wertens nach bestimmten Kriterien voran. Dabei werden die Gegenstände in einem axiologischen Schema hierarchisiert. Eine Grenze ist gelegt zwischen den zulässigen und den unzulässigen Anteilen.

Kategorischer Imperativ: hier im Sinne von Pflichtgebot, unbedingtes ethisches Gesetz.

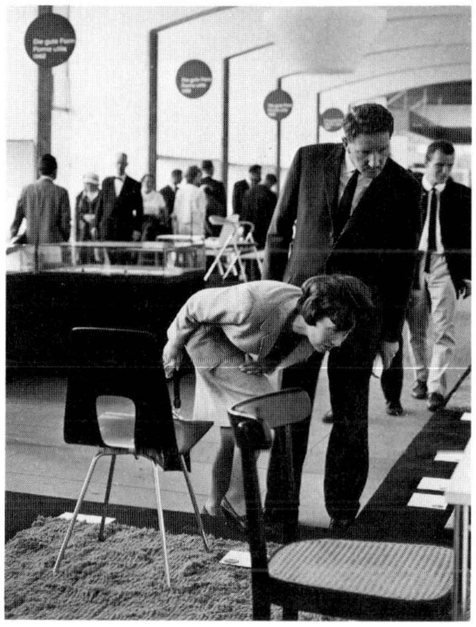

Sonderschau
‹Die gute Form 1962›
MUBA 1963
Gestaltung: Igildo Biesele

Das angesprochene Prozedere fügt sich zum Regelkreis. Dieser besteht aus zwei Hauptteilen, nämlich dem zu regelnden Objekt **(produzierendes System, will sagen produkte-produzierender Apparat)** (→) und dem Regler oder der Regeleinrichtung **(die Jury des SWB, die Auszeichnungen verleiht). Aufgabe des Reglers ist es, eine veränderliche Grösse (die ‹Form› industrieller Produkte) entgegen ständiger Einwirkungen (Gestaltungsideologien, die die ästhetische Komponente des Produkts aus welchen Gründen auch immer so oder anders variieren), gemäss einer** Führungsgrösse, einem Sollwert **(repräsentiert in der jeweiligen Sonderschau ‹Die gute Form›) zu berichtigen. Dies wird dadurch erreicht, dass der Regler die Ergebnisse seiner regulierenden Massnahmen (das heisst die zum Wettbewerb eingereichten Objekte) ständig anhand des Sollwertes – hypostasiert in der Sonderschau – kontrolliert (Akt der Bewertung in der Dichothomie gut – schlecht). Entspricht das zu regelnde Produkt (bzw. der es erzeugende Apparat) nicht dem Sollwert, wird in der Tendenz solange eine entsprechende** Sanktion **über den produzierenden Apparat verhängt (Strafe, Ausschluss aus dem Kreis der Auserwählten), bis es den vorgeschriebenen Wert wieder erreicht hat. Dies Prozedere setzt einen Werkbund voraus, der ein** latentes Machtgefälle **zwischen sich und der Industrie zu seinen Gunsten auszunützen imstande war, der dem «Form-Regler» eine Führungsgrösse (Sollwert, Norm) einzuspeisen wusste und sich als** moralische Instanz **behaupten konnte. Die Frage, warum ihm diese Funktion zugekommen ist, warum die produzierende Industrie sich in einer Abhängigkeit zum Werkbund sah, darf uns noch beschäftigen.**

Der produkte-produzierende Apparat umfasst sämtliche materiellen und organisatorischen Komponenten (Arbeiter, Arbeitsfluss, Maschinen, Entscheidungshierarchie usw.) die zur Entstehung eines Geräts beitragen.

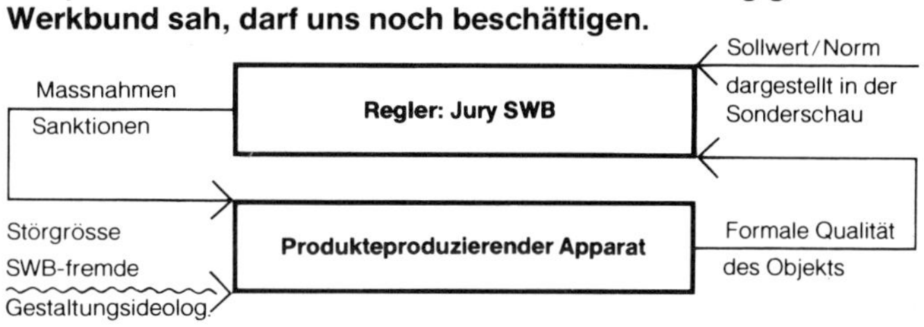

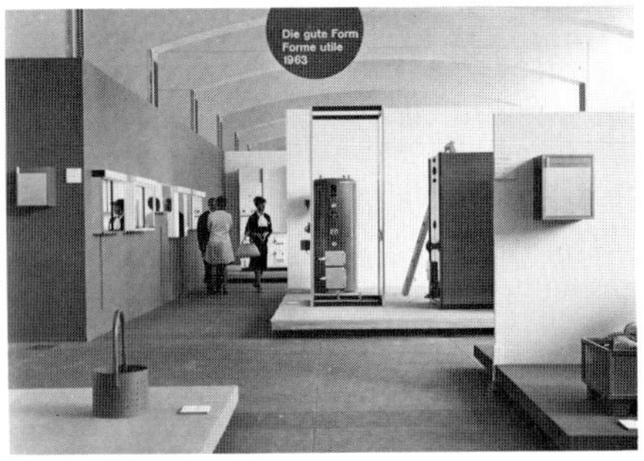

Sonderschau
‹Die gute Form 1963›
MUBA 1964
Gestalter: Igildo Biesele

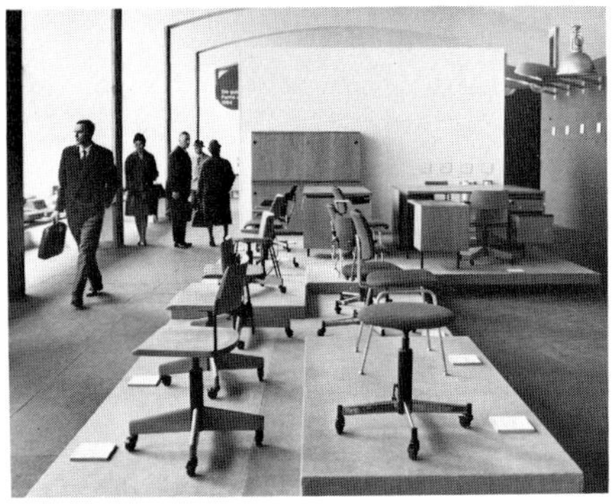

Sonderschau
‹Die gute Form 1964›
MUBA 1965
Gestaltung: Igildo Biesele

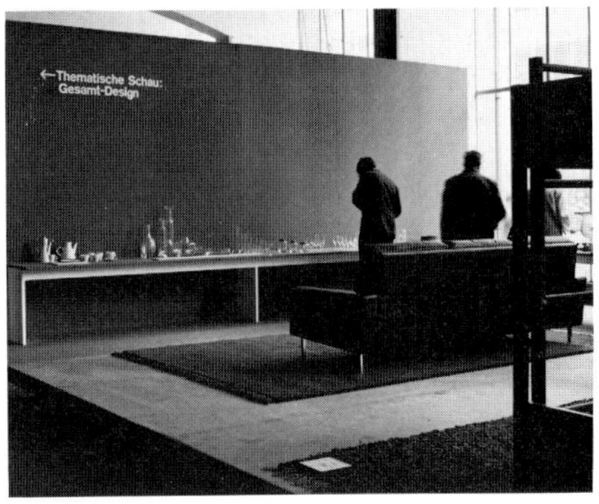

Sonderschau
‹Die gute Form 1965›
MUBA 1966
Gestaltung: Igildo Biesele

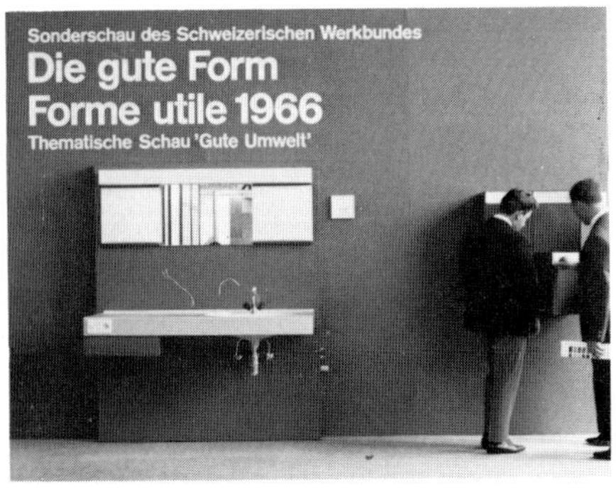

Sonderschau
‹Die gute Form 1966›
MUBA 1967
Gestalter: Igildo Biesele

Progressive Dynamik – die Eigengesetzlichkeit des angesprochenen Regelkreises scheint das ihre dazu beizutragen: «Immmer mehr Firmen interessieren sich dafür, unter ihren Erzeugnissen einzelne oder ganze Gruppen zu haben, die die Anerkennungsurkunde ‹Die gute Form› erhalten und dadurch berechtigt sind, nicht nur das Label ‹Die gute Form› zu tragen, sondern auch in der Werbung als ‹Die gute Form› angepriesen zu werden» (→). Es seien Bestrebungen im Gange – so Max Bill, 1957 – dieser Auszeichnung auch im **Ausland Anerkennung** zu verschaffen. Dies vor allem mit Hilfe von Ausstellungen, Beteiligung an internationalen «Design-Ausstellungen» – etwa an der Triennale di Milano – oder aber mit Hilfe der Wanderausstellung für die USA und Kanada, die die Stiftung Pro Helvetia und die Schweizerische Zentrale für Handelsförderung 1956 beim SWB in Auftrag gegeben haben. Das Ziel der Wanderausstellung «Good Design in Switzerland»: In den USA und Kanada soll die Öffentlichkeit über die Leistungen der Schweizer Ingenieure, Architekten und Designer orientiert und mit «dem Formschaffen unseres Landes» vertraut werden (→).

Bill, M., op. cit. 1957.

1952 beschickt Italien die USA mit der Ausstellung ‹Italy at work› (CNA).

Die Chronisten der Zeit heben weiss wie **die Bemühungen sämtlicher industrienationen** hervor, ihren Erzeugnissen ein akzeptables «Erscheinungsbild» zu verleihen. London eröffnete 1956 sein «Design Centre», das dem «Council of Industrial Design», einer Gründung des Handelsministeriums (!) untersteht. Sein vornehmer Zweck ist Exportwerbung. Ähnlich dem Council beruft das Bundeswirtschaftsministerium der BRD einen «Rat für Formgebung» (Darmstadt). Seine Hauptaufgabe ist es, der ‹guten Form› zum Durchbruch zu verhelfen und für gute Erzeugnisse im Ausland zu werben. Er wird von der Vereinigung «Industrienorm» mit ihrer «ständigen Schau formschöner Industrieerzeugnisse» ergänzt, die ihrerseits ihren Sitz sinnigerweise in der Villa Hügel (Essen) nimmt. Der «Arbeitskreis für industrielle Formgebung» im «Bundesverband der deutschen Industrie» und das «Institut für neue technische Form» schliessen sich dem Verein jener an, die, wie der «Deutsche Werkbund», in der offiziösen Version einzig danach trachten, ‹Die gute Form› zum Leitbild zu stilisieren. In Frankreich heissen die Parallelen «Union des Artistes Modernes» und «Institut d'Esthétique Industrielle». Dieses verleiht die Auszeichnung «Beauté France» und stellt am «Salon des Arts Ménagères» in Paris aus. Holland kennt das «Instituut voor Industriële Vormgeving». Max Bill, dem wir die aufschlussreiche Zusammenstellung verdanken (→), weiss ähnliche Institutionen in Italien (Auszeichnung der Triennale Mailand und «Compasso d'oro» des Warenhauses Rinascente), in Belgien («Société pour promouvoir la qualité dans la Création Industrielle», Auszeichnung «Le Signe d'or»), in Schweden (Schwedischer Werkbund), «die meist mit Hilfe der Regierungen und mit grosszügiger Unterstützung durch die Produzenten (Unternehmer, p. e.) auf die Erzeugnisse gutgeformter Gegenstände einwirken». Die USA endlich verleiht – die moralische Instanz heisst «Museum of Modern Art» – die Auszeichnung «Good Design». Im «Mer-

Bill, M., op. cit. 1957.

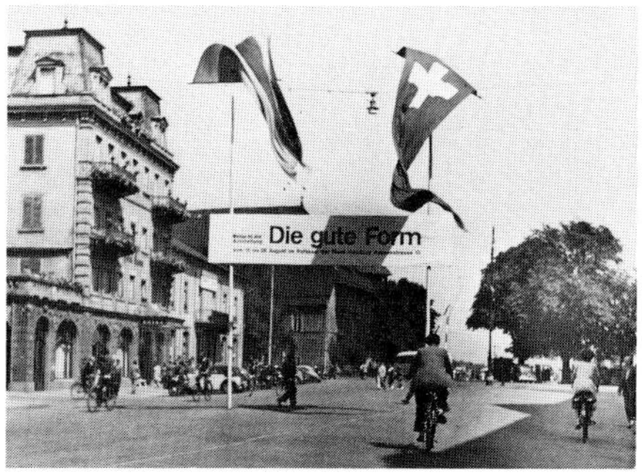

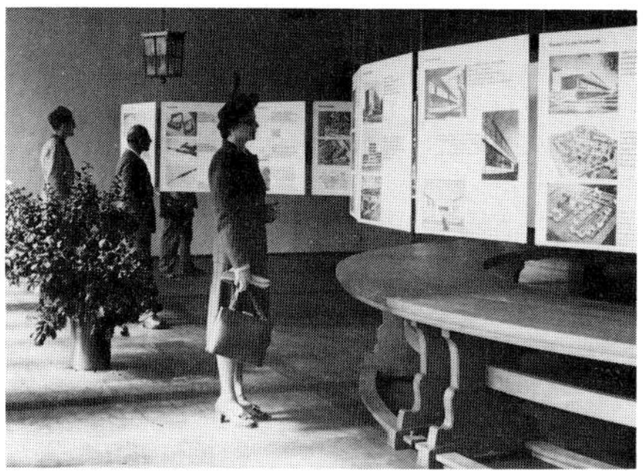

Ausstellung
‹Die gute Form›
Konstanz, BRD, 1949
Gestaltung: Max Bill

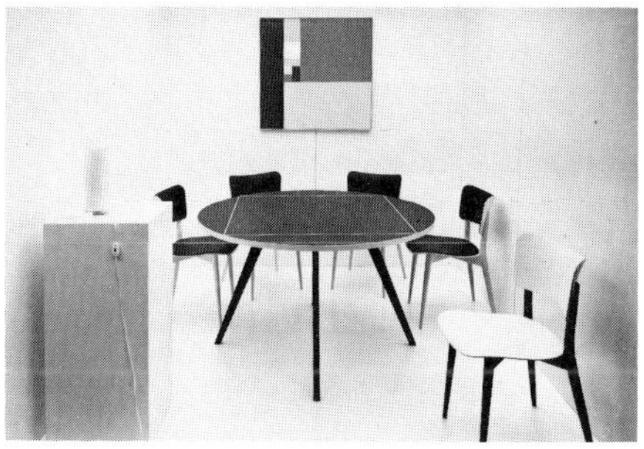

Ausstellung ‹Swiss Design›
London, 1957
Gestaltung: Max Bill

chandise Mart» in Chicago – umfassende Möbel- und Einrichtungsmesse – werden die ausgewählten Objekte gezeigt. Danach reisen sie durch die Staaten.

Erwähnenswert ist die Sonderschau des SWB ‹Die gute Form› 1960. Eingerichtet von Alfred Altherr, beherbergte sie eine kleine Abteilung, die unter dem Motto «60 Jahre Entwicklung der Form» gestanden hat. Altherr konfrontiert Produkte von 1960 mit solchen von 1900, so Schreibmaschinen, Heizungen, Bestecke, Haushaltmaschinen, Nähmaschinen. Die Konfrontation erinnerte, dass «modische Form rasch vergänglich» ist und «wahre Formentwicklung innerhalb der Beispiele guter, vernünftiger Gestaltung» stattfinde. Der SWB sehe seine Aufgabe in der «zweckmässigen und ästhetisch guten Gestaltung der Umwelt». In den nun folgenden Jahren hat der Begriff ‹**Umwelt**› ungebrochene Konjunktur. Mit einem Hang zum Pathetischen verkündet der Geschäftsbericht 1961, «Gestaltung der Umwelt des Menschen – dies ist der grosse Rahmen, in dem der Schweizerische Werkbund und die Mustermesse Basel die Aktion ‹Die gute Form› durchführen». Die Sonderschau 1967 wird den Titel «Gute Form – gute Umwelt» tragen.

1962 wünschten mehrere Firmen mit geeigneten Entwerfern in Kontakt zu treten – für die Auszeichnung ‹Die gute Form› meldeten sich bedeutend weniger Firmen als im Jahr zuvor. Die kleine Zahl wird in der **Überlastung vieler Firmen, Zurückhaltung punkto Werbeausgaben,** aber auch in der Tatsache gesucht, dass die Auszeichnung 1961 das erste Mal für drei Jahre vergeben worden ist. Obgleich 1964 die Anzahl der ausgezeichneten Firmen wieder zugenommen hat, artikulieren unsere Chronisten ein gewisses Unbehagen, sowohl hinsichtlich der «Begrenzung der ‹guten Form› durch den Rahmen der Mustermesse» wie auch gegenüber der Sonderschau. Diese schloss 1964 das erste Mal mit einem Defizit. Von der Jury wird im Zentralvorstand des SWB der Vorschlag unterbreitet, ein Kino einzurichten, in dem eine Reihe von Diapositiven mit Begleittext zu zeigen sei. Die Sonderschau 1964 (Gestaltung Igildo Biesele) reflektiert die latente Unsicherheit. Ihr thematischer Vorspann prüft, inwiefern sich 1953 ausgezeichnete Produkte bewährt haben. Man scheint sich seiner Sache nicht mehr so sicher. – Erneute ‹Hausse› im folgenden Jahr. Die angesprochenen Firmen sprechen sich gegen eine Präsentation ihrer ‹Guten Formen› in Diapositiven aus und treten für die «gegenständliche Ausstellungsform» ein. Ein neuer Begriff – «**Gesamt-Design**» – findet gehörige Aufmerksamkeit: Der Geschäftsführer des SWB regt an, einige vorbildliche Schweizer Firmen im Rahmen einer thematischen Schau vorzustellen. Dies dann das Thema der Sonderschau 1966, die dem ‹Firmengesicht› schweizerischer Firmen gewidmet ist.

Die Krise, latent schon seit 1964, sucht sich noch 1967 hinter einer lakonischen Formulierung zu verbergen. Ein Kommentator schreibt: ‹Die gute Form›

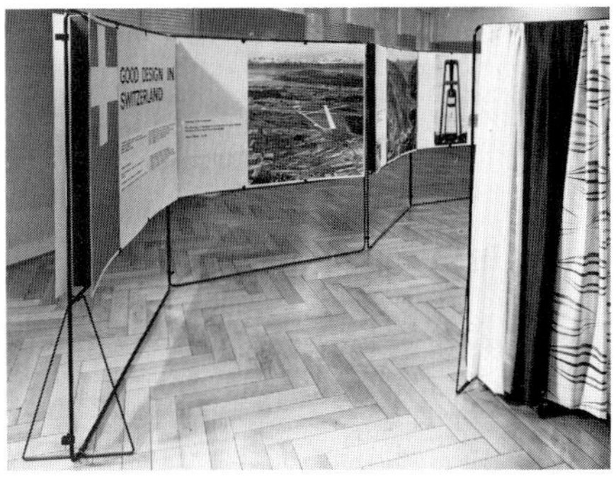

Ausstellung
‹Good Design in Switzerland›
USA und Canada, 1957/58/59
Gestaltung: Alfred Altherr

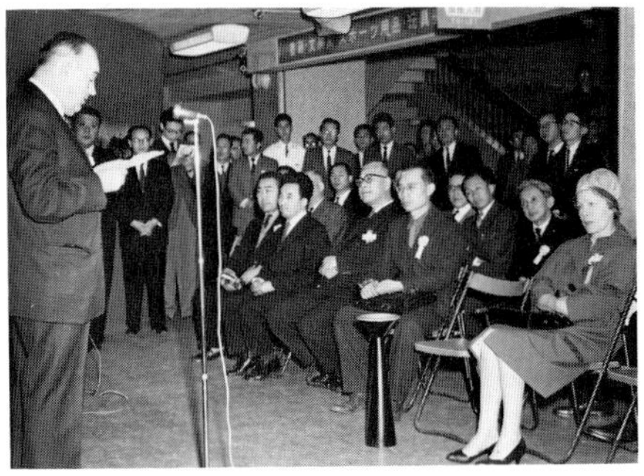

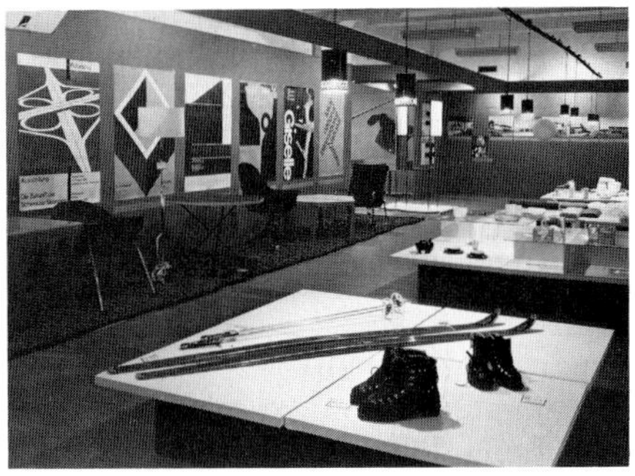

Ausstellung
‹Good Design in Switzerland/
This is Switzerland›
Tokyo 1961

stehe an einer Wende – aber das heisse nicht, dass jetzt in Bausch und Bogen alles verworfen werden müsse, was sie seit ihrem Bestehen geleistet habe (→). Kurzgefasst steht im Geschäftsbericht, die Beurteilungskriterien und den Modus der Jurierung habe man neu formuliert, die Jury neu bestellt und die Publikation der ausgezeichneten Objekte neu geregelt. Aber diese ‹bessere Form› der Institution löst die Probleme mitnichten. Gründe und Ursachen fürs Knirschen und Schwanken bleiben im Dunkeln. Im folgenden Jahr – neuer Modus: Die Auszeichnung findet nicht während, sondern vor der Mustermesse statt. Dergestalt verspricht man sich eine Aktualisierung der Schau. Die Anmeldungen seien rapide zurückgegangen. Die Industrie verweigert sich dem Urteil des SWB (→). Für die Mustermesse 1969 wird eine retrospektive Schau in Aussicht gestellt, die die Entwicklung seit Anbeginn der Auszeichnung im Jahre 1952 zeigen soll. Mit dieser Ausstellung sei die bisherige Aufgabe abgeschlossen, für die Mustermesse 1970 sei ein neuer Kriterienkatalog zu suchen – auf jeden Fall nicht mehr unter dem Aspekt ‹Die gute Form›.

Hernandez, A., Nach 15 Jahren: Bilanz der ‹guten Form›, in: WERK 1967, Nr. 11.

Die Gründe aus damaliger Sicht: «Die Anmeldungen für die diesjährige Auszeichnung sind stark zurückgegangen. Dieser Rückgang ist einerseits auf die Aufteilung in Sektoren und anderseits auf die Vorjurierung zurückzuführen. Viele Firmen (...) haben ihre Produkte erst kurz vor dem Messebeginn fertig erstellt, also nicht bereits sechs Wochen früher. Ein weiterer Grund mag darin liegen, dass durch diese Art der Jurierung – gewissermassen hinter verschlossenen Türen – das direkte Gespräch mit dem Produzenten nicht mehr möglich war.» SWB-Geschäftsbericht 1968.

Von Interesse sind vielleicht die Themen der Informationstagung des SWB für Pädagogen und Gestalter vom 18. und 19. Oktober 1968 an der ETH: Martin Speich (→): «Eine Bildzeitung entsteht»; Victor N. Cohen (→): «Ein Produkt entsteht – ein Produkt wird verkauft»; Alex Reinhard: «Der Markt»; Jean Girard: «Die Werbung»; Walter Vogt: «Das manipulierte Glück» ...

Redaktor der Boulevardzeitung BLICK.

Leiter der Werbeagentur ADVICO.

Hernandez schreibt im WERK unter dem Titel «So geht es nicht mehr weiter», die traditionelle SWB-Ausstellung sei zu einem alljährlich wiederkehrenden Ritual geworden, dessen Inhalt – wie es sich für ehrwürdige Rituale mit der Zeit gehöre – die Werkbündler nicht mehr verstünden. Die Veranstaltung habe ihre Funktion verloren, einen Ausweg aus jenem «gutbürgerlichen Muff» zu weisen, den Krieg und Heimatstil prolongierten. Sie erfülle die Funktion nicht, das Publikum zu informieren; die Information komme nicht an, die Kriterien wären dem Messebesucher unklar; Unterschiede zu den nichtausgezeichneten Produkten seien bloss graduell, aber nicht grundsätzlich. Nur als Eingeweihter erkenne man die Differenzen – in der Ausstellung blieben sie aber missverständlich. Die unreflektierten Leitsätze würden so zur Ideologie erstarren (→). Das wirklich oder vermeintlich Gute zu zeigen genüge nicht.

Hernandez, A., Die ‹gute Form›, am Ende ihrer Möglichkeiten, in: WERK 1968, Nr. 6.

Und 1969? Anstelle der retrospektiven Schau der nunmehr abgeschlossenen Aktion ‹Die gute Form› zeigte der Werkbund ein «Böses Bilderbuch für Zufriedene», eine achtminütige Bild-Tonschau, deren Konzept von A. Hernandez geschrieben und die von Joos Hutter realisiert worden war.

Die Beteiligung des ŒUVRE (Schwesterorganisation des SWB in der französischsprachigen Schweiz) an der Aktion ‹Die gute Form› scheint gering. Das ŒUVRE ist zeitweise mit einem Beisitzenden in der Jury

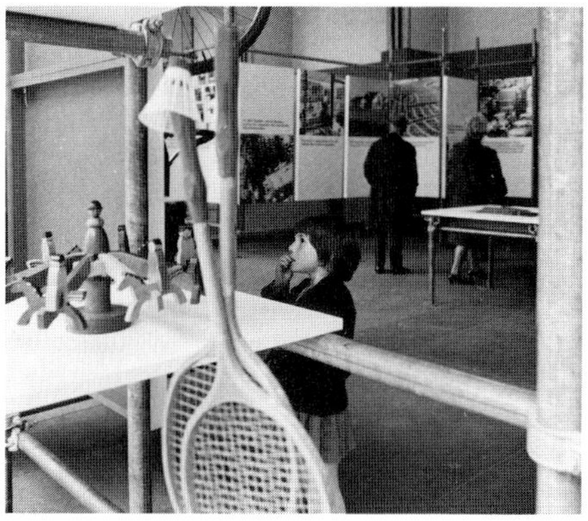

Sonderschau
‹Die gute Form 1966›
MUBA 1967
Gestaltung: Igildo Biesele

Nachtrag: Hätte man eine Geografie der ‹Guten Form› zu schreiben, wären für die hiesige, das heisst für die Situation Schweiz, vor allem zwei Zentren erwähnenswert: Basel und Zürich. ‹Die gute Form› scheint massgeblich von Deutschschweizer Vertretern des SWB getragen (→). Die Zürcher und die Basler Ortsgruppen des SWB weisen 1949 die grössten Mitgliederzahlen auf – beide Ortsgruppen zählten im diskutierten Zeitabschnitt eine Reihe von Exponenten zu ihren Mitgliedern, die – weit über die lokalen Grenzen hinaus – bildnerische Produktion beeinflussten oder beeinflussen sollten. (Zu erwähnen sind **nicht nur** Richard P. Lohse, Armin Hofmann und Max Bill). Die Basler Mustermesse determiniert natürlich den einen Bezugsort in einer Geografie der ‹guten Form› eindeutig. Basel nimmt in der Schweizerischen Industrielandschaft, dank Standort im Netz der Zentralitäten, eine vorzügliche Stelle ein.

vertreten. Einem Brief aus dem Jahre 1952 entnehmen wir:
«(...) Il nous est apparu cependant qu'il serait souhaitable que la Suisse romande soit représentée de toute manière dans le jury qui opérera au sein de la Foire de Bâle, ceci pour tenir compte du fait qu'il s'agit d'une manifestation nationale à laquelle de nombreux exposants de Suisse romande prennent part. (...).
Unterzeichnet: H. Droux
L'ŒUVRE, Le Président.

Chronik

1945

– Erster Rundgang einiger Werkbundmitglieder durch die Schweizer Mustermesse. Auswahl einiger «gut geformter» Objekte.
– Geschäftsführer des SWB ist seit 1930 Egidius Streiff, Architekt. 1948 wird Alfred Altherr sein Nachfolger.

– Kriegsende, der Wiederaufbau beginnt.

1946

– Auswahl der 1945 ausgewählten Objekte wird im WERK publiziert.
Erste Kontakte mit der Schweizer Mustermesse und mit der Industrie.

1947

– Max Bill bereitet eine Wanderausstellung für Deutschland und Österreich vor. Inhalt: gut gestaltete Schweizer Produkte.

– Neugründung des DWB.
– Gründung GATT (Zollsenkungen, reduzierte Einfuhrbeschränkungen).

1948

– Sonderschau der Qualität an der Mustermesse wird vom Geschäftsführer der Ortsgruppe Basel angeregt.
– Werkbundtagung in Basel. Vorträge von Th. Brogle (Direktor der Schweiz. Mustermesse)/ G. Paulsson (Schwedischer Werkbund)/M. Bill.
Diskussionsleitung: A. Roth.
Kurzreferate und Diskussionsbeiträge von: H. van de Velde/ M. H. Thomas/ S. Giedion/ J. Itten/ B. v. Grüningen.

– Ausstellung ‹Deine Wohnung – Dein Nachbar – Deine Heimat› im Helmhaus Zürich, organisiert von den Zürcher Hochbauämtern.
– Das Zürcher Kunstgewerbemuseum zeigt Arbeiten von Alvar und Aino Aalto.
– Alfred Altherr, Architekt, wird Geschäftsführer des SWB. 1961 tritt er zurück.

– OEEC gegründet (Abbau der Handelsschranken, Liberalisierung)
– Marshall-Plan tritt in Kraft.

1949

– Fotoschau ‹Die gute Form› gestaltet von M. Bill; sie wird an der Mustermesse gezeigt, dann in weiteren Schweizer Städten und in Österreich sowie in Deutschland.
– Finanzielle Unterstützung der Aktion ‹Die gute Form› durch das EDI.
– Der erste ‹Schweizer Warenkatalog› erscheint (Hrsg. SWB). Redaktion: E. Streiff, Gestaltung: R. P. Lohse.

– Verzicht auf die Nationale Ausstellung für angewandte Künste.
– Zentralstelle für Wohnfragen wird vom SWB ins Auge gefasst.
– ‹gut wohnen› heisst die SWB-Ausstellung der Ortsgruppe Basel.
– Das Zürcher Kunstgewerbemuseum zeigt ‹Schwedisches Schaffen heute› (vom Stadtplan bis zum Essbesteck).
– Ausstellung ‹Pevsner, Vantongerloo, Bill› im Kunsthaus Zürich.

– Ausstellung ‹Design for use› im Museum of Modern Art (New York).
– Werkbundausstellung ‹Neues Wohnen› in Köln.

1950

– Kleine Schau im Freien (Trottoir-Schau) mit «guten Objekten» anlässlich der Mustermesse; Gestaltung: R. P. Lohse.
– ‹Die gute Form›, Wanderausstellung des SWB wird im Kunstgewerbemuseum Zürich gezeigt.

– Tagung in Aarau. Thema ist das Verhältnis USA/ Schweiz (Amerikanismus).
– Ausstellung des Schweizerischen Werkbundes, ‹SWB 1950› (Ortsgruppe Zürich) im Kunstgewerbemuseum Zürich.

– Ausstellung ‹Good Design› im Merchandise Mart Chicago.
– Werkbundausstellung (DWB) ‹wie wohnen?› in Stuttgart und Karlsruhe.

1951

– Sonderschau ‹Form & Farbe› an der Mustermesse. Der Wunsch nach einer alljährlichen Ausstellung wird ausgesprochen. Die Ausstellung wird noch in Bern und Winterthur gezeigt.

– Auftrag des EDI an den Werkbund zur Gestaltung des Beitrags für die 9. Triennale di Milano (Gestaltung: Max Bill).
– Ausstellung ‹Kunst und Wohnkultur› in Luzern.
– Der SWB beteiligt sich an der Prämierung ‹Die besten Bücher› (Organisator: Schweizer Buchhändler- und Verleger-Verein).
– Das Kunstgewerbemuseum Zürich zeigt ‹Finnisches Kunstgewerbe›.

– Die SPD beantragt einen ‹Rat für Formentwicklung in Industrie und Handwerk›.
– Der Bundesverband Deutscher Industrie konstituiert einen ‹Arbeitskreis für industrielle Formgebung›.
– Gründung des Instituts für ‹Neue Technische Form› und ‹Rat für Formgebung› in der BRD. Jährlicher ‹Bundespreis Gute Form›.

1952

– Erstmals, und von nun an jährlich, wird die Auszeichnung ‹Die gute Form SWB› an der Mustermesse verliehen.

– Ausstellung ‹Allianz› im Kunsthaus Zürich.
– Das Gewerbemuseum Basel zeigt ‹Design for Use›, eine amerikanische Ausstellung, sowie den Schweizer Beitrag zur 9. Triennale.
– Das Zürcher Kunstgewerbemuseum zeigt ‹Angewandte Kunst aus Dänemark›.
– In Luzern findet die Ausstellung ‹Wohnbedarf› statt.

1953

– Zum 2. Mal wird die Auszeichnung ‹Die gute Form› verliehen.
– Eine Auswahl der 1952 ausgezeichneten Objekte wird im Gewerbemuseum Basel parallel zur Mustermesse 1953 ausgestellt. Bern und St. Gallen übernehmen diese Ausstellung.
– ‹Die gute Form SWB› wird ins Markenregister eingetragen.
– Die Ausstellung ‹Schönheit der Technik – die gute Industrieform› (Landesgewerbeamt Baden-Württemberg) wird mit einer Auswahl schweizerischer Objekte beschickt.

– Das Thema der SWB-Tagung lautet: ‹das Konstante und das Modische›.
– Das Zürcher Kunstgewerbemuseum zeigt ‹Formschaffen in England›.

– Gründung des ‹Institut d'esthétique industrielle› (Frankreich).

1954

– Auszeichnung ‹Die Gute Form 1954›.
– Die Vorhalle 8 der Mustermesse wird dem SWB für die Sonderschau ausgewählter Objekte des Vorjahres zur Verfügung gestellt (Gestaltung E. Ruder, A. Hofmann): die Ausstellung geht nach Zürich und Winterthur (Gestaltung A. Altherr).
– Der 2. ‹Schweizerische Warenkatalog› erscheint. Gestaltung: R. P. Lohse, Redaktion: A. Altherr.
– Diskussion im SWB um eine Wanderausstellung mit dem Thema ‹Design in Switzerland›.
– Das ŒUVRE wird mit der Gestaltung des Schweizer Pavillons an der Triennale di Milano beauftragt (Gestaltung: M. Péclard). Gezeigt wird aus den Beständen der ‹guten Form›.

– Das Zürcher Kunstgewerbemuseum zeigt ‹Forme Nuove in Italia›.

1955

– Die Auszeichnung ‹Die gute Form› wird zum 4. Mal verliehen.
– Die Sonderschau ‹Die gute Form› umfasst fünf Teile (thematischer Vergleich Naturgegenstände – Gebrauchsgegenstände/ Wohnabteilung/ Haushalt/ Sportgeräte und Bürogegenstände/Armaturen und Beleuchtungskörper).
– Internationale Ausstellung ‹H 55› (Wohneinrichtung, industrielle Formgebung, Kunstgewerbe) in Hälsingborg, Schweden, wird vom SWB beschickt.

– SWB-Tagung in St. Gallen: ‹Der SWB und die Werkbünde›.

– Eröffnung der Hochschule für Gestaltung, Ulm (BRD).

1956

– Auszeichnung ‹Die gute Form 1956›.
– Sonderschau ‹Die gute Form› an der Mustermesse. Ausgestellt sind 1955 ausgezeichnete Gegenstände. Bereiche: Wohneinrichtungen, Haushalt, Sport- und Büroartikel. Gestaltung: Alfred Altherr.
– Vorbereitungen zur Wanderausstellung für die USA und Kanada. Titel: ‹Good Design in Switzerland›. Den Auftrag erteilt die Pro Helvetia, in Zusammenarbeit mit der Schweiz. Zentrale für Handelsförderung.

– Vorbereitungen für die Internationale Bauausstellung in Berlin 1957. (Ausstattung des Mehrfamilienhauses von Otto Senn.)
– SWB-Tagung 1956 zusammen mit dem DWB, Werkbundversammlungen in Zürich und an der Hochschule für Gestaltung, Ulm. Referate von: O. Haupt/ M. Bense/ M. Bill/ A. Roth.
– Vorbereitung der 11. Triennale 1957. Gestaltung: Alfred Roth.
– Vorbereitung für die Weltausstellung 1958 in Brüssel.
– Wohnberatungskurs (1955/56) im Gewerbemuseum Winterthur (erste Schweiz. Wohnberatungsstelle, Initiator: A. Altherr).

– Eröffnung des Design Centres in London.

1957

– Auszeichnung ‹Die gute Form 1957›.
– Sonderschau ‹Die gute Form›, umfassend die Bereiche: Wohnen, Haushalt, Büro.
– SWB-Wohnausstellung Interbau im Hause Senn, Berlin.
– Die Wanderausstellung ‹Good Design in Switzerland› beginnt in Washington. Sie wird in 13 Städten Station machen (USA, Kanada).
– Ausstellung ‹gute form aus der schweiz›, München.

– Alfred Roth gestaltet den Schweizer Pavillon für die 11. Triennale (Wandbild R. P. Lohse).
– Vorbereitungen für die Weltausstellung 1958.
– Das Zürcher Kunstgewerbemuseum zeigt ‹Schwedisches› und ‹France d'aujourd'hui›.

– Die EWG wird durch die Verträge von Rom begründet.
– Zusammenschluss aller am Industrial Design interessierten Verbände in London zum ICSID (International Council of Societies of Industrial Design).

1958

– Auszeichnung ‹Die gute Form 1958›.
– Sonderschau ‹Die gute Form› an der Mustermesse (Gestaltung A. Altherr). Bereiche: Wohnen, Haushalt, Büro. Die Sonderschau wird auch in Winterthur (Gewerbemuseum) gezeigt.
– Die Ausstellung ‹Good Design in Switzerland› zirkuliert in den USA und Kanada.

– Beschluss an der SAFFA teilzunehmen. Eine neutrale Wohnberatungsstelle wird in diesem Zusammenhang ins Auge gefasst: Aufbau: Martha Studer-Villiger.
– Ausstellung «Schönheit aus der Hand – Schönheit durch die Maschine» in Recklinghausen/Ruhr BRD wird mit schweizerischen Beiträgen beschickt.
– Eröffnung einer Wohnberatungsstelle durch das Kunstgewerbemuseum Zürich.
– Tagung: ‹SWB und Heimatschutz› (Lenzburg).
– Ausstellung ‹Kunstform – Naturform› in St. Gallen.
– Ausstellung ‹Kunststoffe› im Gewerbemuseum Winterthur.
– Das Zürcher Kunstgewerbemuseum zeigt ‹Konstruktive Grafik› (Lohse, Neuburg, Vivarelli), ‹Henry van de Velde, 1863–1957›, ‹Neue Metallmöbel› (Eichenberger/ Haussmann/ Thut).
– Ausstellung ‹Kunst und Naturform› in der Kunsthalle Basel (aus Anlass des 200jährigen Bestehens der J. R. Geigy AG).

1959

– Auszeichnung ‹Die gute Form 59›.
– Sonderschau ‹Die gute Form 1958› (Gestaltung: A. Altherr).
Bereiche: Möbel, Teppiche, Vorhänge, Beleuchtungskörper, Musikinstrumente, Radiogeräte, Spielwaren, Wandbekleidung, Bodenbeläge, Büroapparate, Haushalt- und Küchenartikel, Bad- und Sanitätsausrüstungen, Sport- und Reisegeräte.
– Ausstellung ‹Swiss Design›, London (Gest.: M. Bill).

– Wohnausstellung in Hirtenegg, Luzern.
– Die Ausstellung ‹Kunststoffe› wird im Gewerbemuseum Bern gezeigt.

– Beginn der Hochkonjunktur in der Schweiz.

1960

– Auszeichnung ‹Die gute Form 1960›.
– Sonderschau ‹Die gute Form› an der Mustermesse. Gestaltung: Alfred Altherr.
Ergänzung: kleine Abteilung unter dem Motto «60 Jahre Entwicklung der Form»; Gegenüberstellung von Produkten 1900/1960.
– ‹Wohnen heute 3›. (3. Schweizer Warenkatalog) erscheint (Untertitel: Warenkatalog des Schweizerischen Werkbundes). Gute Wohnungseinrichtungen werden präsentiert. Redaktion: Alfred Altherr; Gestaltung: R. P. Lohse.

– Vorbereitungen zur Landesausstellung 1964, EXPO, beginnen.
– Gestaltungs- und Ideenwettbewerb für die EXPO 64. Wettbewerb «form 60» (Globus).
– Ausstellung ‹Wohnen heute› in Luzern.
– Schweizerische Zentralstelle für Baurationalisierung wird gegründet.
– Das Institut für Arbeitsphysiologie an der ETH etabliert.
– Das Zürcher Kunstgewerbemuseum zeigt: ‹Alexander Calder› / ‹Industriewaren von Wilhelm Wagenfeld› / ‹Holzarbeiten von Kurt Naef›.

– 12. Triennale Mailand.
– Gründung der EFTA, (Zollfreiheit zwischen EFTA-Ländern wird 1966 erreicht)
– Gründung der OECD, Nachfolgeorganisation der OEEC.

1961

– Auszeichnung ‹Die gute Form 1961›.
– Sonderschau ‹Die gute Form› an der Mustermesse; Gestaltung: Alfred Altherr.
Thematische Einführung: ‹Der Mensch und der Gegenstand›.
– ‹Good Design in Switzerland› unter dem Titel ‹This is Switzerland› wird in Tokyo im Warenhaus Shirokiya gezeigt.
– Seit 1961 wird ein rotes Label (Die gute Form) für 3 Jahre abgegeben.

– Das Kunstgewerbemuseum Zürich zeigt: ‹Stile Olivetti› und ‹gute Möbel›.

1962

– Auszeichnung ‹Die gute Form 1963›.
– Sonderschau ‹Die gute Form› an der Mustermesse; Gestaltung: Hans Neuburg.
– Eugen Gomringer, Publizist, wird Geschäftsführer des SWB. 1967 tritt er zurück.
– Wohnen heute 4 (4. Warenkatalog) erscheint (1962/63).

– Das Kunstgewerbemuseum Zürich zeigt: ‹Arne Jacobson› (Architektur und Gebrauchsgeräte).

1963

– Auszeichnung ‹Die gute Form 1963›.
– Sonderschau ‹Die gute Form› an der Mustermesse; Gestaltung: Igildo Biesele.
– 50-Jahr-Jubiläum des SWB, Ausstellung im Kunstgewerbemuseum Zürich.

1964

– Auszeichnung ‹Die gute Form 1964›; die Auszeichnung ist gültig, solange Produkte unverändert im Handel bleiben.
Neue Lösungen für die Durchführung werden vorgeschlagen.
– Sonderschau ‹Die gute Form› an der Mustermesse; Gestaltung: Igildo Biesele.
Thematische Vorschau: ‹Bewährung und Nichtbewährung einiger im Jahre 1953 ausgezeichneter guter Formen›.

– Höhepunkt der Hochkonjunktur in der Schweiz.

1965

– Auszeichnung ‹Die gute Form 1965›.
– Sonderschau ‹Die gute Form› an der Mustermesse; Gestaltung: Igildo Biesele. Keine thematische Schau.
– ‹Wohnen heute 5› (Warenkatalog des Schweizerischen Wohnbundes) erscheint (1965/66).

– Versuch, ein SWB Design Center in Zürich zu eröffnen.

1966

– Auszeichnung ‹Die gute Form 1966›.
– Ausstellung an der Mustermesse wird zur Sonderschau mit dem Thema ‹Gesamt-Design› (Firmengesicht/Image) konzipiert.

1967

– Auszeichnung ‹Die gute Form 1967›.
– Sonderschau ‹Gute Form – Gute Umwelt› an der Mustermesse; Gestaltung: Igildo Biesele. Themen: Das Gerät/ Die Wohnung/ Wohnung und Umwelt/ Wohnung für Herrn Jedermann/ Die Wohnung für Dich/ Die Küche. Die Ausstellung wird noch in Winterthur und an der Gewerbeschule Telli, Aarau, gezeigt.
– Reorganisation der Aktion ‹Die gute Form› wird diskutiert.
– Warenkatalog ‹Wohnen heute 6› erscheint.

– 1967 bis 1970 ist der SWB ohne Geschäftsführer; die Geschäftsstelle wird von der Sekretärin, Gaby Arrigo, allein weitergeführt.

1968

– Auszeichnung ‹Die gute Form 1968› (zum letzten Mal). Neuer Modus: Auszeichnung vor Messebeginn.
– Für die Sonderschau an der Mustermesse werden aber auch Objekte vom Vorjahr hinzugenommen. Gestaltung: Kurt Hauert.

– Studentenunruhen, ‹Globus-Krawalle› in Zürich, Antiautoritäre Bewegungen, APO usw.

1969

– Auflösung der Aktion ‹Die gute Form›, keine Retrospektive, stattdessen ‹Böses Bilderbuch für Zufriedene›, eine Tonbildschau; Konzept: A. Hernandez; Gestaltung: J. Hutter.
– Zuwendung zu anderen Themen.

– Internationales Design Zentrum Berlin eröffnet (1969/ 70).

Gute Formen aus der Zeit vor 1949

1 Stehlampe
B.A.G. Turgi
1942/1952

2 Bügeleisen
Therma AG, Schwanden
1942/1952

3 Strahler
Therma AG, Schwanden
1930/1952

4a Mart Stamm, 1926 (MB)

b Mart Stamm, ca. 1930 (MB)

c Stuhl
Bigler, Spichiger + Cie. AG, Biglen
1936/1952

d Gartenstuhl
H. Eichenberger/Bigler, Biglen
1963

5 Tastaturen
Autophon AG, Solothurn
1943/1954

6 Elektrische Nebenuhr
Favag AG, Neuchâtel
1943/1952

7 Wandbatterie
AG Karrer, Weber + Cie., Unterkulm
1944/1954

8 Vorratsfass
Imprägnieranstalt AG, Zofingen
ca. 1936/1952

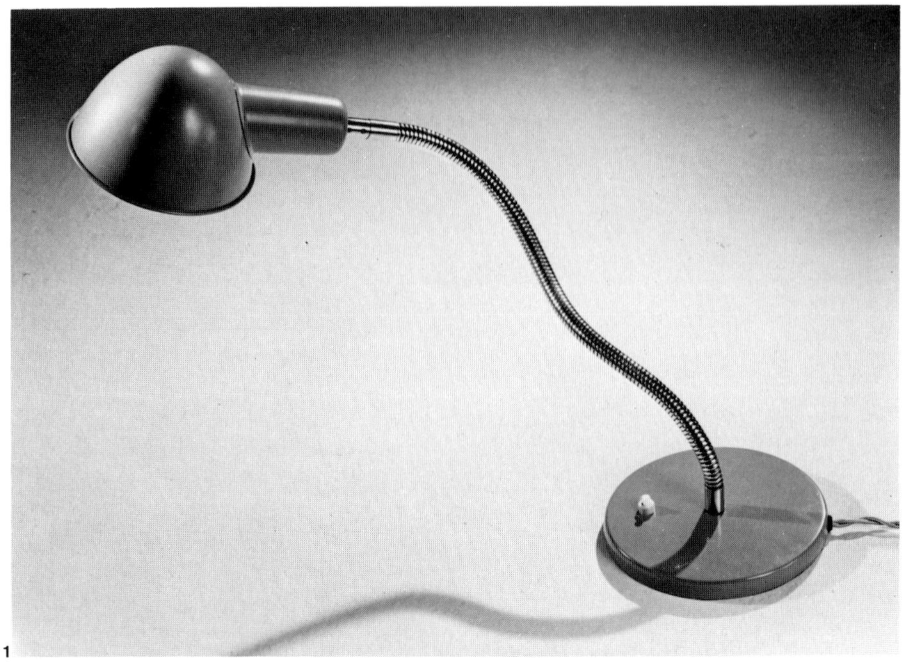

1

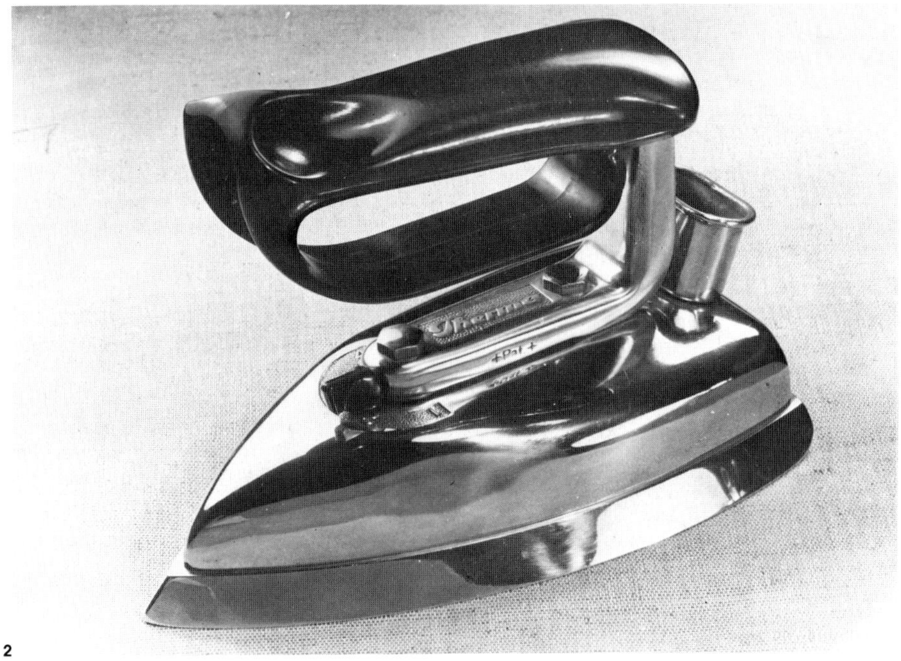

2

9 Stuhl
W. Moser/Möbelfabrik Horgen-Glarus, Glarus
1927/1966

10 Stuhl
W. Moser/Möbelfabrik Horgen-Glarus, Glarus
1929/1955

11 Stuhl
Möbelfabrik Horgen-Glarus, Glarus
1955/1958

12 Stuhl
Möbelfabrik Horgen-Glarus, Glarus
1960/1966

13 Stuhl
Nauer + Knöpfel/Wohnhilfe Zürich
1960/1960

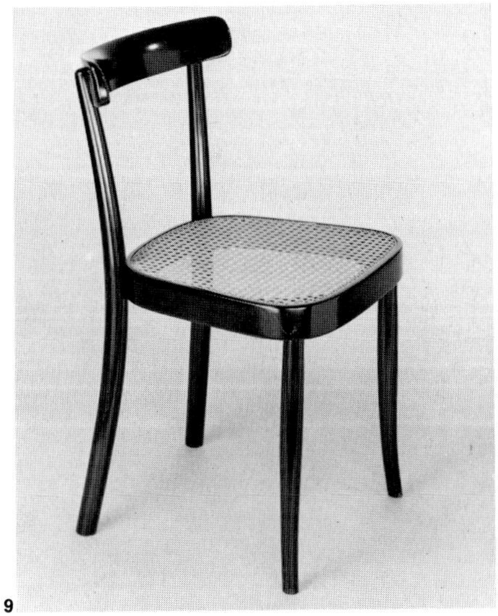

9

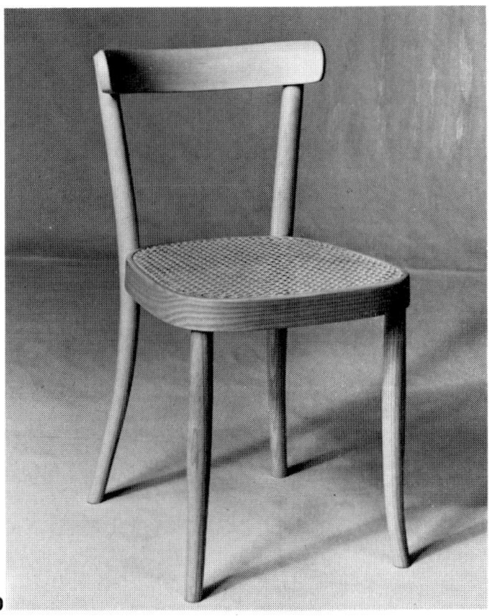

10

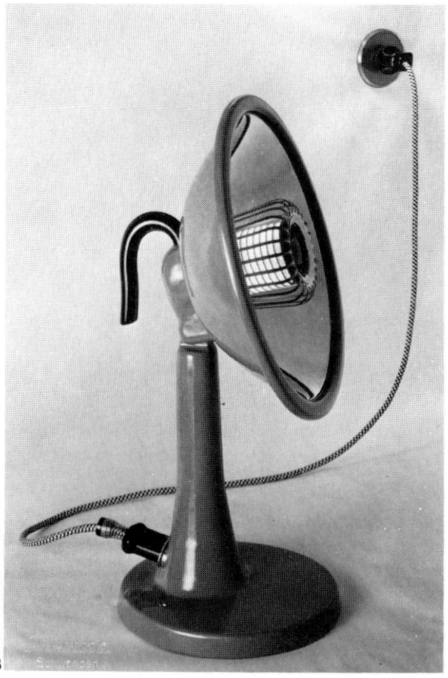
3

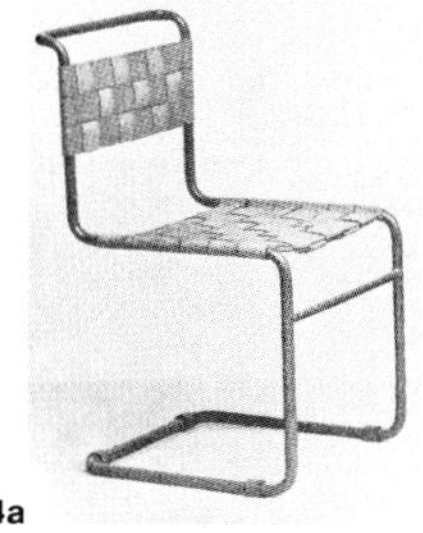
4a

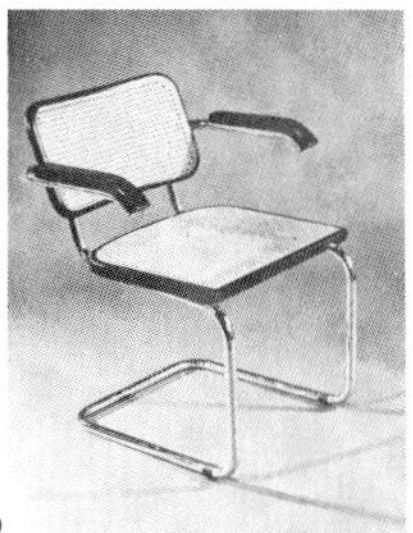
b

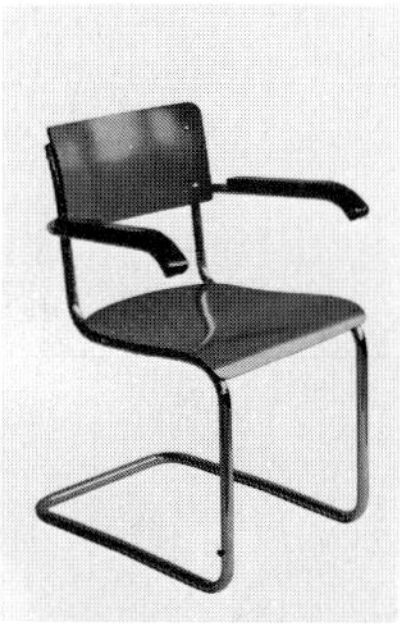
c

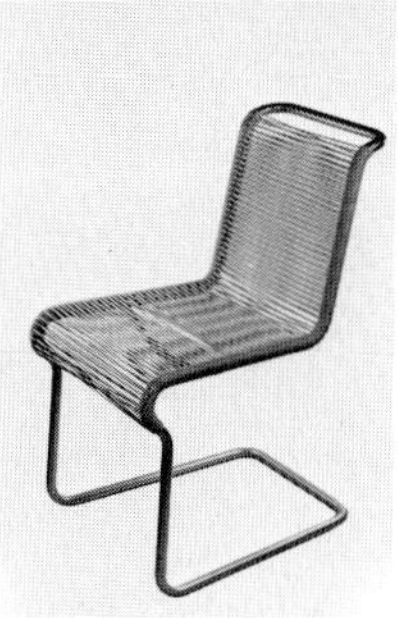
d

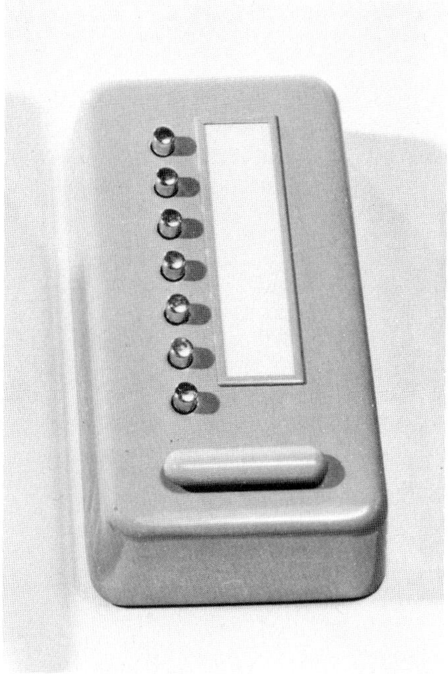
5

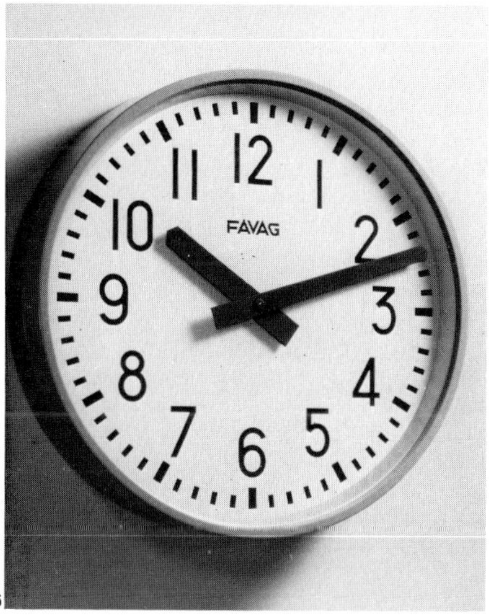

6

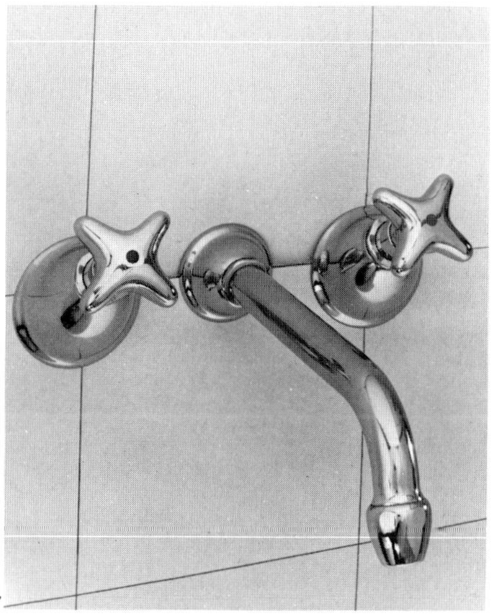
7

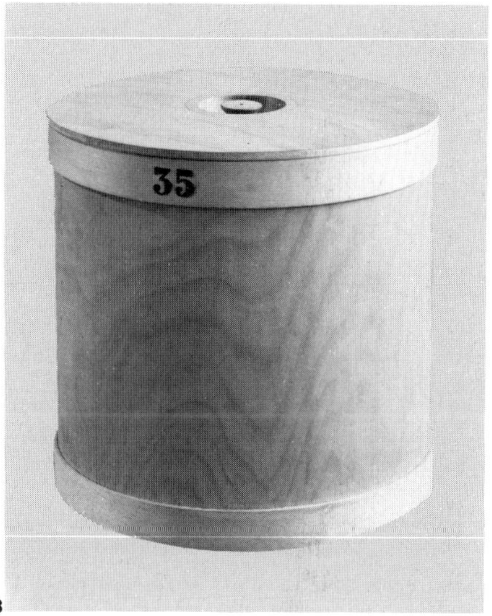

8

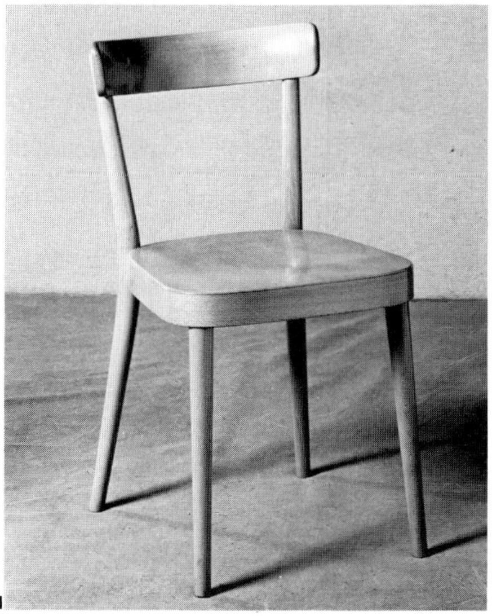
11

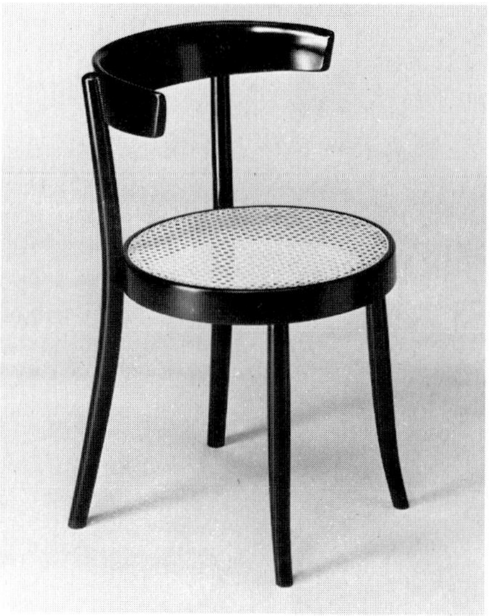
12

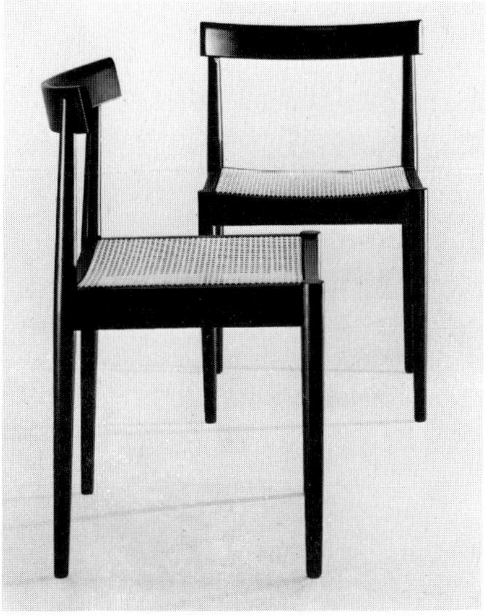
13

Die gute Form 1952 bis 1954

1 Anrichte
A. Altherr/K. H. Frei, Weisslingen
1953/1954

2 Stehlampe
A. Altherr/H. Kihm, Zürich
1954/1954

3 Vase
Müller AG, Luzern
1954/1954

4 Fauteuil
Möbelfabrik Horgen-Glarus, Glarus
1954/1954

5 Stuhl
M. Bill/Möbelfabrik Horgen-Glarus, Glarus
1951/1952

6 Sperrholzstuhl
Alb. Rauch/Wohnhilfe, Zürich
1953/1953

7 Saftpresse «Zyliss»
Zysset + Co., Lyss
1952/1953

8 Dampfkochtopf
H. Kuhn, Rikon
1948/1953

9 Zeitungsständer
Nauer + Vogel, Zürich
1952/1954

10 Holzvergaser
Herzog + Co., Feldmeilen
1950/1952

11 Waschmaschine
Gallay AG, Genf
1950/1953

12 Telefontisch
W. Kienzle/Wohnbedarf, Zürich
1954/1954

13 Telefonrundspruchempfänger
Autophon AG, Solothurn
1950/1952

14 Trockenrasierapparat
Kobler + Co., Zürich
1938/51 / 1952

15 Hermes Baby
Paillard SA/Hermag Zürich
1938/39 / 1952

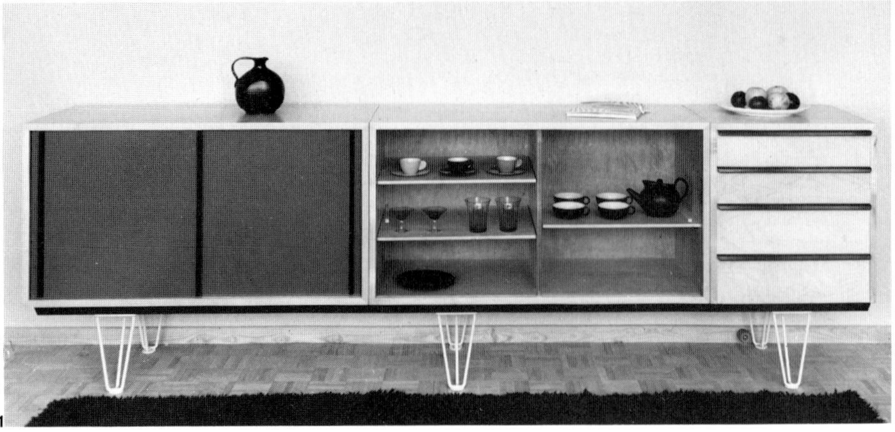
1

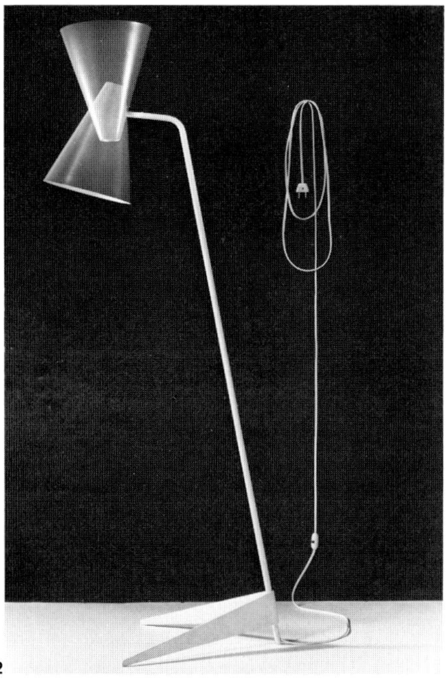
2

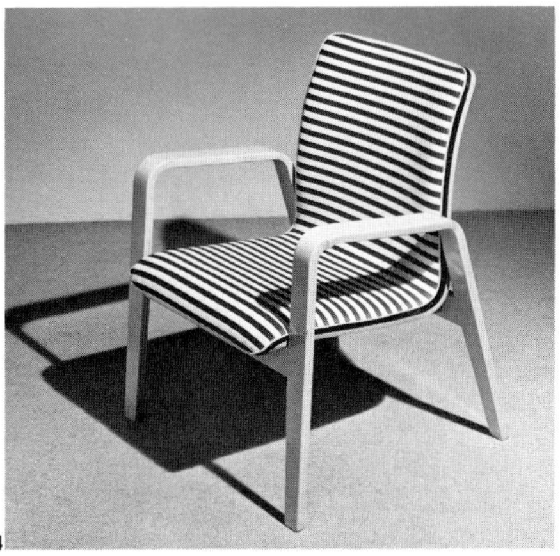
4

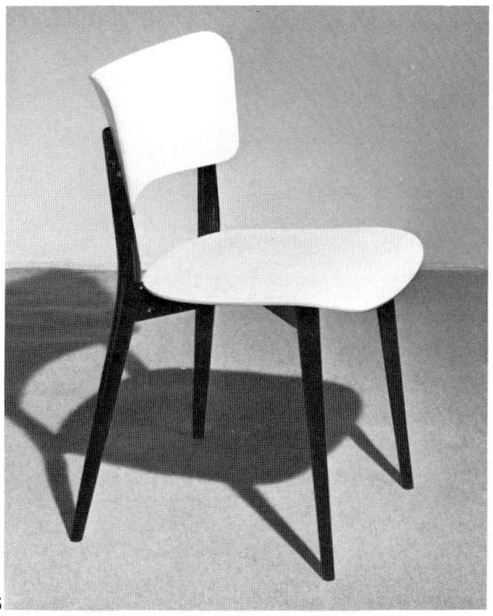
5

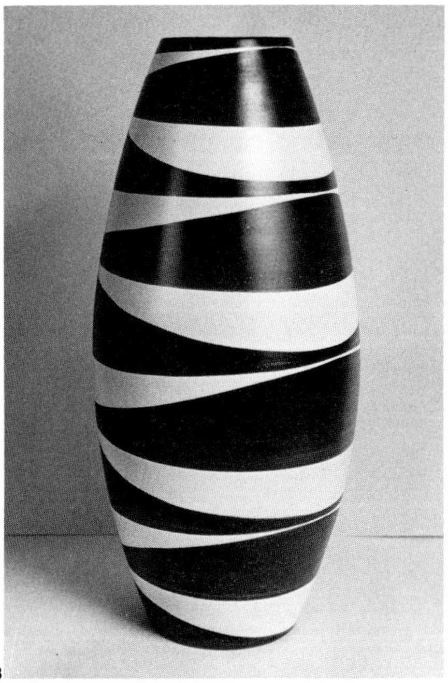
3

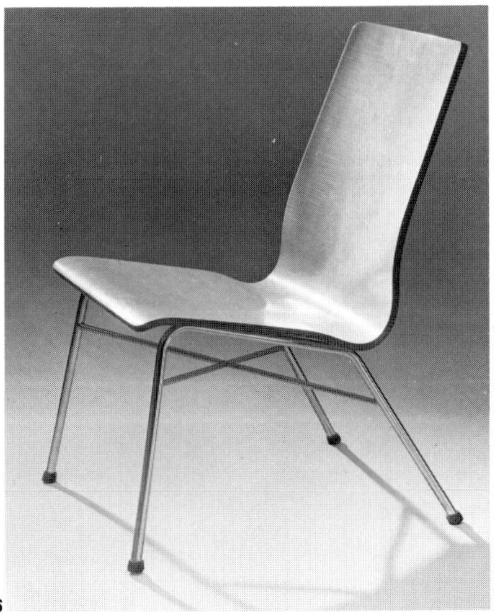
6

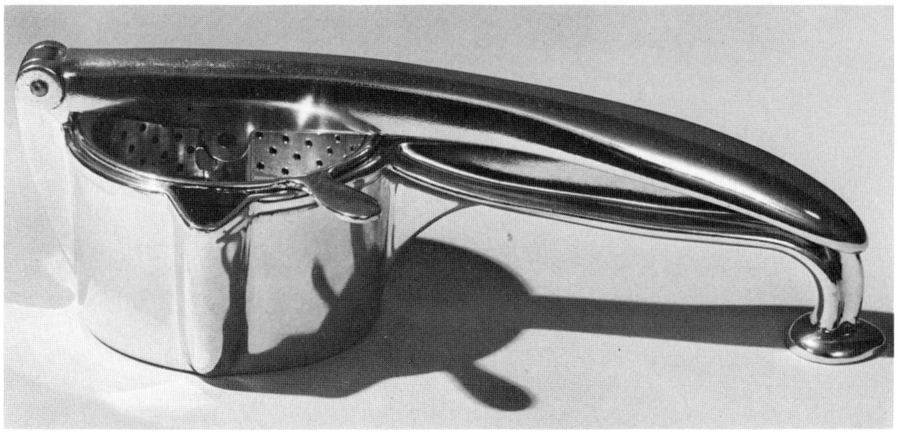

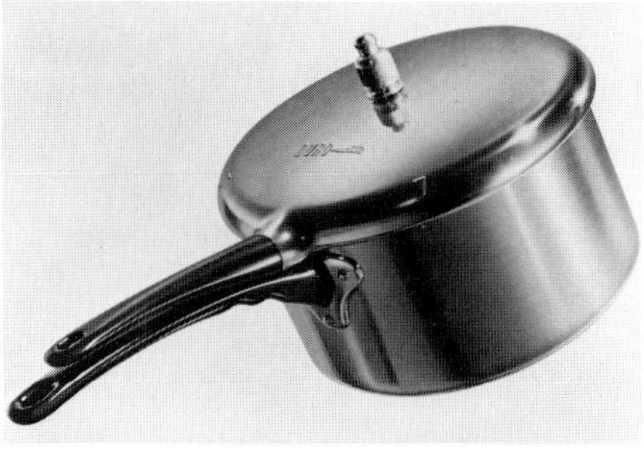

8

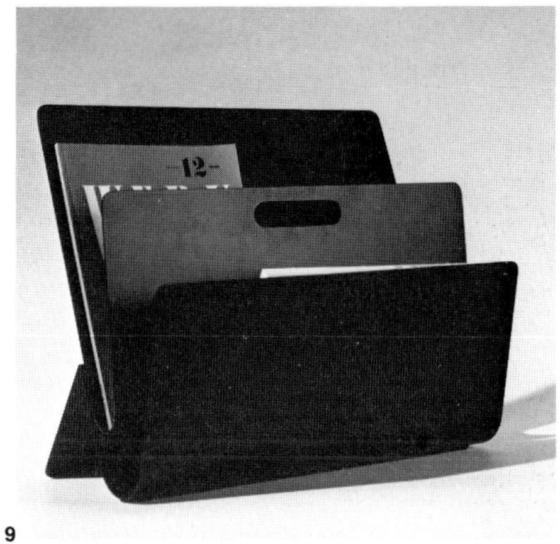

9

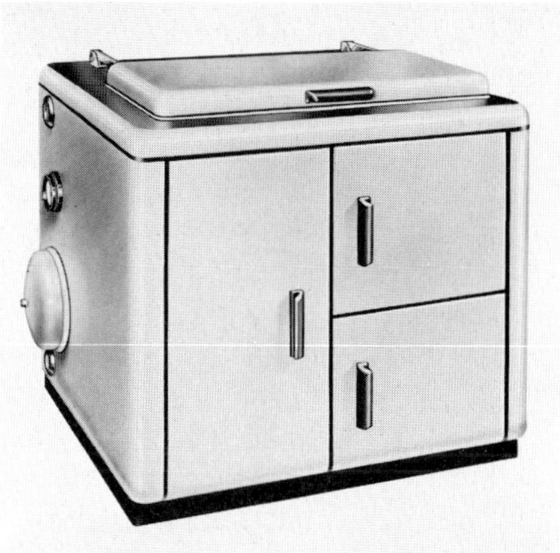

10

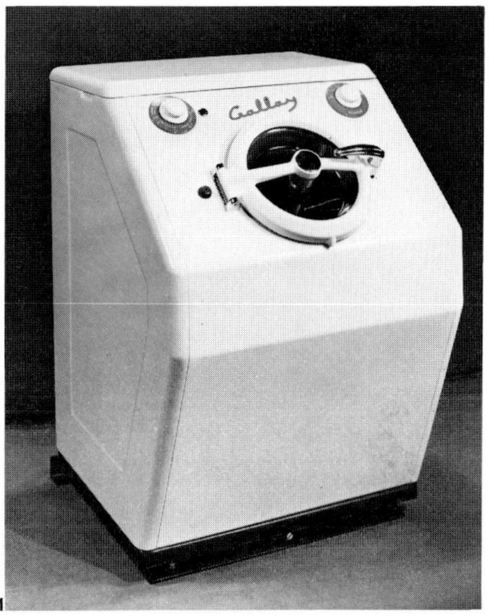

11

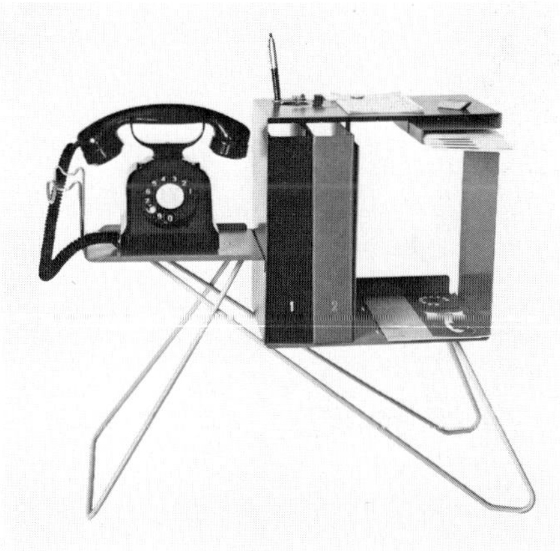

12

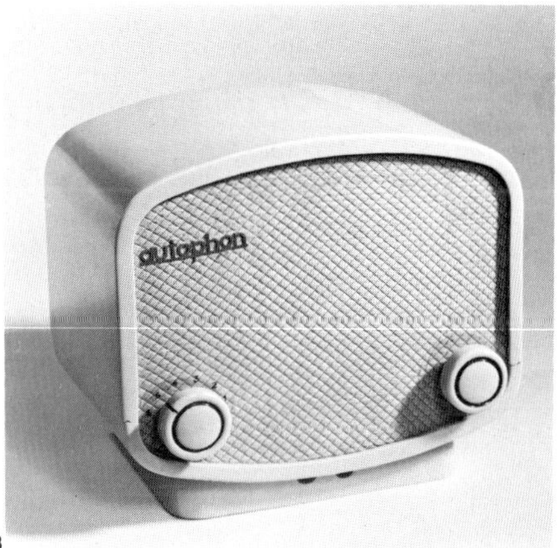

13

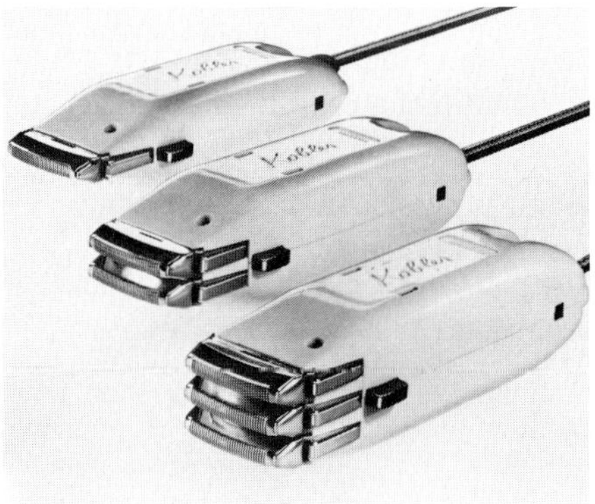

14

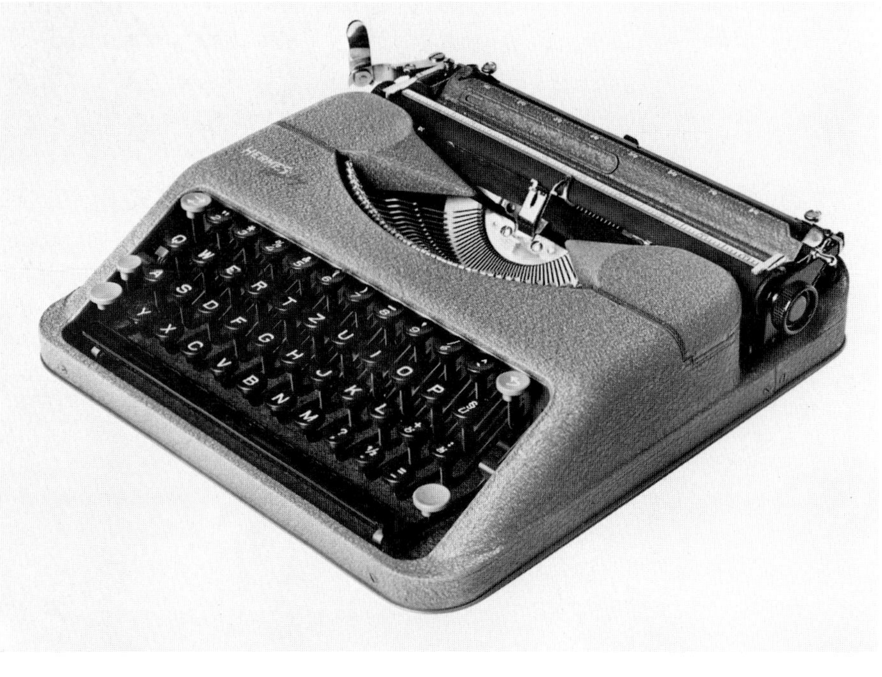

15

Die gute Form 1959 bis 1963

1 Küchenmaschine
Rotel AG, Aarburg
1958/1959

2 Kaffeemühle Rotel
Rotel AG, Aarburg
1958/1959

3 Grill Melior
Etabl. F. Bondanini, Renens
1960/1960

4 Ausbeinmesser Swibo
Wenger SA, Delémont
1960/1960

5 Gaspfanne
Gröninger AG, Binningen
1960/1960

6 Badebatterie
AG Karrer, Weber + Cie., Unterkulm
1959/1960

7 Haartrockner
Gimelli + Co., Bern
1961/1962

8 Kinderwagen
G. Leiser, H. Portmann/
Wisa Gloria-Werke AG, Lenzburg
1959/1960

9 Radio + Verstärker
O. E. Waldmeier, Basel
1960/1963

10 Stuhl
Möbelfabrik Horgen-Glarus, Glarus
1959

11 Stuhl
Olympia-Express, Chiasso
1960/1960

12 Rechenautomat
Bührle + Co., Zürich
1960/1960

13 Papierkorb
L. Resinelli/Livoflex, Locarno
1956/1959

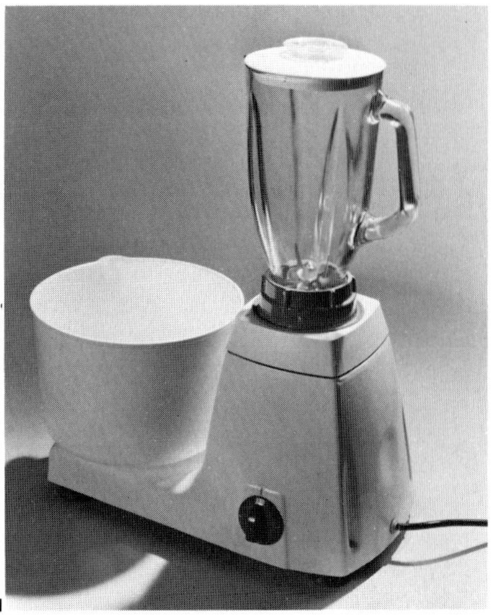

1

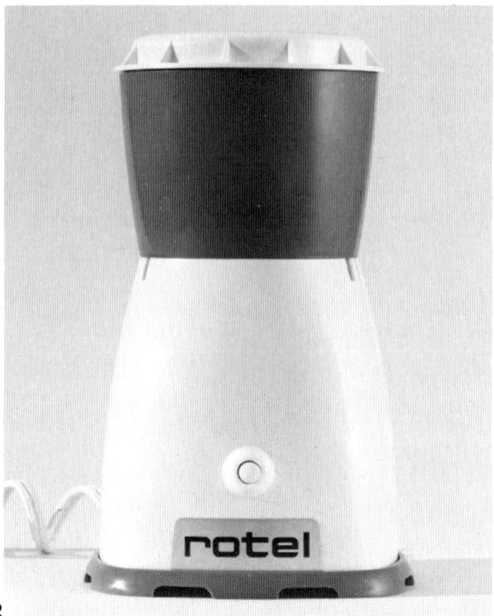

2

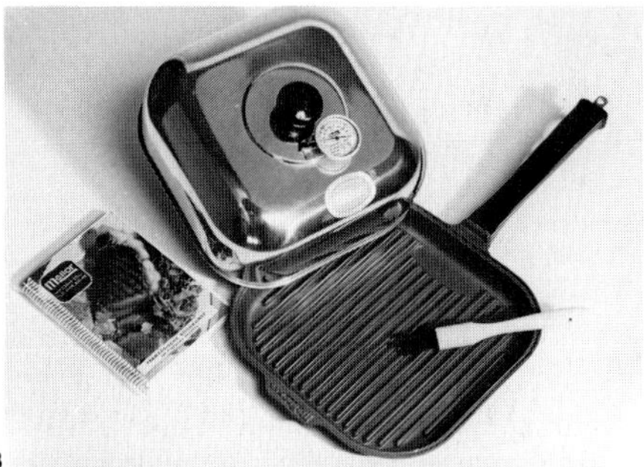

3

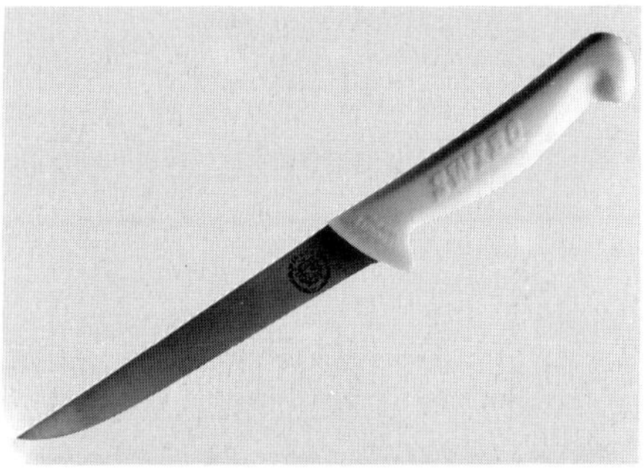

4

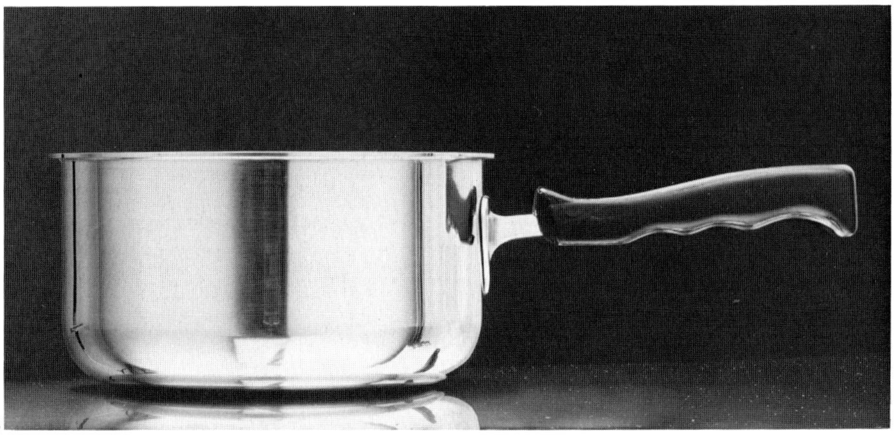

5

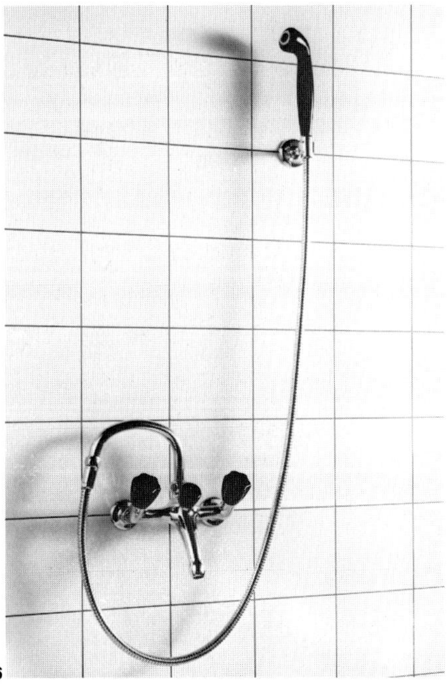

6

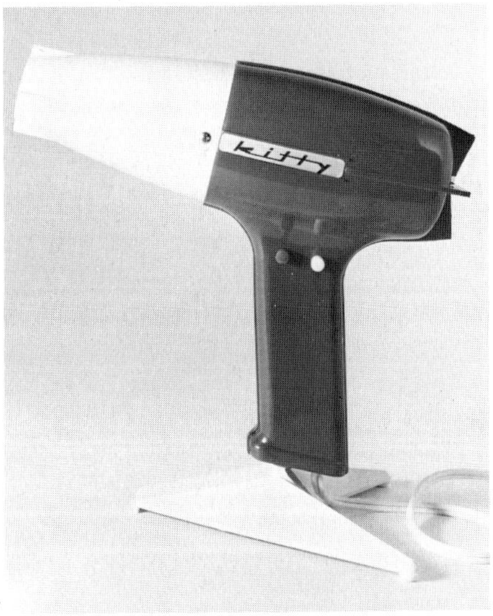

7

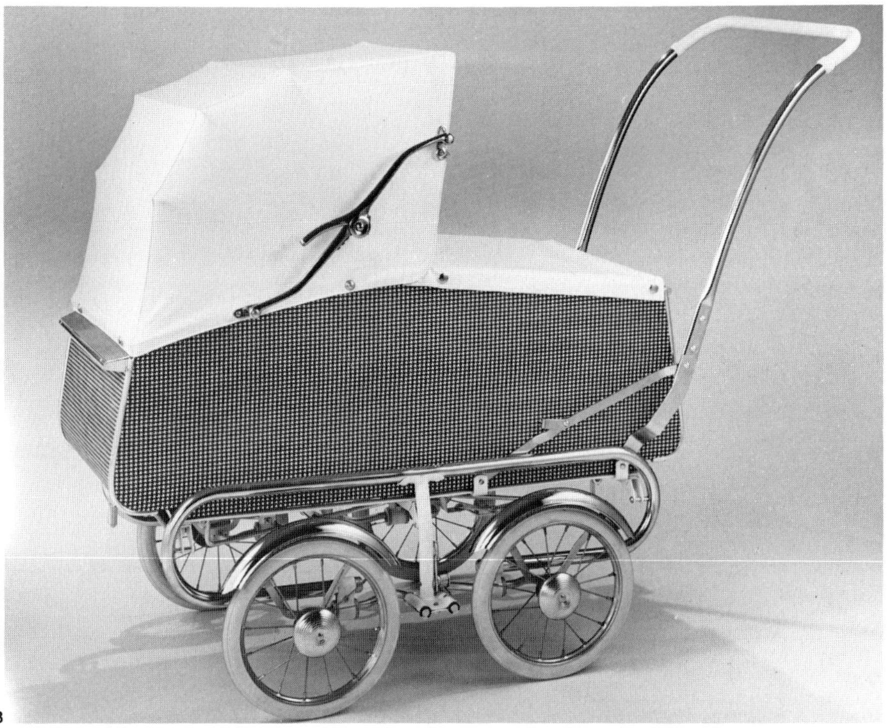

8

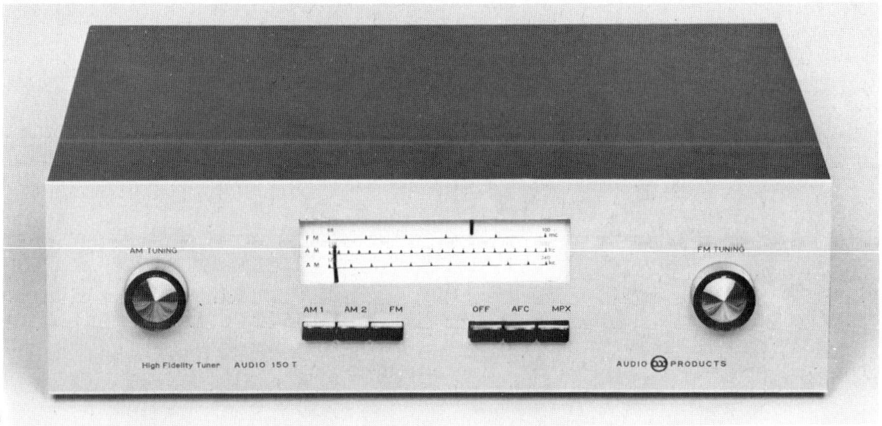
AM TUNING
FM TUNING
AM 1
AM 2
FM
OFF
AFC
MPX
High Fidelity Tuner AUDIO 150 T
AUDIO PRODUCTS

9

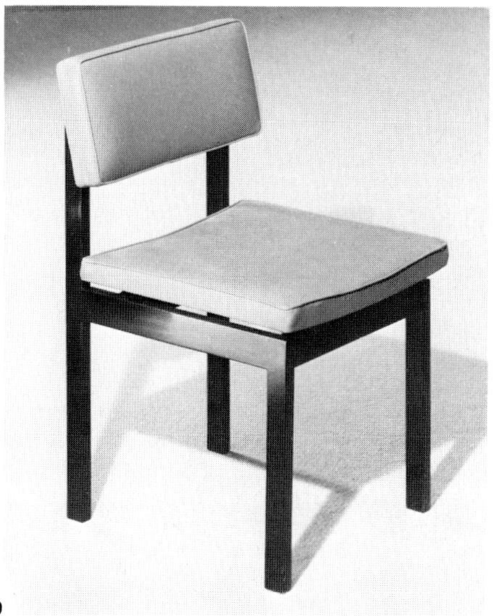

10

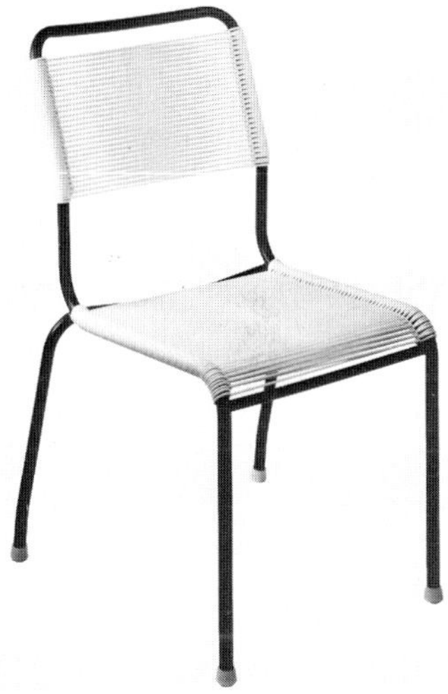

11

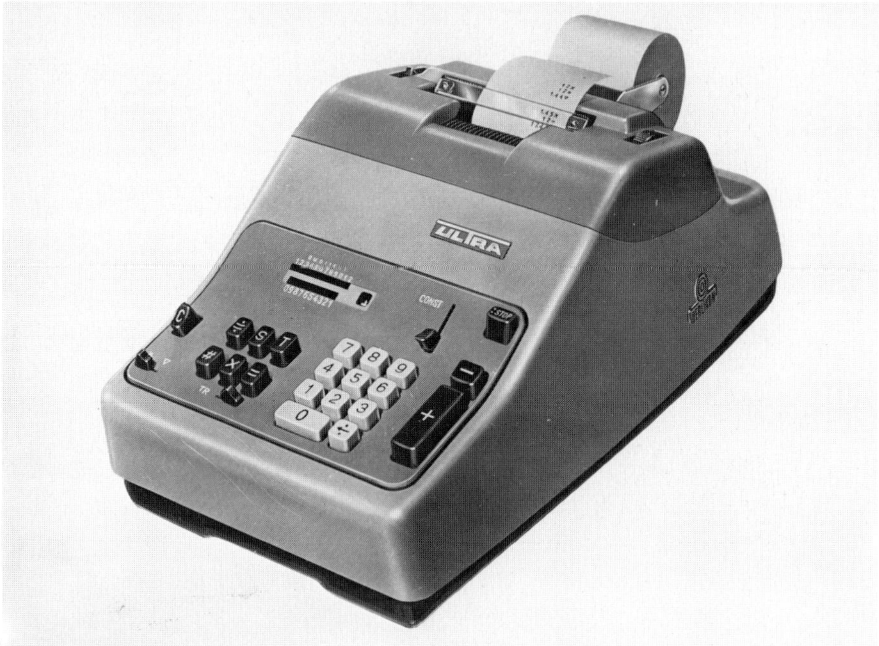
ULTRA
CONST
STOP

12

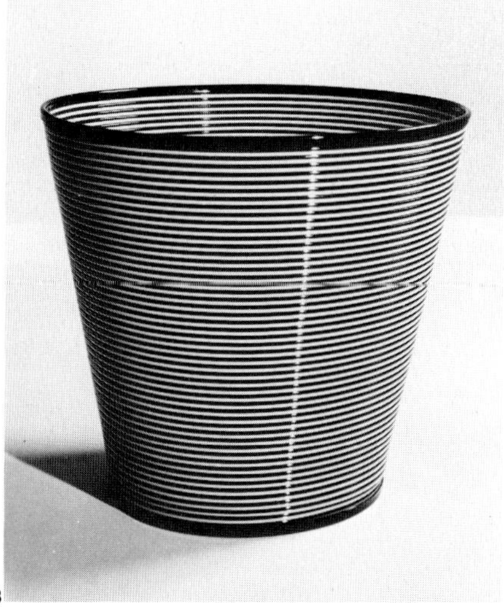

13

Die gute Form 1966/1967

1 Plattenwärmer
M. Kissling/A. Stöckli, Netstal
1966/1967

2 Isolierkanne
H. Weber/Standardwerke, Dietikon
1966/1967

3 Bratpfanne SIGG
J. Munz/SIGG, Frauenfeld
1967/1967

4 THERMA-Kochtafel
Therma AG, Schwanden
1966/1966

5 Stahlküche
H. Forster, Arbon
1966/1967

6 Harass
M. Kissling/A. Stöckli, Netstal
1966/1967

7 Ringleuchte
Alumag, Zürich
1962/1967

8 Waschvollautomat
Gebr. Wyss, Büron
1965/1967

9 Radiatoren
Zehnder AG, Gränichen
1966/1967

10 Radiator
H. Forster AG, Arbon
1964/1966

11 Radiatorenventil
Hoval Herzog AG, Feldmeilen
1967

12 Fotokopierapparat
Schwienbacher, Ricklin/Polyfax, Zürich
1960/1967

13 Kombinationspult
A. + R. Wiedemar, Bern
1967/1967

14 Stapelstuhl
Teamform/Möbelfabrik, Horgen
1967/1967

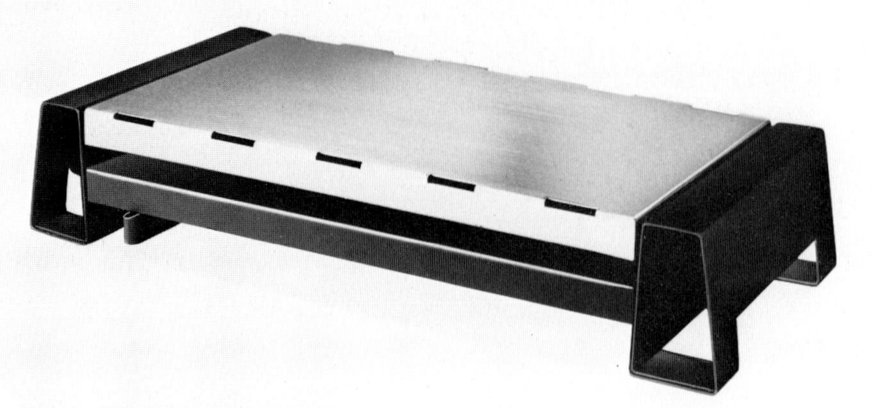
1

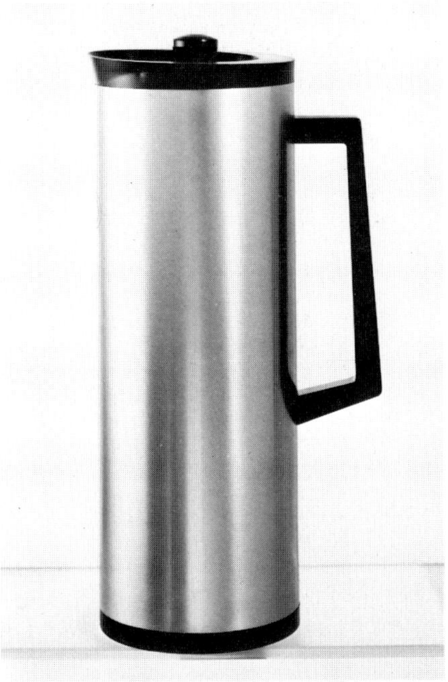
2

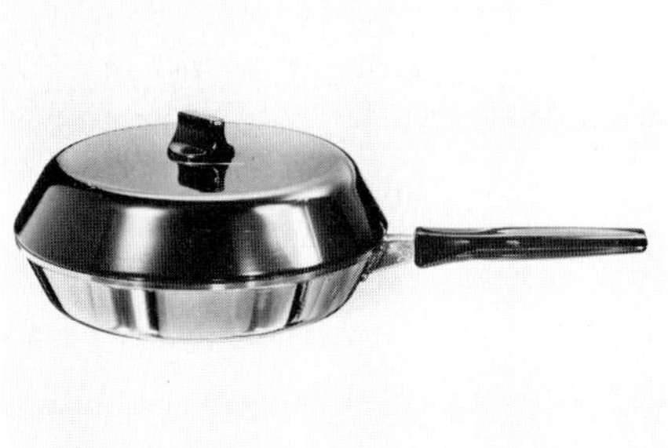
3

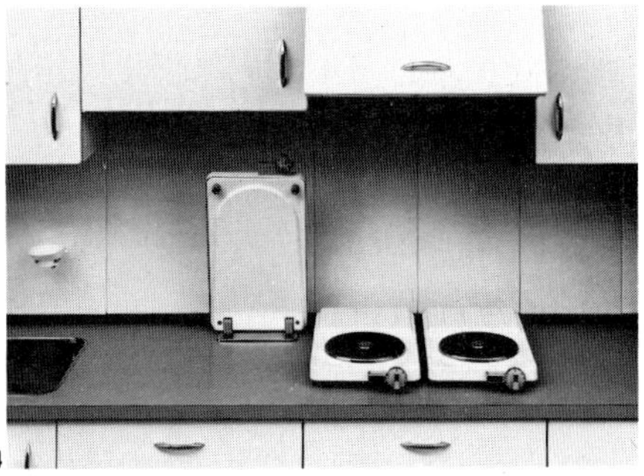
4

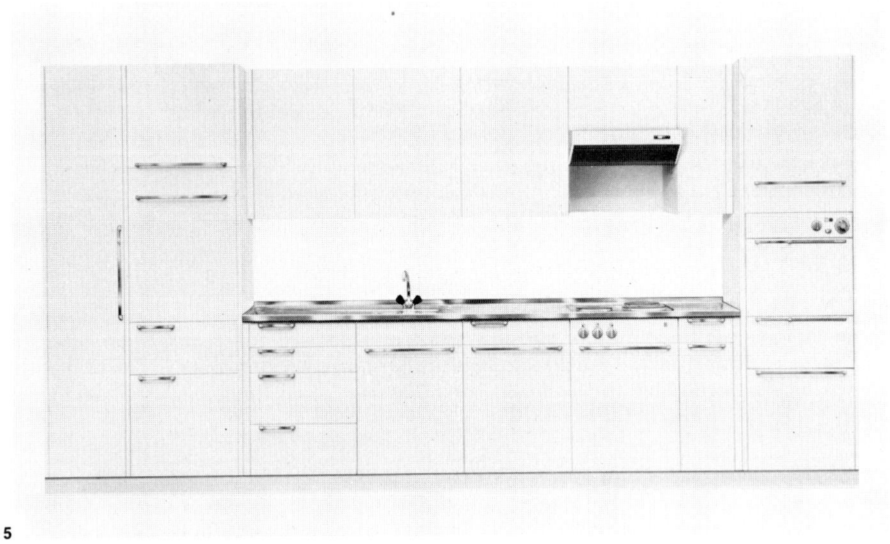
5

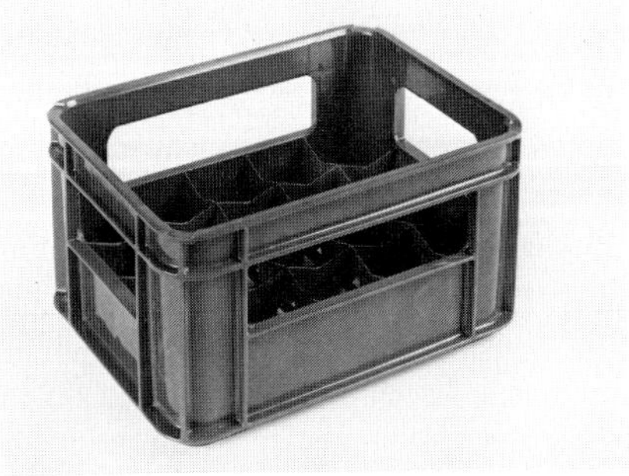
6

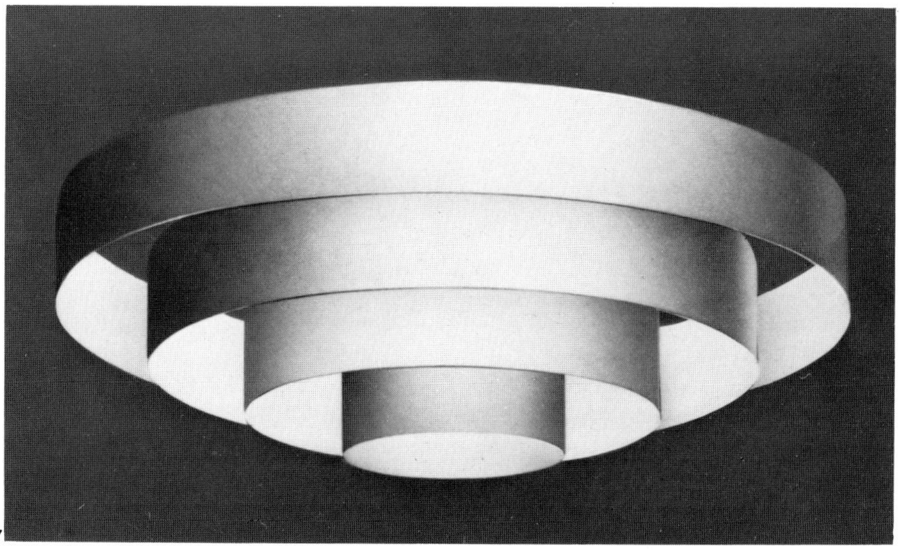

7

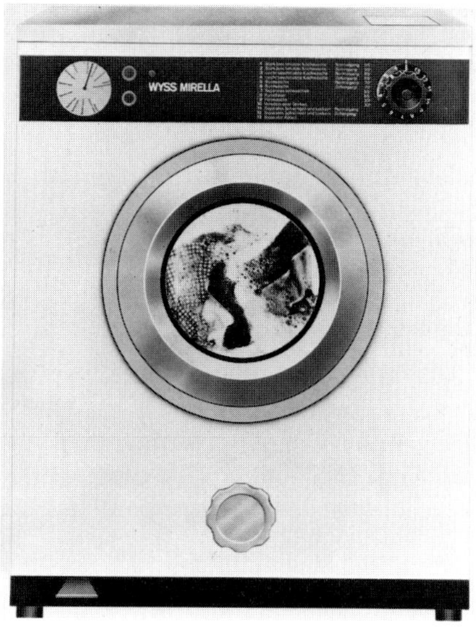

8

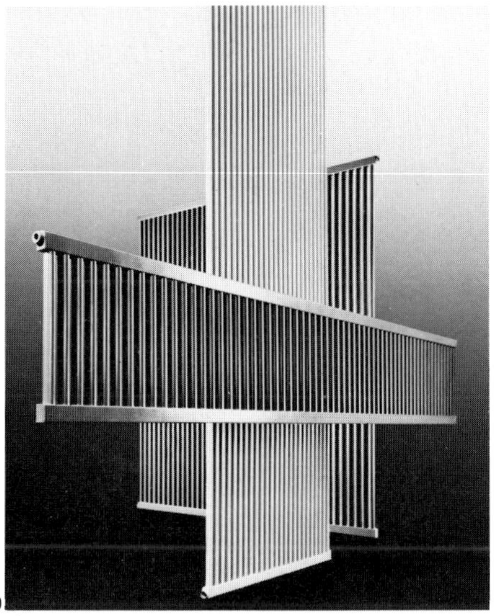

9

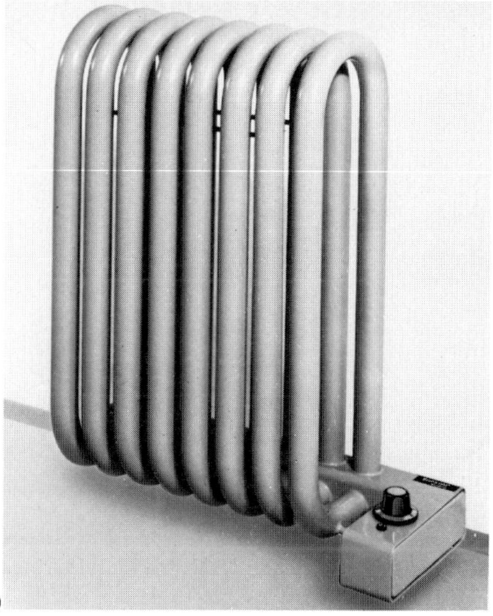

10

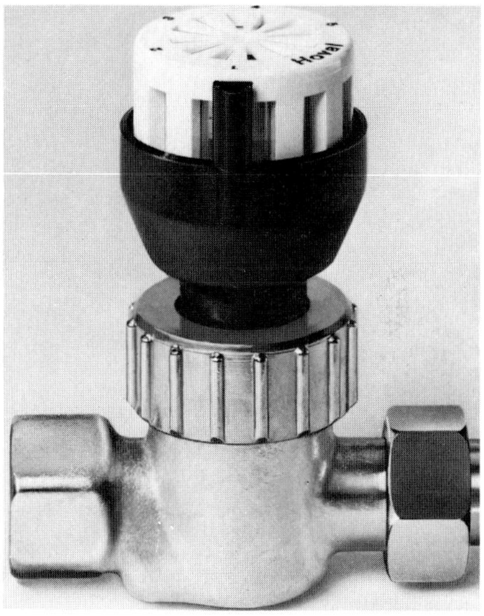

11

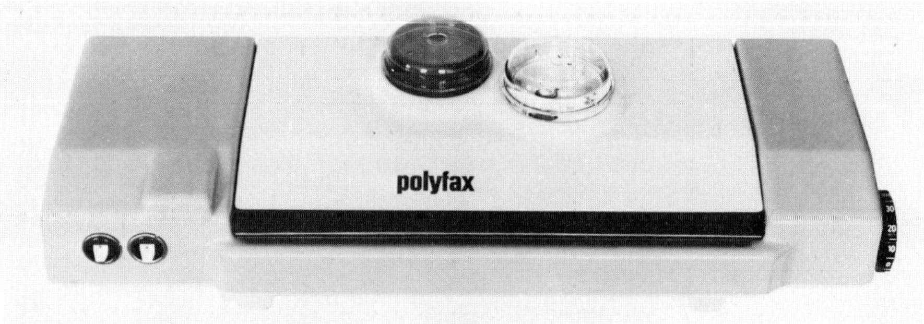

12

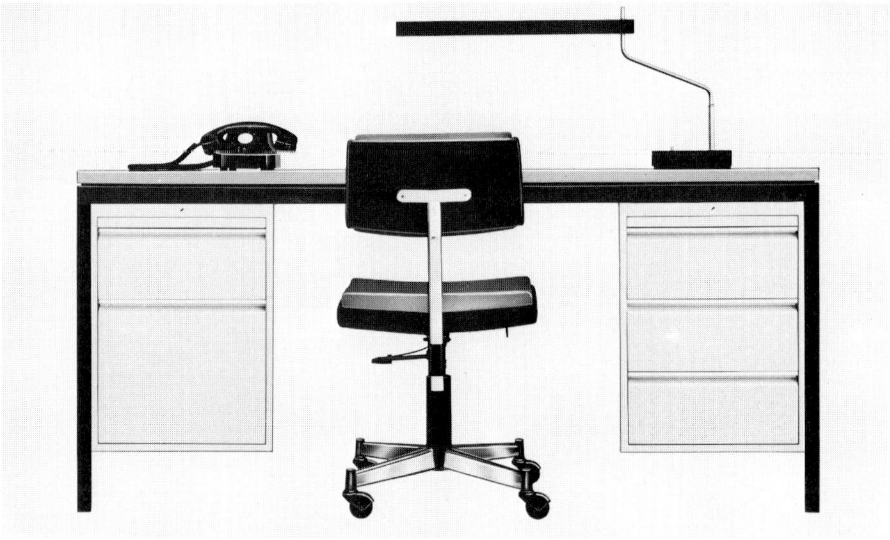

13

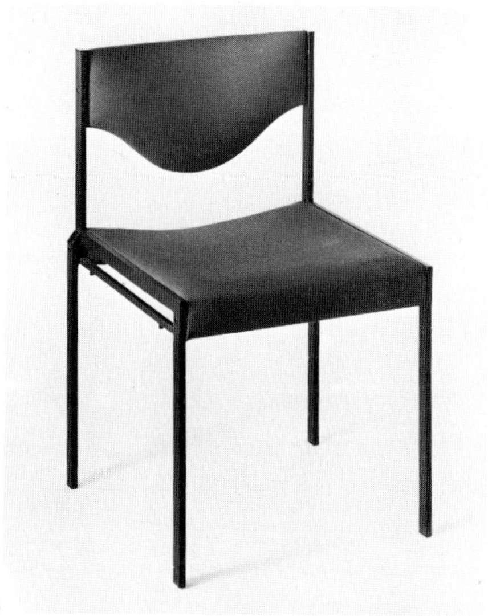

14

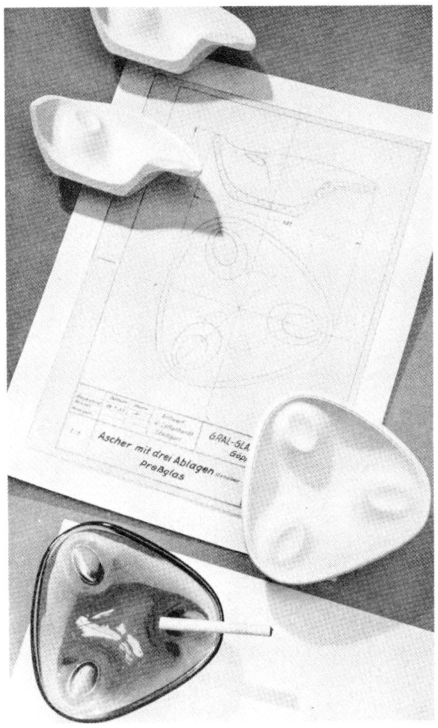

Anforderungen an einen Ascher:

Ein paar Gedanken, die den Entwurf bestimmen, entwickelt am Beispiel eines unscheinbaren und nebensächlichen «Massenartikels».

1. Forderungen der Norm vom Gebrauchzweck her:
Mässiges, aber ausreichendes Fassungsvermögen/ Differenzierung nach Zigaretten-, Zigarrren- und Pfeifenrauchern/ Verschluss oder hinreichende Tiefe, Luftzug: Asche darf nicht wegfliegen/ richtig ausgebildete und gesicherte Mulden zum Ablegen/ geeignete Fläche zum Ausdrücken der Stummel/ ineinanderpassende Formen zum Stapeln/ leicht zu reinigen: keine unzugänglichen Winkel, keine scharfen Kanten/ günstiges Gewicht, nicht temperaturempfindlich, geruchlos, glatt und porenfrei, ohne Haftung/
Von der Fertigungstechnik aus:
Einfache und billige Arbeitsverfahren, zur Massenproduktion geeignet – Serienpressung/ Sparsamster Materialverbrauch/ Verteuernde Finierungsarbeiten vermeiden, endgültige und gefällige Gebrauchsform in möglichst wenigen Arbeitsgängen.
Aus der Kalkulation:
Ermittlung der marktgünstigen Preislage durch Untersuchungen zum Bedarf, Beurteilung der Konkurrenzerzeugnisse und gegenwärtiger Geschmacksrichtungen/ Das wahrscheinlich günstige Preisniveau als erste und wichtigste Unterlage der Entwicklungsarbeit.

2. Ansprüche der Form
Ausgehend vom Ort, für den der Ascher bestimmt ist, Gaststätte oder Wohnung/ Einfühlung in den Stimmungsgehalt der Wohnung usw./ Die Gestalt muss vom Kunden «als seinem Milieu verwandt» empfunden werden/

3. Wünsche des Ästheten
Lästiges Schwelen und Qualmen nachlässig ausgedrückter Stummel löscht der wassergefüllte Behälter/ Holz beeinflusst die abgelegte Zigarette am wenigsten/ Metall ist nicht geruchlos, auf Glas «schwitzt» sie/ Eine hölzerne Auflage könnte – falls aus hartem und schönem Naturholz – Brandmale ohne weiteres ertragen

Folgerung:
der ideale, geruch- und staubfreie, glimmende Stummel sofort löschende Ascher wäre ein – bisher nie fabrizierter – runder Behälter aus Glas, wassergefüllt, mit Holzdeckel als Ablage und Öffnung darin/

Braun-Feldweg (NFIP)

Authentische Dinge: zweckmässig, dauerhaft und rein

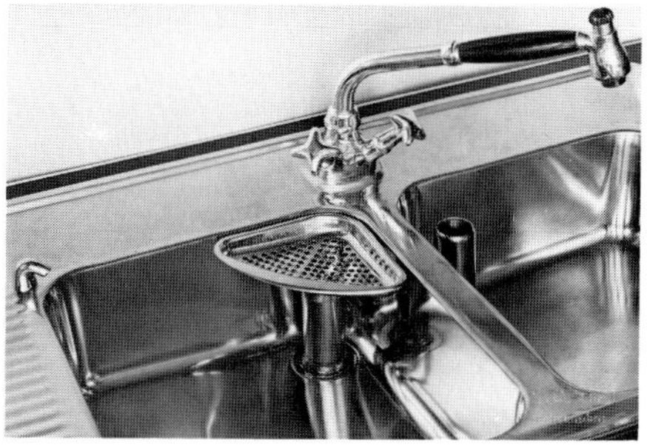

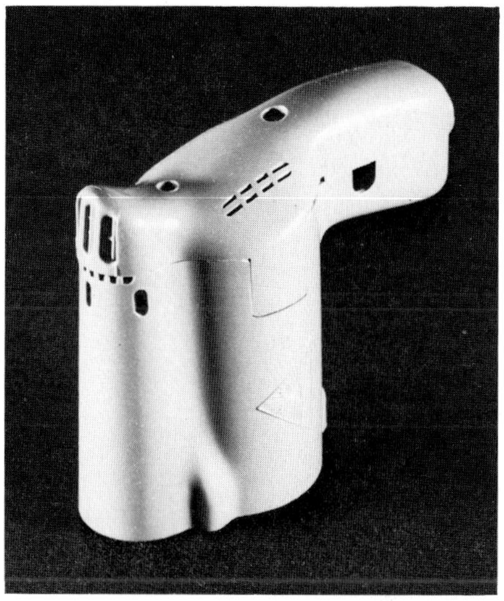

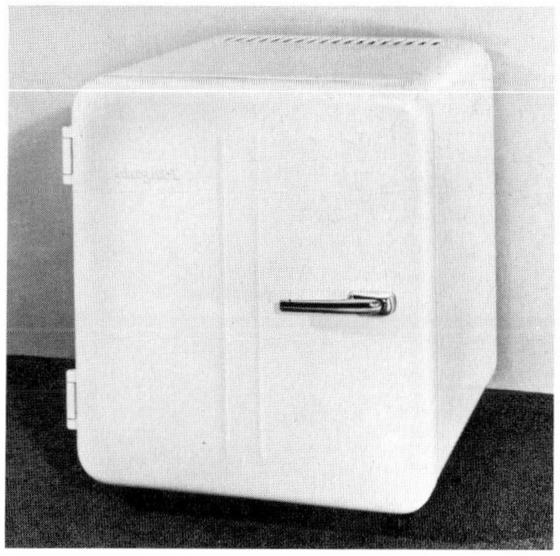

Glatte Oberfläche, Hülle

Standrohrschale und Spültrogarmatur
Therma AG, Schwanden
1959/1959

Griff und Mantel zu Scintilla-Bohrmaschine
Brac AG, Breitenbach
1958/1960

Kühlschrank
Sabag + Baumaterial AG, Biel
1953/1956

Die Protagonisten der ‹guten Form› vermeiden es während den ‹guten zwanzig Jahren› konsequent, ihren ‹heiligen Gegenstand›, die Form, ‹Die gute Form›, präzise zu bestimmen. Sicher, man bewohnte damals noch nicht jene theoriefreundliche Zeit, die – eingeleitet in den späten sechziger Jahren – in gut-aufklärerischer Manier ihre Welt sezierte und freizulegen suchte, was sich hinter der trauten Oberfläche verbirgt. Damals war noch kein Hang spürbar zur ‹makro-ökonomischen› und ‹makro-soziologischen› Argumentation; die allgemeine Regel zu finden fürs grosse soziale Spiel entsprach wohl noch keinem Bedürfnis.

Bei aller Theoriefreundlichkeit ist auch den frühen siebziger Jahren – Ausnahme sind einige Autoren und universitäre Fachzirkel – der Zugang zur Analyse jener simplen Geräte verwehrt geblieben, die alltäglich die dingliche und die soziale Realität konstituieren (→). Design, Ästhetik, formale Ausprägung: die Sphäre der «feinen Unterschiede» zu recherchieren, sah man als ‹bürgerlichen Luxus›, will sagen als Gegenstand der ‹feinen Leute› allein; diskussionswürdig war die Antwort auf eine Inquisition der Gesellschaft als Ganzes, insofern sie die Basis und nicht den Überbau befragte. Hybride Wünsche nach einer Demontage der sozialen Maschinerie – sie hätte in absehbarer Zeit, demnächst, von heute auf morgen, einem vague imaginierten Zustand zu weichen gehabt – diktierten da eine Anwort.

Semiologische und informationstheoretische Ansätze haben seit Mitte der 70er Jahre Eingang ins Bewusstsein gefunden (Barthes, Moles, Eco). 1971 erscheint Haugs ‹Kritik der Warenästhetik›. Einen nicht unbedeutenden Einfluss übte die Beschäftigung mit der ‹andern Kultur› (Ethnologie, Randgruppen) auf die Kritik der eignen.

Freilich begleiten theoretische und theoretisierende Texte, Vorträge und Aufsätze die Aktion ‹Die gute Form› – und die bieten uns Hand zu einer bescheidenen Objektanalyse, die hinführt zu einigen Eigenschaften, die etwa typisch sind fürs ästhetische Leitbild der damaligen Zeit. Wesentliche Aspekte bei Egidius Streiff.

Egidius Streiff, 1946 (→):
der industrielle Herstellungsprozess habe sich im Laufe der Zeit «immer weiter von den alten handwerklichen Verfahren entfernt»; trotzdem sei die Tendenz vorhanden geblieben – Streiff zielt vorerst aufs 19. Jahrhundert – «den in den Fabriken erzeugten Waren ein ähnliches Aussehen wie solchen zu geben, die die Kleinwerkstatt (...) verlassen hatten, weil scheinbar nur ihnen der Begriff der wertvollen, das heisst teueren Qualität zukam. (...) Dem um die Jahrhundertwende auftretenden Zerfall der Formgebung im Handwerk folgten die Industrieerzeugnisse im parallelen Ablauf. Die wilde Dekorationssucht überflutete hier wie dort jede einfache und eindeutige Grundform, so dass es (...) nur erstaunlich blieb, dass in ihnen doch noch ein Zweck zu entdecken war. (...) Die ganze ungesunde Entwicklung (...) fand bald nach 1900 ihre erste deutliche Reaktion in der (...) Werkbund-Bewegung und der (...) Auseinandersetzung über das Wesen von Hand- und Maschinenarbeit.» Theodor Fischer weise 1908 mit allem Nachdruck «auf das Krebsübel der Maschinenarbeit hin, handwerkliche Techniken nachzuahmen». Fischer hätte erkannt, «dass die Art der Maschine klare, knappe und einfachste Formen bedinge». Reihenmässigkeit sei nichts Negatives. Diese Auffassung sei schon früh im Schweizerischen Werkbund vertreten worden. «Bei

Streiff, E., Formgebung in der Industrie, op. cit. 1946.

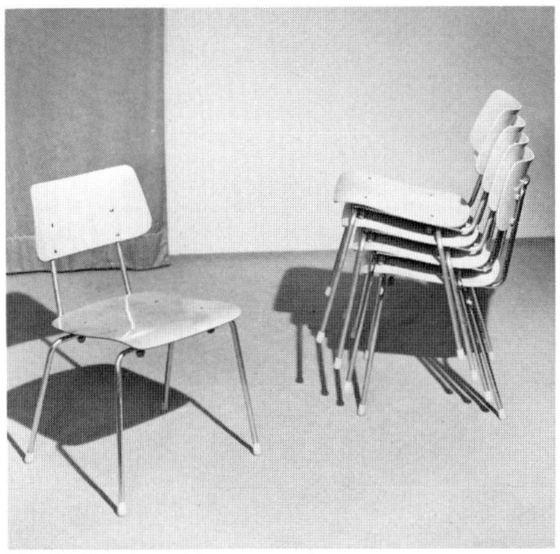

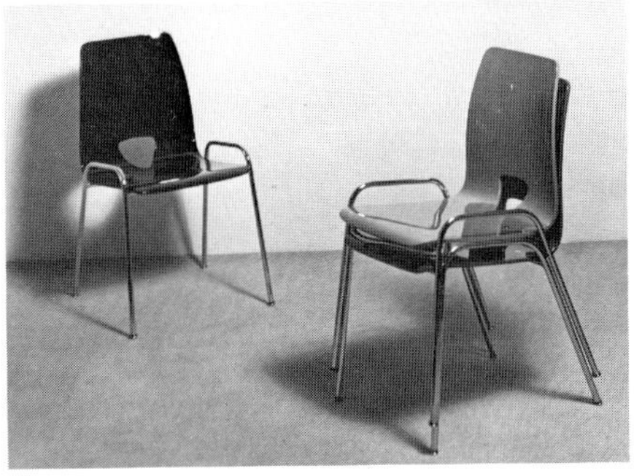

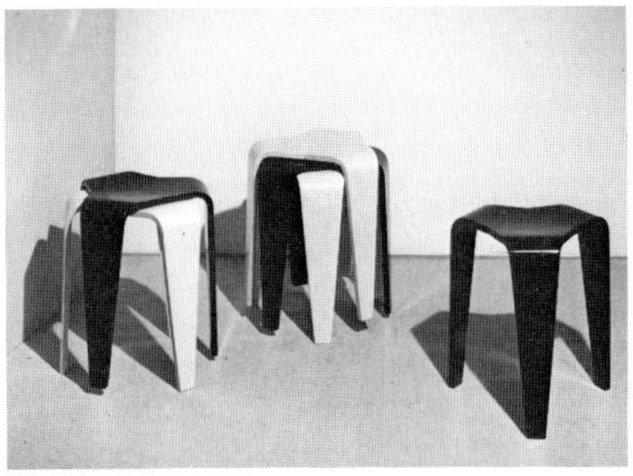

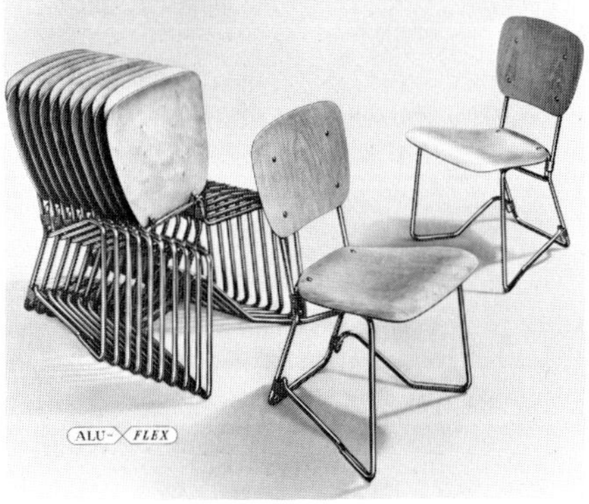

Ökonomie des Raumes, stapelbar

Stuhl
AG Möbelfabrik Horgen-Glarus, Glarus
1958/1958

Stuhl
AG Möbelfabrik Horgen-Glarus, Glarus
1954/1955

Hocker
AG Möbelfabrik Horgen-Glarus, Glarus
1947/1966

Mehrzweckstuhl
A. Wirth/AG H. Zollinger Söhne, Zürich
1950/1953

(den) Auseinandersetzungen über die Gestaltung geht und ging es (...) um Grundsätze, die aufs engste mit dem Qualitätsbegriff verbunden sind. In der vom SWB geforderten Verbesserung der Qualität ist neben der Berücksichtigung der im Material und der Herstellungsart liegenden spezifischen Bedingungen gleichzeitig auch eine **formschöne,** aus dem Gebrauch entwickelte Durchbildung zur Bedingung gemacht. Der Begriff **Materialechtheit** hat sich allgemein durchgesetzt (...). Das Verlangen nach **Konstruktionsgemässheit,** das heisst nach einer Konstruktion entsprechenden Formgebung, hat die grössten Veränderungen hervorgerufen (...)» (→). Es habe sich «die aus dem Ingenieurbau abgeleitete Erkenntnis Bahn gebrochen, dass eine Leistung um so **höher** zu werten (sei), je **kleiner** der Aufwand an **Material** und **Arbeitszeit** ist, das heisst es wird auch bei der Herstellung von Geräten für den täglichen Gebrauch danach getrachtet, mit dem **geringsten Aufwand** das **beste Resultat** zu erzielen» (Ökonomie der Mittel, Effizienz). «Der Hinweis auf die Logik der Ingenieurarbeit darf aber nicht zu der an sich naheliegenden Meinung führen, alles, was der Ingenieur plane, sei gut, weil es sich mit wenig Material und Arbeitszeit fabrizieren» lasse. – Nach der Seite der «Zweckmässigkeit» hin sei die Kritik schärfer geworden, man habe ein Sensorium dafür ausgebildet, welche «Gestalt eines Gegenstandes» sich im «praktischen Gebrauch» am besten bewähre. – Dies die Bausteine, die der Gestalter zur Entwicklung der endgültigen Form brauche. – Das Konzentrat der Anforderungen lasse sich allerdings nicht durch ein «mathematisch-zeichnerisches Rezept in die endgültige Form» umsetzen. Bei Kleider- und Dekorationsstoffen komme der Ornamentik eine führende Rolle zu – die Ornamentik trete aber bei allen Dingen zurück, die über eine lange Zeit im Gebrauch stehen. Hier stehe die Funktion an wichtigster Stelle, obgleich «Streamline» nicht nur beim amerikanischen Automobil, sondern auch beim Kinderwagen und der Ladeneinrichtung (1946!) Trumpf sei. – Der Gestalter könne seine Vorschläge nur aufgrund genauer Kenntnisse der Fabrikationsvorgänge und Materialeigenschaften formulieren. Unermüdlich müsse er versuchen, «die präziseste und praktischste Form zu schaffen». Streiff plädiert für ein **Laboratorium,** in dem Gebrauchsgerät und Apparat zu testen sind. Vorbild ist die **Maschinenindustrie,** der es gelungen sei, «früher als Annexe ausgebildete Teile durch **grosszügige Zusammenfassung** in den **Mantel**» zu schliessen – «was eine glückliche Vereinfachung der Maschine herbeiführte». Im Maschinenbau habe sich die Erkenntnis herauskristallisiert, «dass die knappeste Form auch die wertvollste» sei (...).

Streiff zielt aufs Credo der ‹klassischen Moderne› (1907/18–1933/39).

Max Bill, 1952 (→):
«Bei jenen Gegenständen, die am eindeutigsten aus **Herstellungsprozess** und **Gebrauchsfunktion** entstehen, konnte sich bisher die Forderung nach guten und schönen Formen am leichtesten durchsetzen. **Zweckmässigkeit, Solidität, Materialechtheit** und **Preiswürdigkeit** sind selbstverständliche Argumente für die Qualität von Werkzeugen, Apparaten, technischen Geräten, bis zu einfachen Gebrauchsgegenständen und Baubestandteilen, bei denen Vernunftwidrigkeit sich sofort und offensichtlich zeigen würde. Doch bei den Möbeln und allen Gegenständen des täglichen Bedarfs, sind die Möglichkeiten vielzähliger, die Anforderungen differenzierter; die Ansichten über gut und schön gehen weit auseinander.
Wenn wir also aus ästhetischen Gründen heute wiederum schöne Formen fordern, so wollen wir nicht missverstanden werden: Diese Formen sind immer und in allen Fällen abhängig von **Qualität** und **Gebrauch** des Gegenstandes. Es sind **ehrliche** Formen, **nie** aber **Verkaufspropaganda** für Erzeugnisse von rasch wechselnder, **modischer Gestalt** (...).

Bill, M., Form, Eine Bilanz über die Formentwicklung um die Mitte des XX. Jahrhunderts, Basel 1952.

Man begann von der sogenannten ‹Industriellen Formgebung› zu sprechen. Dieser Begriff stimmt ganz genau mit dem überein, was man im Grunde damit wollte: nämlich, dass die neuen Formen ganz speziell der **industriellen Fertigung** entsprechen sollten und besonders für die Industrie geschaffen werden müssten. Also mit dem Schwergewicht auf der Industrie, für die Industrie. Dies führt dazu, dass die **anonyme Industrie** als **formschaffender Faktor** überschätzt wird (!). Diese ‹Industrielle Formgebung› ist eine begriffliche Missgeburt, ihr Zweck ist eine Verzerrung der Tatsachen, indem **Gewerbe** und **Handwerk** nun als Produktionsfaktor ausgeschaltet wurden (→), obschon sie durchaus ihre Konkurrenzfähigkeit bewiesen haben; sie sind die Basis der Industrie, und diese ist lediglich ihre heutige Weiterentwicklung.»

Die Relation Kleingewerbe – ‹gute Form›: Siehe dazu S. 96ff.

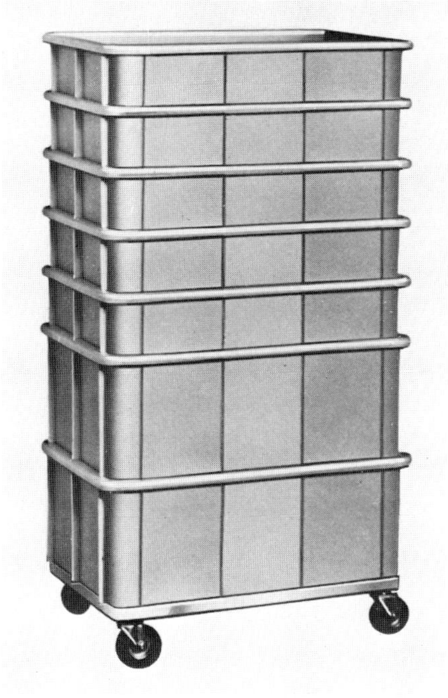

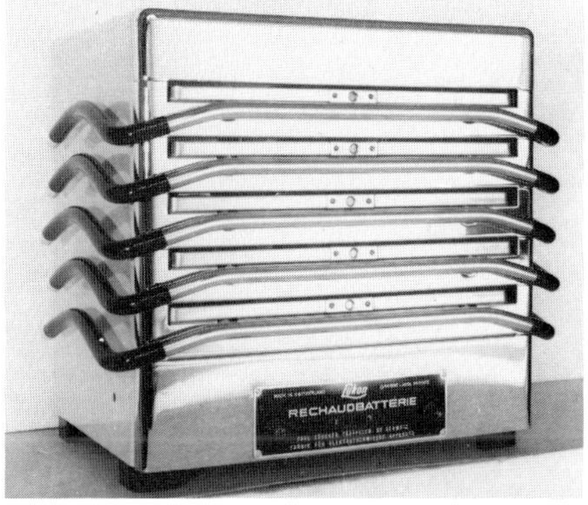

Ökonomie des Raumes, stapelbar

Stapelbehälter
Georg Utz AG, Bremgarten
1959/1963

Rechaud-Batterie
Lükon, Paul Lüscher, Täufelen
1956/1964

1957 postulierte Max Bill (→), mit der ständigen Entwicklung der «technischen Möglichkeiten», dem «technischen Fortschritt» und der «Rationalisierung» sollte auch «das Aussehen der Produkte», das heisst ihre Form, Schritt halten. In der **Formqualität** bestehe **keine entsprechende Tradition** zur technischen Qualität industrieller Erzeugnisse. Bill schickt sich an, Richtlinien für deren Beurteilung zu formulieren, die zur Norm werden für neu zu erzeugende Produkte und Modelle. So schreibt er unter anderem:

Bill, M., op. cit. 1957.

Der Gegenstand soll auf die bestmögliche Weise alle **Zwecke** erfüllen, für die er geschaffen wurde.
Verwendetes Material und Herstellungsweise sollten dazu dienen, den **Gebrauchswert** des **Gegenstandes** bestens zu fördern.
Die **äussere Form** und jeder einzelne Bestandteil eines Gegenstandes sollen mit dem zu **erfüllenden Zweck** und den zur Verwendung gelangenden **Materialien** übereinstimmen.
Die Form eines Gegenstandes soll, über die nur **materielle Zweckerfüllung** hinaus, nicht nur das zwangsläufige Ergebnis der eng begrenzten Zweckerfüllung sein, sondern die **Gesamtheit** der zu erfüllenden Funktionen soll zu einem **harmonischen Ganzen** geformt sein und dadurch einen **ästhetisch einwandfreien Gesamteindruck** erwecken.

Von Hans Neuburg hören wir 1961 (→):
Mit dem Siegel ‹Die gute Form› würden Produkte von Fabrikanten ausgezeichnet, «die es nicht dabei bewenden lassen, nur wirtschaftlich interessante, zweckdienliche und solide Gebrauchsgüter zu schaffen, sondern auch deren **Äusseres** fürs Auge und die betastende Hand wohltuend zu gestalten». Ein Bemühen würde belohnt, «das über das **Praktische** hinausweisend, auch den **ästhetischen** und **ethischen** Bedürfnissen unseres täglichen Umgangs mit Erzeugnissen (...) gerecht» werde. «Harmonie von Funktion, Leistung und Form» – «innere und äussere Gestaltung haben sich auf den Zweck zu richten», Proportion und Linienführung, die rhythmische Ausgeglichenheit verleihen, wären das Resultat. **Von Natur aus** gebe es «keine unorganische oder störende Konturen, Oberflächen oder Farben».

Neuburg, H., in Faltprospekt des SWB zu ‹Die gute Form 1961›.

In der Einladung zur Beteiligung an der Auszeichnung ‹Die gute Form 1968› (→) heisst es dann, es werde auf **sinnvolle Differenzierung** der industriell erzeugten Produkte von handwerklichem Wert gelegt.
Die Kriterien: ● Materialeigenschaften ● Bedienung ● Sicherung gegen unsachgemässe Bedienung und Unfallgefahren ● Energieaufwand ● Reinigung und Wartung ● Reparaturfähigkeit ● Ausbau und Ergänzungsmöglichkeiten (→). Nach Möglichkeiten würden die Geräte unter Bedingungen geprüft, die denen ihrer normalen Zweckentsprechung genügen. Ein Kommentator der zweitletzten Schau ‹Die gute Form› meint, es sei versucht worden, der Gefahr rein formalistischer Beurteilung der Gegenstände vorzubeugen. «Funktionale, ökonomische, ästhetische Kriterien im Sinne einer Übereinstimmung aller Qualitäten» seien massgebend.

Siehe Hernandez A., Die ‹gute Form› am Ende ihrer Möglichkeiten, in: WERK 1968, Nr. 6.

‹Ausbau- und Ergänzungsmöglichkeiten› sind neue Kriterien. Sie deuten auf Baukastensysteme und Mehrfachnutzung des Geräts Antrieb. – Zum ersten Mal ist der Anforderungskatalog des SWB nach planungstheoretischen Grundlagen differenziert (Rittel, Zwicky usw.).

Ob 1957 oder 1968, die Kriterien bleiben ziemlich im Allgemeinen. Die Angst, einem Formalismus aufzusitzen, plagte zwar erst die letzte Generation der Jury, die offenbar nicht in der derselben Art und Weise auf einen (tendenziell) gefestigten ‹Formen-Kanon› zurückgreifen konnte wie die frühere Generation, auf eine Konvention, die wesentlich auf **still-schweigender** Übereinkunft beruhte. Es hat den Anschein, dass bis hin zum Beginn der 60er Jahre eine Konvention für die Beurteilung formaler Aspekte massgebend gewesen ist, die, kaum verbalisiert, ihre Begründung vorzüglich im Instrumentalen des Produktes findet (→). Diese Konvention hat im Laufe der 60er Jahre gelitten. Kurz vor 1970 erblicken wir einen unsicheren Werkbund, der seinem Urteil kaum mehr traut.

Ausnahme: Max Bill.

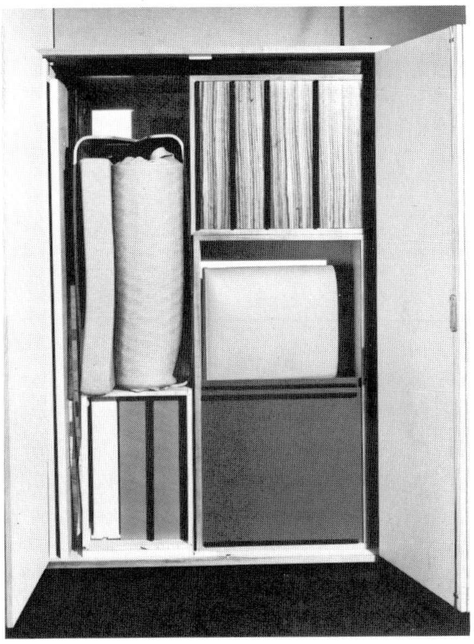

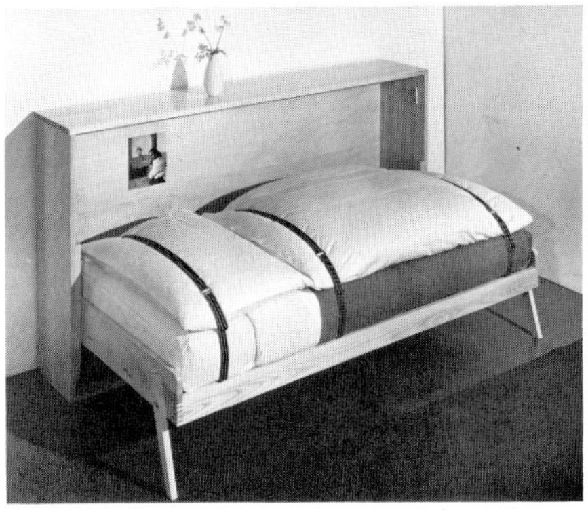

Ökonomie des Raumes

Schrank, enthaltend komplette Zimmereinrichtung
A. Altherr/K. H. Frei, Weisslingen
1955/1956

Klappbett
Wohnhilfe, Zürich
1955/1955

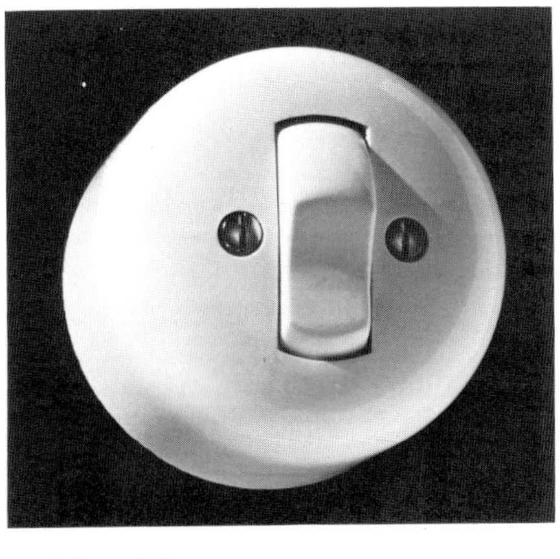

Kippbalkenschalter
Adolf Feller AG, Horgen
1953

Die Kriterien zur Beurteilung industrieller Erzeugnisse, das heisst die Anforderungen an das Produkt, die zu einer optimalen Konzeption hinführen, lassen sich in einem ersten Schritt den beiden zentralen Parametern zuordnen, die wesentlich sind für den Prozess fortschreitender Rationalisierung wie für die Ideologie des Funktionalismus (→). Eine optimale Konzeption in diesem Sinne ist hauptsächlich:

Siehe dazu: Ideologie, S. 119.

- vom Benutzer her bestimmt, vom instrumentalen Akt (Ergonomie), den der Benützer **an** und **mit** dem Gerät vollzieht. Erstes Gebot: die auf den instrumentalen Akt verwendete Energie soll möglichst klein, der Bewegungsablauf, ohne Hindernis, soll möglichst effizient vonstatten gehen. Auf den Begriff gebracht: Taylorisierung, nicht nur im industriellen Betrieb, sondern auch in der Sphäre der Reproduktion (Haushalt).

- von der Produktion her bestimmt (Fabrikation): die Verkettung produzierender Akte, aber auch der Teilschritt hin zur endgültigen Gestalt des Produkts soll hemmungs-los, effizient, störungs-frei, ziel-gerichtet sein, ‹flüssig›, wenn das Fliessband, kontinuierlicher Takt, wenn die Taktstrasse focussiert werden (→). Im Blickpunkt steht so oder anders die Massenproduktion, noch manufakturmässig organisiert und ausgerüstet mit hochtechnisiertem, hochmechanisiertem Werkzeug, oder schon industriell **an-** und **aus**gelegt. D. h.: Taylorisierung des Geräts Produktion (→).

Die Taktstrasse löst das Fliessband (stellenweise) im Rahmen der Automatisierung (dritte industr. Rev.) ab.

Die handwerkliche Produktionsweise behauptet sich im Rahmen der ‹guten Form›: Kunsthandwerkliche und kunstgewerbliche Produkte, denen das rote Siegel angeheftet worden ist, sind (massgebend) durch die nordische Tradition beeinflusst. Sie weisen eine der handwerklichen Produktionsweise adäquate Form auf. Einzig hier ist der Begriff ‹Taylorisierung› fehl am Platz.

Eine Reihe werkbündlerischer Definitionsversuche der ‹guten Form› lassen sich mühelos den beiden Parametern zuordnen. So, wenn Streiff von «Konstruktionsgemässheit, das heisst (...) einer der Konstruktion entsprechenden Formgebung» spricht, «aus dem Gebrauch entwickelte Durchbildung zur Bedingung» macht, «Zweckmässigkeit» fordert und «präziseste und praktischste Form». So, wenn Max Bill verlangt, der Gegenstand soll «auf bestmögliche Weise alle Zwecke erfüllen, für die er geschaffen wurde», und den «Gebrauchswert des Gegenstandes bestens» fördern will. So, wenn Itten «der Hand angepasste griffige Formen» verlangt, «tastwarme Formen» (→), wenn «zweckdienliche und solide» Gebrauchsgüter zum Ideal «zeitgenössischer Schönheit» (→) erhoben werden. So, wenn von der «handlichen Form» geredet wird (→), vom «breiten weichgeformten Kipphebel» eines elektrischen Schalters, und einer der wenigen Theoretiker jener Zeit (Braun-Feldweg) eines seiner Kapitel mit «Grifftauglichkeit» überschreibt, damals schon (1954) ein deutsches Institut für «Griff-Forschung» (Ergonomics) erwähnt (→).

Itten, J., SWB, in: SWB, 1950, Ausstellungskatalog (Wegleitung 184) der «Ausstellung der Ortsgruppe Zürich des Schweizerischen Werkbundes im Kunstgewerbemuseum Zürich», 1950.

Siehe Braun-Feldweg, op. cit. 1954, S. 41.

Haefeli, M.E., Die Formgebung von Industrieprodukten, in: SWB, op. cit. (Wegleitung 184) 1950.

Braun-Feldweg, W., Normen und Formen industrieller Produktion, Ravensburg 1954, S. 21. «Griffig heisst soviel wie: seinem Volumen nach umspannen: in der Beschaffenheit der Oberfläche so, dass kein Abrutschen und Abgleiten der Hand zu befürchten ist, seiner Form nach den Bewegungsmöglichkeiten der Handgelenke (. . .) angemessen: die Sektoren der Gelenke nicht überfordernd.» (. . .) «Handlich ist ein Werkzeug und Gerät, das

Ergonomie: **Der Begriff Ergonomie bezeichnet im engeren Sinne einen Teilbereich der Arbeitswissenschaft die Arbeitsbedingungen erarbeiten will, welche letztlich einer optimalen Verwertung der gesellschaftlichen Ressourcen Rechnung tragen und Mensch-Maschinen-Systeme hinsichtlich der gegenseitigen Abstimmung der (beiden) Grössen untersucht. Fraglich scheint ihre humanitär-altruistische Zwecksetzung, ihre Begründung aus dem Anliegen, dem Produzenten, ‹menschlichere› Arbeitsbedingungen bereitzustellen. Bar jeder Ideologie hat sie wohl in erster Linie den Zweck, die Leistungsfähigkeit der (eigentlichen) Produzenten, unter Berücksichti-**

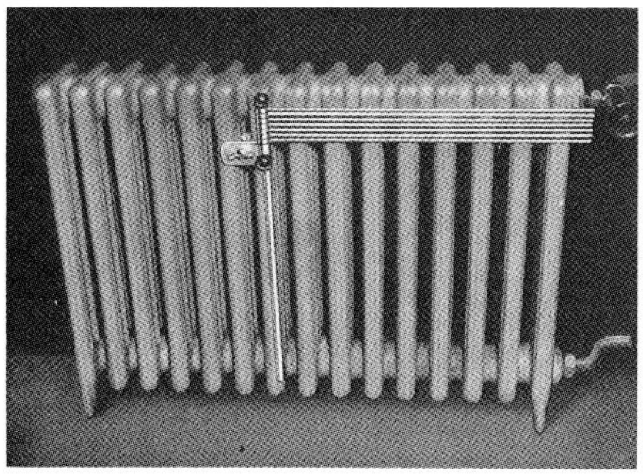

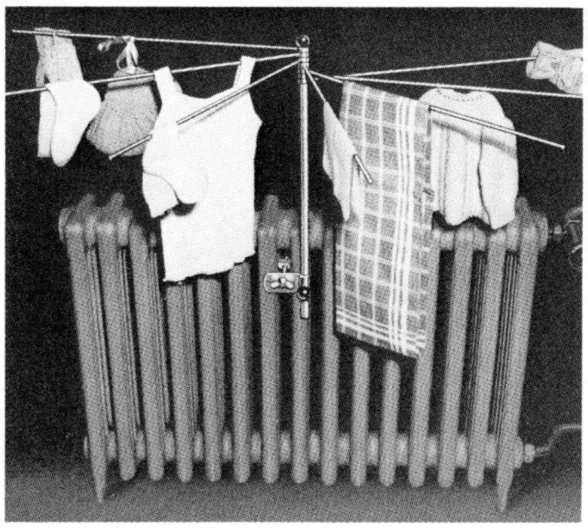

Ökonomie des Raumes

Wäschetrockner
G. Linsing, Montreux
1957/1960

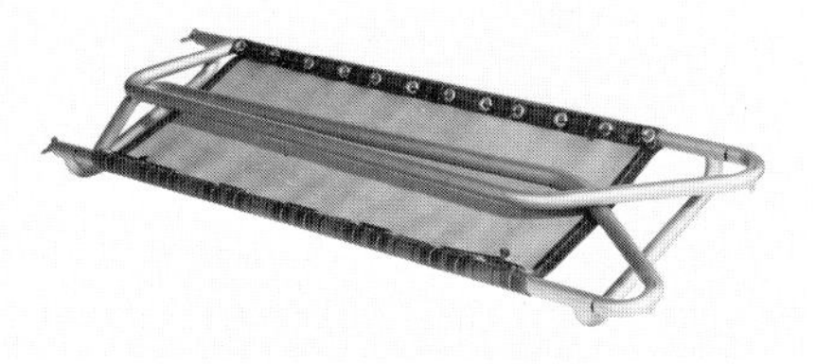

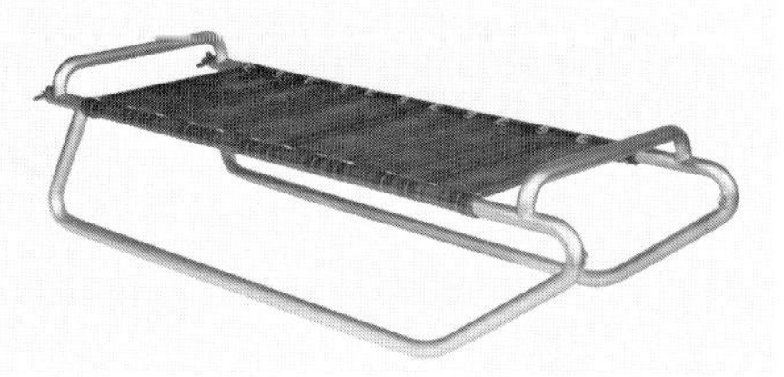

Ökonomie des Raumes

Bobby-Schlitten
G. Pozzy/Albert Lutz AG, Teufen
1953/1953

gung sämtlicher kostenverursachenden Faktoren, zu steigern. Profitinteressen und Konkurrenzfähigkeit sind, hier bei uns, ihr profanes Motiv. Praxisbezogen bietet sie Hand zu einer Kosten-Nutzen-Rechnung, die lang- und längerfristige Investitionen in den Arbeitsplatz zur Verbesserung der psychologischen und physiologischen Bedingungen in ein Verhältnis setzt zur Arbeitsleistung, **zur Erhöhung der Produktivität. Historisch betrachtet ist Ergonomie ein neueres Kapitel (ein neuer Name) im Zuge der Rationalisierung der Arbeit. Die Linie führt von Adam Smith (Arbeitsteilung) zu F. W. Taylor und Gilbreth (wissenschaftliche Betriebsführung) und von dort in die 50er Jahre, die unter verstärktem Konkurrenzdruck keine Mühe scheuten, die gesamtgesellschaftlichen Produktionsbedingungen hinsichtlich höherer Effizienz zu optimieren. Für schweizerische Verhältnisse wäre das «Institut für Hygiene und Arbeitsphysiologie» der Eidg. Techn. Hochschule Zürich zu erwähnen (→), das die Psychologie, die Physiologie und die Anatomie in den Dienst der biologischen Fächer der Arbeitswissenschaft stellt.**

seinem Umfang und seinem Gewicht nach die Grenzen einhält, die eine ‹Hantierung› als günstig aus der Erfahrung kennt.» (. . .) «Die Grifftauglichkeit müsste beide Werte einschliessen», S. 21. Wesentliche Impulse für die Ergonomie sind von Grossbritannien ausgegangen.

Gegründet 1950.

Weitere Anforderungen ans Objekt? Zudem gelte es, den Gebrauchswert der Gebrauchsgüter zu **erhalten.** Und dies durch regelmässige Wartung der Instrumente, die, täglich beansprucht, dazu tendieren, ihre Funktionstüchtigkeit einzubüssen. Die kontinuierlich verlaufenden Umhüllungslinien der Produkte, **glatte makellose Oberfläche,** ist den Experten jener Zeit zufolge ein Resultat der Bemühungen, «hygienisch einwandfreie» Geräte zu produzieren. Der Schmutz hat ja die Tendenz, sich heimlich in den Ritzen festzumachen, anzuhaften, und von dort her seinem schlechten Ruf gerecht zu werden. Braun-Feldweg: «Die Geräte sollen hygienisch einwandfrei sein: Schmutzflecken, Ritzen und sperrige Teile im Aufbau» seien zu vermeiden, «damit Reinigung in kürzester Zeit möglich» werde. Massnahmen gegen den Schmutz – Massnahmen zudem gegen Widersacher, die Auflösung und Zerfall bewirken. Hier heisst das Gebot: «Oberfläche rostsicher und korrosionsbeständig halten». Daher: «Emaillebrand-Lacke oder anodisiertes Aluminium». «Das Gerät soll geringe Wartung beanspruchen» (Zentralschmierung): «Ästhetik ist hier tatsächlich das Ergebnis peinlich **(!)** konstruktiver Leistung» (→).

Braun-Feldweg, W., op. cit. 1954, S. 103.

Die erwähnten Parameter (→) werden im weiteren von der zeitbezogenen Resistenz des Produkts im Gebrauch und seiner instrumentalen Solidität, Dauerhaftigkeit und Wirtschaftlichkeit ergänzt. – Die Stich-Worte heissen dann etwa: «Dauerhaftigkeit, Zweckmässigkeit, Wirtschaftlichkeit» (→). Wie wir bei Ingenieur Hans Hilfiker gelesen haben ist Dauerhaftigkeit nicht nur auf die instrumentale Funktion des Objekts bezogen, sondern ebenso auf dessen expressive Funktion – Hilfiker fordert ja «bestmögliche Übereinstimmung der zeitlichen Gültigkeit der Form mit der mutmasslichen Benützungsdauer des Gegenstandes» (!).

Produktions- und nutzungsorientierte Komponente des Geräts.

In: Faltprospekt zu ‹Die gute Form 1952›; die erwähnten Stichworte sind dort um «Einfachheit, Klarheit, Sauberkeit und Phantasie» ergänzt.

Instrumentale **und** expressive Funktion **des** Geräts **– wir betrachten im folgenden das Gerät immer wieder hinsichtlich dieser beiden Funktionen, bezeichnen** Funktion **als Beziehung (Relation) zwischen Ziel und Gegenstand, wobei der Gegenstand die Aufgabe hat mitzuhelfen, das so oder anders klar formulierte oder intuitiv erstrebte Ziel zu erreichen. Der Gegenstand, dem die betreffende Funktion zukommt, wird also unter dem Aspekt seiner Leistung betrachtet. Die Frage heisst: was** leistet **der Gegenstand, was ist er zu leisten imstande? Inwiefern (und wo) behauptet er seinen Ort in einem Ganzen, beispielsweise im Ganzen eines Arbeitsprozesses (= funktio-**

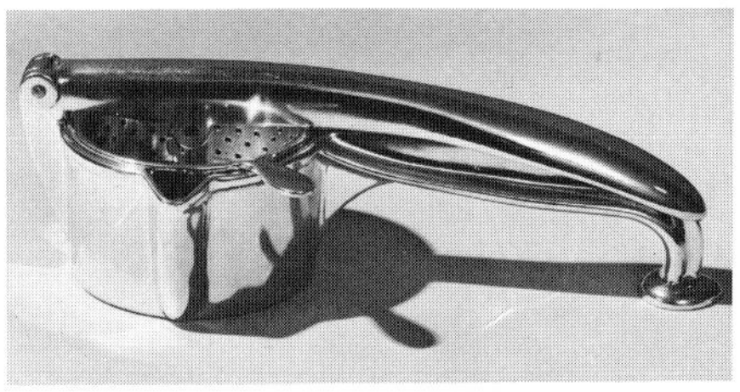

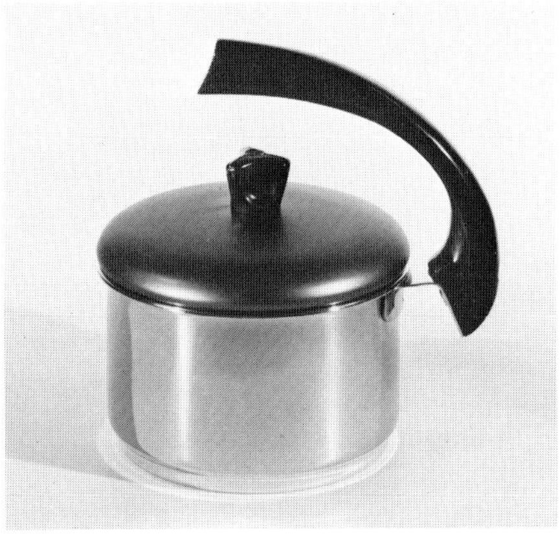

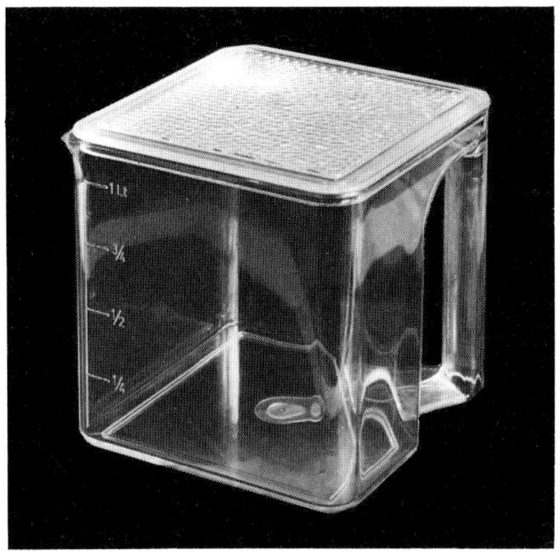

Griffig

Saftpresse Zyliss
Zysset & Co./W. Reist & Co., Bern
1952/1953

Wasserkessel
H. Kuhn, Rikon
1964/1964

Milchkrug
Gimelli & Co. AG, Zollikofen
1956/1959

nelles System), in dessen Rahmen Geräte, den Teilvorgängen zugeordnet, und ein Repertoire von Praktiken auf ein Resultat abzielen. Der Funktionsbegriff ist dann am Platze, wenn Ausrichtung betont ist, blosses Geschehen gewissermassen seine Beliebigkeit, seinen vasten, aleatorischen Charakter ablegt und univoke Tendenz nimmt. Die zielgerichtete Bewegung mit Wiederholungscharakter für sich, aber auch die benutzten Instrumente und Apparate, lassen uns zu gleichen Teilen an den Hammer, den (und das) Radio, den Polizeiapparat, den schulischen Apparat denken, das heisst an dingliche und soziale Instrumente. Sie haben eine Funktion hinsichtlich ihres Zwecks zu erfüllen. Die Funktion des SWB: ein ideologischer Staatsapparat (Althusser) erster Güte; er möchte «Rückgrat aller ehrlichen Bemühungen um saubere industrielle und handwerkliche Fertigung» (→) sein. – Für die Kritik des Gebrauchsgeräts bewährt sich – so meine ich – die erwähnte Zweiteilung in instrumentale und expressive Funktionen. Die instrumentale Funktion des Geräts: dieses wird unter dem Aspekt des Gebrauchs im engeren Sinne betrachtet, die Betonung liegt auf dem operativen Wert des betreffenden Gegenstands, dessen handlungsspezifische, zielgerichtete, eingreifende Leistung im Bereich der Dingwelt wird hervorgehoben und das Objekt dahingehend als Mittel oder Werkzeug einer Veränderung im Rahmen der ersten oder der zweiten Natur untersucht. Der Arbeitsprozess – meistens rituelle Handlung – verlangt diese Dinge; diese erleichtern und erlauben vielleicht sogar erst die betreffende Aktivität. Die instrumentale Funktion des Geräts verbalisiert: Sie bezeichnet die Zuordnung von Gerät und Handlung, Tätigkeit, Aktivität, hinzielend auf einen Zweck. – Demgegenüber die expressive Funktion des Geräts: das betreffende Gerät wird unter dem Aspekt seiner Fähigkeit betrachtet, etwas mitzuteilen. Dergestalt erscheint der Gegenstand als Botschaft, Mitteilung oder als Zeichen. Er sagt aus, er spricht. Ihn zu verstehen bedingt einige Kenntnisse der betreffenden Sprache – des Codes – der auf einer Konvention, einer Übereinkunft beruht und die Relation zwischen Zeichen (Signifikant) und Bedeutung des Zeichens (Signifikat) herstellt. Das Gerät wird dergestalt zu einem Forschungsobjekt der Semiologie (→). – Ausschliesslich bezugnehmend auf technisierte Zivilisationen ist es eine der ersten expressiven Funktionen des Geräts, die instrumentale Funktion anzuzeigen. Die Ideologie der ‹guten Form› misst der Univozität (→) dieses Zusammenhangs grosse Bedeutung zu. Weitere expressive Funktionen wären etwa: Schutzfunktion, Orientierungsfunktion (hinsichtlich historischer Zeit und kulturellem Raum), Herrschaftsfunktion, die Regelungsfunktion menschlichen Verhaltens und jene Funktion, die affektive Bedürfnisse des Geräts Benützer zu befriedigen sucht.

Einzelblatt des SWB zu ‹Die gute Form 1960›.

Semiologie: «Eine Wissenschaft, die das Leben der Zeichen im Rahmen des sozialen Lebens untersucht» (Saussure). Sie lehrt, worin die Zeichen bestehen und welche Gesetze sie regieren.

Die ‹gute Form› ist prolongierte Ideologie des (hist.) Funktionalismus, der die Eindeutigkeit des erwähnten Zusammenhangs forcierte.

Das Ideal der ‹guten Form› befürwortet ein Gebrauchsgerät, dessen expressive Funktion den eindeutigen Hinweis auf die instrumentale Funktion des Objekts und dessen Produktions-Modus leistet. Das Produkt soll seinen Verwendungszweck äussern, es soll aussagen, zu was und für was es gut ist. Der Benützer soll sich – vorausgesetzt ist, dass er die Produkte-Sprache versteht – mühelos im Ensemble alltäglicher Dinge orientieren können. Kein Zaudern, **keine Unsicherheit,** im Gegenteil, eine auf Effizienz und **reibungslose Arbeitsprozesse** ausgerichtete Sozietät fordert ein sofortiges, quasi-automatisches Identifizieren der Dinge aus Distanz. ‹Die guten Formen› haben diesen Anspruch zu erfüllen: **Übersicht, Orientierung** gehen dem alltäglichen Ritual voraus und sind erstes Gebot in der Sphäre der visuellen Kommunikation. Die instrumentale Funktion möchte da offen-sichtlich, augen-scheinlich, ja hand-greiflich werden. Nebst Erkennbarkeit und dem sie bedingenden Akt des Identifizierens, der immer wichtiger wird in einer schnellproduzierenden Welt, deren Bewohner sich täglich von neuen Dingen und fluktuierenden Zeichen umgeben sehen, möchte das «sorgfältig gestaltete Produkt» den Be-

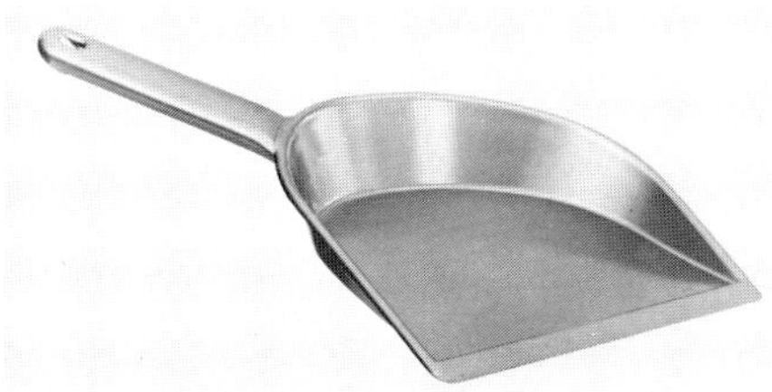

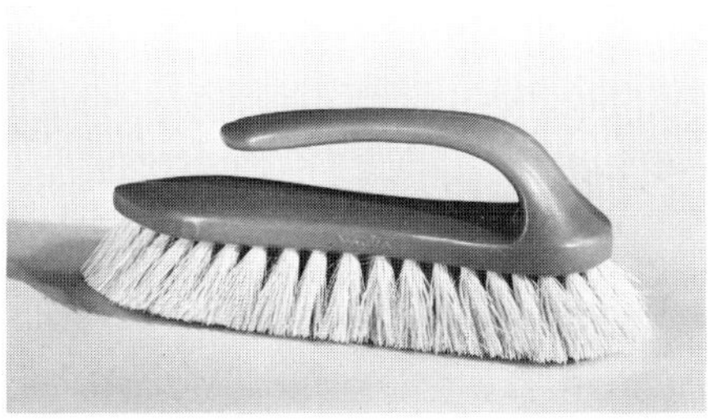

Kehrichtschaufel
P. Graf/Egloff & Co. AG, Rohrdorf
1954/1955

Fegbürste
Walther AG, Oberentfelden
1960/1960

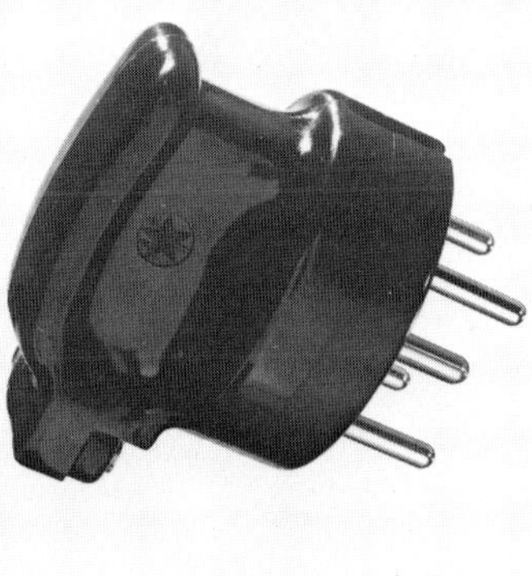

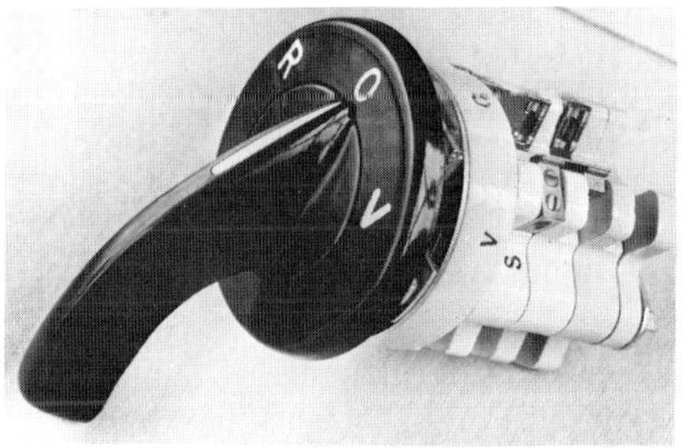

Stecker
Adolf Feller AG, Horgen
1953

Drehschalter
Xamax AG, Zürich
1953

nützer zu dem aus der Sache heraus zur sachgemässen Bedienung auffordern. Das Produkt ist derart Gebrauchsanweisung. Es will ‹mode d'emploi› sein. Übersichtlichkeit wird unablässig von ‹unsern› Gestaltern gefordert (→) und sinnigerweise dem Begriff ‹Sauberkeit› verbunden.

Etwa 1951, in der Broschüre des SWB zur Sonderschau ‹Form & Farbe›.

«Übersichtliche und klare Anordnung von Armaturen, deutliche, schöne und damit leicht lesbare (!) Ziffern und Teilungen der Skalen erhöhen die Arbeitsleistung (!), wie sie das Auge befriedigen» (→). Klarheit und Übersichtlichkeit, Deutlichkeit und Prägnanz werden dem ästhetischen Ideal genauso verbunden wie der zunehmend forcierten Arbeitsleistung. Das gut Lesbare ist schön – schön ist offenbar auch, was die Leistung erhöht. Orientierung im Bereich der «gestalteten Umwelt», besser der ‹zweiten Natur›, wäre aber auch dort auszumachen, wo zeitliche Orientierung, will sagen Orientierung im Prozess des kulturellen Wandels implizit gefordert und Ansprüche an das Gerät formuliert werden (expressive Funktion), die dieses eindeutig als ‹zeitgenössisches›, aktuelles Artefakt kennzeichnen. Zeitgenössisches Gerät entspringt der Massenproduktion, ist grundsätzlich Teil der Gross-Serie, die nur ein organisiertes Repertoire repetitiv ‹tätiger› maschineller Akte zu erzeugen vermag. Tiefziehwerkzeuge, Schnitt- und Stanzwerkzeuge, Präformierung des Materials zu Halbzeug: die aktuellen **Formen der Verarbeitung** folgen nach 1945 einer spezifischen Form-**Logik,** die, besonders bei der Produktion von **Hüllen** und Schalen, das Rein-Stereometrische meidet und die gebrochen-abgerundeten Kanten verlangt. Dies ist gültig für die Produkte aus der kleinen Serie, im Sandgussverfahren erzeugt, wie für jene der grossen Serie, die mittels Kokillenguss, dem Spritz- und Druckgussverfahren der automatisch arbeitenden Anlage (→) hergestellt, «kleinere Gussteile von höchster Präzision in Masse herausschleudert.» – Braun-Feldweg: «Handwerkliche Erzeugnisse können und dürfen ungleich ausfallen, Serienprodukte niemals» (→), «Serien-Entwurfarbeit (bedeutet) schärfste Zucht und Auslese, Beschränkung auf das Wesentliche und hohe Verantwortung».

Braun-Feldweg, W., op. cit. 1954, S. 59. Der Autor betont die hohe formale Qualität schweizerischer Produkte ‹guter From›: siehe etwa S. 42.

Braun-Feldweg, W., op. cit. 1954, S. 30 f.

Wie Abraham Moles zeigt, ist heute grundsätzlich die Möglichkeit vorhanden, die Elemente eines Serienprodukts zu variieren (siehe Moles, A., Kunst und Computer, Köln 1973).

Plastik: Besondere Herausforderung im Zeitalter der ‹guten Form› war «der fügsamste aller Werkstoffe» (Braun-Feldweg), nämlich Plastik (→). Die Chemie «züchtete» Stoffe mit verschiedensten Eigenschaften: spröde, glasähnliche und geschmeidig-weiche. Ihre wissenschaftlichen Bezeichnungen sind dem Laien unzugänglich. Die einen eignen sich zu spanabhebender Bearbeitung – andere sind dazu bestimmt, in Metallgesenken gepresst oder flüssig in Gussformen gespritzt zu werden. Bildsam wie sie sind, entsprechen sie den Anforderungen der Massenproduktion bestens. Barthes schreibt 1957, Plastik sei weniger **eine Substanz** als vielmehr die Idee ihrer **endlosen Umwandlung;** Plastik sei eine plötzliche **Konvertierung der Natur,** weniger Gegenstand als **Spur einer Bewegung.** «Die Wandlungsfähigkeit des Plastiks ist total, es kann ebensogut Eimer wie Schmuckstücke bilden» (→). «Seine Konstitution ist negativ: Weder hart noch tief, muss es sich trotz seiner nützlichen Vorzüge mit einer neutralen Substanzqualität begnügen: der Resistenz (...)». Die Mode des Plastiks zeuge von einer Entwicklung im Mythos der Imitationen – diese seien ein bürgerlicher Brauch. Der Plastik verzichte jedoch darauf, mit geringen Kosten edle Substanzen zu imitieren. Er sei eine Haushaltssubstanz. Zum ersten Mal habe es das Artifizielle auf das Gewöhnliche und nicht auf das Seltene abgesehen. Die Hierarchie der Substanzen sei zerstört – die ganze Welt könne plastifiziert werden. – Dergestalt erscheint Plastik, auf-

1959 findet im Kant. Gewerbemuseum Bern die Ausstellung ‹Kunststoffe – synthetische Materialien und ihre Anwendung› statt. Alfred Altherr im Vorwort: «Solange auf Kunststoffe Ledernarbungen, Textilprägungen und Holzmaserungen nachgeahmt werden, bleiben diese Materialien billige Ersatzprodukte».

Mythen des Alltags, Barthes, R., Frankfurt a.M. 1970 – französische Ausgabe Paris 1957 (!). Barthes, R., op. cit. 1970, S. 80.

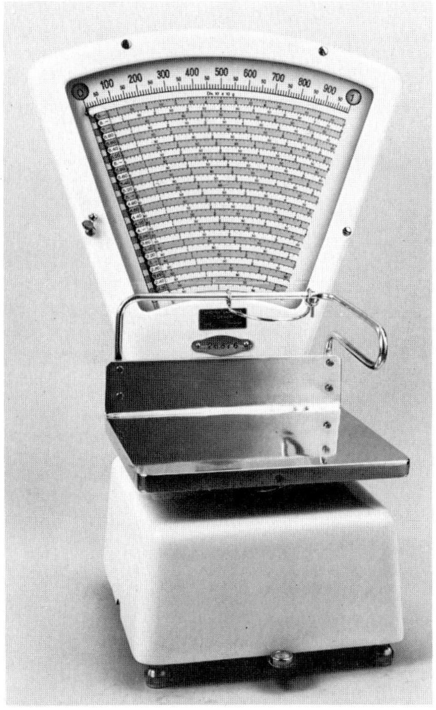

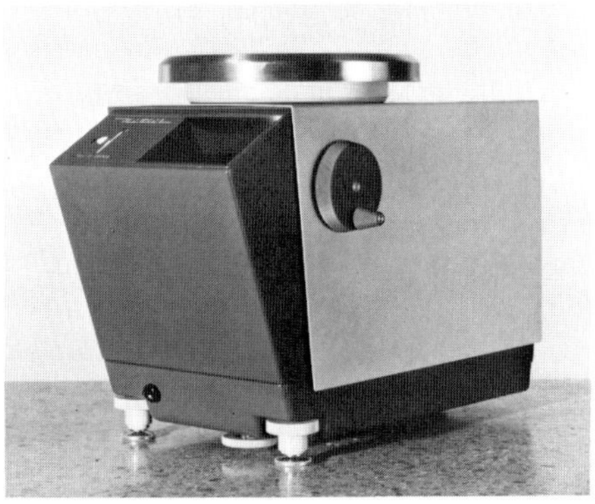

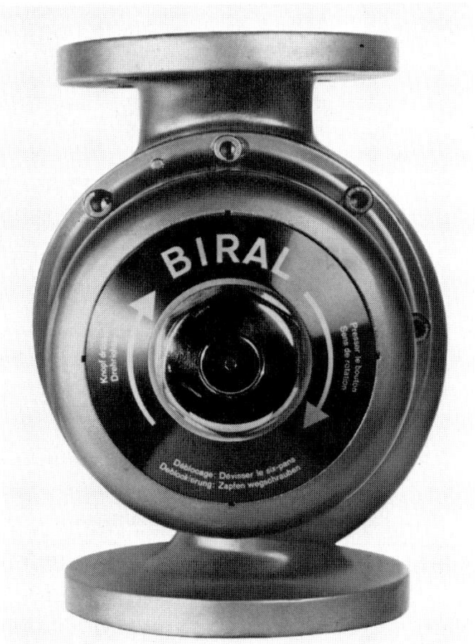

Lesbarkeit, Übersicht

Tischwaage
Buschwerke AG/Walter Latscha, Zürich
1944/1952

Präzisionswaage
Mettler Instrumente AG, Zürich
1963/1965

Umwälzpumpe
M. Bill (bearbeitet)/Hoval, Feldmeilen
1964

grund seiner Merkmale, als zeittypisches Material (1950–1960) Nummer eins, form-bestimmend auch für Objekte, die aus gänzlich anderen Materialien gefertigt worden sind. Die Press- und Spritzgusstechnik legt eine spezifische Ausformung des Objekts nahe – «scharfe Kanten sind bei grösseren Presseteilen zu vermeiden (→)» –, für Spritzlinge gelte Ähnliches. In den 50er Jahren wird die weiche Sachlichkeit des geformten Plastiks zu einem Leitfossil der (sogenannten) Formgebung. Ihm bringen nun die Bewohner der Jetzt-Zeit, jene Bewohner der Industrienationen, die ‹modern› und ‹auf-geschlossen› die Neuerungen ihrer Zivilisation akzeptieren, ihre grosse Sympathie entgegen. Plastik symbolisiert die Unverbindlichkeit der Epoche, ihr sanftes Auftauchen aus der harten Zeit des Krieges (→). Ein Werkstoff, ‹praktisch und modern›, flüssig-handliche Form, «Spur einer Bewegung», die not tut nach den verfestigten Fronten der Kriegszeit, «Konvertierung der Natur», der inneren wie der äusseren, sanfter Touch, «handwarmes», «sauberes Aussehen».

Braun-Feldweg, W., op. cit. 1954, S. 139.

Beton und Stahl – vs. – Plastik.

In den Schriften zur ‹guten Form› der 50er Jahre wird das **Authentische** verlangt, das heisst Authentizität, Glaubwürdigkeit in der Relation Erscheinungsbild – Produktionsprozess und Erscheinungs-‹Bild› – Zweck. Die zeitgenössischen Produktions-Mittel legen es nahe, dass ihre Produkte «glatt und einförmig» sind, «kompakte Gebilde», die in der Tendenz «keine abgesetzten Teile» aufweisen, obgleich natürlich, aus der Perspektive der ‹guten Form›, mit dem zu formenden Material schon allerlei Allotria getrieben worden ist. Die «Zusammenfassung der Teile in einen Mantel», «ohne Annex» (Streiff), «knappe Form», trägt einer **Ökonomie des Raumes** Rechnung (→). «Wer das Gehäuse eines Fernsprechapparates zu formen sich vornimmt, muss auch die Eingeweide umgruppieren» (→), schliesslich ergebe sich eine sinnvolle Anordnung der äusseren Formelemente, etwa der Bedienungsknöpfe, nur aus der Lage funktioneller Bauteile im Innern. Strenge Ökonomie der Mittel bestimme die industrielle Entwurfarbeit von Anbeginn. Zu diesem Haushalten gehöre auch, nicht mehr Raum zu beanspruchen als nötig, die gedrängte Form aber straff und funktionstüchtig auszubilden (→). «‹Die Haut zieht sich zusammen› – sperrige Teile werden abgebaut oder ins Innere verlegt. Pressen von gewaltiger Leistung nehmen nur noch einen Bruchteil ihres früheren Raumbedarfs ein. Apparate schrumpfen zu kleinen Gebilden zusammen» (→).

Braun-Feldweg, W., op. cit. 1954, S. 20.

Körpersymbolik wird zur Charakterisierung des Trends beansprucht.

Braun-Feldweg, W., op. cit. 1954, S. 20.

Der allgemeine Trend heisst Miniaturisierung des Objekts.

1951: «Zweckmässige Möbel (seien) so knapp wie möglich dimensioniert» (→), sie passen sich an die bestehenden Raumgrössen an (→). Effizient (efficiency im Sinne Taylors) beweist sich zusammenfassend als ein wesentliches Designat, auf das die expressive Funktion des Gegenstandes zielt. «Bequemlichkeit, Einfachheit und Stabilität» – meistens hält das Ding, was es verspricht. Der Gegenstand teilt **Effizienz** mit: **Ökonomie des Raumes, Ökonomie der Mittel, Effizienz** im Rahmen **der Produktion** wie im Rahmen des **Gebrauchs.**

Broschüre des SWB zur Sonderschau ‹Form + Farbe›, 1951.

Abstimmung des Möbels auf die Entwicklung im Wohnungsbau; siehe: das ‹Ensemble der Dinge›.

Ostentativ wird die **Tauglich**keit des Produkts dargestellt, herausgestrichen und bildnerisch forciert. Dies ist dann **Teil** der «Schönheit, die aus der Funktion heraus entwickelt ist und durch ihre Schönheit eine eigene Funktion erfüllt» (Bill 1948). Dem Betrachter wird ein Gegenstand vorgesetzt, in dem er die Jetzt-Zeit, die entscheidenden und höchsten Werte seiner Epoche, ‹axiomatische› Inhalte seines

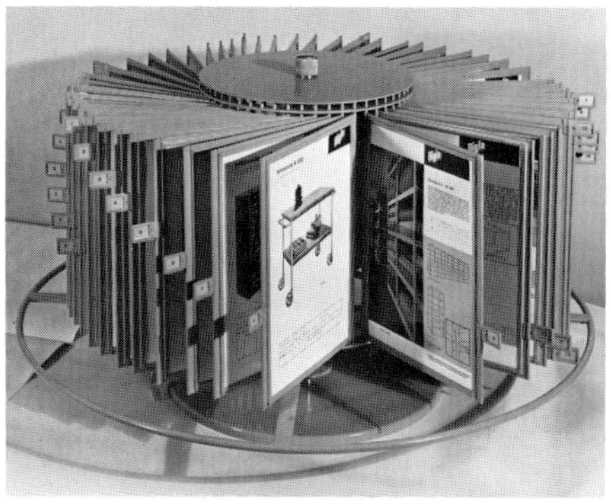

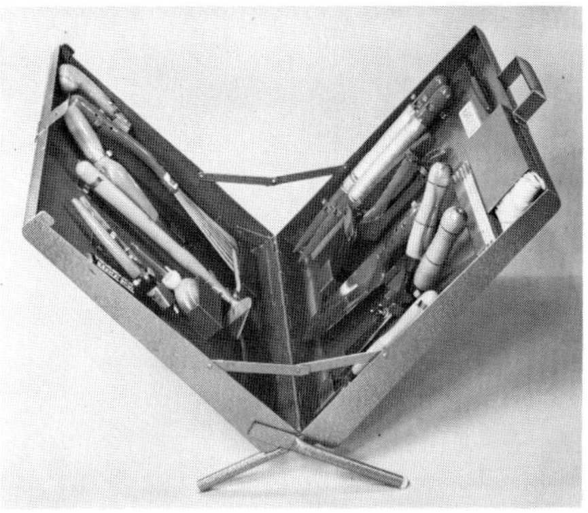

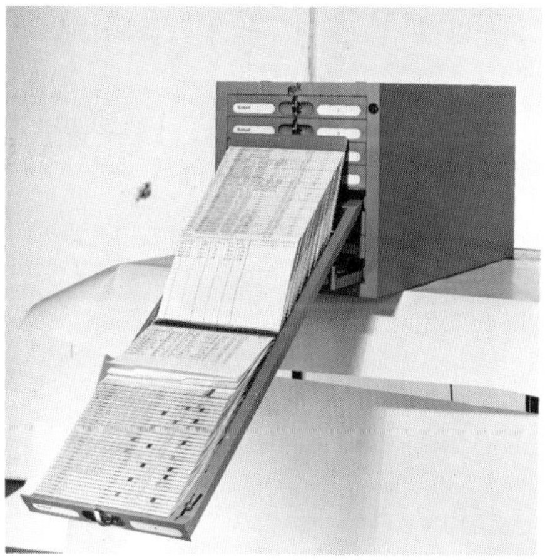

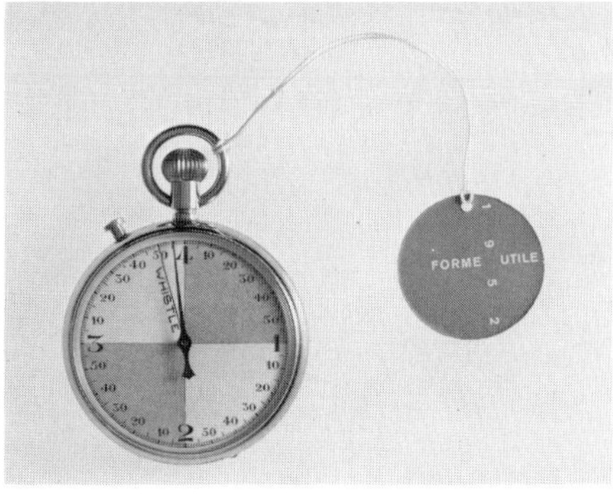

Drehständer für Prospekte
Bigler, Spichiger & Cie. AG, Biglen
1952/1954

Gartenboy
C. Schopen-Schürch, Muri-Bern
1957/1964

Sichtkartenschrank
Bigler, Spichiger & Cie. AG, Biglen
1931/1953

Compteur-Boxe
Leonidas Watch Factory Ltd., St-Imier
1952

kulturellen Zirkels, hypostasiert findet: die Werte der hochindustrialisierten Welt. Die «Form» entspricht dem «Zweck», das **Utilitäre** wird zum Leitfaden für die Formfindung, «das Zweckmässige und Schlichte» gilt aus dieser Optik als «schön». Der Hinweis auf ‹Zweck›, ‹Nützlichkeit›, auf den Gebrauchswert des Artefakts und die seriöse, ingenieurmässige Art – kühles Denken, kühles Planen und Realisieren – auf eine ‹operationelle Rationalität›, die hier aufleuchtet, dieser Hinweis würde getrübt, wenn zweckfremde Bedeutung, gleichsam als zweite Schicht, die mitteilsame Form des Geräts überlagern würde. Dekoration, Ornament, Garnitur: Die «Ausstattung der Ware mit Zieraten» (Paulsson) ist ebenso strikte verpönt wie die ‹Vorspiegelung falscher Tatsachen› (→), wie etwa das Surrogat im Bereich der Materialwahl. Materialimitationen wären dem Hang zum Authentischen konträr, der einer spezifischen ‹Materialehrlichkeit› gleichgesetzt, dem Werkbund seit eh ein Beweis seines ethischen Impetus war. Authentizität heisst dem Werkbund: keine expressive Funktion, die auf handwerkliche Produktion schliessen lässt, besonders wenn das betreffende Gerät industriell produziert worden ist (→) – weg vom Hand-Geschnitzten, Schropp-Gehobelten, überdies aber grundsätzlich Distanz zum Ikon, das in einer hochindustrialisierten Welt auf anachronistische Produktionsweise zeigt. Loslösung mithin von jeder traditionsgebundenen, das heisst vorindustriellen Auffassung: Loslösung von den Repräsentationen traditionsgebundener ruraler Kulturen und von der Emblematik, den Symbolismen einer feudalen Vergangenheit, die zyklisch in die ‹kulturellen Räume› der Bourgoisie einfliessen und daselbst, in der Sphäre der Reproduktion, ihre unmissverständlichen Spuren hinterlässt (→). Willi Rotzler, 1951: Wir haben «keinen Platz für Repräsentationsräume und raumfressende, nutzlose Prunkstücke. Ehrlichkeit vor uns selbst und vor den andern ist ein wichtiger Schritt zu einer sinnvollen Wohnung». (...) «Das Verzierte und Verschnörkelte ist nicht zweckmässig, das Prunkvolle ist nicht schön. Das Komplette ist in keinem Fall persönlich(!)(→). Repräsentativ ist nicht wohnlich. Der moderne Mensch will Licht und Luft im Raum, er will Sauberkeit und Übersicht (...). Dies formt auch die werdende Persönlichkeit des Kindes und schenkt den Erwachsenen Selbstsicherheit und Kraft im Lebenskampf» (→).

Buchstäblich.

Nicht so geanu genommen mit der Authentizität hat es ‹Die gut Form› bei handwerklich Produziertem, das technoid sich gibt.

Siehe Elias, N., Über den Prozess der Zivilisation, Frankfurt 1977, Bd. 2, S. 416 ff.

Rotzler zielt auf die komplette Aussteuer.

Rotzler, W., in der Broschüre des SWB zur Sonderschau ‹Form & Farbe›, 1951.

Man beachte die besondere Bedeutung, die der Begriff «Repräsentation» hier annimmt. Der Begriff hat pejorative **Bedeutung und bezeichnet eine ganz spezifische** ästhetische **Komponente der Botschaft, die das Objekt zu vermitteln imstande ist. Wenn wir, mit Abraham Moles** (→), **die** ästhetische Komponente **der Mitteilung von ihrer** semantischen **scheiden, es der semantischen Nachricht zugestehen, dass sie** in erster Linie **auf die instrumentale Funktion des Artefakts verweist, die ästhetische oder ekto-semantische** (→) **Nachricht als Ausdruck der Variationen betrachten, die ein Signal um seine Form erfahren kann (ästhetische Variation ein und derselben Geräteform, synchron oder diachron), so bezeichnet Repräsentation im Jargon der ‹guten Form› eine aufgestockte, zusätzliche Komponente, die so oder anders ‹kultur-fremd› ist: Sie ist entweder bäuerlich oder feudal indoktriniert, oder leiht ihr Möchte-Gerne von Symbolismen, die andernorts ihre ganz spezifische Funktion erfüllen oder erfüllten (Amerikanismus, Streamline-Design/Repertoires der Nazi-Kulte usw.). Dem Gestalter wie dem eifrigen Kritiker der ‹guten Form› ist es**

Moles, A., Kunst und Computer, Köln 1973, S. 28 f. «Auf jeder Kommunikationsebene (. . .) lassen sich zwei Aspekte der Nachricht unterscheiden: einerseits der sematische Aspekt, der immer einem Repertoire universeller Standartzeichen entspricht, anderseits der ästhetische oder ektosematische Aspekt als Ausdruck der Variationen, die ein Signal um seine Norm herum erfahren kann, ohne seine Eigenart zu verlieren.» – ‹ekto-› heisst soviel wie «aussen», «ausserhalb», «äusserlich», «akzidenziell».

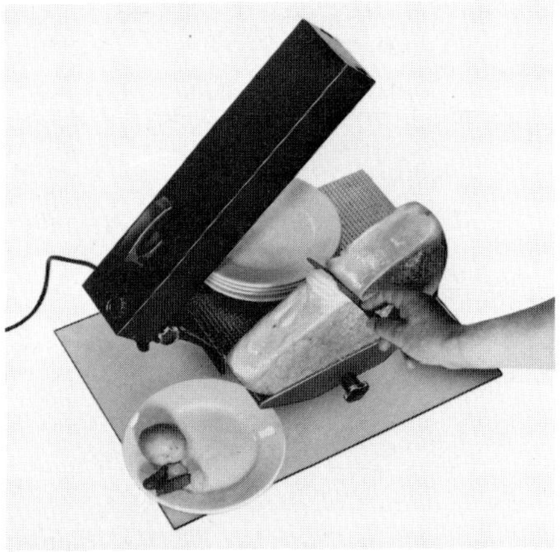

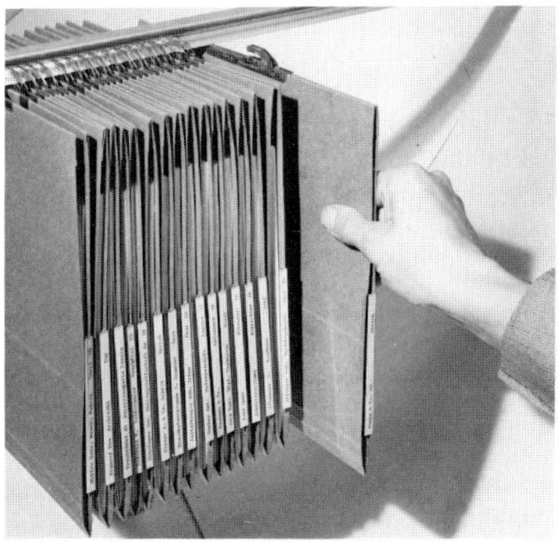

Raclette-Apparat
Melior SA, Renens
1966/1967

Hängeregistratur
Scholl AG
1959/1960

Telefontisch
W. Kienzle/Wohnbedarf, Zürich
1954/1954

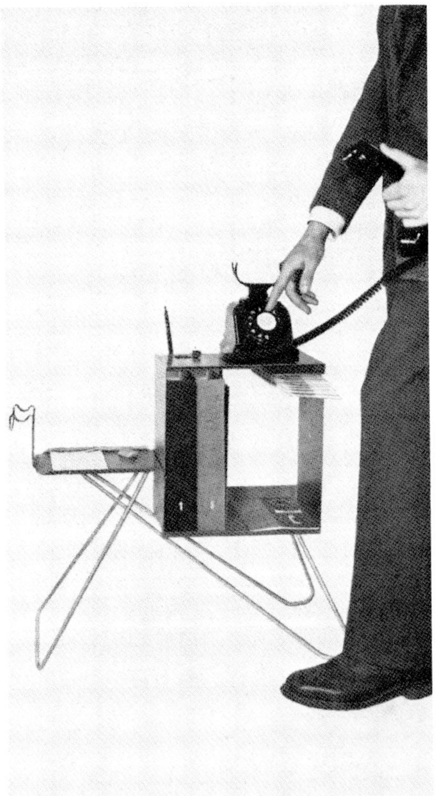

entgangen, dass diese ihre ‹gute Form› ebenso repräsentiert, **dass die** vermiedene **Garnitur und die** Reduktion **auf die sogenannte ‹Zweckform› ebenso Darstellung, Vergegenwärtigung, Vertretung (représentation) zu bezeichnender Inhalte ist. Eines ihrer Designate ist zweifellos Effizienz – nichts anderes als ein Ausfluss ‹bürgerlicher Rationalität›** (→). **Ein anderes, ‹das Schweizerische›: sparsam, karg, kompromisslerisch. – Nicht wahr, die eigenen Symbolismen sind einem so nah, dass man sie kaum mehr registriert. Nur das Fremde und** Neue **darf sich einer gewissen Beachtung erfreuen. Das Eigene ist einem zur Natur geworden; es ist natürlich – selbstverständlich. Der Mechanismus ist bekannt. Gern und gut wird da übersehen, dass die Quasi-Identität von Sinn und Zweck im interkulturellen Vergleich eine Ausnahme ist und nicht die Regel.**

Bürgerliche Rationalität im Sinne Max Webers – besser: operationelle (technologische) Rationalität im Sinne Marcuses. Weber benutzte den Begriff, um kapitalistische Wirtschaftstätigkeit zu charakterisieren. Siehe die Kritik des Begriffs bei Marcuse (Der eindimensionale Mensch).

Authentizität (Ehrlichkeit, Echtheit, Zuverlässigkeit) bedeutet dem aufrechten Werkbündler, der eine «handwerklich und technisch saubere, zurückhaltende Arbeit» (→) befürwortet, dass das «gestaltete Objekt» in erster Linie nicht ‹bedeutet›, sondern ‹ist›. «Materialecht»? Selbstverständlich. «Sinnvolle Zweckform und klare Farbe» (→) – was wäre gegen sie einzuwenden. Was wäre gegen die Forderung einzuwenden, dass das «Serienprodukt (...) seine Funktion in neutraler Art erfüllt» (→). – Problematisch wird die Aktion ‹gute Form› erst dann, wenn Produkte, die nicht industriell produziert, der mittleren Werkstatt oder Manufaktur entsprungen sind, ein Formenrepertoire ihr eigen nennen, das keineswegs auf gutes Handwerk, ergänzt um einige Mechanisierung schliessen lässt, eher schon auf Grossproduktion in einem hochtechnisierten Betrieb.

SWB 1950 (Wegleitung 184 des Kunstgewerbemuseums Zürich), op. cit. 1950.

Broschüre des SWB zur Sonderschau ‹Form & Farbe›, 1951.

Haefeli, M. E., in: SWB 1950 (Wegleitung 184 des Kunstgewerbemuseums Zürich), op. cit. 1950.

Form-Inhalt: Angemessenheit – Eine grundlegende Forderung der ‹klassischen Moderne› und jener Epoche, die nach dem zweiten Krieg an deren Ideale anknüpfte, sie prolongierte und in ihrer Art modifizierte und verwässerte, ist die Angemessenheit von Form und Inhalt. Dies ein Verlangen, das sich zu seinen ‹besseren› Teilen mit der Stilisierung des Authentischen deckt.

Inhalt **und** Form **sind in den verbalen Texten rasch hingeschrieben. Die beiden Grössen werden als bekannt vorausgesetzt. Der Inhalt eines Topfes, einer Kiste oder eines Behälters bedarf tatsächlich keiner weiteren Erklärung. Alles, was die erwähnten Hüllen umgreifen und beherbergen, gehört dem Inhalt an. Aber derart Inhalt ist da mitnichten gemeint – jener Inhalt, der der Form zu entsprechen hat, entzieht sich dem schnellen Zugriff. Wir versuchen ihn, mit Hilfe des Expressiven und des Instrumentalen des Artefakts, zu erörtern. Inhalt wäre demzufolge ‹Nutzen› und ‹Verwendung-Zweck› des Artefaktes, ergänzt um sämtliche Manipulationen, die an ihm, hinsichtlich Funktionstüchtigkeit und Verlängerung seines Gebrauchs-Werts vorzunehmen sind. Besser: Inhalt des Artefaktes ist alles, was dem Artefakt an Fähigkeiten zugesprochen wird, kraft derer es seine instrumentale Funktion erfüllen kann. Inhalt des Objekts ist zudem – und dies ist, im Vergleich mit dem Utilitären, eher eine Variable – was dem Artefakt an** Bedeutung **eingeschlossen ist, was das Gerät konnotiert und in Abhängigkeit zum jeweiligen Rezipienten gewissermassen mitteilt hinter vorgehaltener Hand. Inhalt ist demzufolge die bedeutungs-mässige (Signifikat), sinnmässige und utilitäre Seite des Gegenstandes, im Gegensatz zu seiner gestalthaften Struktur oder Form (Signifikant). Objektseitig ist das erwähnte Bündel der Mitteilungen von der Form abhängig, die, vielleicht ergänzt um ektosemantische Teile, auf Entstehungszeit, instrumentale Funktion, Zugehörigkeit des Gegenstandes (bzw. dessen Besitzers) zu einer sozialen Gruppe hinweist und derart der Distinktion im Feld sozialer Grenzsetzungen und Differenzierungen dient** (→). **Die Form hat distinktiven Charakter, determiniert** diskrete Einheiten (→) **in der dinglichen (wie in der sozialen) Realität und ist letztendes jedesmal das Resultat einer** Grenzsetzung. **Spezifische Form wäre demnach das Resultat einer disziplin-bezogenen**

Horizontale und vertikale Differenzierung: Angesprochen ist ein topologisches Schema, das dem Neben- und/oder Übereinander gesellschaftlicher Elemente (Gruppen, Individuen usw.) innerhalb der gesellschaftlichen Formation Ausdruck (!) verleiht. Siehe dazu auch: Bourdieu, P., Klassenlage und Klassenstellung, in: Zur Soziologie der symbolischen Form, Frankfurt 1970, S. 42 ff.

‹Diskret› im Sinne der mathematischen Vocabel.

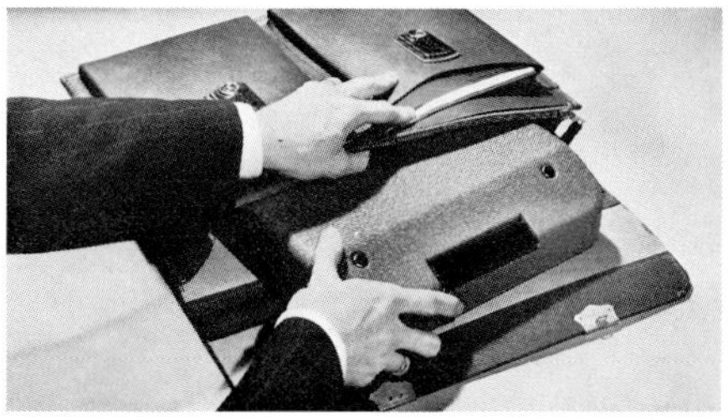

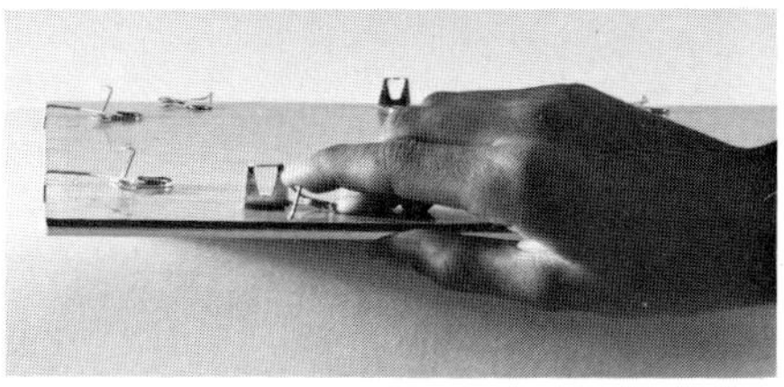

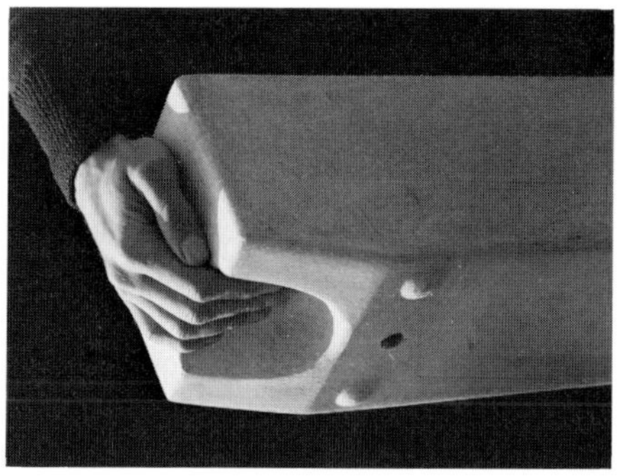

Hermes-Baby Reiseschreibmaschine (F)

Bildhalter
K. Meder, Luzern
1958/1960

Blumenkiste mit Bodengriff
W. Guhl/Eternit AG, Niederurnen
1954/1955

Grenzsetzung – und Disziplin ist hier bewusst in seiner doppelten Bedeutung gesetzt – oder aber eine Modalität der Grenzsetzung im Raume unendlich vieler Varianten. Freilich unterscheiden sich die verschiedenen Disziplinen in der Art und Weise, wie sie Grenzen setzen. Die einen bevorzugen zentripetale, die andere periphere Definition oder versuchen, ihren Gegenständen durch blosse Organisation der Elemente (Vernetzung) eine Gestalt zu geben. Bei der Diskussion von dringlichen Artefakten haben wir vergleichsweise wenig Schwierigkeiten. Form ist hier die wahrnehmbare Gestalt, die beobachtbare Seite organisierter Materie, die nicht bloss ein Produkt der Perzeption, Wiederentdeckung eines Zusammenhangs, nicht bloss Anhäufung von Elementen ist, die zusammengetragen als Ganzes erkannt, sondern vom Gestalter bewusst und mit einiger Absicht gefügt und objektseitig in einen wohlgeordneten Zusammenhang gebracht sind. Objektseitig ist keine inkohärente Anhäufung von Elementen vorhanden, die der Betrachter zuerst sortieren, filtrieren und fügen muss, bis sich Form ergibt, wie das bei Gegenständen der Fall ist, die etwa ‹Geschichte› heissen, ‹Seele› oder ‹Gesellschaft› – obgleich auch dort dem Betrachter, dank Prädisposition durch Bildungskapital, die aufgenommene Nachricht nicht als Resultat eines Zufalls erscheint. – Form begrenzt zu oft divergente Kräfte, die ‹ausufern› möchten, ihren eigenen Gesetzen folgen möchten, sie legt fest und reduziert, sie begrenzt und leitet, grenzt ein und drosselt. Form hat oft etwas Doktrinäres, etwas Konservierend-Konservatives an sich. ‹Formgebung› als Akt ist dem Akt der Dressur verwandt (Braun-Feldweg redet etwa von der ‹hohen Schule der Stahldressur› im Bereich der Maschinenproduktion), ob jetzt ‹Die gute Form› betrachtet wird oder die ‹Massen›, die es aus konservativer Optik, zu formen gilt, bis der soziale Leib makellos, funktionstüchtig und folgsam ist. Form regelt, erleichtert und fördert zum einen und für die einen, sie verhindert, bindet und hält fest für die andern und zum andern. Form schafft Bedeutung – die entscheidende Frage ist für wen oder was. Bei Henry Lefèbvre lesen wir, der Inhalt des kollektiven Lebens habe Formen erzeugt, die zu ihm in Gegensatz treten, es drossle, einenge und ersticke. (→). Jede Trennung von Form und Inhalt bringe ein Stück Illusion mit sich. Das solle sagen, dass die Form, heute scheinbar gereinigt, dazu tendiere, sich selber zu genügen, den Inhalt zu verdrängen und sich an seine Stelle zu setzen. Bestenfalls diene die Form noch der Repräsentation eines Inhalts der ausserhalb (!) ihr liege. Wenn Lefèbvre auch die allgemeinen Formen des täglichen Lebens im Auge hat – Rituale, die Praktiken des Austausches und der Eigenbrötelei: mir scheinen diese Sätze provozierend in der Auseinandersetzung mit der ‹guten Form› und ähnlichen Phänomenen.

Lefèbvre, H., Kritik des Alltagslebens, München 1974, Bd. I, S. 89.

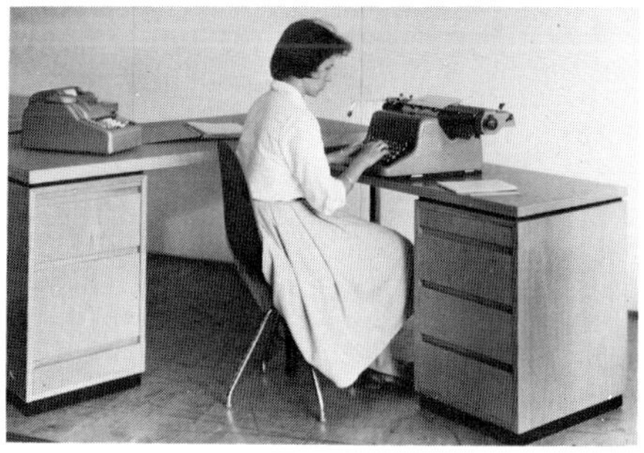

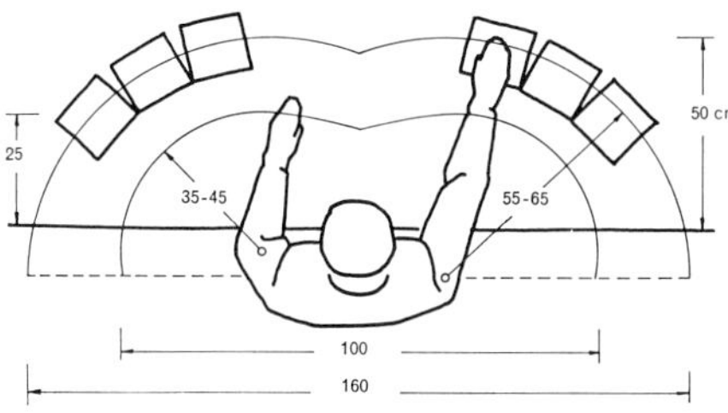

Kombipult
Gebr. Uster AG, Küsnacht
1958/1959

Greif- und Arbeitsraum (AG)

Die Angemessenheit von Form und Inhalt – **Angemessenheit** ist ein **Wertbegriff,** der zwischen zwei dual auseinandergelegten Teilen positiv vermittelt. Tatsächlich gibt es keine Form ohne Inhalt und keinen Inhalt ohne Form, die Trennung der beiden ist das Ergebnis der parzellierenden Vernunftstätigkeit. «Beurteilt man die Angemessenheit einer Form, für die ihr zugedachte (instrumentale) Funktion, so formuliert man damit in der Praxis mit Sicherheit zugleich ein ästhetisches Urteil (→). Ja, erstaunlicherweise steht der absolute asthetische Wert in der Regel (...) in direktem Verhältnis zur Angemessenheit der Form für ihre (instrumentale, p. e.) Funktion.»

Siehe Bill, M., Form, op. cit. 1952, S. 6.

Leroi-Gourhan:
Funktionelle Schönheit komme in dem Masse zustande, wie das Objekt **frei** sei von **Figuration.** Entblösse man den Gegenstand (Reduktion), nehme ihm die Hülle der Verzierungen, so bleibe nur eine **funktionelle Formel** – so zum Beispiel die Formel für Sitzgelegenheit. «In der Welt des Lebendigen sind perfekte funktionelle **Formeln** ohne Zutat, Zierat und Dekor, Formen ohne Überfluss, Surplus und Überschuss nur selten realisiert. Leben bedeutet von einem bestimmten Niveau an Vielfalt, so dass funktionelle Angepasstheit eher bei einfunktionellen Lebewesen und Gegenständen anzutreffen sei. Die Vielfalt der Lebewesen und Gegenstände

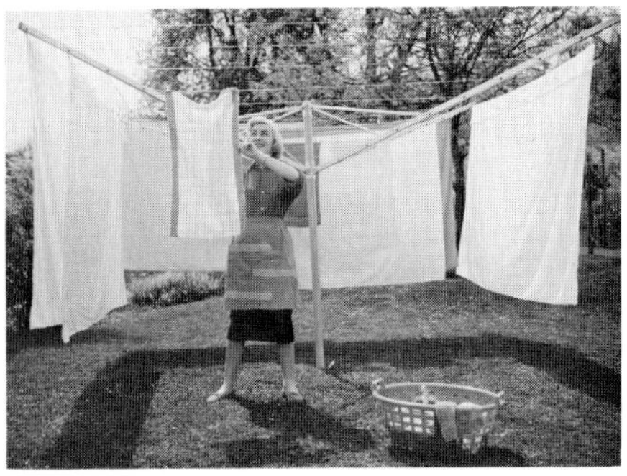

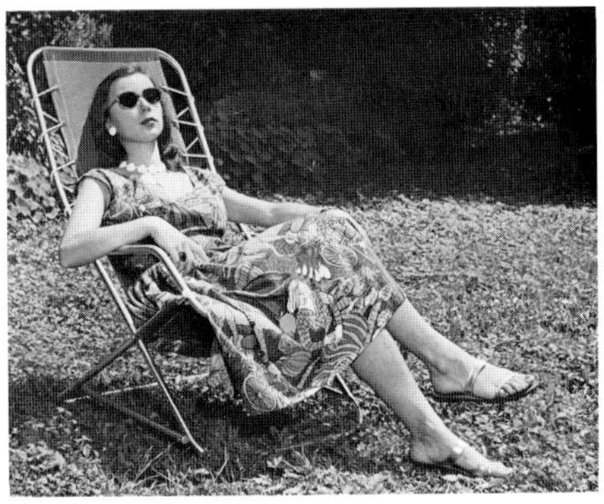

Komfort

Wäscheschirm Stewi
Walter Steiner, Winterthur
1960

Liegestuhl Florida
H. E. Parker / H. Kihm, Stahlrohrmöbelfabrik, Zürich
1952/1955

steht im Spannungsfeld eines sehr komplexen Spiels: 1. der Evolution jeder Funktion zu befriedigenden Formen, 2. des Kompromisses zwischen den verschiedenen Funktionen, der die Formen auf einem mehr oder weniger hohen Niveau der Angemessenheit hält, und 3. der aus der **biologischen** und der **ethnischen Vergangenheit ererbten Superstrukturen,** die sich **in dekorativen Formeln** ausdrücken» (→).

Leroi-Gourhan, A., Hand und Wort, Frankfurt 1980, S. 374.

Die Prinzipien der funktionellen Ästhetik seien den Gesetzen der Materie entnommen, als menschlich können sie daher nur in einem sehr relativen Sinn verstanden werden. Als vollkommen würden heute solche Formen gelten, weil unsere Kultur von **Mathematik** und **Physik** durchdrungen sei. In anderen Kulturen würden sie als Armseligkeit empfunden. In aller Regel seien vollkommene Formen von grösster **Bescheidenheit** und würden von der ethnischen Phantasie nicht beachtet. Und das sei wahrscheinlich nicht ohne Grund so – die Reduktion der Formen auf nackte Formeln müsse in einem Widerspruch zum Gleichgewicht in der Diversifizierung der Arten wie der Ethnien geraten. Der heutige Kampf (1965) gegen Nüchternheit und allzu perfekte Formen sei in dieser Hinsicht sehr bezeichnend (→). – Dem Text Leroi-Gourhan ist mit einiger Skepsis zu begegnen. Um nur einen fraglichen Aspekt kurz zu beleuchten: es wäre falsch zu meinen – und damit unterstellen wir dem Anthropologen, dass er auch dies im Auge hatte – die ‹gute Form› nähme keine Rücksicht auf die «ererbten Superstrukturen», die sich, laut Leroi-Gourhan, in «dekorativen» Formeln äussern. Mitnichten ist ‹Die gute Form› eine blosse Formel für die betreffende instrumentale Funktion. Inkorporiert in die ‹guten Formen› sind – wenn wir partout bei den Biologismen bleiben – die «ererbten Superstrukturen» der ‹klassischen Moderne› (→), eine «Erbmasse», die (aufgesetzte) Dekoration unterdrückt, den «Körper» des jeweiligen Geräts aber in einem hohen Masse determiniert, so dass Gerät und Gebäude, trotz Reduktion, ja gerade wegen dieser Reduktion, eine Vielzahl von expressiven Funktionen zu erfüllen vermögen. Diese zu erwähnen bleibt unsere Aufgabe in den folgenden Kapiteln dieser Studie.

Leroi-Gourhan, A., op. cit. 1980, S. 378, 381 ff.

1907/18–1933/39.

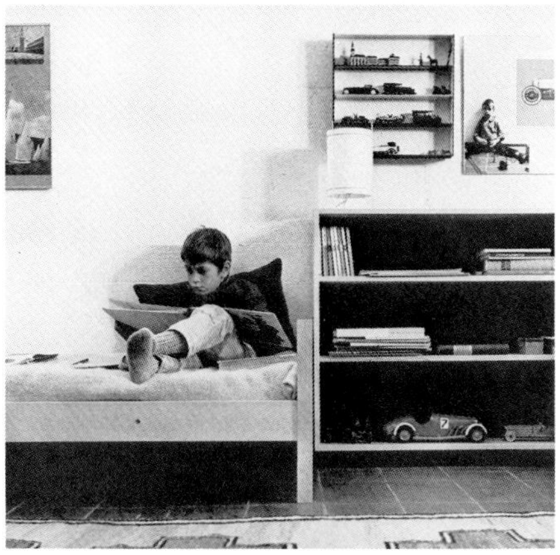

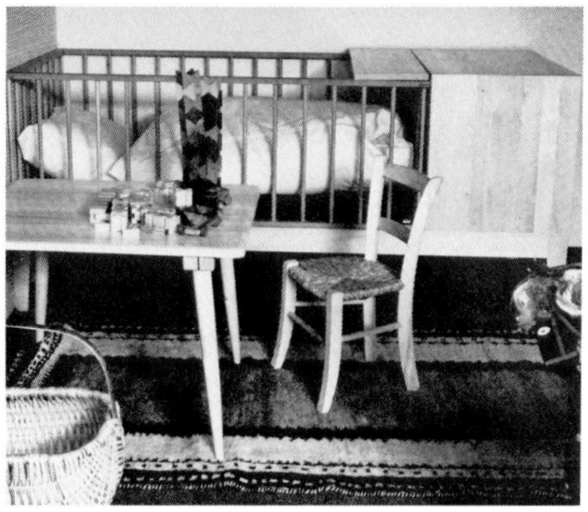

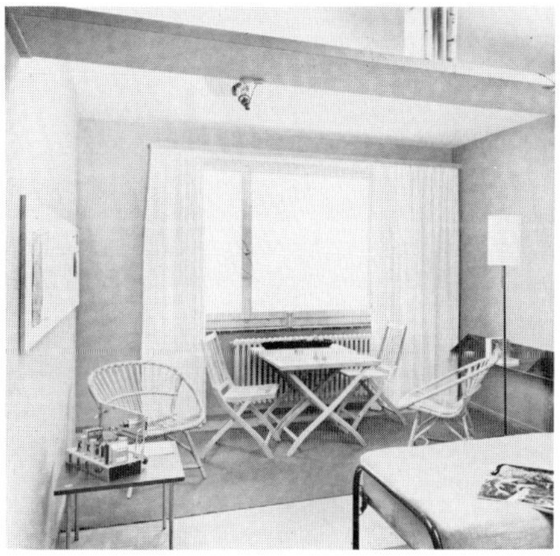

(WH 6)

(WH 6)

(WH 4)

Das Ensemble der Dinge? Für das Ensemble der Dinge gelten der ‹guten Form› grundsätzlich dieselben Ansprüche und Forderungen wie fürs einzelne Gerät. – ‹Die gute Form› bevorzugt abgestimmte Gegenstandsreihen und aufeinander abgestimmte Einzelobjekte, deren Funktionalität aber nicht barsch herausgestrichen, den Eindruck eines **unaufdringlichen Komforts** erwecken.

«Seit mehr als fünfzig Jahren kämpft der Schweizerische Werkbund für vernünftiges, praktisches Wohnen, und propagiert Einrichtungsgegenstände, welche in erster Linie dem Menschen dienen und aus werkgerechten Materialien hergestellt sind» (→).

Faltprospekt des SWB zur Interbau Berlin, 1957.

Dies Wohnen will praktisch sein, vernünftig, die Gegenstände sollen dem Menschen dienen, allerdings nicht im Sinne der ‹Wohnmaschine› jener heroischen Jahre, die jetzt, 1950, mit ihrer «harten, intellektuell konstruktiven Reinheit, Kälte und Gefühlslosigkeit und einer unmenschlichen technischen Sachlichkeit» (Itten 1950) offenbar auch Werkbündler schockiert. Johannes Itten bemerkt, dass Werkbund-Leute heutzutage auf den «sachlich wahren Gestaltungsgrundlagen» der zwanziger Jahre weiterarbeiten, die damals nicht pathetisch den ‹Funktionalismus› propagiert haben und «ohne grosse Gefahr, in formalistische Willkür zu verfallen, dem menschlich leicht verständlichen Bedürfnis nach mehr Wärme und Liebenswürdigkeit nachgeben» dürfen (Itten 1950). Der «würfel- und quadratische Formcharakter» habe ebenso ausgespielt wie der «Kugel-Kreis-Charakter».

Max Ernst Haefeli (→): «Der Purifizierungsprozess der zwanziger Jahre sei durch eine Phase gefühlsbetonten Schaffens abgelöst worden».

Haefeli, M. E., Itten, J., SWB 1950 (Wegleitung 184), op. cit. 1950.

Der Werkbund der fünfziger Jahre predigte eine Wohnkultur der **leicht beweglichen** Geräte und Möbel, der ver**stell**baren und an**pass**baren Konstruktionen. Anpassungsfähigkeit, Flexibilität, Mehrfachnutzung, multifunktionale Verwendbarkeit, wenig Bindungen an die Traditionen heissen die Stichworte. Die einzelnen Gegenstände sollen einander nicht be**hindern,** einander nicht zu**wider**laufen, jedem Möbel ist, auf wenig Fläche, genügend Spielraum gegeben: die Dinge sind einander, durch Gegenüberstellung, räumlich verbunden. Die Präsenz des Einzeldings ist nicht aufgrund aufdringlicher Nähe seiner Nachbarn gebrochen; seine Autonomie nicht durch Überlappungen verschleiert. Die einzelnen Gegenstände sind als solche mühelos zu identifizieren, sie heben sich von- und gegeneinander ab. – Stimmungswerte? Das Ensemble der Dinge schreit nicht im Chor: ebensowenig sind laute Einzelstimmen hörbar. Keine ‹vulgären› Farben – man übt auf syntaktischer Ebene des Ensembles ebenso Zurückhaltung, wie auf der Ebene der Einzelelemente. Gemässigt, massvoll, diskret sind diese Wohnungen anzuschauen, bieder zuweilen, von kleinbürgerlichem Zuschnitt. Die Anmutungsqualitäten: das ist weder kalt noch kühl – man hat da tatsächlich, wie Itten meint, dem Bedürfnis nach **Liebenswürdigkeit**

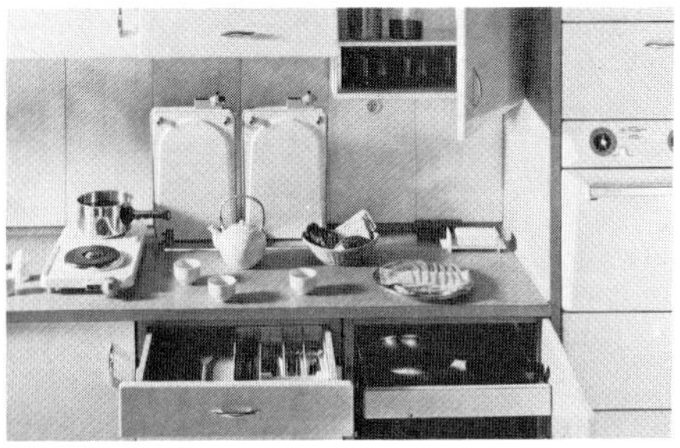

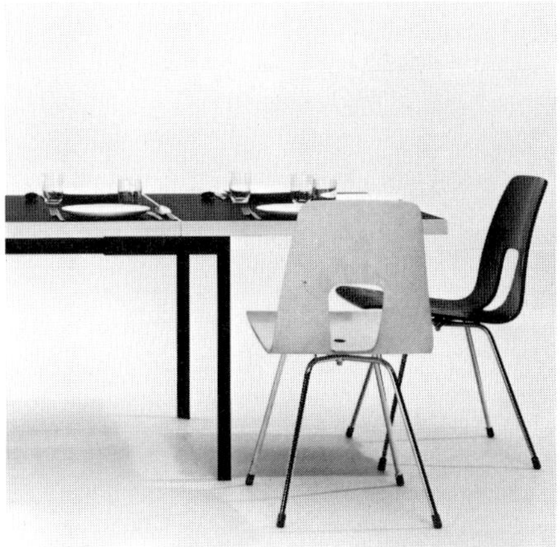

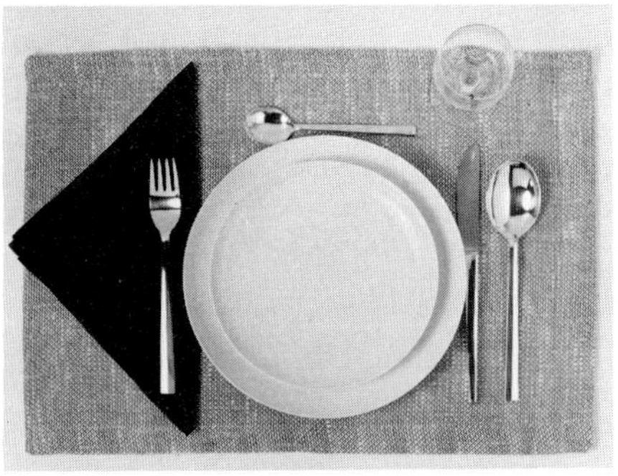

(WH 6)

Auszugstisch
F. Ruf/Wohnbedarf, Zürich
1953/1954

Set
Schweiz. Leinen-Industrie AG, Niederlenz

nachgegeben. Die werkbündlerische Wohnsphäre der fünfziger Jahre erscheint freundlich, diskret, anheimelnd, die Möbel haben etwas **Intimes** an sich, ihre anthropomorphen, ihre zoomorph-organoiden Formen bedeuten Körper, Kontakt, Geborgenheit. Der ‹guten Form› ist ein gutes Möbel, was anderen Leuten ein treuer Hund. Möbel sprechen da den Benutzer (Käufer) auf elementarer Ebene seines Innenlebens an. Dies ändert sich erst mit der kühlen Stereometrie der 60er Jahre, die in ihrer zweiten Hälfte den Betrachter hart und dezis anfasst, zuweilen einer ‹kalten› **Eleganz** das Wort redet.

«Neben dem Stuhl sind es zunächst die leichtbeweglichen Teile des Hausgerätes, für die neue und zweckmässige Formen entstehen. Tische, leichte Gestelle, Wechselrahmen für Bilder, Lampen, Teppiche, das heisst Dinge, die für jede Wohnung brauchbar sind. Erst in der letzten Zeit entsteht wieder eine stärkere Beziehung zwischen der Funktion des Raumes und seiner Formung. Aber, da der Schweizer gerne Wert auf eigenen Besitz legt, ist die funktionell vorgeplante Wohnung, etwa im Sinn der Unité d'Habitation von Le Corbusier, an Stelle der nachträglich möblierten Wohnung in der Schweiz noch kaum entwickelt. Das Kastenmöbel, der Schrank, das Buffet gehören an Stelle eingebauter Behälter immer noch zur beweglichen Ausstattung.
Dagegen versucht man in den letzten Jahren durch Verstellbarkeit die Einrichtung stärker den wechselnden Grundrissen der Wohnräume anzupassen. Es entstehen immer neue, nach Höhe und Breite verstellbare Konstruktionen, gerasterte Gestelle, die Schrank-, Kasten-, Bücher- und Schreibtischelemente aufzunehmen vermögen.
Für die enger werdenden Mehrzweckräume unserer Wohnungen, die dem Essen, dem Aufenthalt und der Gesellschaft, der Arbeit und dem Schlafen dienen müssen, werden in sehr lebendiger Entwicklung kombinierbare, verstellbare und stapelbare Tische, Stühle, Kästen usw. hergestellt. Daneben entstehen sorgfältig durchdachte Entwürfe für Möbel, Textilien, Gefässe und anderes, die durch Material und Formen einem neuen Schönheitsbedürfnis entgegenkommen» (→).

Faltprospekt des SWB zur H55 (Internationale Wohnausstellung Hälsingborg/Schweden), 1955.

1951 (→): Auf das Aussehen der gemieteten Wohnung hätten wir, wenigstens was ihre Grundriss-Disposition und ihre eingebauten Einrichtungen anbetrifft, meist wenig Einfluss. Die heutige Wohnungsknappheit zwinge zudem, auch dort zuzugreifen, wo eine Wohnung unseren Bedürfnissen nicht oder nur teilweise entspricht. Hohe Bodenpreise und Baukosten hätten dazu geführt, dass die Wohnungen zur Erzielung tragbarer Mietpreise immer kleiner geworden seien.

«Viele Neuwohnungen stellen ein Minimum an Bodenfläche und Rauminhalt dar. Gerade diese Verkleinerung der Wohnfläche hat einen gewaltigen Einfluss auf die Möblierung: Soll die Wohnung praktisch und gesund sein, so muss jedes Stück aufs beste seinen Zweck erfüllen und dem individuellen Bedürfnis des Bewohners dienen» (→).

Broschüre des SWB zur Sonderschau ‹Form & Farbe›, 1951.

(W 1960/11)

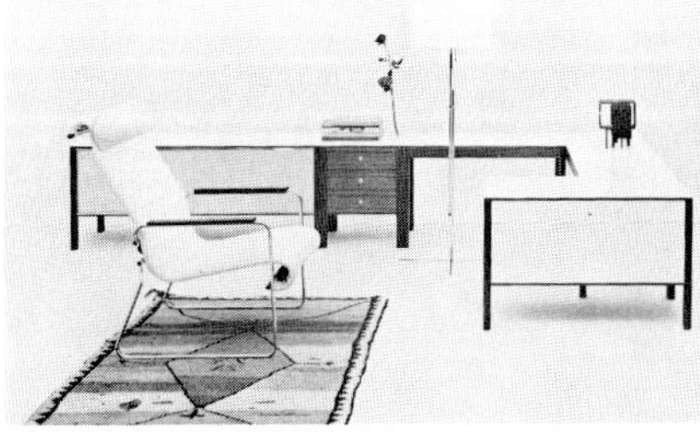

Das Zweckmässige und Schlichte sei zugleich auch schön:

«Der moderne Mensch will Licht und Luft im Raum (→), er will Sauberkeit und Überblick (....). Frische, leuchtende, kontrastierende Farben bei Teppichen, Vorhängen und Bezugsstoffen tragen in hellen, lichtdurchfluteten Räumen entscheidend zur Steigerung der Wohnlichkeit, zu einer erfrischenden, erholsamen Atmosphäre bei. Sie formt entscheidend die werdende Persönlichkeit des Kindes, und sie schenkt dem Erwachsenen **Selbstsicherheit** und **Kraft** im **Lebenskampf**.»

Diese Forderungen haben Tradition – siehe etwa Giedion, S., Befreites Wohnen, Zürich 1929.

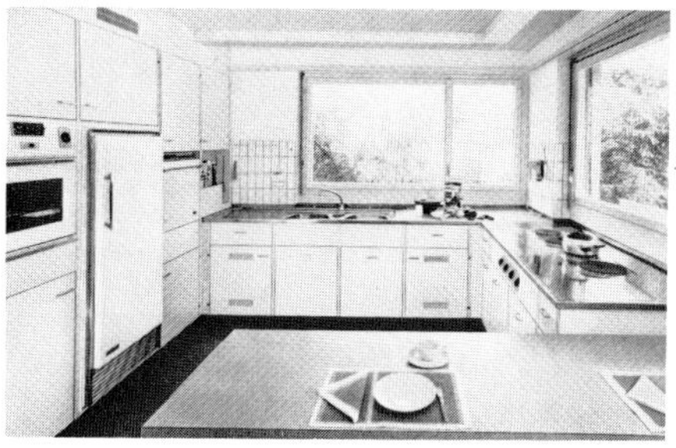

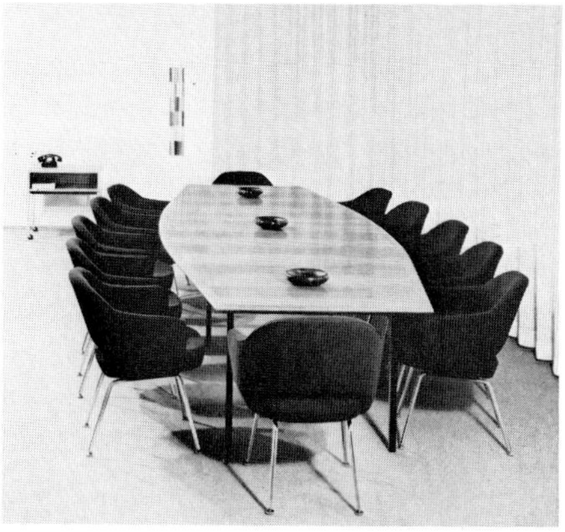

(WH 6)

(WH 4)

Die Wohnung: ein **Refugium,** Stätte der Reproduktion. Als **erhol**same Sphäre erträgt sie keine Anhäufung von beliebigen Objekten, die übermässig stimulieren, an- und aufreizen. Sedimentierungen jener Dinge, die nicht mehr dem Gebrauch dienlich sind oder ihren Erinnerungswert verloren haben, bedeutungslos auf dem Fenstersims liegengeblieben sind, werden nicht geduldet. Sanfte Ruhe und spielerische Ordnung garantieren einen Komfort, der vermutlich dem Benutzer sowohl im Utilitär-Instrumentalen, wie als besänftigender Sinneseindruck zugute kommt. Verlangt sind Proportion und Rhythmus, Beziehung eines Teils zum andern und zum Ganzen, Abwechslung wohl, aber keine Hektik, keine allzuharten Kontraste zwischen Figur und Grund, ein **Gleichgewicht,** trotz leuchtenden Farben, eine ‹Harmonie›, die linear zuweilen durch sparsame Linie minim gebrochen wird – alles in allem: eine **spar**same und be**ruhig**ende **Gestik,** eine beschwörend-beruhigende Gestik in einer unsicheren Zeit, die ihre Bewohner aus den Krisenjahren des Krieges entlassen hat und zu bald von neuem am Arbeitsplatz zu harter Disziplin verpflichtet (→).

. . . in den Jahren des kalten Krieges.

Das Ensemble der Dinge

1 (WK 1954)

2 (WH 3)

3 (WH 7)

4 (WK 1949)

5 (WK 1954)

6 (WH 6)

7 (WK 1949)

8 (WH 4)

9 (WH 7)

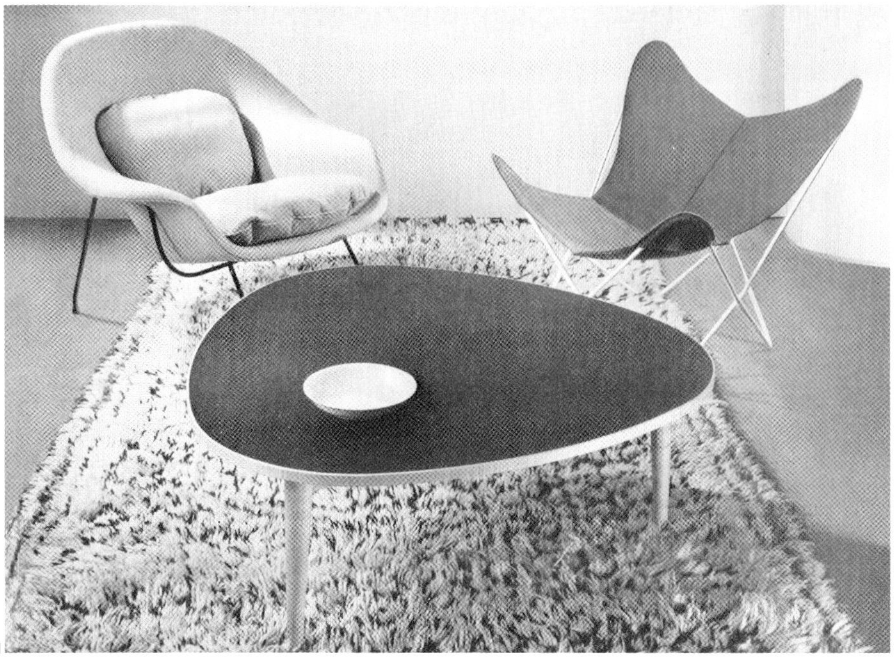

1

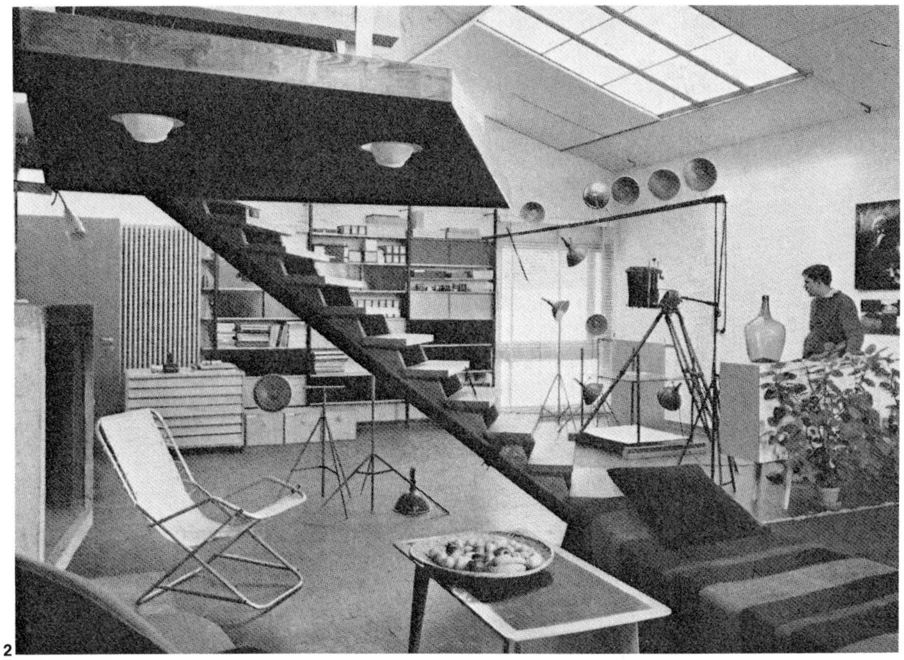

2

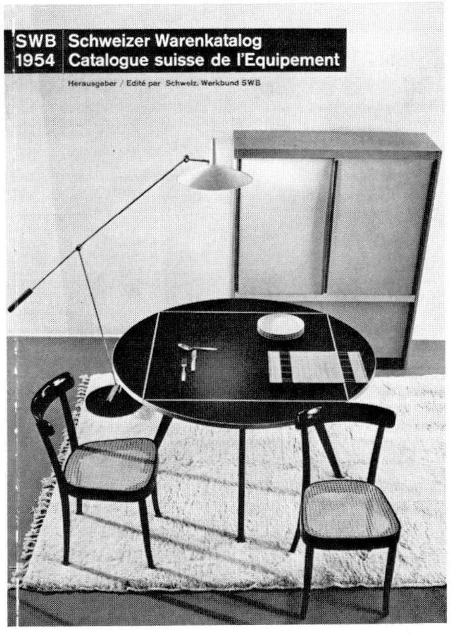

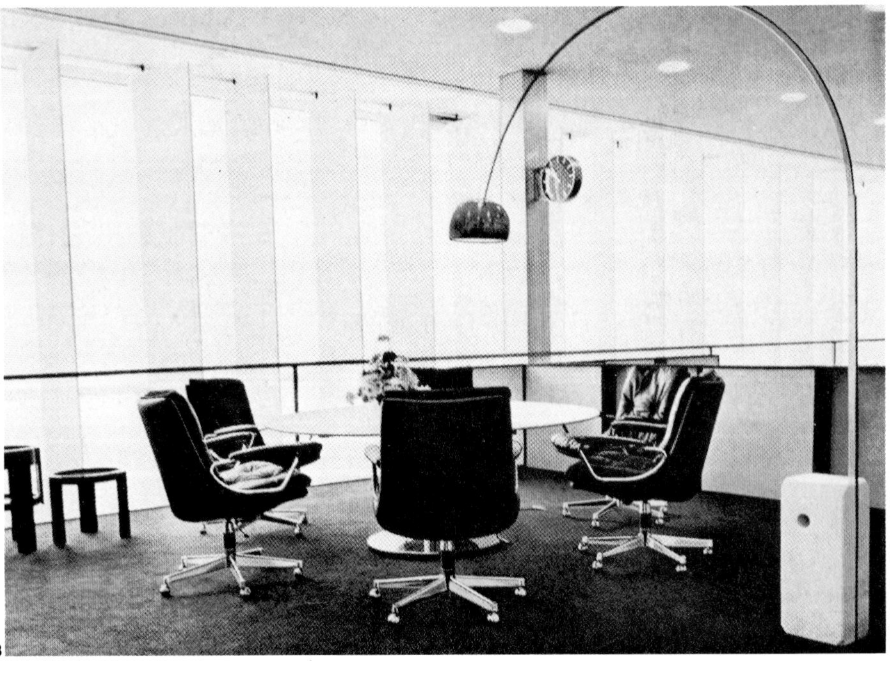

3

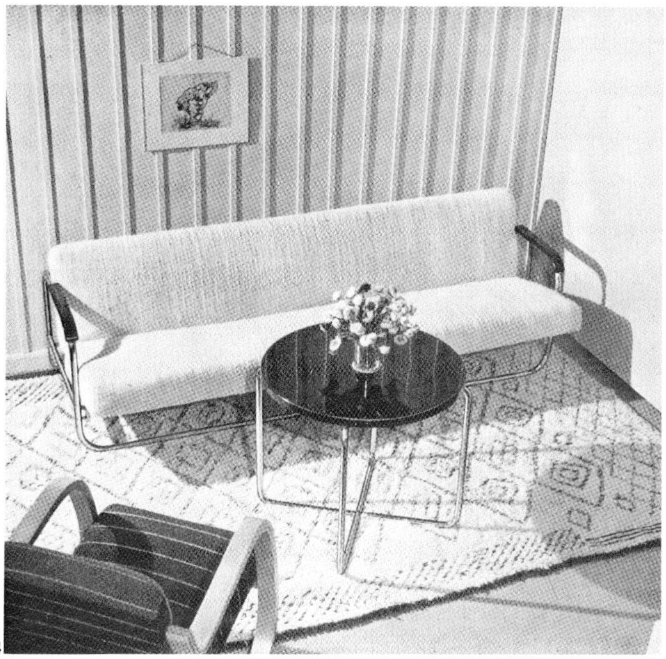
4

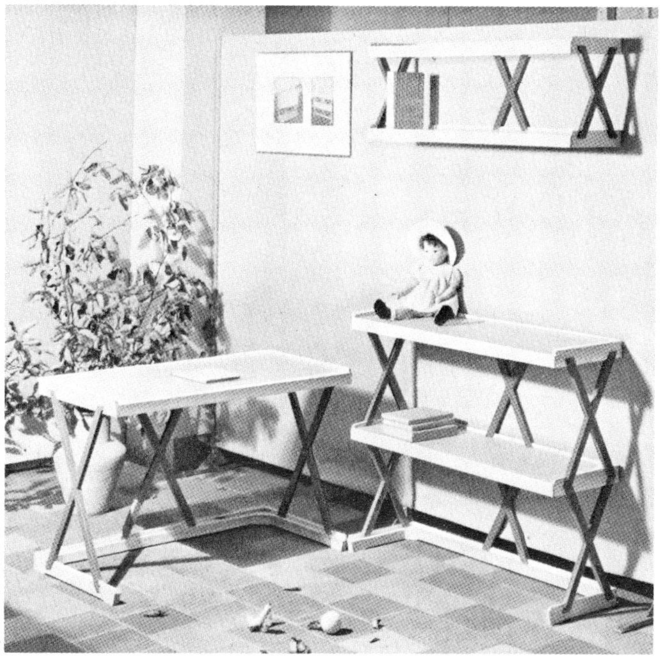
7

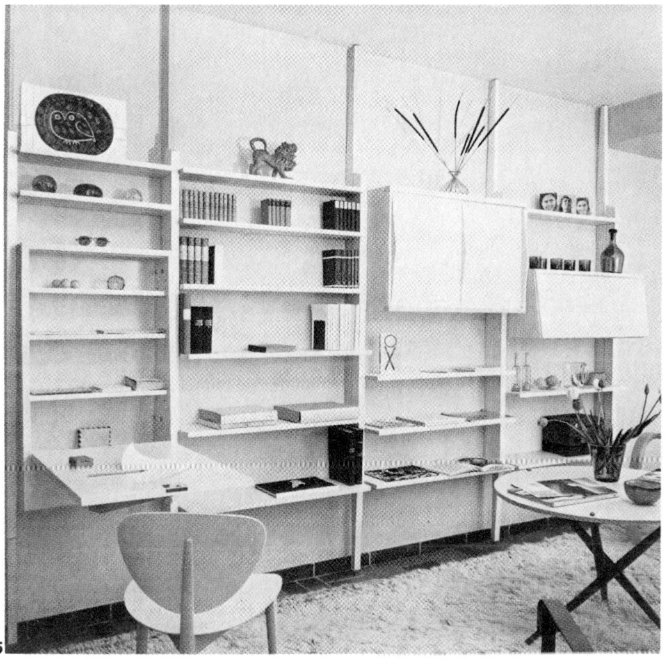
5

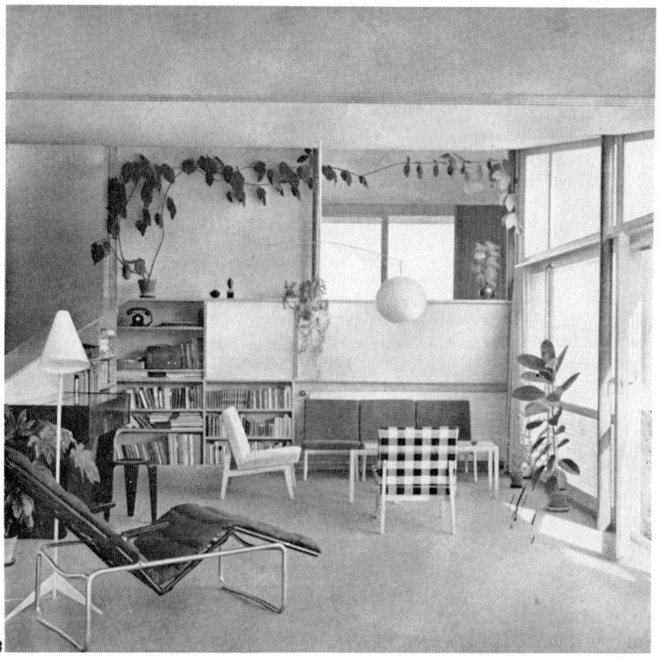
8

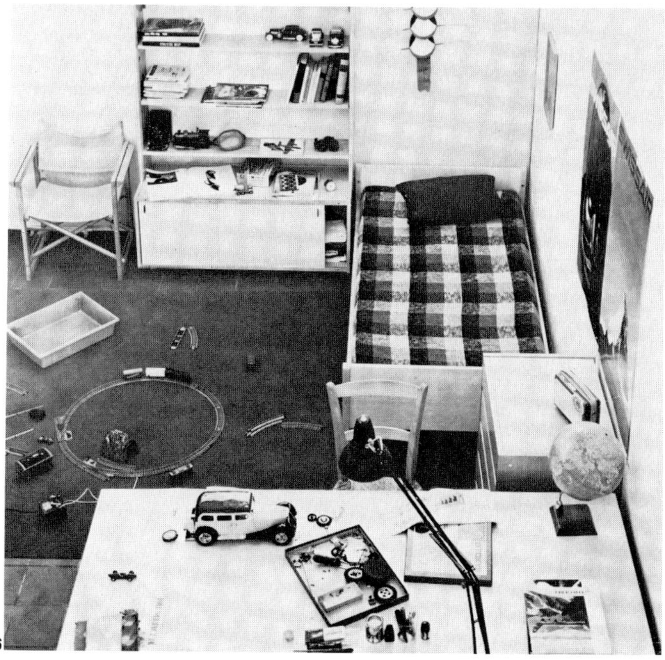
6

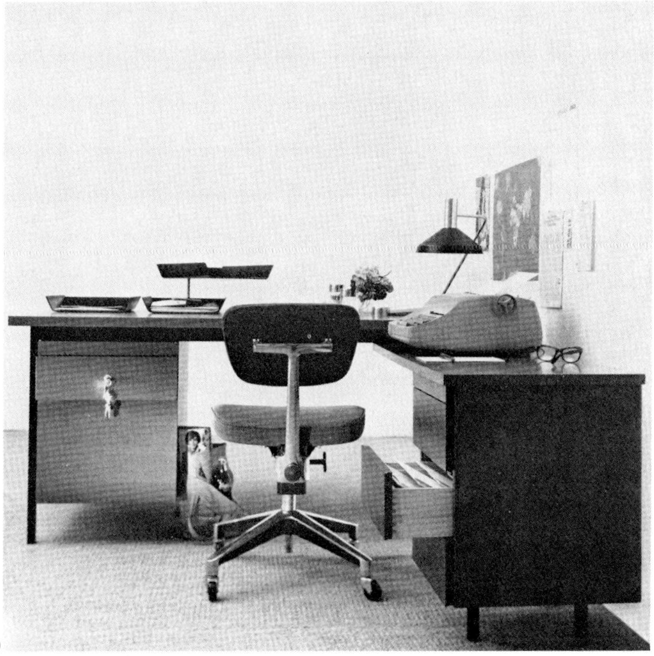
9

Ergonomie

«Studien über Sitzformen»
Willi und Emil Guhl, Innenarchitekten SWB VSI
(B+W 1949/8)

unten rechts:
Mehrzweck-Liegestuhl
Fr. Egger, Ottenbach
1958/1960

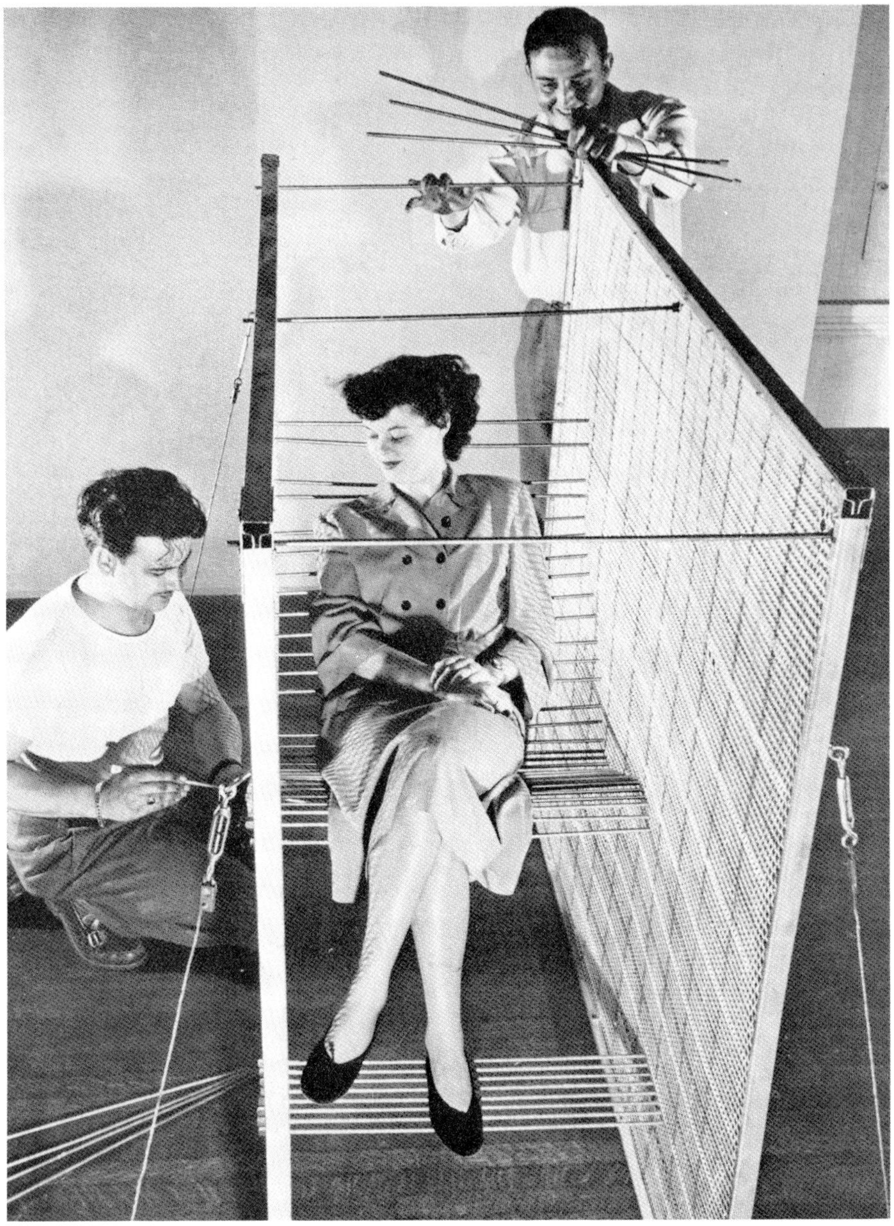

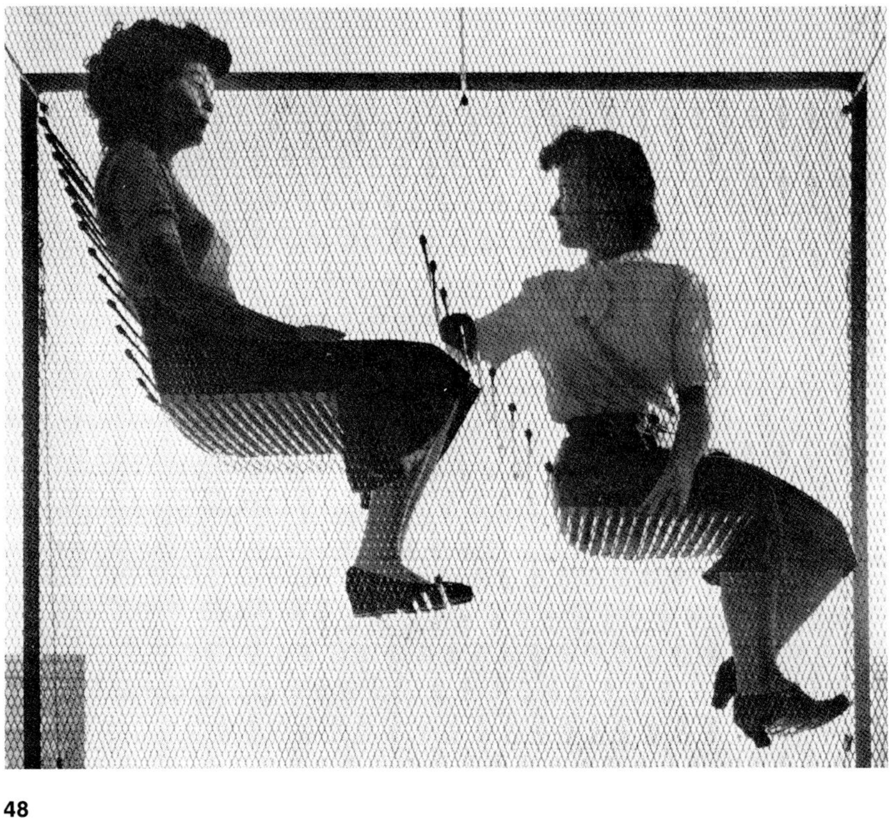

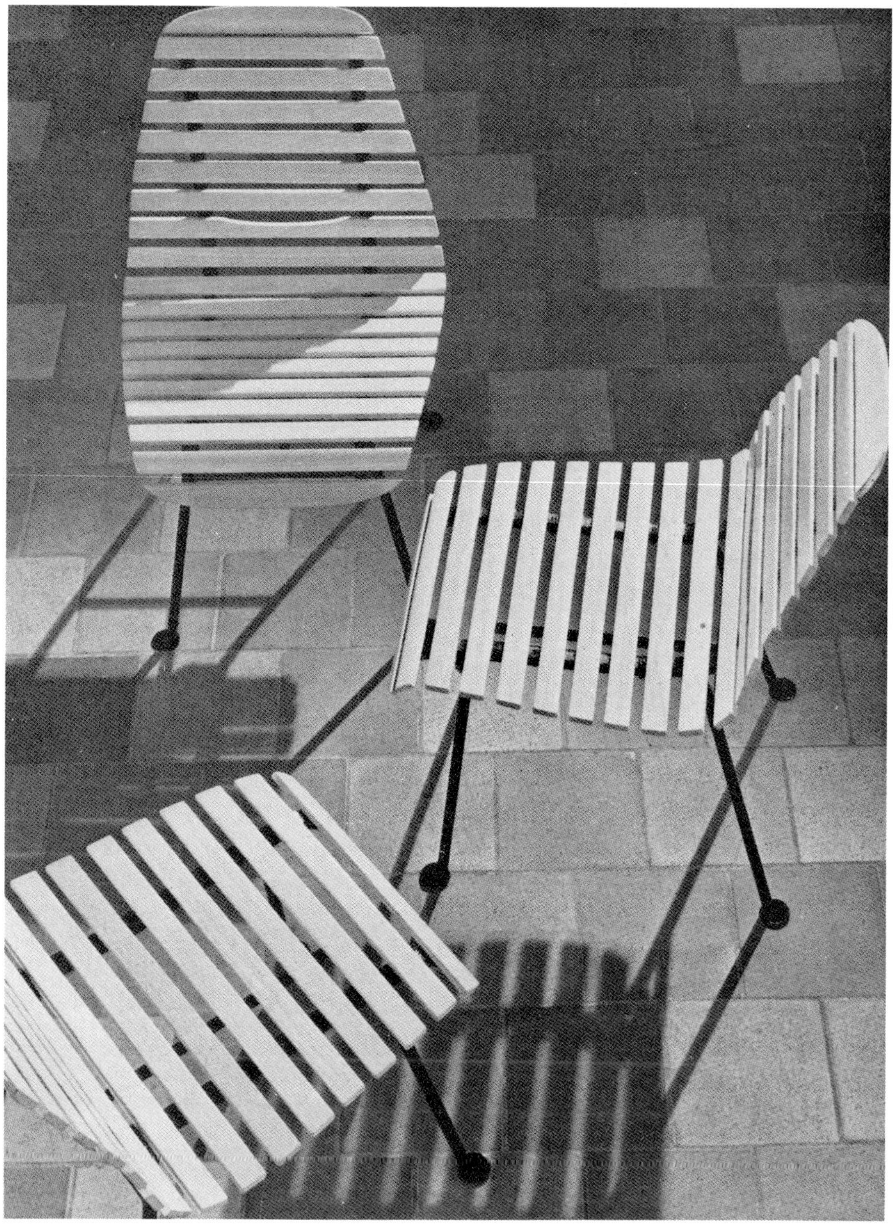
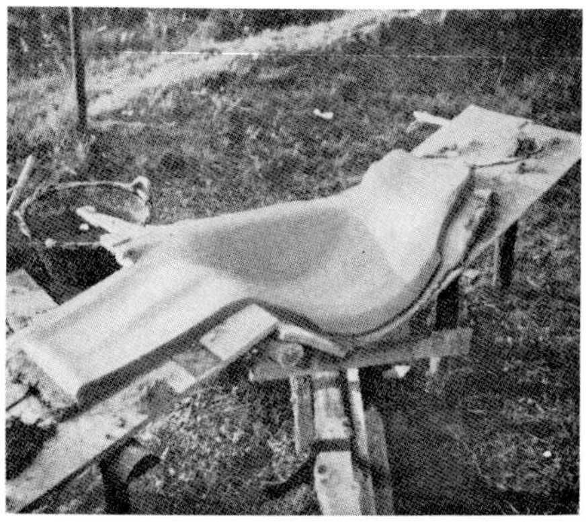
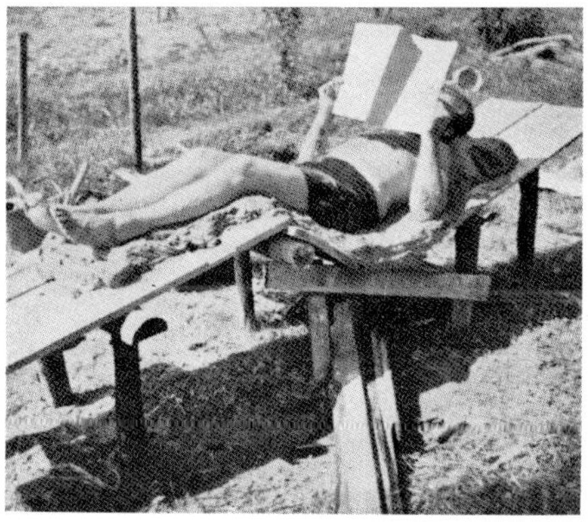
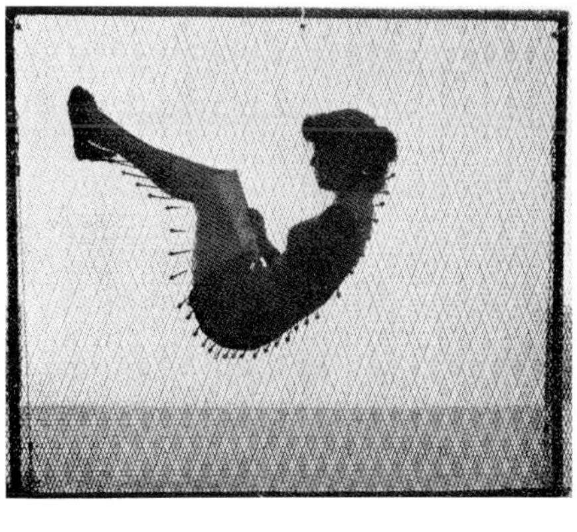
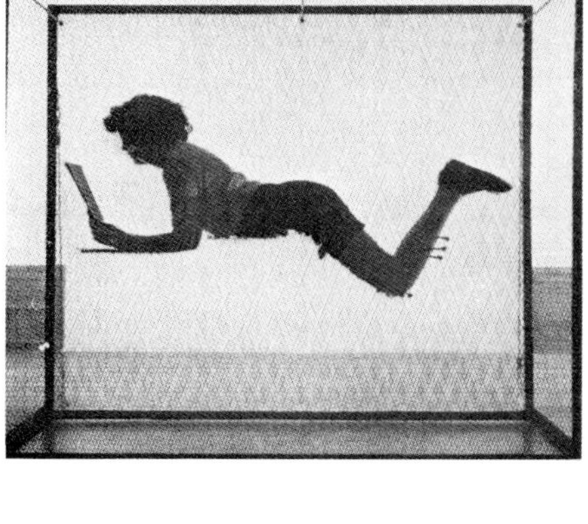
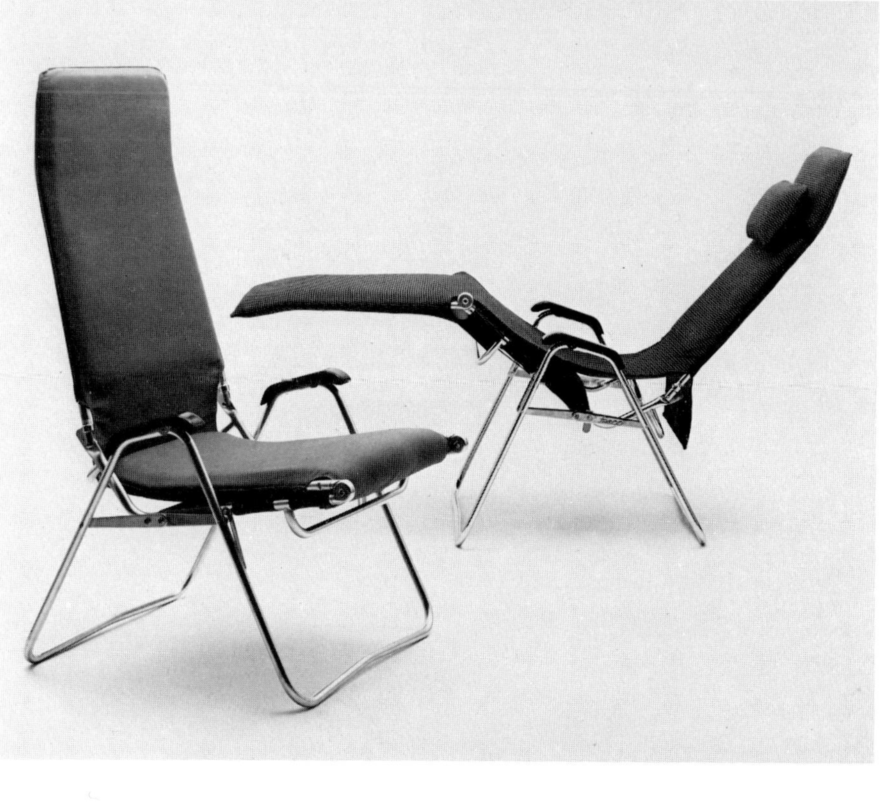

Der Weg zur guten Form

1 Arbeitsmodell aus Holz für eine Haarbürste. Darunter Werkzeichnung für einen Handspiegel. Gestaltung: Max Bill für Bürstenfabrik Walther AG, Oberentfelden (W 1946/5)

2, 3 Indirektleuchte Skizze der Lichtfunktionen mit stehender Glühlampe in Spiegelreflektor. Gestaltung: Max Bill für B.A.G. Turgi (W 1946/5)

4, 5 Patria Portable-Schreibmaschine Gestalung: Max Bill für Aug. Birchmeier Söhne, Murgenthal (W 1946/5)

6, 7, 8 Besteckmodell 3600 Skizze und Werkzeichnung Gestaltung: Wilhelm Wagenfeld 1949, für Württembergische Metallwarenfabrik Geislingen (W 1953/12)

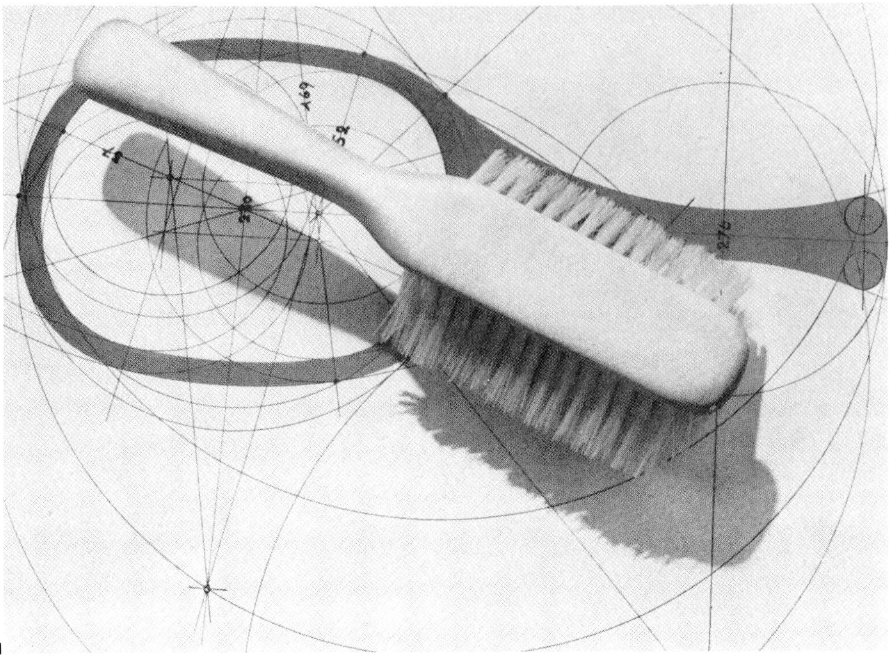

1

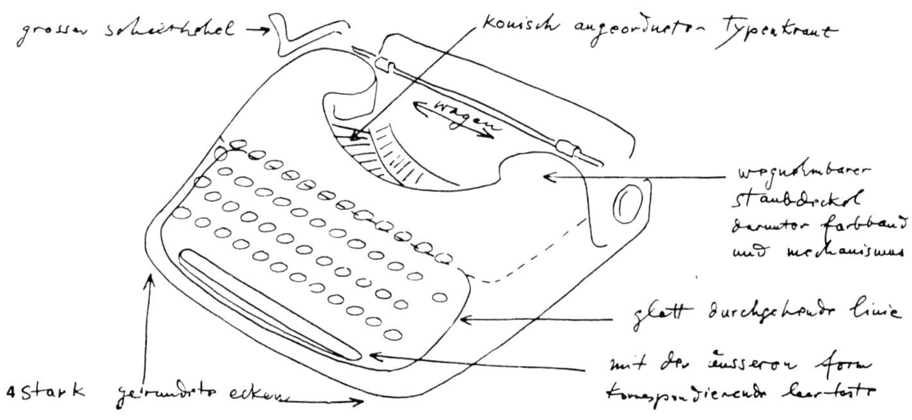

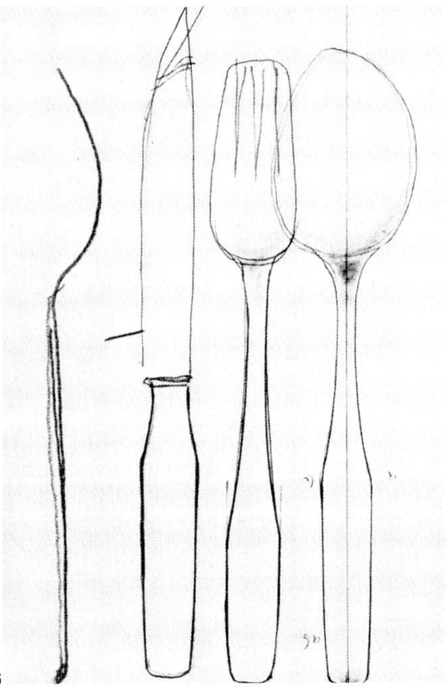

6

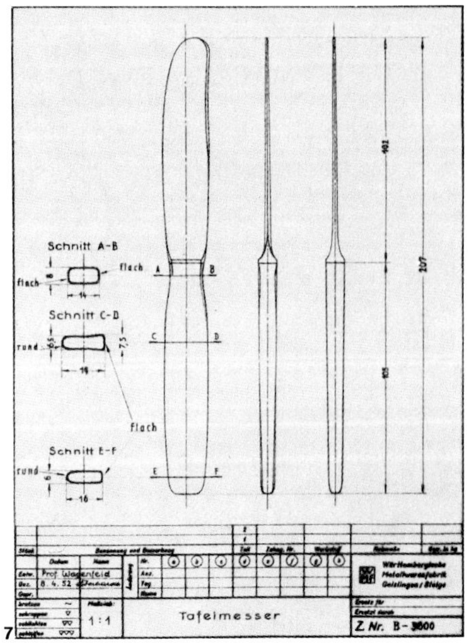

7

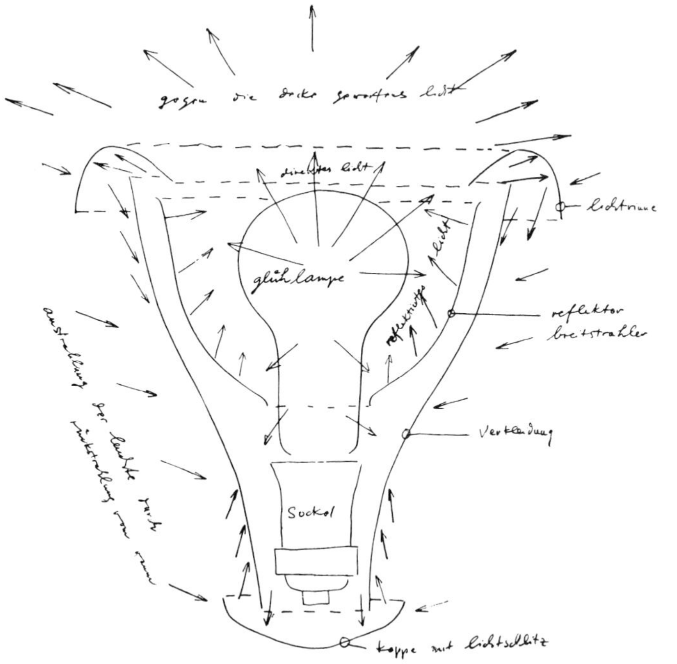
glühlampe
Sockel
reflektor
breitstrahler
Verkleidung
kappe mit lichtschlitz

2

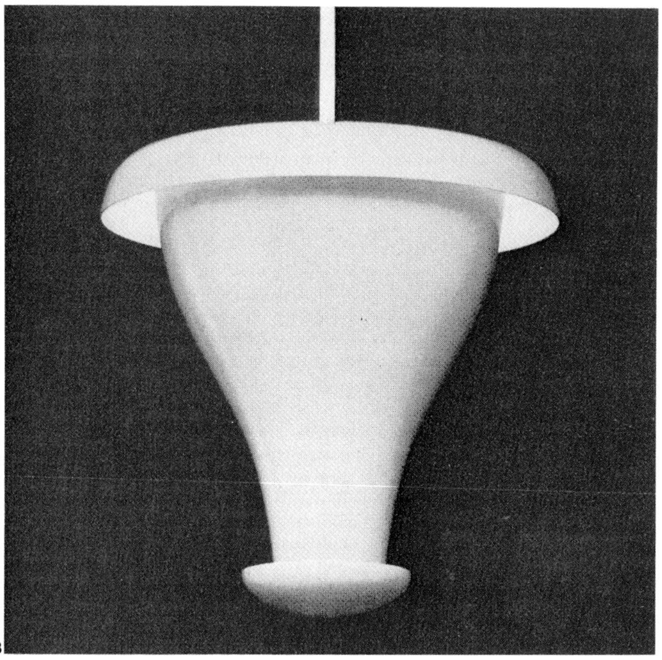

3

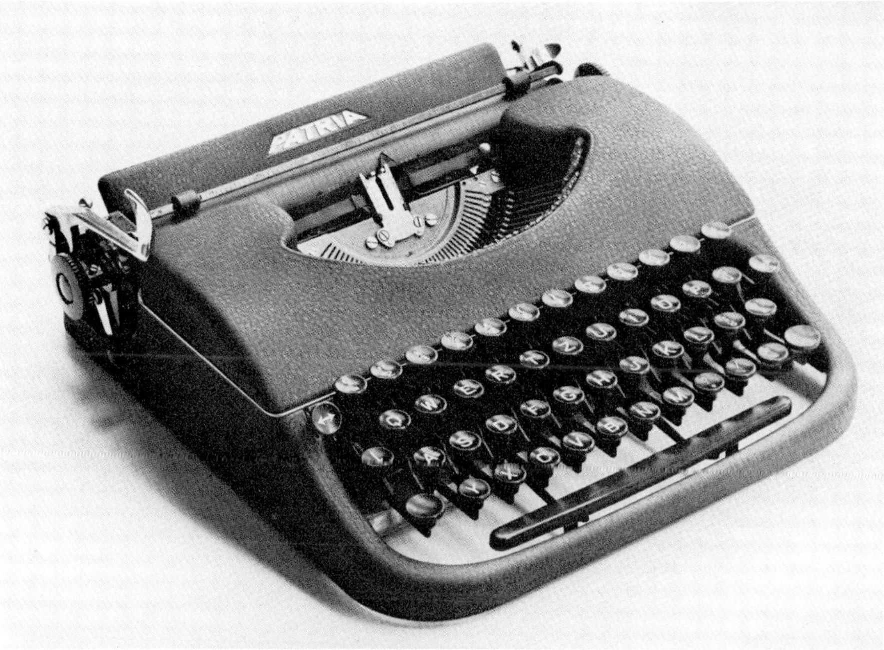
PATRIA

5

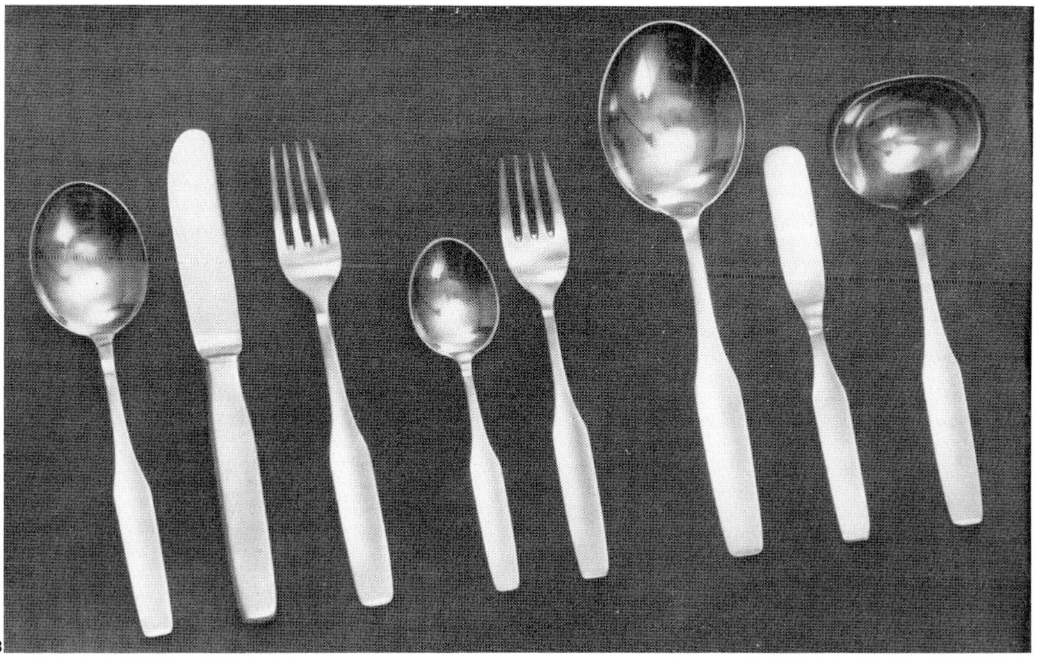

8

Ein Gerät: mehrfach verwendbar

1 Bühler-Combisitz
Th. Röschli / Haushaltmaschinen AG, Zürich
1950 / 1952

2 Sitz- / Liegestuhl («3 in einem»)
E. Hofer / Novac-Chr. Kiener, Renan
1964 / 1965

3 Zweisitz-Stuhl
R. Trüdinger / Wohnhilfe, Zürich
1956 / 1956

4 Rasiersteckdose 110 / 220 V
Adolf Feller AG, Horgen
1964

5 Varia Einzimmer-Möbelprogramm
R. Schmutz AG, Zofingen
1963 / 1964

6 Guhl-Bettli
E. Guhl / Wohnhilfe, Zürich
1958

7 «Thor» Waschmaschine, Geschirrspüler
(SW 1949)

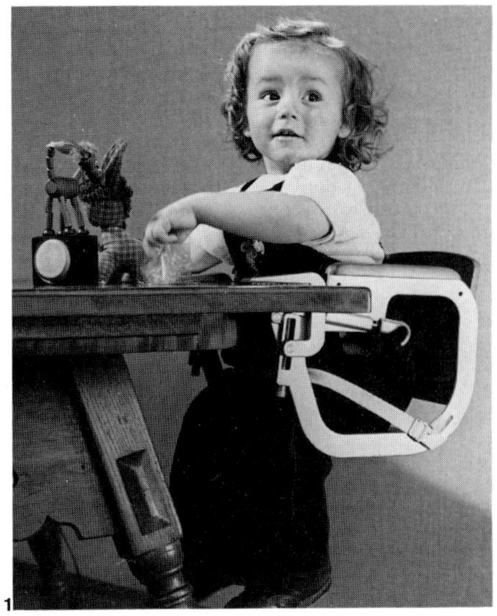
1

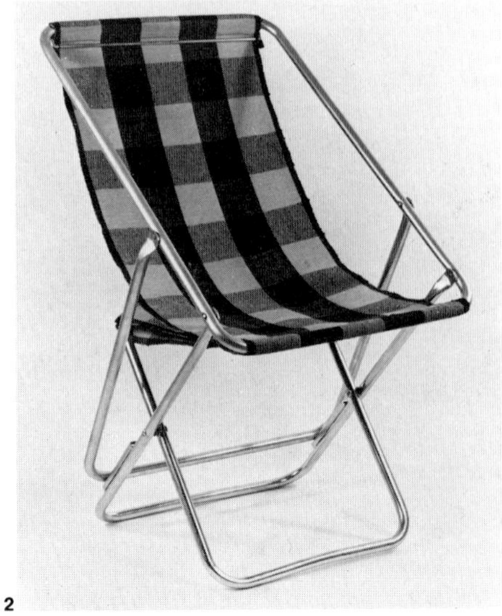
2

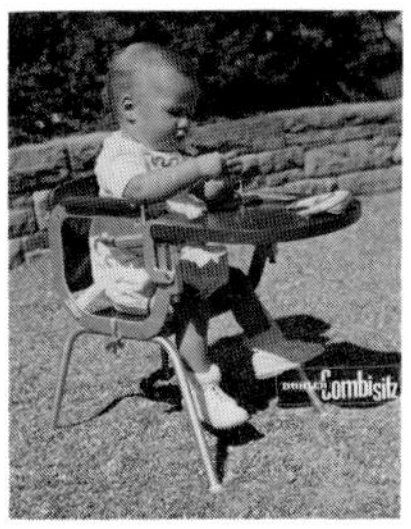

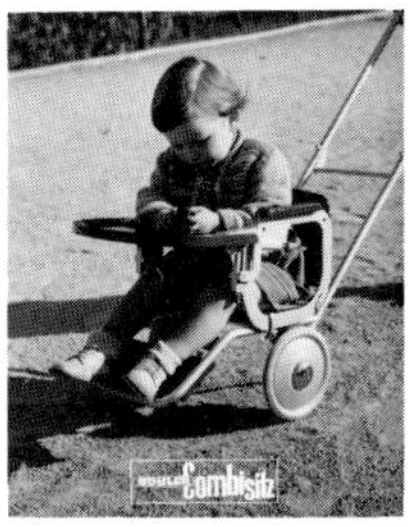

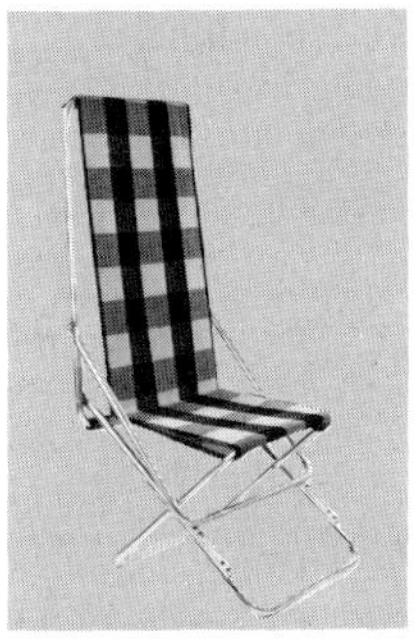

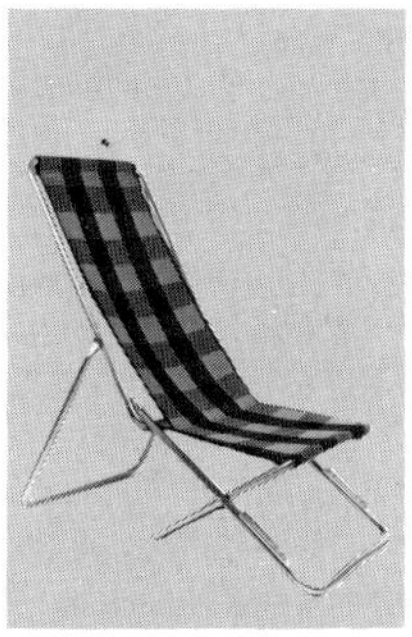

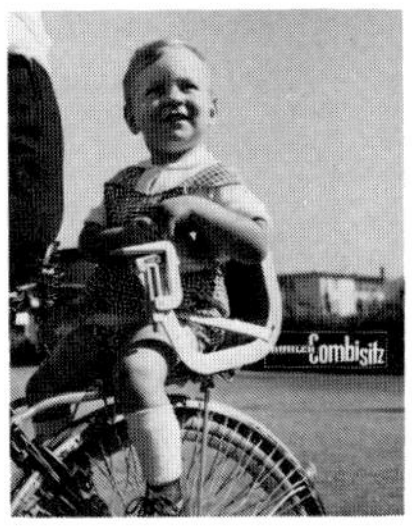

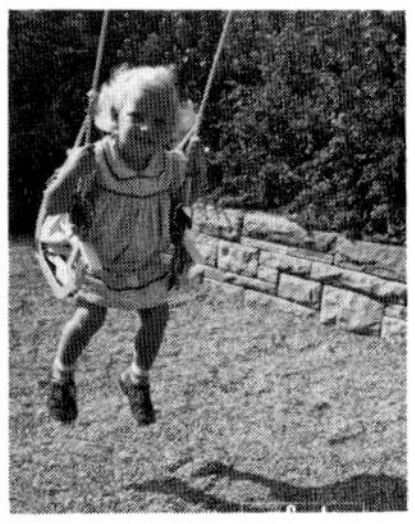

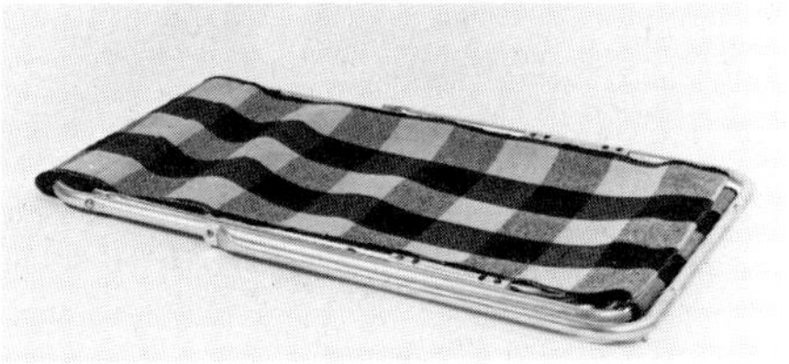

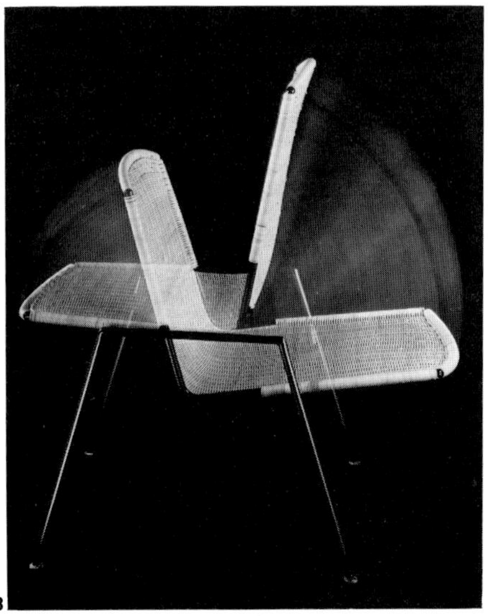
3

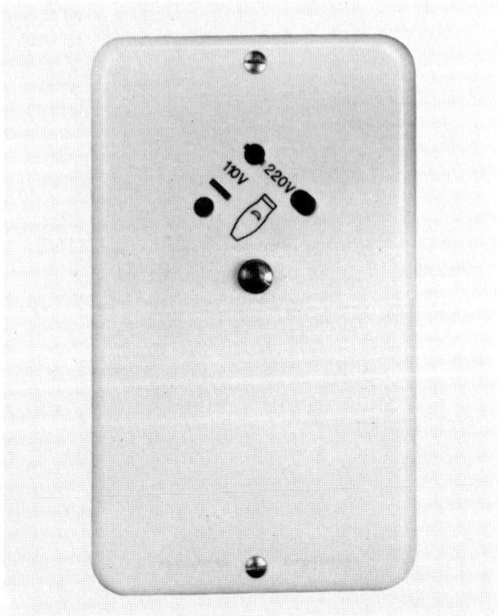

4

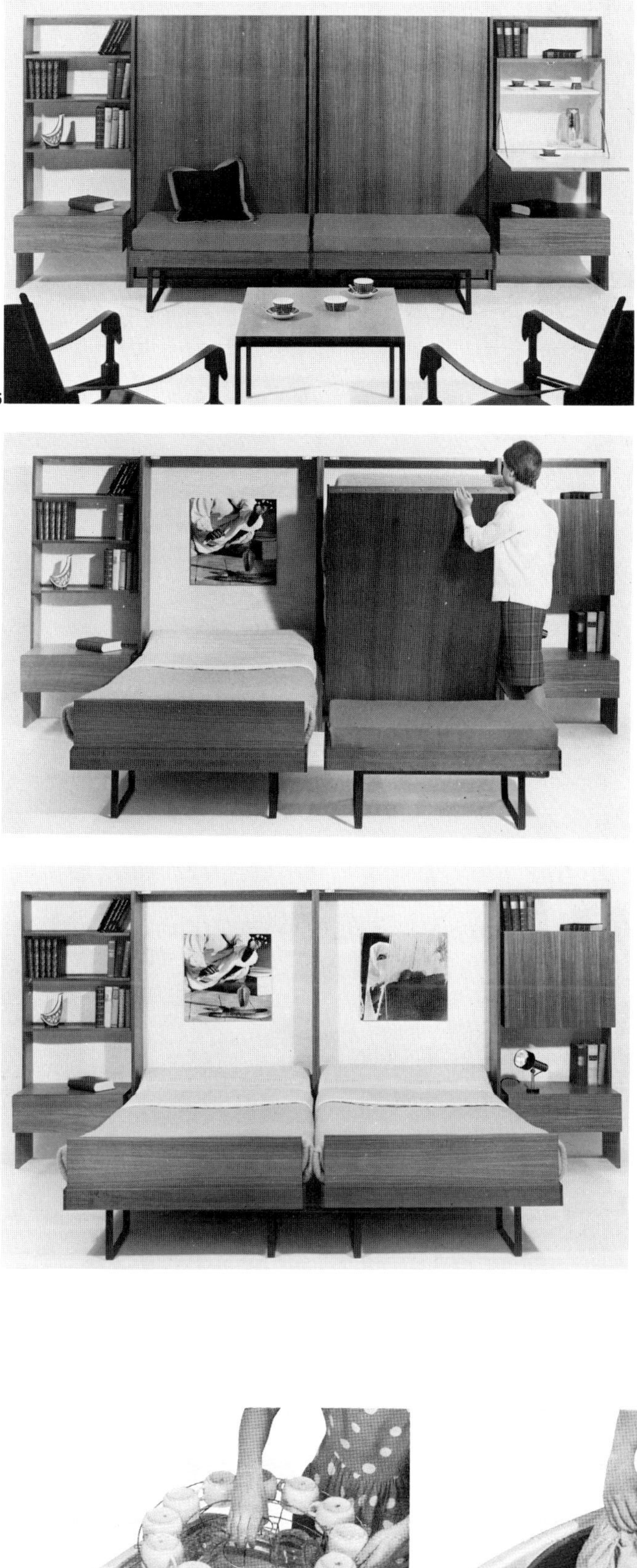
5
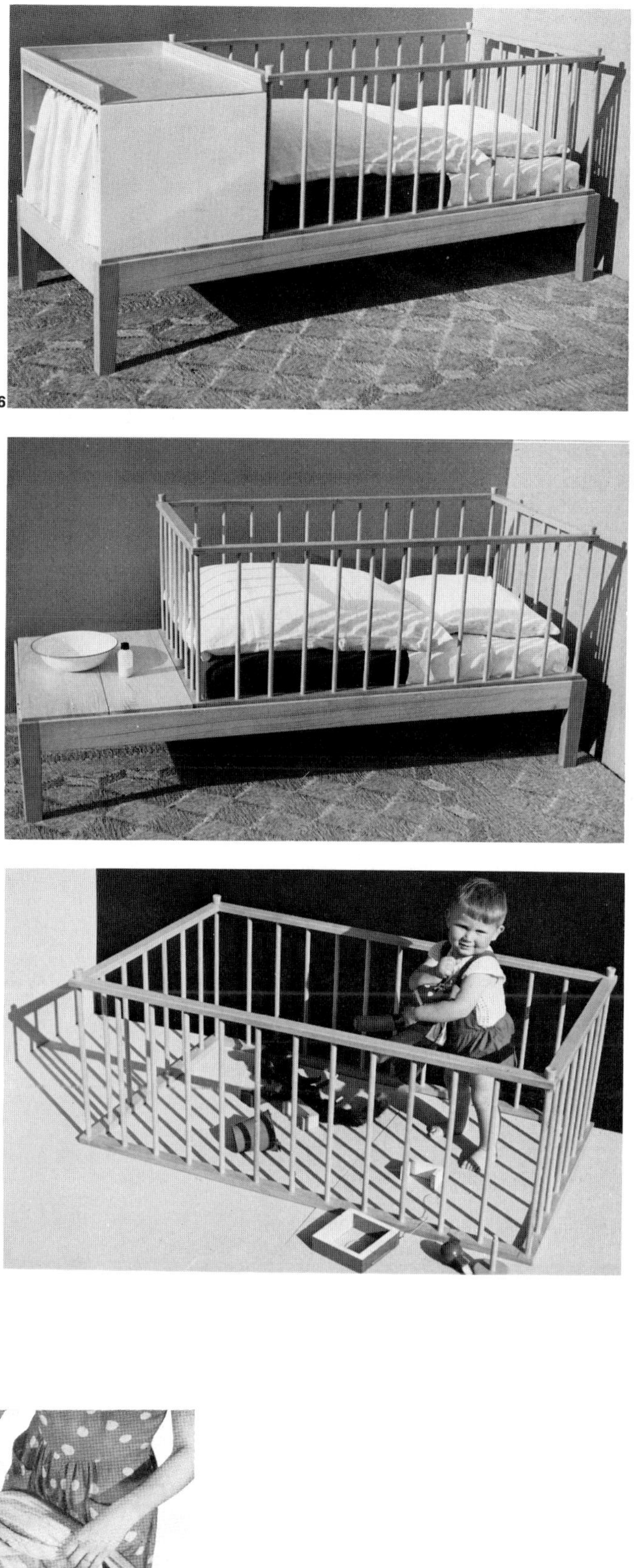
6
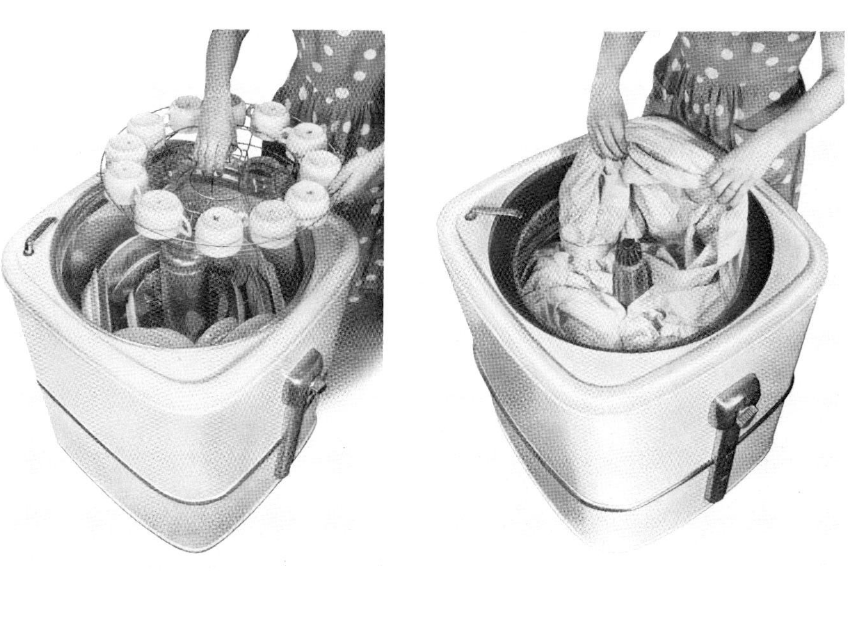
7

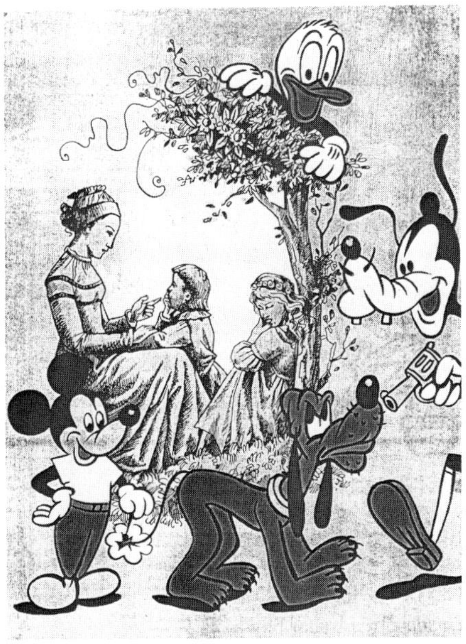

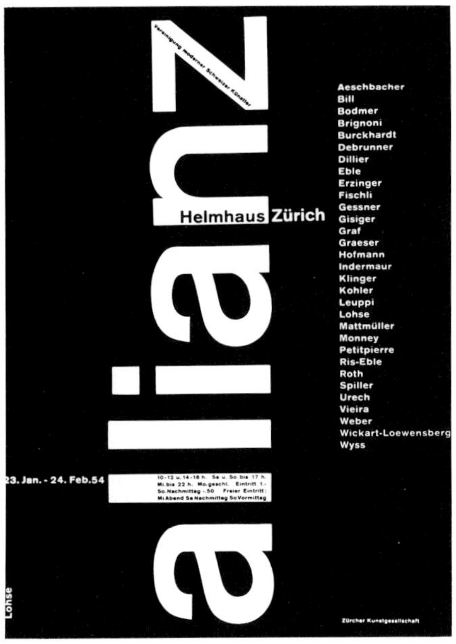
allianz
Vereinigung moderner Schweizer Künstler
Helmhaus Zürich
Aeschbacher
Bill
Bodmer
Brignoni
Burckhardt
Debrunner
Dillier
Eble
Erzinger
Fischli
Gessner
Gisiger
Graf
Graeser
Hofmann
Indermaur
Klinger
Kohler
Leuppi
Lohse
Mattmüller
Monney
Petitpierre
Ris-Eble
Roth
Spiller
Urech
Vieira
Weber
Wickart-Loewensberg
Wyss
23. Jan. - 24. Feb.54
10-12 u. 14-18 h. Sa u. So. bis 17 h.
Mi. bis 22 h. Mo. geschl. Eintritt 1.-
So. Nachmittag -.50 Freier Eintritt:
Mi Abend Sa Nachmittag So Vormittag
Lohse
Zürcher Kunstgesellschaft

(N1956/20)

(DFJ)

Häretische Dinge: üppig, bodenständig oder exaltiert

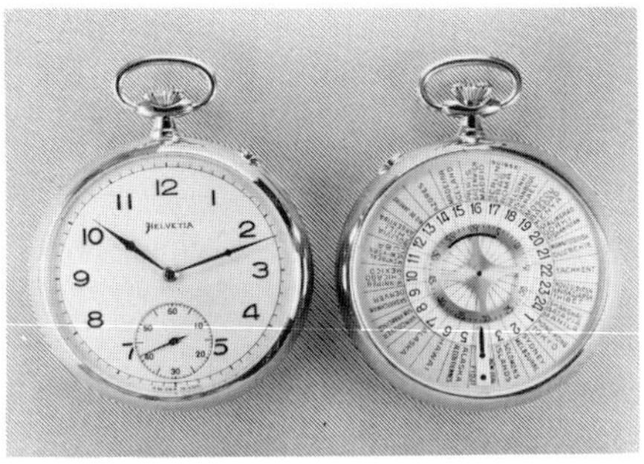

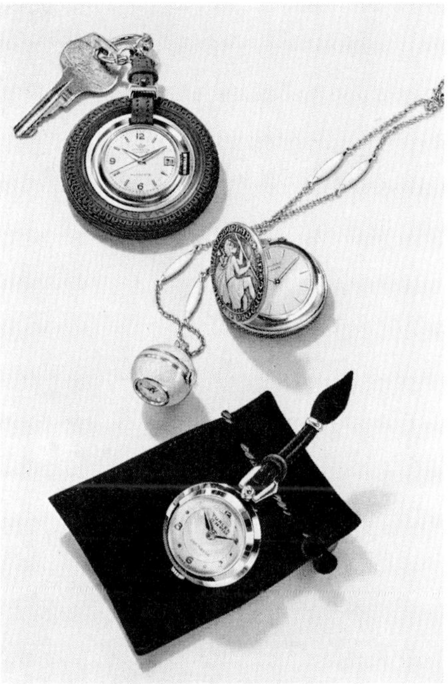

entweder–oder

Weltzeituhr
Montres Helvetia SA, Biel
1951/1952

(DIH 1956/12)

Wo ist die **Grenze,** mit welchen Argumenten ist sie befestigt? Was scheidet ‹Die gute Form› von der ‹schlechten› jener Jahre nach dem Zweiten Krieg, die, wenigstens vordergründig, einer neuen Epoche das Fundament gegeben haben? Braun-Feldweg meint (1954), «wenige gute Designer würden genügen, um den Markt von Schwulst und Hässlichkeit zu **reinigen**» (→). Dem Mann auf der Strasse seien bisher «Bedürfnisse und Geschmacksrichtungen» suggeriert worden, die er dann für seine eigenen halte. Man habe ihm durch ein «**üppiges** und **skrupelloses** Angebot» im Namen einer fortschrittlichen Gesinnung Unarten beigebracht. «Allen Schund, den er heute verlangt, hat ihm die Industrie zuerst bedenkenlos angeboten und angepriesen: **hässliche** Möbel und **unschönes** Küchengerät, Öldrucke fürs Schlafzimmer und Katzen als Kaffeekannen» – es sei nicht so leicht, ihm das wieder auszureden. «Es ist nichts leichter, als mit der Sentimentalität landesüblicher Verbraucher seinen Spott zu treiben. Und wer glaubt, Kitsch sei an besondere nationale Merkmale gebunden, der irrt.» Er gedeihe überall da am üppigsten, wo eine hochentwickelte Industrie das vertrauensvolle Verhältnis zur handwerklichen Arbeit zerstört, aber noch **kein** «**Sich-eins-Fühlen**» mit den Dingen der Umgebung schaffen konnte. Man ersticke die Menschen in einer «**Sintflut von Ramsch**», ehe sie zum Vergleichen mündig seien. «Soll nun das Industrieprodukt versuchen, die Gefühlstaste ein wenig anzuschlagen, um dem unbefriedigten Bedürfnis nach menschlicher Wärme zu schmeicheln?» Dies werde von der Filmindustrie bejaht. «Im übrigen, was sind dann Kühlerattrappen an Heckmotor-Automobilen anderes als ein konziliantes Einlenken ins Milieu der Traumfabrik? (...) Da muss ein Kühlschrank irgend etwas ‹Ansprechendes› aufgeklebt bekommen (...).» In der Gewissensentscheidung der Stilreinheit gebe es keinen «theoretischen Machtanspruch». Auch die industrielle Produktion habe Bezirke, in denen sich die Phantasie ungehindert ausleben kann: Tapeten, Textilien, Drucksachen. Wo die Konstruktion aber die Form bestimme, da würden die Gesetze plastischer Gestaltung gelten – und «die sind in unserer Zeit streng und führen nicht zum Oberflächendekor» (→). Verpönt ist ein «aus anderen Zusammenhängen entliehener **Dekor**», die «modische Verschalung rein **äusserlicher Aufmachung**» (→), das «schlecht Geformte», «Unzweckmässige», das einzubrechen beliebt, weil der Konsument die «Kälte, Nüchternheit und Sachlichkeit» der Industrie flieht, verführt wird zur «Flucht aus unserer Zeit» und mittels äusserlicher Anlehnung «an eine **idealisierte** Vergangenheit durch **maschinelle Imitation handwerklicher Formen** oder durch **modische** Übertreibungen» seine «natürlichen Bedürfnisse nach Entspannung, Ausgeglichenheit und Schönheit» zu befriedigen sucht (→).

Braun-Feldweg, W., op. cit. 1954, S. 29.

Braun-Feldweg, W., op. cit. 1954, S. 37.

Einzelblatt des SWB zu: ‹Die gute Form 1959›.

Faltprospekt des SWB zu: ‹Die gute Form 1953›.

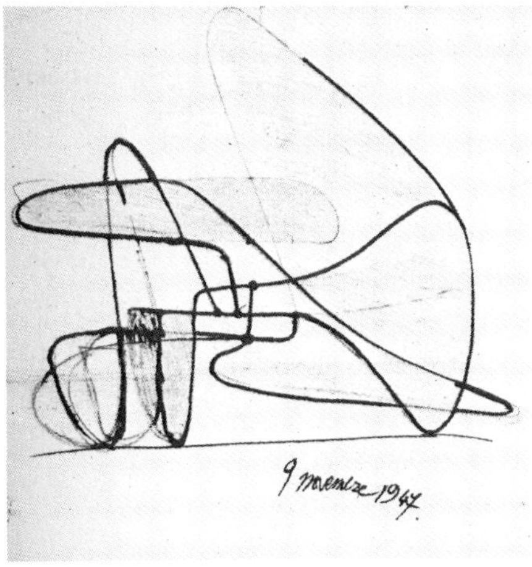

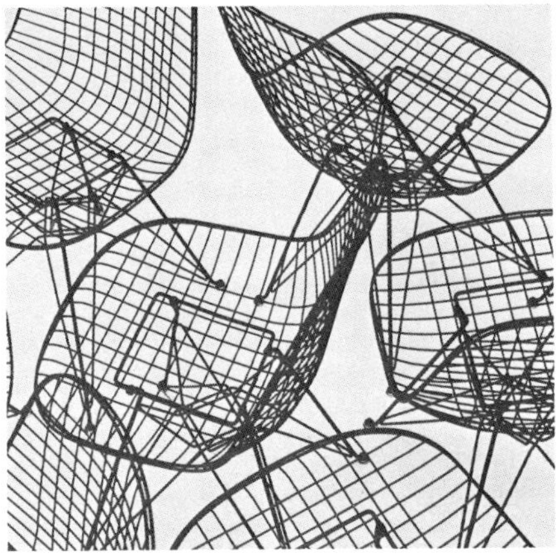

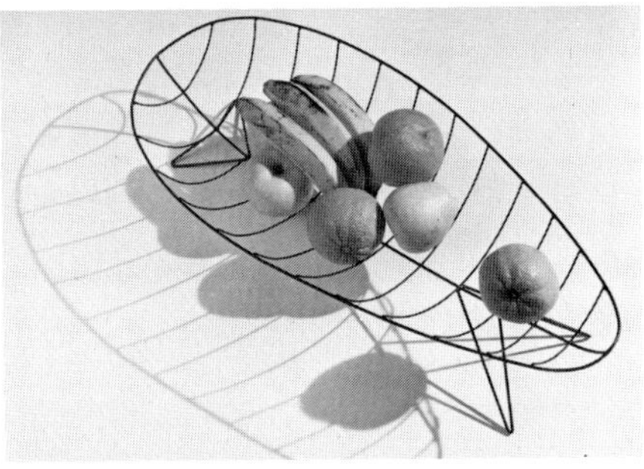

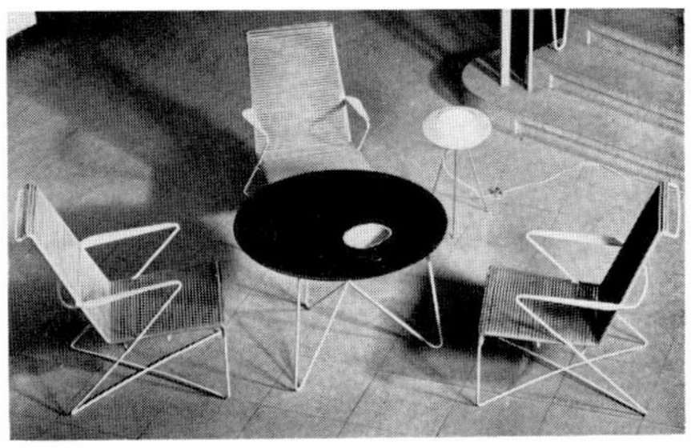

Modernismen, konstruktivische Tendenz

(D 1953/Nr. 279)

(D 1953/Nr. 270)

Obstkorb
R. Lehni/Wohnhilfe, Zürich
1955/1955

(DB 1955/9)

Max Bill spricht von den «**Irrungen** im **Dschungel** der Formgebung» (→). Unter dem Motto «Hässlichkeit verkauft sich schlecht» – so der Titel von R. Loewys Bestseller aus dem Jahre 1953 (→) – werde an Stelle einer «verantwortungsbewussten Gestaltung eine Mischung von **Gestaltungs-Quacksalberei** und technischem Firlefanz propagiert, die mit den ursprünglichen und gesunden Bestrebungen» nichts zu tun hätten. «Gestaltung» wird der blossen «Formgebung» – heute würde dies Prädikat ‹Styling› heissen – entgegengestellt. Diese «lässt alles beim alten und hilft sich mit ‹kosmetischen›, also rein äusserlichen Veränderungen», die dem Produkt eine «dem ‹Zeitgeschmack› gefälligere modische Form geben» (→). Manches schaue sehr hübsch aus und sei oberflächlich modern. Die schöne Fassade verdecke aber oft technische Unvollkommenheit. So werde «ein neuer Stil propagiert und in Massen hergestellt. Es wird ‹gestreamlinet› (→).» Braun- Feldweg verurteilt ein «Mitplätschern in der Modeströmung»: «Stromlinien an Kaffeemaschinen – nierenförmige Tische – surrealistische Spinnweben als Dekoration und eine ängstliche Abkehr vom rechten Winkel» (→). Scheusslich sind ihm «Verniedlichung und Tand», die Schlager der Zeit, die hervorgerufen worden sind durch das «Bedürfnis der Unrast und Sensation», durch «primitive Gefühlsmotive und Wunschträume» (→). Max Ernst Haefeli apostrophiert die modische Tendenz mit «sinnloser Attrappenform» (1951), Åke Huldt (1955) macht letztlich den «Warenüberfluss» für die schlimme Entwicklung verantwortlich, Egidius Streiff äussert sich abschätzig zum «schmissigen Dekorateur» (1946).

Bill, M., op. cit. 1952.

Deutsche Ausgabe.

Bill, M., op. cit. 1957.

Bill, M., Schönheit aus Funktion und als Funktion, op. cit., 1949.

Braun-Feldweg, W., op. cit. 1954, S. 41.

Braun-Feldweg, W., op. cit. 1954, S. 45.

In ihren synchronen Relationen möchten die Geräte ‹guter Form› sich von «Schwulst» und «Hässlichkeit», «Üppigkeit» und «Schund» abheben, von «Kitsch», «Ramsch» und «Oberflächendekor». In ihrer polaren Stellung zum allgemeinen Trend spürt ‹Die gute Form› eine starke Antipathie zu einem Dekor, der «aus anderen Zusammenhängen entliehen» ist, zur «rein äusserlichen Aufmachung und zur modischen Verschalung», die im «Dschungel der Formgebung» Wurzeln geschlagen haben. «Firlefanz» und «Kosmetik», wie sie die «schmissigen Dekorateure» zeichnen und bewerkstelligen, sind ihr ein Greuel. Grundsätzlich: die Ideologen und ‹Politiker› der ‹guten Form› weisen Produkte in eine **pejorative Zone,** die vordem genannten utilitären Anforderungen nicht genügen oder ein **ästhetisches Surplus** ihr eigen nennen, dessen Teile augenscheinlich auf sachfremde Inhalte weisen. Ohne diese Modellierung des Warenkörpers, ohne diesen Bedeutungsmantel näher zu bezeichnen und die ästhetische Folie zu analysieren, die missliebig in Erscheinung tritt, wird da ein erbitterter Krieg gegen die «modische Verschalung» geführt, deren Signifikat nicht sinnfällig der instrumentalen Funktion des Geräts anzubinden ist. Welche Tendenzen meint diese vehemente Attacke? Wohin zielt sie im Feld des Nennbaren?

Zum ersten wohl auf die **modernistischen Codes** der Nachkriegszeit, die oft nur gedanklich in eine **konstruktivische** und eine **plastische** Richtung

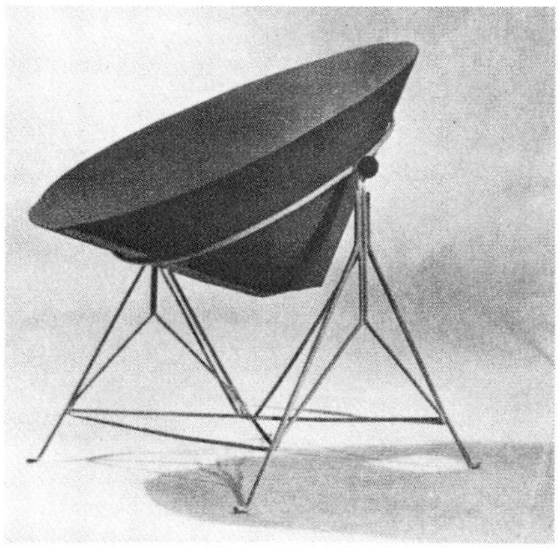

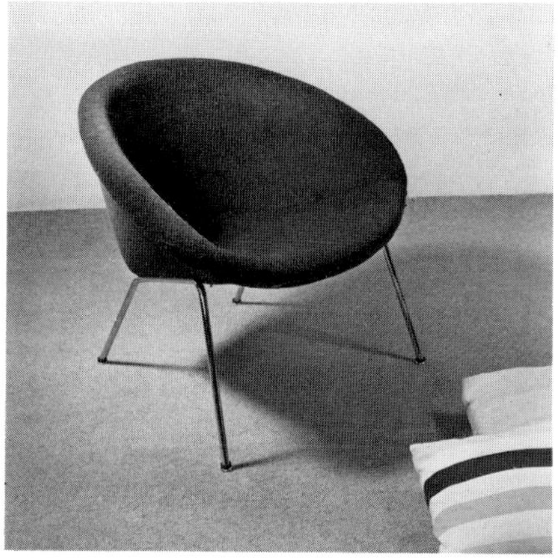

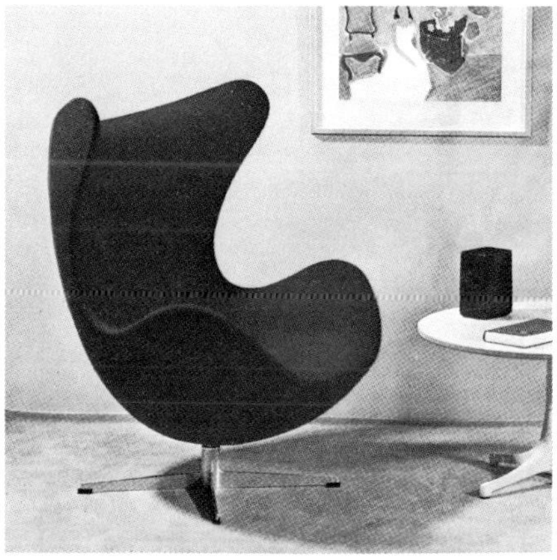

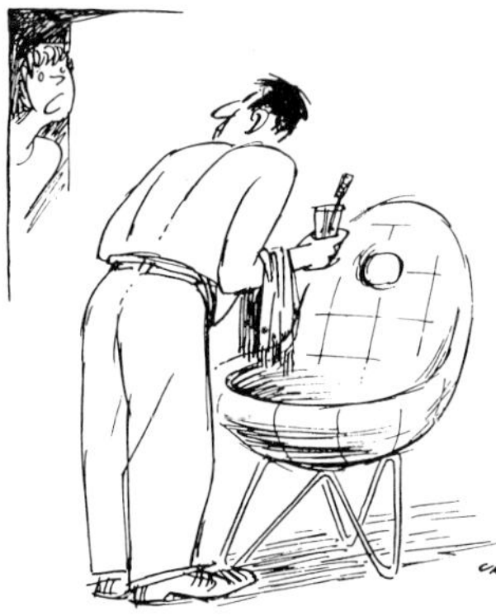

Modernismen, organische Tendenz

(D 1953/Nr. 285)

Schalenfauteuil
W. Knoll/Kyburz Möbelfabrik, Luzern
1956/1956

(DSZ)

«Wie oft soll ich Dir sagen: Das ist ein Stuhl!»
(N 1958/17)

auseinanderzulegen sind. Die konstruktivische Tendenz ist raumgreifende Dynamik, weit ausholende Bewegung und plötzlich akzellerierender Richtungswechsel auf wenig Raum, ein Linienspiel, das an genialische Schriftzüge erinnert. Dies ist betonte Diagonale, kontinuierliche Schleife, die auffährt und in Sekundenschnelle sämtliche Dimensionen des Raumes aufs Mal zu erhaschen sucht. Sie erinnert an die Bahnen visualisierter Atom-Modelle, die hier allerdings ausser ‹Rand und Band› geraten, zeitgleich in den populärwissenschaftlichen Publikationen (→) erscheinen.

Universum, Hobby, Helveticus.

Das ist sinnfällige Eleganz, genialische Dramaturgie, ein Ausschweifen in den Raum, leicht, locker und mondän, wenn harte und kantige Gebilde euklidischer und kartesianischer Provenienz zum Vergleich herangezogen werden, wie sie etwa das ‹Neue Bauen› bevorzugte: das klingt geradezu, das ist aharmonische Lehre, deren Repräsentanten voller synästhetischer Virulenz, gewissermassen ein Klanggebilde zu erzeugen vermögen, eine sphärische Musik, die von Satelliten durchschnitten wird. Am deutlichsten zeichnete sie die Turiner Schule (→) – nicht so sehr Mailand, das eher dem tradierten ‹Razionalismo› verpflichtet gewesen ist.

Etwa Carlo Mollino für Turin und Gio Ponti (Hrsg. DOMUS) für Mailand.

Diese Zeichen meinen **Veränderung**, ‹Modernità› (→); die «Forme Nuove» (→) entwerfen eine Beziehung zur Welt, die himmelweit von **grüblerischer** Skepsis und **schwermütiger** Schicksalsgläubigkeit entfernt, nach dem Kriege die harte Welt nur spielerisch streifen will – unseriös, aus der Warte des Schweizers ‹Qualität- und Formschaffens›.

Modernità: Modernität, siehe Lefèbvre.

Forme Nuove:
1954 zeigt das Zürcher Kunstgewerbemuseum die Ausstellung ‹Forme Nuove in Italia›. Die Ausstellung präsentierte beinahe ausschliesslich Vorbildliches im Sinne der ‹guten Form›. Teo Ducci im Katalog: «Das Neue ist da: Es liegt in der Rückkehr zu der echten, ursprünglichen Hemmungslosigkeit, die zum Wesen des Italieners gehört (. . .) Diese Richtung ist die unbezwingbare Kraft des italienischen Individualismus.»

– Hinzu kommt dünnes Stahlrohr, hastig gefügt, dürre, stakige Konstrukte, eine Ästhetik, die ähnliche Stimmungswerte sucht wie die Grafik Bernard Buffets und die Schriftstellerei der Françoise Sagan. Schlanke Scherenbeine, schräggestellte, konische Tischbeine, die wie die Bleistiftabsätze hochgezüchteter Damenschuhe den Boden nur punktuell berühren: «Der heutige Mensch will weniger Ballast, **in gewisser Weise** ist er anspruchsloser, einfacher geworden»(→).

Bruckmann, A. (Hrsg.), Die schöne Wohnung, München 1959, S. 5.

– Bevorzugt ist der spitze Winkel, Keilförmiges in die Diagonale gekippt, nie **Festgefügtes** und **Bodenständiges**; die Objekte sind nie symmetrisch angelegt. Man hat sie vom Boden quasi abgehoben, losgelöst, sie schweben, wenn man das Getragene und nicht das dürre Tragwerk betrachtet – so etwa die Schalensitze aus Kunststoff, die Hängesitze aus Tuch und das mehrdimensional verformte Korbgeflecht. Die plastische Tendenz, die **organoide** und geschlossene Formen anstrebt (Nieren-Tisch), komplementiert hier mit der **weichen** Umhüllungslinie, dem **flüssigen** Verlauf, die die Form des Möbels oder des Geräts gleichsam vom Instrumentalen loslösen und sie in die Nähe der **Frei-Plastik** (Moore) rücken. Massvoll ondulierende Linien umgrenzen ihr Objekt. Erst in den 60er Jahren weicht dies kurze Feuerwerk wieder einer harten, stereometrischen Sprache, die, nur entfernt mit den Codes der zwanziger Jahre verwandt, die ausschweifenden Teile des Geräts einbindet in eine starre Form (→).

Dies trotz einer Rezeption der ‹modernen Klassiker› während der 60er Jahre, die besonders in der Architektur spürbar geworden ist.

Curjel, 1955 (→):
«Die ausstellungstechnische Präsentation der Triennale 1954 wirkte eher zurückhaltend, und unverkennbar zeigte sich an verschiedenen Stellen eine starke Tendenz zu Einfachheit der Form-

Curjel, H., Marginalien zur Triennale 1954, in: WERK 1955, Nr. 2.

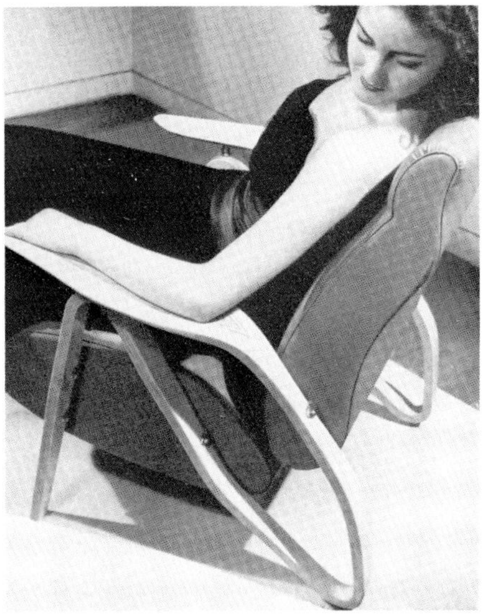

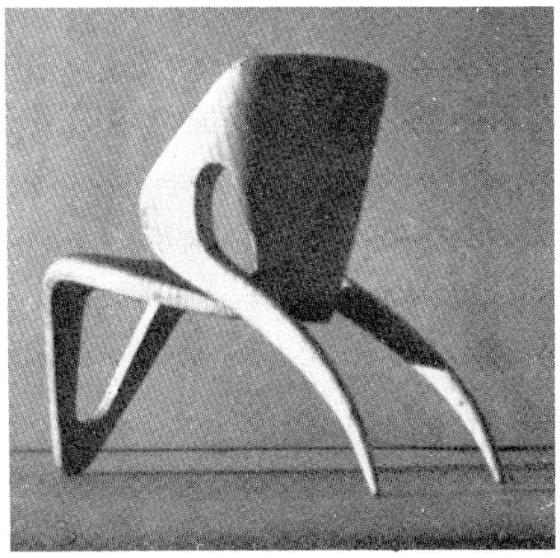

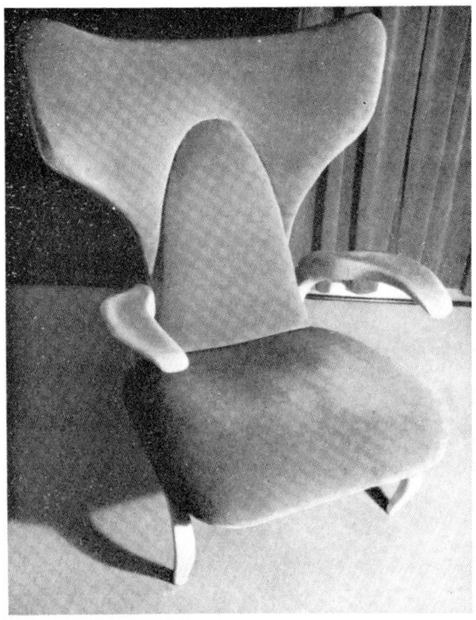

Modernità/Mollino

(D 1952/Nr. 270)

(D 1952/266)

(D 1959/Nr. 264–65)

strukturen und zu konstruktiver Transparenz. Trotzdem trat in starkem Mass die allgemeine Neigung zum **Effektvollen,** zum **Überbefrachteten** hervor. Das höchst bedenkliche allgemeine Zeitsymptom ist zu diagnostizieren: der Trieb zum **Sensationellen** um jeden Preis. Im Gefolge seiner **Pseudo-Leidenschftlichkeit** ergibt es sich, dass die Substanz der Form in erschreckendem Tempo schwindet. (...)

Wie sieht das Gerät heute aus?
Stürmische **Leidenschaft** tritt in aufgebrochenen Formen in Erscheinung. **Dynamik** als Selbstzweck, Verschränkung der Volumen, komplizierte Asymmetrie, heftige Farbgebung; technische Prozeduren werden mit virtuoser Intelligenz zur Verwirklichung phantastischer und pseudophantastischer Formgebilde gezwungen. Italienische Keramik und Verwandtes diene als Exempel. Die Resultate der bildenden Künste unseres Jahrhunderts vom Kubismus und Futurismus bis zu den jüngsten, triebhaft automatischen Schaffensmethoden bestimmen das Vorgehen der Entwerfer und Ausführer. Den individuellen Kräften des Schaffenden ist die volle Verantwortung überbunden. Eine **Schock**wirkung wird in die Rechnung eingestellt, die insofern heilsam ist, als sie abgebrauchte Konventionen beseitigt und Tore in Neuland öffnet. Von der durch die frei schaltende Phantasie aufgebrochenen Form geht eine gewaltige Belebung aus. Expressive **Intensität** und zugleich **Entspannung** durch Aufhebung von Bindungen an traditionell erstarrte Vorstellungen sind grundsätzlich als positiv zu beurteilen. (...)

Der aufgebrochenen, durch Sensationsimpulse aufs stärkste gefährdeten Form stehen die Ergebnisse der ruhigen, in vieler Beziehung sordinierten Gestaltungsmethode gegenüber. Ihre Meister sind in den **skandinavischen Regionen** zu finden. Die Formgebung ihrer Geräte beruht auf der Anerkenntnis von funktionalen und ästhetischen Axiomen, ohne reaktionärer Glätte zu verfallen. Im Gegenteil: es zeigt sich organisches, heiteres Weiterschreiten.»

Zum zweiten zielt die Attacke, die die ‹gute Form› gegen Andersartiges führt, auf «Streamline» und andere **importierte Amerikanismen.** Sie sind Teil des **kulturellen Imperialismus** der Grossmacht USA. Die Emblematik des Siegers war virulent: Kleenex, Chewing-Gum, Chevrolet und Jazz. Das westliche Europa sah sich, nach den Entbehrungen des Krieges, mit einer **verführerischen Warenwelt** konfrontiert; dem Konsumenten wird nahegelegt, den Freuden des Konsums zu frönen, neues Konsumverhalten zu akzeptieren. Diese Tendenz ist freilich nicht nur reine ‹Ästhetik der Konsumgesellschaft›, Styling, das den Warenkörper mit dem Zweck modelliert, höhere Verkaufsraten zu erzielen, das dem Warenkörper Stimuli einschliesst oder anheftet, die den Besitzer dazu veranlassen, in sachfremde Erlebniswelten einzutauchen, ohne dass die instrumentalen Qualitäten dem Versprechen der expressiven Funktion folgen würden. Die US-Produkte waren hohe instrumentale Qualität, sie waren zweifellos ein Bekenntnis zum «Industrial Design» und zur industriellen Produktion, die beide von den Rationalisierungsbemühungen der Kriegs- und Vorkriegszeit geprägt sind – ein Redesign oft, vom ‹Zündholz bis zur Stadt›, das in seiner frühen Phase zwischen 1928 und 1935 nicht so sehr auf die tradierte Maschinenästhetik, aufs konstruktivistische Vorbild abstützt, sondern eher auf die minim dynamisierte Geometrie, massgeblich in den Werbeaktionen der Automobilindustrie präformiert und stellenweise der konservativen Seite, dem Schattenbild der klassischen Moderne entliehen («Art-Deco»). Diese amerikanischen Produkte wollen überzeugen. Ihre expressive Funktion ist in erster Linie die des Appells an den Käufer.

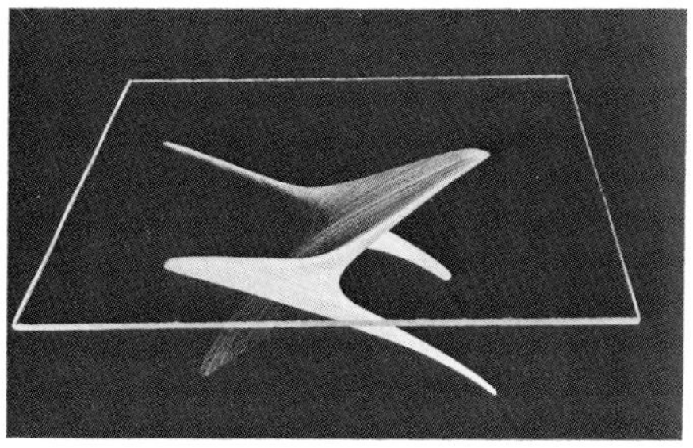

exaltiert/Wirkkala

(D 1953/Nr. 248)

Raymond Loewy und seinesgleichen (→) sahen ihre Aufgabe als «plastische Chirurgie, Amputation», «Face-Lifting». – Dann die **Stromlinie, Tropfenform, aerodynamisches Experiment,** um 1930 entwickelt, seit Mitte der 30er Jahre aufs unbewegte Objekt übertragen (Toaster, Bleistiftspitzer, Ventilator) – sie ist, hinüberreichend in die Nachkriegszeit (!) und zum Teil dort ihrer elementaren Kraft beraubt, vor der Jahrhundertmitte zum verheissungsvollen Symbol einer rasanten Bewegung in die Zukunft geworden. Wie nirgends sonst erscheint die Stromlinie als Vehikel zur Utopie einer gesellschaftlichen Elite, die in der Zwischenkriegszeit den wirtschaftlichen Konkurrenzkampf mit dem Gegner sportlich nimmt und unternehmerisches Engagement und rücksichtslose Dynamik in ihrer aggressiven Objektsprache kundtut – glatt, purifiziert, makellos, windschlüpfrig, den möglichen Widerstand vermeidend, der die Fahrt zum Ziel behindern könnte, Repräsentant des amerikanischen **Fortschrittsoptimismus,** der den «Erfolg, die Umsatzziffern und statistischen Belege des Lebensstandards anbetet»: die «alleinseligmachende Stromlinie» (→). «Noch im Umriss des Düsenflugzeugs sehen wir das Tier, das Ungeheuer, die Kraft und Schnelligkeit ausgedrückt». Kraft und Schnelligkeit sind unabdingbar im Kampf um den Markt – die aggressive Stromlinie widerstrebt dem «Schweizer Qualität- und Formschaffen», das, selbst wenn es formschöne Waffen produziert, von seinem humanitären Auftrag und seinem altruistischen Bemühen überzeugt ist (→).

Geedes, Buckminster-Fuller, Sinel, Jensen, Teague, Dreyfuss usw.: siehe Meikle, J. L., Twentieth Century Limited, Philadelphia 1979./
Loewy zum Gestetner-Vervielfältiger: «. . . Darunter verstand ich sozusagen ein ‹face-lifting›. Ich würde einfach alle die kniffligen Maschinenteile in eine saubere, wohlgeformte und leicht abzunehmende Hülle einkapseln. (. . .) Das Ganze würde schliesslich auf vier schlanke, aber feste Beine gestellt, munter angemalt und in das Geschäftsleben zurückgeschickt werden.»

Braun-Feldweg, W., op. cit. 1954, S. 16.

Bedenkenswert ist die hohe formale Qualität schweizerischer Waffenproduktion: das Sturmgewehr (Stg. 59).

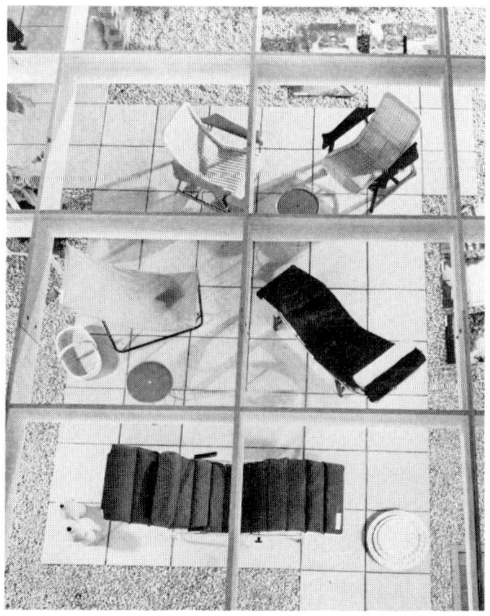

modern

(W 1950/8)

modern-modernistisch: Die Vorstellung einer kreisförmigen Regelmässigkeit im Wandel und einer Norm des Wandels, ist mit dem ausgehenden Mittelalter in den Hintergrund getreten. ‹Avantgardistische› Aktivitäten: neuartige Techniken, Erfindungen hervorbringende Sektoren formierten seit jener Epoche eine ‹aggressive Modernität› – ‹modern› hat einen polemischen Sinn genommen, der sich später der Selbstexaltation **des «Modernismus» und dem «modernen» Geschmack unterordnete. – Modernismus bezeichnet den Kult des Neuen für das Neue; seine Fetischierung – das Neue erscheint als Teilobjekt und wird quasi fürs Ganze genommen – gewinnt im ausgehenden 19. Jahrhundert klare Konturen** (→). **– Marx entwickelt zwischen 1840 und 1845 einen Begriff der Modernität, der ursächlich auf Entfremdung,** Spaltung des Privatlebens vom politischen und gesellschaftlichen Leben **deutet. Diese Spaltung, bei gleichzeitiger Vermischung des Rationalen mit dem Irrationalen, «worin sich beide wechselseitig unter dem Schleier der rationalen (gesellschaftlichen und politischen) Einheit in derselben widersprüchlichen Realität, in derselben allgemeinen Irrealität verbergen, vollzieht sich in allen Bereichen»** (→). **Lefèbvre, dem wir diese Charakterisierungen verdanken, erwähnt Baudelaire im folgenden – «Der Maler des modernen Lebens»** (→) **suche jenes Etwas, das Baudelaire als «Modernität» bezeichnet. Für Baudelaire ist das «Moderne» gleichbedeutend mit dem** Ephemeren, Flüchtigen. **Das Mondäne und die Mode wird in einen** Kontrast **gesetzt zum** Ewigen, Unveränderlichen **und** Gültigen (→). **Das Schöne ist da aus einem ewigen, unveränderlichen Element gebildet und aus einem relativen, bedingten Element, nämlich der Mode. – Baudelaire identifiziert das Moderne mit der Mode. Marx definiert das Moderne durch die Abstraktion und den Dualismus des modernen Lebens. Baudelaire meint** Antinatur, **er befürwortet eine Kunst der** reinen Kreation, **die mit dem rein Künstlichen identisch ist; er akzeptiert das Mondäne, die Halbwelt und die Scheinwelt, er sucht die moderne Welt, auch dort, wo sie knirscht und bricht, ästhetisch zu deuten.**
Natur erscheint ihm gemein und grobschlächtig (→). **Die exzessive Künstlichkeit der Décadence findet mit dem Fin de Siècle ihren Abschluss. Ihr folgen die Sprengmanöver, eksta-**

Lefèbvre, H., Einführung in die Modernität, Frankfurt 1978, S. 197.

Lefèbvre, H., op. cit., 1978, S. 200.

Baudelaire, Ch., Der Maler des modernen Lebens.

SWB-Tagung 1953; Thema: Das Konstante und das Modische.

Lefèbvre, H., op. cit. 1978, S. 202.

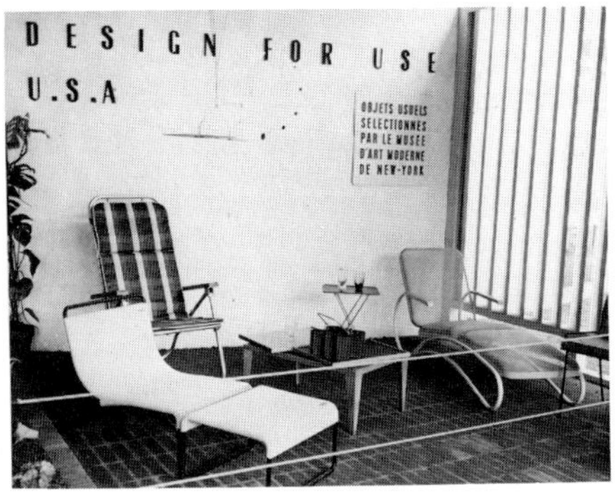

Streamline, Fortschrittsoptimismus

Design for use, USA
Triennale Mailand 1951, Gewerbemuseum Basel 1952

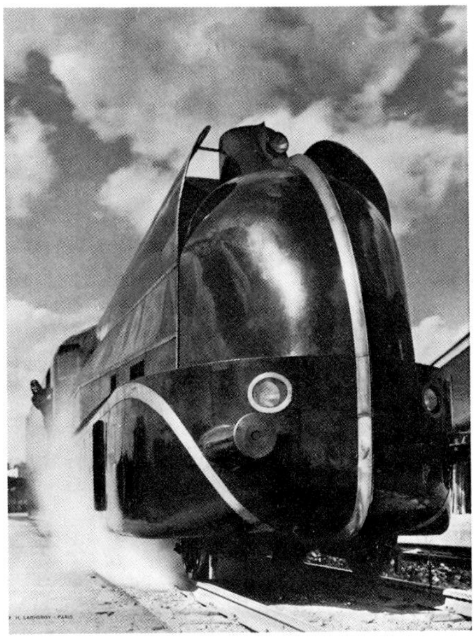

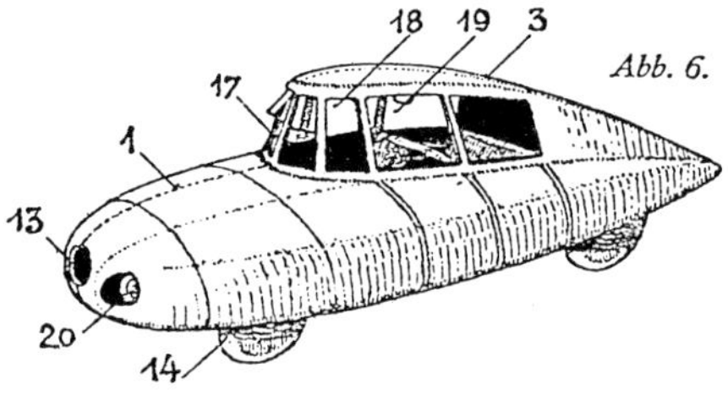

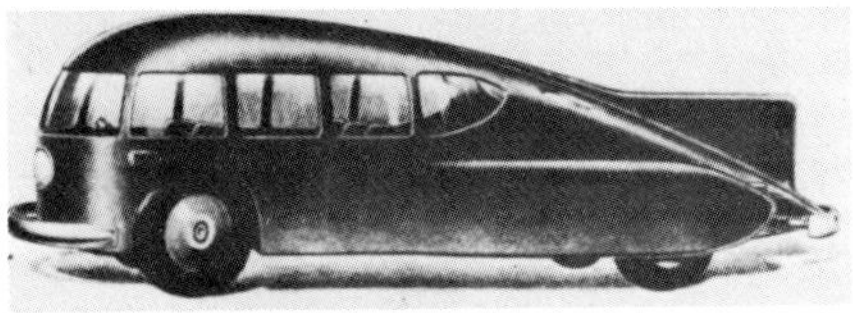

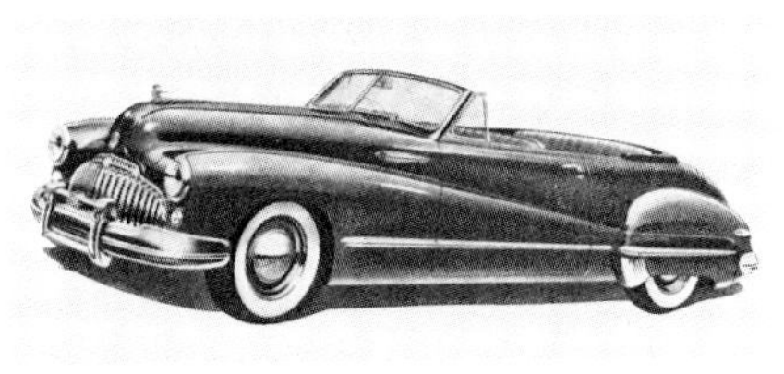

Amerikanismen:

(P 1936)

(PJ)

(SD)

(W 1946/5)

tische Zerstörungsakte und Parzellierungen der Materie wie der sozialen und der dringlichen Realität. Die schrillen Zerrbilder des Expressionismus und der analytische Kubismus stellen sie schon vor dem Ersten Weltkrieg dar. Das Wort ‹modern› **wird von diesen neuen Tendenzen okkupiert, die die damals aktuellen Spaltungen darstellen und auf der Ebene des Medialen ihren Beitrag leisten, die gefügte Welt der Gewohnheiten zu zerstören, aufzureissen und mit einer gewissen Beliebigkeit neu zu montieren.** Das Moderne **stellt sich wie nie zuvor in einen** Gegensatz zum Alten. **– Zum Modernen gesellt sich nun, was eher auf Konvergenz gerichtet ist und den Deterritorialisierungen der Epoche begegnet: die ‹klassische** Moderne**› in der Architektur und der ‹Produkte-Gestaltung›, die jenseits von brodelnder Erregung und Zerrissenheit eine kühle stereometrische Welt konstruiert. Diese teilt mit den Schöpfungen des 19. Jahrhunderts, die als ‹modern› rezipiert worden sind, einzig, dass sie** ausser-gewöhnlich **ist, gegen-läufig zur** Normalität, **im tieferen Grund genommen aber ‹ewige Werte›, ‹zeit- und stillose Form› konstruieren will, den Hang zeigt, die Substanz ihrer Objekte zu bewerkstelligen und Akzidenzien, emphemere Qualitäten auszufiltrieren, Spaltungen zu klittern und Risse zu füllen, weiss das nunmehr Ganze zu übertünchen. Die ‹klassische Moderne› hatte alsbald einen Modernismus zur Seite und im Gefolge, der die Askese pathetisch steigerte** (→). **Univozität und Mondialität (Internationalismus) sind zum Selbstzweck geworden – und deutlich in der sukzessiven Auflösung nach 1928 werden dem Gerät zum andern ‹sachfremde› Teile beigefügt, die beschwörend – magische Funktion – Unruhe und Angst vor der sachlichen Welt, wie sie die ‹klassische Moderne› zu einem rechten Anteil repräsentierte, zu beschwichtigen versprechen. Das Artefakt: individualisiert von neuem dem** Persönlichen **zugeführt, ergänzt um ephemere Reize. Dem Aufgesetzten ist eine beschwichtigende Funktion zugekommen. Es hatte das** Eigene, Spezifische, **die eigene soziale Klasse, das ‹Völkische›** (→), **die kulturelle Eigenart zu zeigen. Die Reaktion auf ‹nivellierende› Tendenzen und Uniformität (Standardisierung) weckte modische Attitüden, die dem Ding aufgesetzt, eingewoben oder angeklittert, dem Käufer und Besitzer des Geräts endlich wieder nach dem Munde redeten, ihn befragten, was er auf seiner eigenen Torte bestaunen möchte, wie er sich von seinesgleichen, aber auch von den anderen Teilen der gesellschaftlichen Formation zu differenzieren gedachte. Da sind Statusunterschiede, Klassendifferenzen nach wie vor, nationale, gruppenspezifische Merkmale, wie sie Thorstein Veblen** (→) **und Max Weber angesprochen und Pierre Bourdieu** (→) **neuestens dargestellt hat. – Das Modische bemüht sich, Ephemeres für einen Augenblick festzuhalten,** den Moment darzustellen, **der momentanen Bezogenheit Ausdruck zu verleihen. Es fetischiert das** Aktuelle, **findet im Styling sein williges Instrument und trägt den Bewegungen des gruppenspezifischen ‹Geschmacks› Rechnung. – Mode gibt sich zumeist avantgardistisch und zieht sogar einen gewissen Gewinn aus dem Gelächter und dem Spott jener, die ihrer Direktive erst folgen, wenn ihre sensible Spürnase bereits auf einem neuen Weg schnüffelt. Sie bedient sich der Variationen der jeweiligen ästhetischen Komponente des Artefakts. Sie dient der** Produktedifferenzierung, **ist gewissermassen ein Synonym für Warenästhetik, ohne es zu wissen, modelliert den Warenkörper, wie es jenen schnellebigen Trends gefällt, die aus dem weiten Repertoire des Signifikats, nach arationalen Kriterien zumeist und mit Hilfe von Materialreiz und formaler Ausprägung ausgewählter Objekte – bevorzugte Orte sind deren Hüllen und Behälter – zu Repräsentanten ihrer jeweiligen sozialen Sphäre stilisiert werden. Die bevorzugten Leitlinien des Modischen sind das** ‹Exotische› **und das** ‹Bodenständige› **(Moles), das** Rurale **und das** Technoide.

Siehe meine Relativierung im letzten Kapitel.

In der Schweiz deutlich seit 1936/37.

Veblen, Th., Theorie der feinen Leute, 1899 (Neuauflage: München 1981).
Bourdieu, P., Die feinen Unterschiede, Frankfurt 1982.

Was ist zwischen 1950 und 1970 als modisch-modernistisch zu bezeichnen? Was ist die **Mode,** schnellebig, wechselhaft, dem raschen Wandel unterworfen? – Das sind die angesprochenen Stahlrohrschleifen der 50er Jahre, das ist abstrakt-organoide Plastizität (→), die – exaltierte Variante – ebenso zum Selbstzweck geworden ist wie der neue und in seiner Art affektierte Geometrismus der Zeit nach 1960; eine Dramaturgie der Form, «Nuklear-

Eine Ausstellung des ‹Museum of Modern Art› zu Beginn der 50er Jahre heisst ‹Organic Design›.

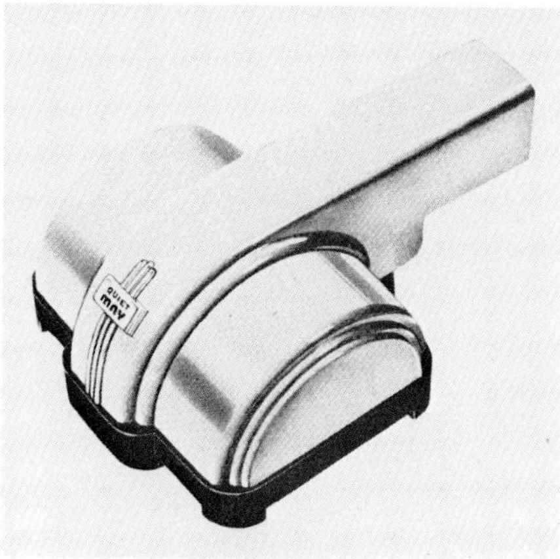

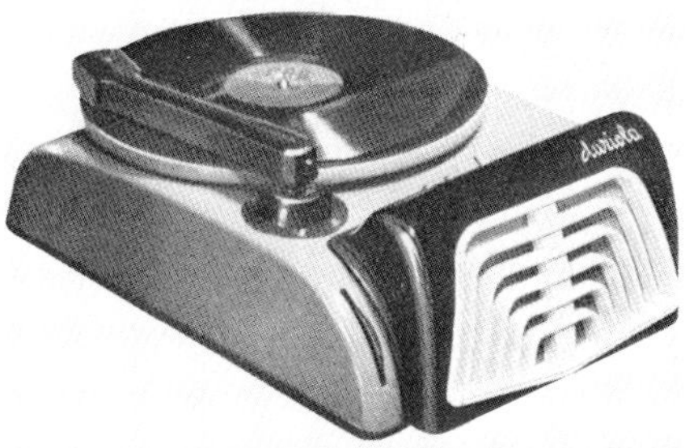

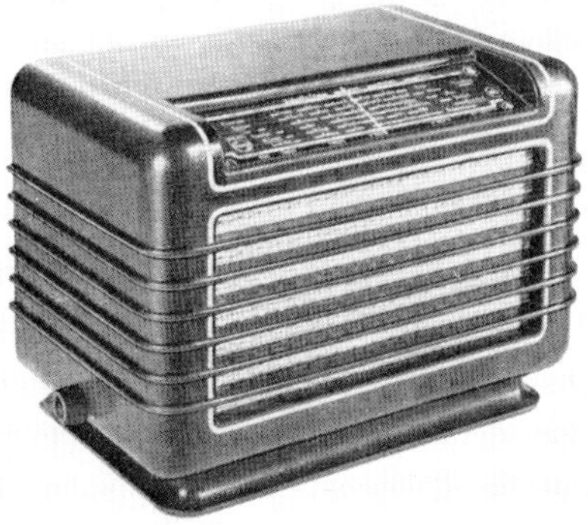

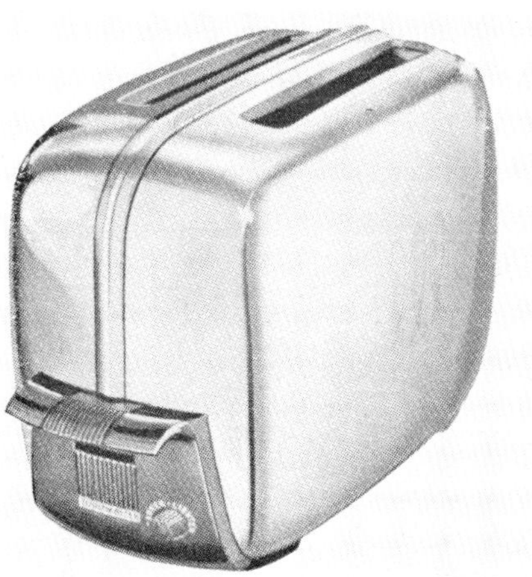

Amerikanismen

(TCL)

(B+W 1948/4)

(B+W 1948/4)

(B+W 1948/4)

Stil» «moderne Akzente» (1955) oder forcierte Zweckform, stilisierte Sachlichkeit (1965); das sind die Neoromantizismen zudem, die **prätentiöse Natürlichkeit** meinen, und – weit weg vom technoiden Zuschnitt zeitgleicher Produkte – den rundgeschliffenen Abkömmlingen des Flussbetts und den Residuen der Holzfällerei den Vorzug geben. Aufgesetzte, geronnene Sentimentalität reflektiert hier die Wünsche einer Käuferschicht, die vis-à-vis forschender Technisierung das **«Echte»**, **«Urprüngliche»** und **«Urtümliche»** in ihren Lebensraum hereinzuholen sucht: die Qualitäten der (ersten und äusseren) Natur, von der die Meinung geht, sie sei heilsam, richtungweisend, vorbildlich und gut (→). Modernistisch nenne ich diese ‹Natur›-Fragmente, weil ihre Modifikation, der Konflikt, der sich zwischen dem Anteil des **Bearbeiteten** und dem Anteil des **Rohen** auftut, ins Extrem gesteigerte **Künstlichkeit** repräsentiert. Sie gehören dem **Privaten** an, das dem naiven Bewusstsein als Insel inmitten gesellschaftlicher Dynamik, als Residuum des Naturstandes erscheint, den man verklärt (→), schützt und konserviert. Ihnen schliesst **Rustikales,** das heisst ländlich-bäuerliches Gerät an, das mit markigem Dialekt (→) seine industrielle Herkunft übertönt. Das schwere Gerät, Möbel und allerlei schmiedeiserne Embleme, sind zwar fabrikgefertigt, geben sich aber handwerknah. Für die Fiktion, dies Gerät sei vom bärtigen Schmied auf der Esse im Wald geschmiedet worden, genügt oft das Indiz der Textur (gehämmert) und ein Materialreiz, der mit geeigneter Chemie artifiziell gesteigert worden ist. Haus-backen, wenn man so will, eigen-**bröt**lerisch könnte man, die Metaphorik mischend, sagen, wenn diese Dinge – vielleicht kleine Serie – nicht Massenproduktion wären. Die Signifikate heissen ‹gesundes Handwerk›, ‹gesunde Natur› – oder aber, und hier findet das Bodenständige zum Exotischen, die andere und ‹intakte› Kultur, deren ‹urtümliche› Eigenständigkeit und ungebrochene Naivität sich plakativ in den dringlichen Erzeugnissen abbildet. Diese Vor-Bilder sind noch ungetrübt von der hiesigen Zivilisation, ihre Identität, ihre regionale Identität – so phantasierten und phantasieren ihre stillen Nutzniesser hier bei uns – garantiert die ‹urwüchsige› Tradition ihrer Herkunfts-Region.

Die neuere Geschichte führt von der Aufklärung über die ‹weisse› Romantik zu den diversen Formen der Neoromantizismen. Zuguterletzt: die Grünen.

In der Dreiteilung Dialekt, Soziolekt, Idiolekt.

Ethno-Kitsch – in einem Buch, das den schönen Titel «Das schöne Zuhause» trägt (→), lesen wir vom «Stilgefühl unserer Zeit»:

Schuler, J. E. (Hrg.), Das schöne Zuhause, Stuttgart 1960, S. 12.

«Es gibt bisweilen recht geschmackvolle Einzelstücke aus Holz oder **Schmiedeisen** oder sogar aus starkem, **buntlackiertem Draht,** die Humor und Phantasie ihrer Erfinder verraten; es gibt aber auch allerlei Serienmässiges, das man am besten übersieht».

Zur Hausbar:
«Die Bar mit **Bauern**schränken und Bauernmöbeln ist eine ebenso reizvolle Variante wie die ‹Äquatorbar›, die sich ein Pfiffikus aus **Bambus**stangen zimmern liess. Bartischplatten und Hokkersitze aus Teakholzbrettern passen sich vorzüglich an. Man schenkt dort allerlei Getränke aus den Schalen halber Kokosnüsse, und auch die übrige Dekoration ist phantasievoll **afrikanisch:** Bunte Masken und Schilde, Bastteppiche und allerlei Hausrat und Kriegsgerät aus dem afrikanischen Busch» (→).

Schuler, J. E., op. cit. 1960, S. 72.

«Südfranzösische und oberitalienische Wohnhallen haben oft breite Freitreppen zum Garten, und venezianische Wohnhallen gleichen mit ihrem Reichtum an Bildern und ihren wenigen, aber

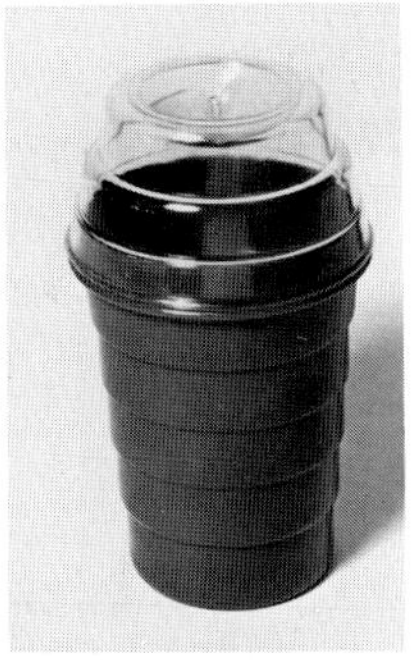

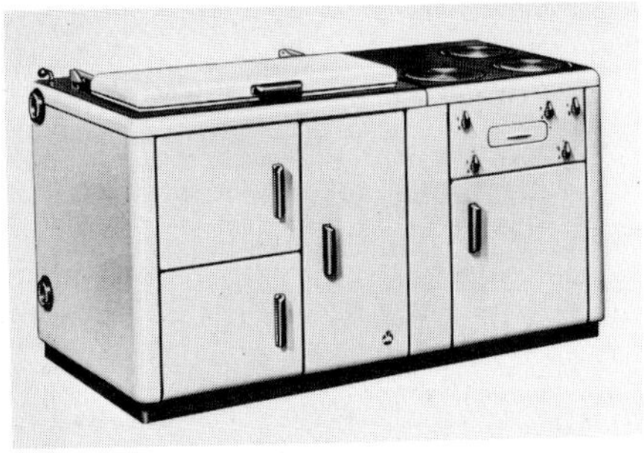

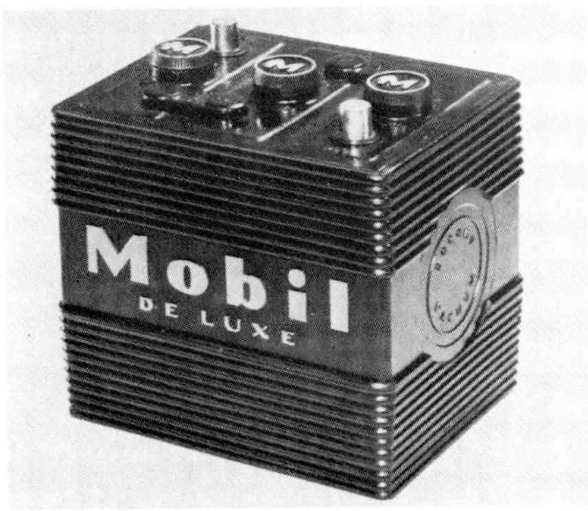

Amerikanismen: Art Deco USA

Shaker
Gimelli + Co. AG, Zollikofen
1957/1960

Zentralheizungskochherd
G. Herzog + Co, Feldmeilen
1950/1955

Loewy (HVSS)

bequemen Sitzmöbeln bisweilen eher Gemäldegalerien als Wohnräumen. Welcher Kontrast dazu schwedische Wohnhallen im Blockhausstil mit hölzernen Deckenverkleidungen und mächtigen Tragebalken inmitten des Raumes oder die fast nüchterne Behäbigkeit **englischer**, **friesischer** oder **niedersächsischer** Wohnhallen, deren wesentlichste dekorative Belebung oft die Erinnerung an seefahrerische oder bäuerliche Traditionen bildet. Um so anheimelnder mögen wir Wohnhallen des oberbayerischen oder Tiroler Raumes empfinden; die einen häufig holzverschalt, die anderen nicht selten von rauh verputzten oder hellgetünchten Gewölben überspannt. Meist aber an beherrschender Stelle des Raumes der bunte Kachelofen mit der gemütlichen breiten Ofenbank. Auch der Herrgottswinkel mit dem alten, seit Generationen vererbten, handgeschnitzten Familienheiligtum ist aus einer solchen Halle nicht wegzudenken. Wieviele Anregungen allein, wenn wir einmal beginnen, unsere Reiseerinnerungen auf das Thema Wohnhalle zu konzentrieren» (→). (Das meint zeitlose Schönheit, wie sie offenbar ‹kalte Kulturen› (→) erzeugen, die nicht einem schnellen Wandel unterworfen sind.)

Schuler, J. E., op. cit. 1960, S. 19 f.

Kalte und warme Kulturen: Aus dem Vocabular des Claude Levi-Strauss: gleichbedeutend mit stationären, unbeweglichen, verharrenden und progressiven, fortschreitenden, beweglichen Kulturen, die – wie wir – auf eine ‹kumulierende› Geschichte zurückblicken dürfen. Sadi Carnot: Die bewegende Kraft des Feuers!

Regionalismus: **Regionalismus bezeichnet die Appropriation von Teilen eines regionalen Codes (Dialekt): Teile eines Repertoires spezifisch regionaler Form-Elemente** (→) **sind von einer ort- fremden Instanz** annektiert **und in ihre eigene Produktion eingewoben. Das Repertoire spezifisch regionaler Form-Elemente ist ursächlich meistens traditional, örtlich gebunden, es repräsentiert und garantiert** regionale Identität **und verleiht der Kultur jener ethnischen Gruppe ein unverwechselbares Profil. Regionalistische Produktion ist eine Spielform des** Exotismus.
Dieser Definition folgend annektiert regionalistische Form-Produktion eine primäre Sprache (Barthes) und instrumentalisiert sie zu ihrem Zweck. Die primäre Sprache ist zur Beute **geworden; annektiert ist sie zumeist aus dem Hang heraus,** Gefühle des Mangels **im Hier und Jetzt fiktiv wettzumachen, die eine (scheinbar) bedeutungsarme, eingeebnete und nahezu konturenlose (kulturelle) Landschaft evozierte. In Analogie zur ökonomischen Ausbeutung fehlt man vermutlich kaum, beim Phänomen Regionalismus von** Ausbeutung des ‹symbolischen Kapitals› **der jeweiligen Region zu sprechen. Ausgebeutet sind vorzüglich die kulturellen ‹Randgebiete›** (→)**, aus denen Formen** (→) **importiert werden, von deren ‹unverfälschter Rhetorik› emotional zu profitieren ist.**
Ein Passstück zur regionalistischen Tendenz ist der Tourismus **– dort wird das Bodenständig-Archaische (oder das Exotisch-Verfeinerte) nicht exportiert, sondern vom Nutzniesser an Ort und Stelle gesucht. Exemplarisches, sinnfälliges Bindeglied zwischen den beiden Seiten sind das** Souvenir **und die** Postkarte, **die beide für die angeeignete Äusserung des Charakters der jeweiligen Region stehen. Symptomatisch ist hier wie dort, dass nur der sonnig-pittoreske, das heisst der verwertbare Aspekt der Region exportiert wird, mitnichten ihre Schattenseite, Armut, Hunger und Gewalt. Regionalismus setzt eine gewisse Hochschätzung der betroffenen Region voraus: deren Export und Vermarktung trägt dazu bei, diese im Laufe der Zeit auszulaugen und damit zu zerstören. Die neuen Inhalte, die die Leerstellen, die «geschlagenen Lücken» füllen, sind die der hochindustrialisierten und kapitalistischen Welt. Regionalismus ist Teil des kolonialistischen, des kolonialisierenden Systems.**

Randgebiete aus eurozentristischer, zentraleuropäischer Schau. – Die angesprochenen Formen, das sind etwa jene des Tanzes, der Bekleidung, der Musik, des Geräts – Teilobjekte m. a. W.

Eingang gefunden in die ‹gute Form› haben freilich die gewobenen Vorbilder sowie Holz, Glas- und Metallwaren aus der skandinavischen Tradition, die, in Kontrast zur spielerischen Eleganz der «Modernità», das ‹seriöse› Handwerk bejahen. Staunend bejahte man dies authentische Design der nordischen Tradition, das Qualitätsansprüche **auch für die industrielle Produktion formulierte.**

Dänemark (→):
«Wie in Schweden, so haben auch in Dänemark diese kleinen Wohnungen ihren Einfluss auf die Gestaltung der Möbel ausgeübt. Es wird deshalb immer wieder versucht, **praktische, wenig Platz** einnehmende Möbel zu schaffen, seien es zum Beispiel das in verschiedenen Varianten auftretende Bettsofa, der vielseitig verwendbare und oft gebrauchte Serviceschrank, welcher dem schweren Büfett vorgezogen wird, oder die kleineren oder grösseren Schränke mit Schiebetüren. (...) Wie erklärt sich der grosse Erfolg und das überall anerkannte hohe Niveau des dänischen Möbelbaues?

Naeff, K., Vom dänischen Möbelbau, in: WERK 1952, Nr. 4.

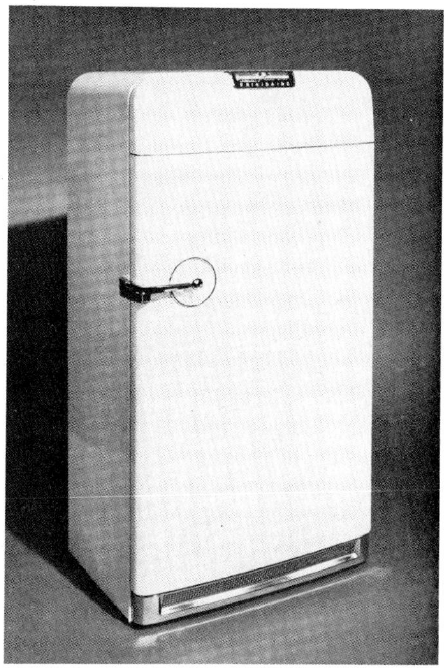

Loewy (HVSS)

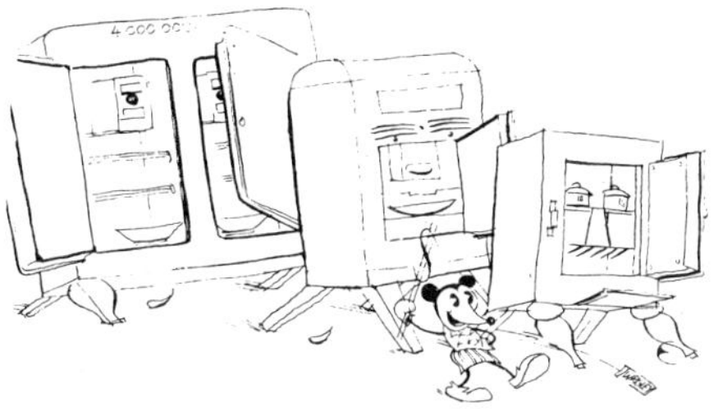

Kältewelle aus USA (N 1950/20)

Der erste Grund ist in der seit Jahrzehnten überlieferten **Tradition** des **Schreiner**handwerkes zu suchen, die in diesem Gewerbe besonders lebendig geblieben ist. Der zweite Grund, der sich vor allem in der **einfachen** und **klaren** Formgebung ausdrückt, besteht in der engen Zusammenarbeit zwischen Entwerfer und Ausführer, das heisst zwischen Architekt und Handwerker. Hier ist das Geheimnis der hervorragenden Leistungen zu suchen.
Massgebend und während langer Zeit war die Tradition des englischen Möbelbaues, und die Vorlagen Chippendales übten einen starken Einfluss aus (...).

Jeweils im Herbst findet in Fredericia eine Möbelmesse statt, an der die Industrie ihre neuen Modelle zeigt. Daneben veranstalten die Kopenhagener Tischler seit fünfundzwanzig Jahren im September eine Ausstellung von neuen Möbeln. Ein Wettbewerb, dem jeweils ein bestimmtes Thema, zum Beispiel auch die Verbesserung vorhandener Modelle, zugrunde liegt, wird ausgeschrieben und von Architekten und Schreinern zusammen bearbeitet. Die neuen Entwürfe werden dann ausgestellt, von einer **Jury** prämiiert und begegnen überall lebhaftem Interesse. Auf diese Weise wird das Publikum fortlaufend mit neuen Schöpfungen vertraut gemacht und kann sich auch seine eigene Meinung über den Stand des Möbelbaues bilden. Der **erzieherische Wert** dieser Ausstellungen ist unverkennbar in der Wohnungsaustattung breiter Kreise. Veröffentlichungen, Abbildungen in den verschiedensten Zeitschriften und Kritiken unterstützen diese Tendenz (...).

Für den Möbelbau in Dänemark wird fast ausschliesslich Cuba-Mahagoni verwendet. Seit einigen Jahren ist auch das dunkle Teakholz sehr beliebt, das im Zusammenhang mit einheimischer Buche oftmals am selben Möbel verwendet wird und eine farbliche Differenzierung ergibt, die diesen Möbeln den besonderen Charakter verleiht. Daneben werden Esche oder Ulme, selten jedoch Nuss- oder Kirschbaum verwendet. Die Oberflächenbehandlung wird mit äusserster Sorgfalt vorgenommen; man will dem Holz seine natürliche Struktur und Farbe möglichst erhalten. Das Charakteristische all dieser Möbel ist ihre **Leichtigkeit** und **Eleganz,** die weich gehaltenen Formen und die handwerklich wohlüberlegte **Konstruktion.** Auch wird die Intarsia in Dänemark wieder viel angewandt, eine Kunst, die bei uns fast gänzlich ausgestorben ist (...).

Vorbild-Abbild

(TCL)

Aufschnittmaschine
Ad. Ditting/W. Latscha, Zürich
1948/1956

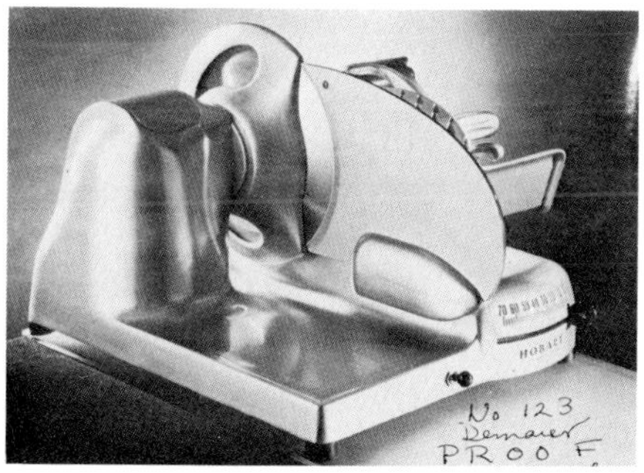

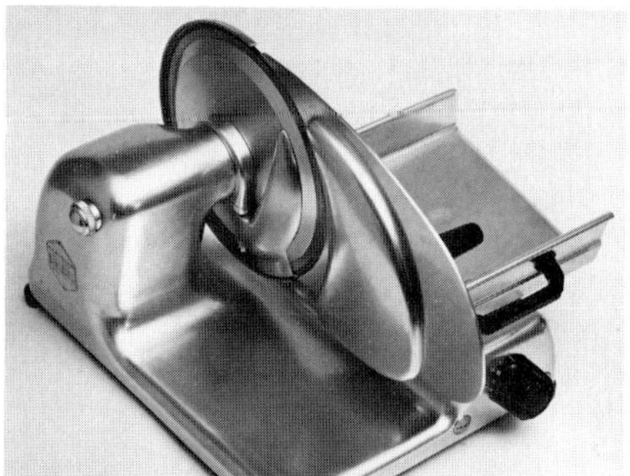

Wohl die wirksamste Werbung für das dänische Möbel- und Kunstgewerbe geht von der Verkaufsorganisation ‹Den Permanente› in Kopenhagen aus (...).

Auch für die Schweiz wäre schon lange eine ähnliche Zentralstelle dringend wünschbar, etwa im Sinne der vom SWB vor einiger Zeit vorgeschlagenen Zentralstelle für Wohnberatung. (Vergleiche ‹Werk› Februar 1950: Richtlinien für neutrale Wohnberatungsstellen.) Sie würde ohne Zweifel zur Aufklärung und zur so notwendigen Hebung des allgemeinen Geschmackniveaus wesentlich beitragen.»

Finnland (→):
«Das Kunsthandwerk Finnlands, das in den letzten Jahren vielleicht noch stärker als die Architektur im Ausland bekannt und einflussreich geworden ist, hat sein Gesicht und seine Bedeutung vor allem durch einzelne Persönlichkeiten erhalten. Diese Entwerfer und Gestalter, die zum Teil auch im Ausland bekannt sind und denen heute ein begabter Nachwuchs zur Seite steht, nehmen im öffentlichen Leben in wirtschaftlicher und künstlerischer Hinsicht eine wichtige Stellung ein. Während bei uns zum Beispiel der Entwerfer der Porzellanfabrik Langenthal, der Designer unserer Glas-, Textil- und Metallfabriken nicht einmal in Fachkreisen dem Namen nach bekannt sind, sind die Gestalter und Kunsthandwerker der verschiedenen Branchen in Finnland auch für den Käufer ein Begriff, und für das Produkt spielt der Name des Entwerfers eine massgebliche Rolle beim Verkaufserfolg. Dies gilt sowohl für das Serienprodukt, das in hervorragender Qualität im Warenhaus erhältlich ist, wie auch für das kunsthandwerkliche Einzelstück, das sich der Käufer als Kunstwerk erwirbt. So ist auch jede Produktionsfirma bemüht, einen oder mehrere bekannte Entwerfer für die Gestaltung ihrer Produkte beizuziehen oder ganz zu verpflichten. Die Firmen sind demzufolge auch daran interessiert, neue, junge Kräfte nachzuziehen und bekannt zu machen.»

Huber, B., Das finnische Kunsthandwerk und seine Schöpfer, in: WERK 1959, Nr. 11.

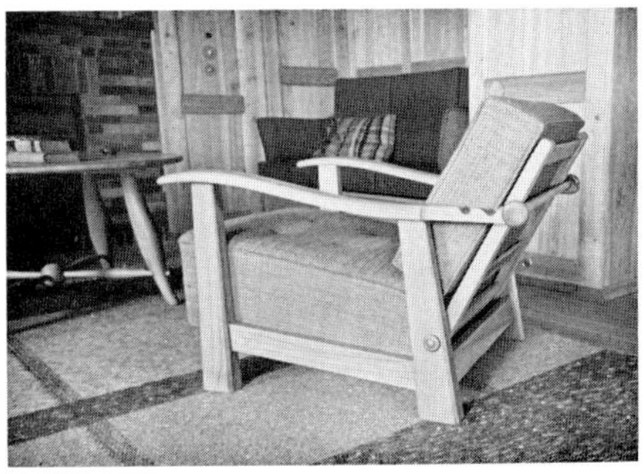

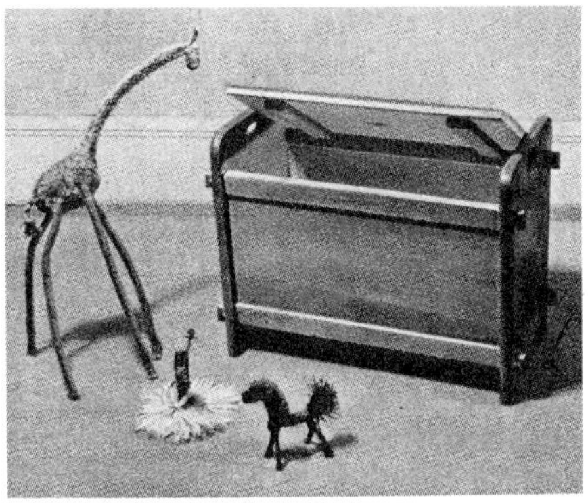

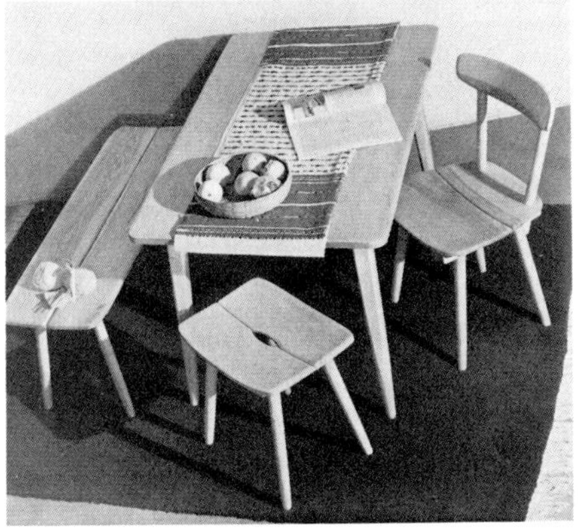

Landi-Stil

(MHB)

(GSM)

(DIH 1956/6)

Schweden (→):
«In der formalen Gestaltung der täglichen Gebrauchsgegenstände nimmt Schweden seit langem eine führende Rolle ein. Als die Grenzen, die unser Gesichtsfeld während des Krieges so sehr eingeschränkt hatten, wieder geöffnet wurden und wir uns umsehen konnten, was andernorts in Architektur und Formgestaltung inzwischen geleistet worden war, wurde das Schaffen Schwedens zu einem der eindrücklichsten Beispiele, und wir bestaunten mit aufrichtiger **Bewunderung** die Resultate der schwedischen Entwerfer und Architekten. In der schwedischen Ausstellung des Jahres 1949 ‹Vom Stadtplan bis zum Essbesteck› zeigte es sich, dass **sauber geformte** Gebrauchsgegenstände und Industrieerzeugnisse, **modern** und **praktisch** eingerichtete Wohnungen, all das, was wir mit Mühe erstrebten, in Schweden zur Selbstverständlichkeit geworden war. Schwedische **Möbel,** schwedische **Küchen,** schwedisches **Besteck** wurden damals zum Inbegriff **modernen Wohnens.**
In der Zwischenzeit hat sich leider darin einiges geändert und eine Umstellung der Begrifffe vollzogen. Schweizerische Möbelfirmen haben sich des schwedischen Namens bemächtigt und benützen ihn als Slogan für leichte, modische und oft süssliche Inneneinrichtungen. Was heute in der Schweiz unter dem schrecklichen Namen ‹Schwedenstil› verkauft wird, ist meist ein schwächlicher Abklatsch und eine verwässerte Kopie von Möbelmodellen, welche schwedische Architekten vor zehn oder fünfzehn Jahren entworfen haben. Es ist bedauerlich, dass durch solche Machenschaften der Name Schwedens in Misskredit gebracht werden konnte, und es ist zu hoffen, dass gerade die Schwedenwochen zeigen konnten, was schwedische Formgestaltung wirklich bedeutet (...).

Huber, B., Zweitausend Jahre schwedische Form, in: WERK 1957, Nr. 4 – 1957 finden in Zürich «Schwedische Wochen» statt. Eine Ausstellung mit dem Titel «Schwedisches» zeigt Kunstgewerbe und Volkskunst.

Ein massgebendes Verdienst am hohen Stand der schwedischen Formgebung kommt dem **Schwedischen Werkbund,** Svenska Slöjdföreningen, zu. Diese Organisation, die heute auf das beachtliche Alter von 111 Jahren zurückblicken kann, umfasst in Schweden einen hohen Prozentsatz aller Produzenten und Entwerfer.
20 000 Personen und Firmen gehören dem Werkbund als sogenannte Förderer an. Diese Mitglieder, die alle mit Formgebungsfragen in Beziehung stehen, erhalten gratis die bekannte Zeitschrift ‹Form›. Ungefähr 300 Entwerfer, Kunstgewerbler und Architekten sind die aktiven Mitglieder des Werkbundes. Im Hauptsitz in Stockholm arbeitet unter der Leitung von Architekt Åke Huldt ein Team von etwa 20 Fachleuten. Das Arbeitsprogramm dieses Büros umfasst die Redaktion der Zeitschriften ‹Form› und ‹Kontur›, die Herausgabe verschiedener Schriften zur Verbreitung der Werkbundgedanken, die Organisation von Ausstellungen, welche nicht nur in Stockholm oder im Ausland, sondern zum Teil als Wanderausstellungen auch in den kleineren Ortschaften des ganzen Landes gezeigt werden, den Ausbau von Wohnberatungsstellen und die Beratung der Industrie in Gestaltungsfragen. Der Einfluss des Werkbundes und seiner Ideen ist denn auch in allen die Formgebung betreffenden Belangen sehr stark spürbar (...).

Der Schwede kennt zum Glück die komplette Möbelaussteuer nicht; es gehört zur Selbstverständlichkeit, dass man sich die verschiedenen Möbel selbst aussucht und sie nach persönlichem Erfordernis und Gutdünken zu einer Einrichtung zusammenfügt. Es gehört vielleicht zum typischen Bild Schwedens, dass in einer Ausstellung moderner Möbel und Wohnungseinrichtungen eine Schulklasse mit ihrem Lehrer herumgeführt und von einem Fachmann über die Fragen der Inneneinrichtung orientiert wird (...). Solcher Schulunterricht ist nicht nur lebendig; er veranlasst auch den Schüler, sich frühzeitig mit Formfragen auseinanderzusetzen und ein eigenes Urteil zu bilden.»

Und als weiterer Trend, fern dem skandinavischen Design, der Rückgriff auf die Vergangenheit:

«Hier eine elegante moderne Sitzmöbelgruppe um den Kamin, dort ein alter, wertvoller Bauernschrank, dessen schwere handgeschnitzte Türen sich überraschend vor einer geschickt eingerichteten Hausbar öffnen; hier ein barocker Tisch als Standplatz einer dekorativen Holzplastik, dort eine Vitrine mit den funkelnden Kristallen einer Mineraliensammlung; hier eine Chippendale- oder Biedermeiergruppe, dort eine moderne Liege unter bunten Landkarten, unter denen man lockenden Reiseträumen nachsinnen kann» (→).

Schuler, J. E., op. cit. 1960, S. 20.

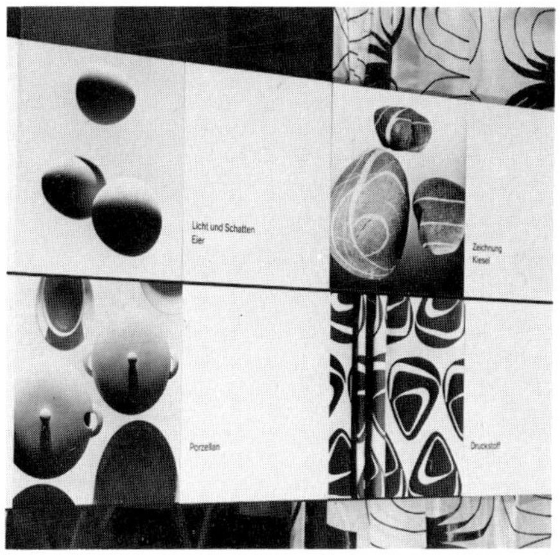

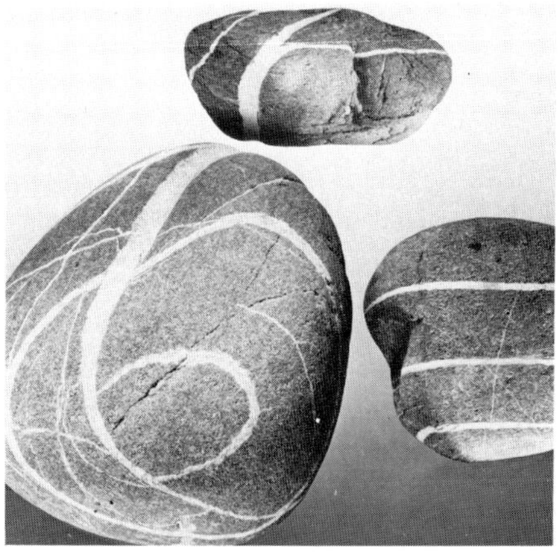

SWB-Sonderschau ‹Die gute Form›
Gewerbemuseum Winterthur, 1954

Parallel zur neuromantischen und folkloristischen Tendenz erlebten die frühen sechziger Jahre einen Rückgriff auf die Vergangenheit, die im «idealen Heim» mit der Antiquität präsent ist.

«Wer Frankreich kennt, mag sich zahlloser Châteaux erinnern, oft eher Landsitze als Schlösser zu nennen, deren Wohnhallen mit dem offenen Feuer behaglicher Kamine vielfach den Charakter von Jagdzimmern des 18. Jahrhunderts tragen, mit einem Mobiliar aller Stilschattierungen von Louis-Seize bis zum Biedermeier. Gobelins mit Jagdszenen oder Schäferidyllen, von mächtigen Blumendekors umrahmt, und zierliche Vitrinen mit altem Porzellan bieten interessante Blickfänge für den Gast» (→).

Ebenda S. 19.

Louis Seize – diese historische Reminiszenz folgte von neuem, deutlich seit dem wirtschaftlichen Aufschwung der sechziger Jahre, dem bürgerlichen Hang, mittels Herrschaftsemblemen und Zeichen, die signifikant sind für Luxus und Pracht des feudalen Vorbilds, die eigene Position in einer ständischen Hierarchie anzuzeigen. Ihre wichtige Parallele hatte diese Tendenz im letzten Viertel des 19. Jahrhunderts. Allerdings repetierte man in den sechziger Jahren nicht deren Verhüllungen und Überladenheit; ähnlich dem späten 19. Jahrhundert (Belle Epoque) scheint aber während der Hochkonjunktur der bürgerliche Konflikt zwischen Geldeinnahmen und Geldausgaben beigelegt – man näherte sich daselbst in einer gemässigten Art und Weise einem gänzlich unpuritanischen Lebensstil. Die Moral der Selbstbeherrschung, Mässigung und Enthaltsamkeit hatte da – nicht nur für die ‹oberste Schicht› – ausschliesslich während der Arbeitszeit ihre Gültigkeit. Dass die hauptsächlichen Stilvarianten der Vergangenheit sich ein Stell-Dich-Ein gegeben haben, ja die Möbelfirmen sogar einen modernisierten Neubarock anbieten durften, darf nicht zum voreiligen Schluss führen, diese ständische Repräsentation, der sich auch die ‹unteren Schichten› bedienten, hätte ‹aus dem Vollen› geschöpft. Man neigte sich auch liebevoll dem Biedermeier zu, dem schlichten Soziolekt, bevorzugte eher die sanften, die ländlichen Vorbilder, nicht mehr den aggressiven Prunk.

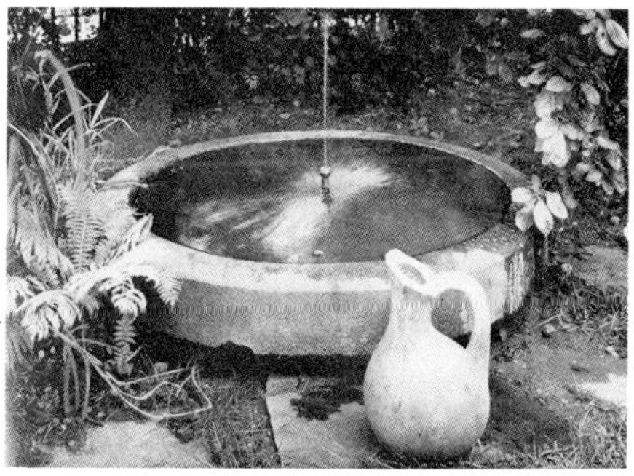

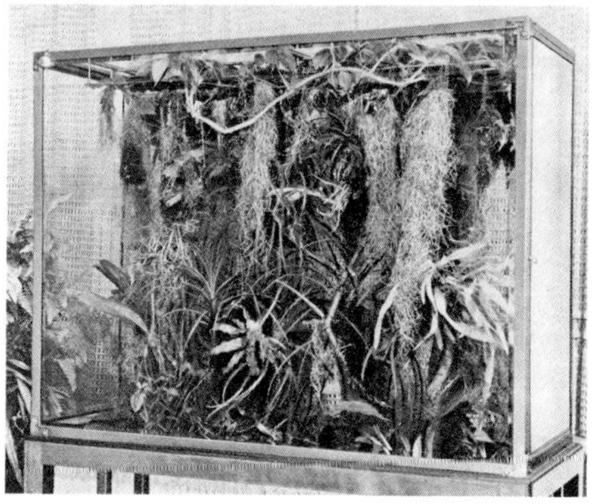

Prätentiöse Natürlichkeit

(DIH 1960/2)

(DIH 1956/2)

Ferner hat sich die ‹gute Form› ziemlich resolut gegen die Idyllen des sogenannten «Landi-Stils» (→) verwahrt, obgleich dieser behäbige Dialekt noch mit einigen Anspielungen im ersten Warenkatalog vertreten gewesen ist. Der «Landi-Stil» stellte den Wunsch nach nationaler Autonomie vor und während des Zweiten Weltkrieges mit den Mitteln «völkischer Eigenart» (wie es damals wörtlich geheissen hat) dar. Die «totale **Unsicherheit der heutigen Existenz»** löse auch bei uns «das Bedürfnis nach dem **Geborgenen, Intimen, Geschlossenen, Ruhi-**

Benannt nach der Schweizerischen Landesausstellung 1939 (Landi) in Zürich.

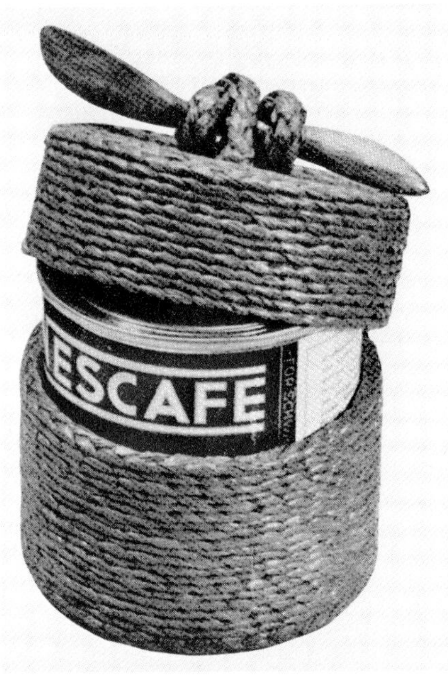

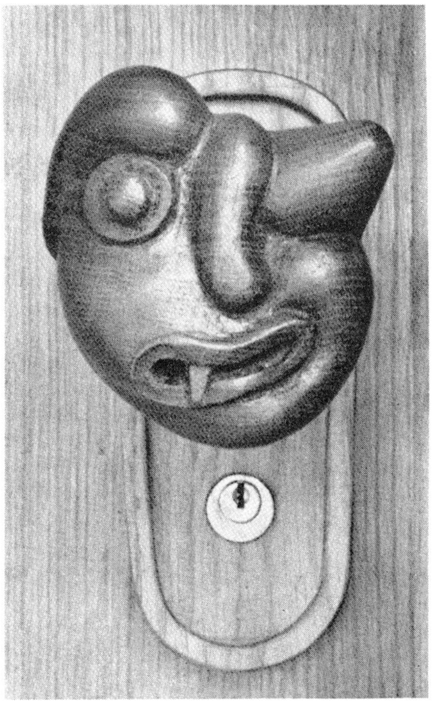

Rustikales

(DIH 1956/11)

(DIH 1960/7)

gen, Stabilen» aus (Peter Meyer). Der Landi-Stil erfüllte analoge Funktionen (Homologie) in den angrenzenden Achsenmächten und im nichtfaschistischen Europa (sol et sang), wie die hiesige «Rückbesinnung auf das Erbe der Nation». Vorrang hatten ‹nationale Materialien›, die ihren unverwüstlichen und widerständigen Charakter unverdeckt zur Schau stellten. Für die Schweizer heissen sie Stein (Granit!), Wasser, Holz. Ihr Nutzen als ‹Produktivkräfte› – Wasser, Baumaterial, Berge–Wälder–Seen und Flüsse, die ‹Ware Landschaft›, die Verkaufbarkeit der reizvollen Prospekte und Perspektiven – stützte ihre symbolischen, ihre mythischen Qualitäten. Granit aus dem Gotthardmassiv, Holz aus ‹unserem Wald›, ‹unser Wasser›: nützlich, ursprünglich und echt – wahrlich ein Fressen für die Mythologen jener Zeit.

Alfred Roth, 1958 (→):
«In den Jahren vor und während des Zweiten Weltkriegs ‹blühte› bei uns der durch abnormale politische **und** kulturelle Verhältnisse bedingte Heimatstil. Was wir Werkbündler schon damals über diese bedenkliche Zeiterscheinung dachten, sagten wir unverhohlen bei jeder sich bietenden Gelegenheit und liessen uns von dem **geraden Wege** nicht abbringen. Der Heimatstil ist inzwischen an seiner Hohlheit zerbrochen, wenn auch Nachwehen noch immer spürbar sind.»

Roth, A., Planen, Bauen, Formen und Heimatschutz, Vortrag gehalten an der SWB-Tagung ‹SWB und Heimatschutz› in Lenzburg 1958; publiziert vom SWB 1958.

Kienzle, 1943 (→):
«Der Heimatstil ist in seiner **künstlichen Primitivität** dem natürlichen Weiterbildungsprozess, dem Haus und Gerät unterworfen sind, in doppelter Weise entgegengesetzt: einmal dadurch, dass er die Gegebenheiten der heutigen Technik teilweise ausser acht lässt, so dann dadurch, dass er die Gegebenheiten der heutigen Lebensbedürfnisse, wenn überhaupt, nur künstlich erfüllen kann. Da er von den einen mit fanatischem Eifer vertreten, von den andern nur der Konjunktur wegen geschäftlich ausgenützt wird, so ist der Aspekt dieses sogenannten Stils ein sehr uneinheitlicher. Neben den radikalen Heimatstilmöbeln aus **einheimischem Massivholz** in **überbetonter Handwerkstechnik,** gibt es fabrikmässig hergestellte Kompromissgebilde, bei denen manchmal nur das roh gelassene Holz und die vorgewölbten Füllungen die Bezeichnung Heimatstil rechtfertigen.
Es wäre aber unrichtig zu übersehen, dass der Heimatstil auf eine geistige Strömung hinweist, die heute auch auf andern Gebieten unseres kulturellen und politischen Lebens fühlbar ist. Im Grunde ist er ein **Symptom** für den **Wunsch** nach einer **natürlicheren Lebensweise** und einem **natürlicheren Wohnen,** als es das Schicksal breiter Schichten unserer Stadtbevölkerung ist. – Er deutet auf die **Sehnsucht** nach der **freien Natur**.»

Kienzle, H., «Heimatstil»?, Vortrag gehalten im Rahmen der Wanderausstellung ‹Unsere Wohnung›; publiziert in: WERK 1943, Nr. 4.

Georg Schmidt, 1943 (→):
«Auch darüber, was Peter Meyer als die ‹Aufgabe des Tages›, als den ‹Ausdruck der heutigen Situation› betrachtet, erhalten wir sehr genaue Auskunft: die wesentlichste Aufgabe des Werkbunds heute und morgen wäre die Mitarbeit an der ‹Heimatstil-Bewegung›.
Zu diesem Behufe wird uns das Wesen des Heimatstils – ebenfalls dankenswert deutlich – definiert: ‹Räume im Heimatstil... bieten den Eindruck des **Geborgenen, Intimen, Geschlossenen**›. ‹Im spezifischen Gegensatz zu den ausgesprochen modernen Räumen›, haben sie ‹den Charakter des **Ruhigen, Stabilen**›. ‹Dieses Bedürfnis nach Geborgenheit ist weder gut noch böse, es ist einfach eine Zeiterscheinung, ausgelöst durch die totale Unsicherheit der heutigen Existenz.› ‹Mit dieser Gegenwartssituation hängt auch die Vorliebe für historisierende Formen zusammen. Sie sind nicht ‹echt› und wollen in der Regel gar nicht echt sein.› ‹Was primär gewollt ist, ist die **Symbolbeziehung** zur **nationalen Vergangenheit** und zur **ländlichen Lebenssphäre**, die Erinnerung, die durch solche Gegenstände geweckt wird – gleichgültig, ob diese echt oder unecht, geschmackvoll oder geschmacklos... sind. Für den geschmacklich Erzogenen bedeuten schlechte historisierende Gegenstände freilich eine Degradierung der historischen Substanz, für den Grossteil unserer Zeitgenos-

Schmidt, G., Werkbund und Nachkriegszeit, Vortrag gehalten an der gleichnamigen Tagung des SWB 1943, publiziert vom SWB 1944. Dieses Zitat berührt die Kontroverse pro oder kontra Heimatstil, die Georg Schmidt mit Peter Meyer führte. Schmidt zitiert Meyer polemisch.

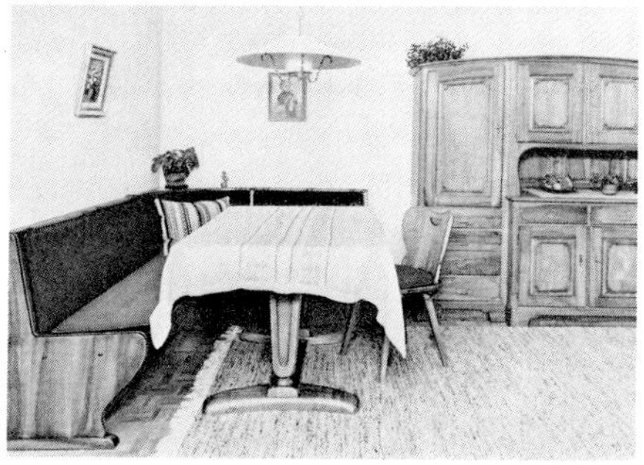

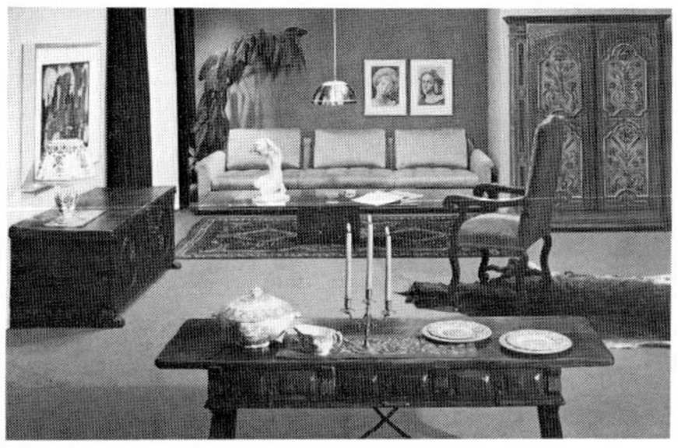

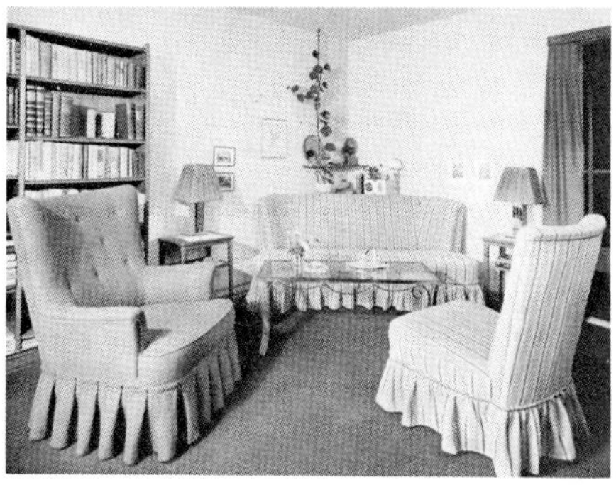

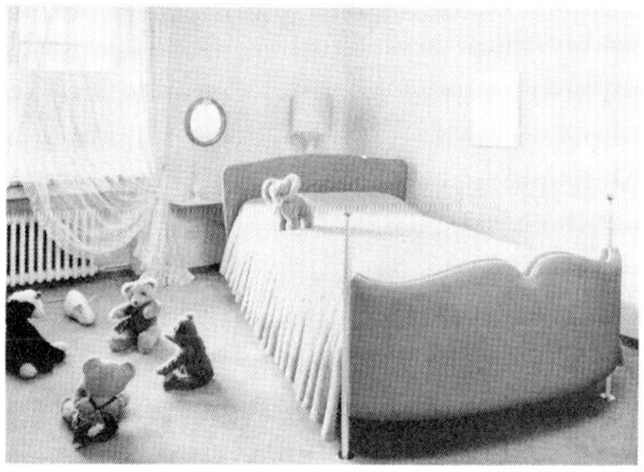

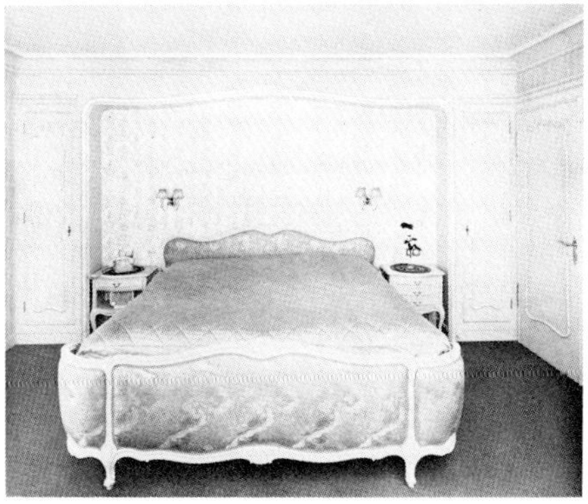

Rückgriff in die Vergangenheit, Anachronismen

(DIH 1956/2)

(UHMP)

(DIH 1952/1)

(DIH 1960/8)

(DIH 1963/2)

sen aber nicht – denn er kann leider die ästhetischen Qualitäten nicht unterscheiden, und diese Unterscheidung ist für die Hauptsache, für die Herstellung der genannten Symbolbeziehung unerheblich.› ‹Wenn die Gegenstände, die in ihrer (guten oder schlechten) Formgebung an die heimatliche Kultursubstanz erinnern, dazu beitragen können, bei den Besitzern das Bewusstsein der **nationalen Zusammengehörigkeit** und der **Verbundenheit** mit dem **Herkommen** zu fördern, so wäre dies, ,,eine Messe wert''; das heisst, das Ziel würde die im einzelnen fragwürdigen Mittel . . . entschuldigen.› (...)

‹Nun bin ich allerdings der Meinung, dass die Vermeidung des Abgleitens unserer Bevölkerung auf das Niveau einer **strukturlosen** und **geschichtslosen Masse** ungefähr die wichtigste kulturpolitische Aufgabe überhaupt bildet, die unserer und den nächsten Generationen gestellt ist.› ‹Und wenn dieses Ziel nur um ein Opfer an Geschmack . . . erreichbar wäre, so wäre es dieses Opfer wert.› ‹Die Geschmacklosigkeiten des Heimatstils . . . sind - . . . unbeholfene und kommerziell deformierte Mittel im Kampf gegen die Vermassung, Symbole der Parteinahme für die nationale Traditionsverbundenheit im Gegensatz zum technischen Internationalismus.› ‹Unsere Werkbundmaterialisten freilich dürften den Heimatstil gerade darum so vehement bekämpfen, . . . weil sie in dem durch den Heimatstil (schlecht genug) repräsentierten Bewusstsein der historischen Kontinuität ein Hindernis sehen für das von ihnen erstrebte Ideal, das durch den technischen Stil des Mobiliars repräsentiert wird: die internationale strukturlose Masse.› ‹Die Fragen, um die es hier geht, sind nur an der Oberfläche ästhetische Fragen; in einer wesentlicheren Schicht sind sie ein Teil der Auseinandersetzung zwischen der Welt des technischen Materialismus und der europäischen Kultursubstanz, also ein Teil des Kernproblems unserer Zeit.› ‹Damit, dass wir die drohende Nivellierung und Vermassung ästhetisch stilisieren, ist niemandem geholfen›.»

Zusammenfassend: synchron grenzt sich ‹Die gute Form› gegen die **exaltierten** und **modernistischen Formen** ihrer Zeit ab, gegen forcierte ‹Modernità›, gegen sinnfälliges ‹Styling› und signifikante Amerikanismen, ferner gegen die neuen Spielformen des Neuromantizismus, der – ‹bereichert› um regionalistisch getönte Codes – seine eine Hand den Traditionalismen der Gobelins und den französischen Blumentapeten reichte. Betrachtet man die stilistischen Repräsentanten der europäischen Zivilisationsgeschichte seit 1800, sind die letztgenannten Tendenzen eine konstante Grösse. Die regionalistische Tendenz der Nachkriegszeit entspringt letztlich der selben Wunschproduktion, wie etwa die ‹Wurzelkunst› nach der Jahrhundertwende (→) und der «**Landi-Stil**», die «urtümliche Vitalität» rekrutierten, und, schwerblütig, einen Grund suchten unter dem terrain vague, Sicherheit in einer unsicheren Zeit, festen Boden unter den Füssen (→). – ‹Die gute Form› stellt sich ferner in einen polaren Gegensatz zu jenem **neuklassizistischen Rest** der Vorkriegszeit und der faschistischen Aera, der sich zwar nicht so sehr im Bereich der Architektur, wohl aber in der Sphare der ‹Innenausstattung› stellenweise zu behaupten wusste. Schwere Tische, Buffets, Sitzgarnituren, ‹tote Symmetrie› und starre Muster, ja das «maschinell dekorierte Mammutmöbel» (Roh) der grossbürgerlichen Wohnkultur, waren der ‹guten Form› verständlicherweise ein Greuel. Diese Sedimente, diese Anachronismen hatte man, aus der Optik der ‹guten Form›, nach 1950 endgültig zuhanden der Sperrgutabfuhr auf die Strasse zu stellen.

Siehe Erni, P., Höhenkult und Wurzelkunst, in: architese 1981, Nr. 3.

Sinnfällig ist die Parallele 1914/1939: forcierter Nationalismus.

Lampen

1 Pendelleuchte
B.A.G., Turgi
1951/1952

2 Pendelleuchte
Böhlmarks/B.A.G., Turgi
1955/1955

3 Lampe
L. Resinelli/Livoflex GmbH, Locarno
1959/1959

4 Pendellampe
L. Resinelli/Livoflex, Locarno
1960/1961

5 Pendelleuchte
B.A.G., Turgi
1960/1964

6 Pendelleuchte
E. Gabrian/Belka AG, Adliswil
1965/1965

7 Tischlampe
B.A.G., Turgi
1938/1956

8 Scherenwandarm
B.A.G., Turgi
1943/1956

9 Lampe
Stahel/Telle-Büromöbel AG, Windisch
1961/1961

10 Tischlampe
H. J. Walter/Schweiz. Lampenfabrik, Zürich
1960/1961

11 Lampe «Universal»
A. Lanker/Frick + Vogler, Wettingen
1963/1964

12 Stehlampe
B.A.G., Turgi
1939/1952

13 Metallstehlampe
R. Baltensweiler
1952

14 Ständerlampe
E. Burgdorfer, Zürich
1957/1957

15 Ständerlampe
R. Meier/Schweiz. Lampen & Metallwaren, Zürich
1959/1959

16 Ständerleuchte
B.A.G, Turgi
1962/1965

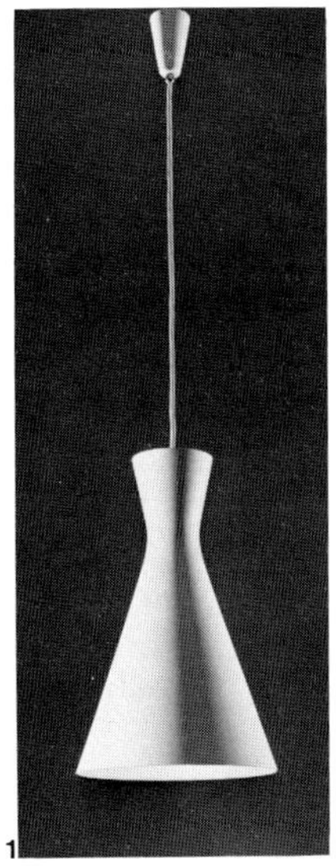
1

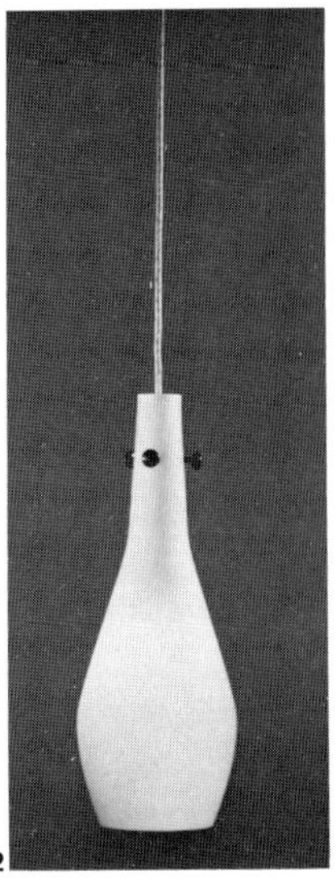
2

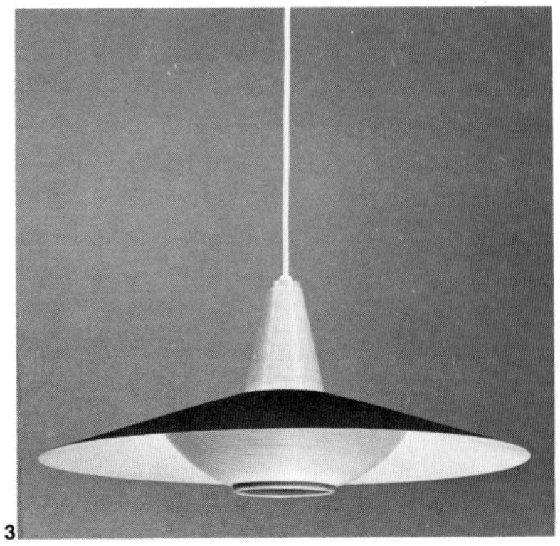
3

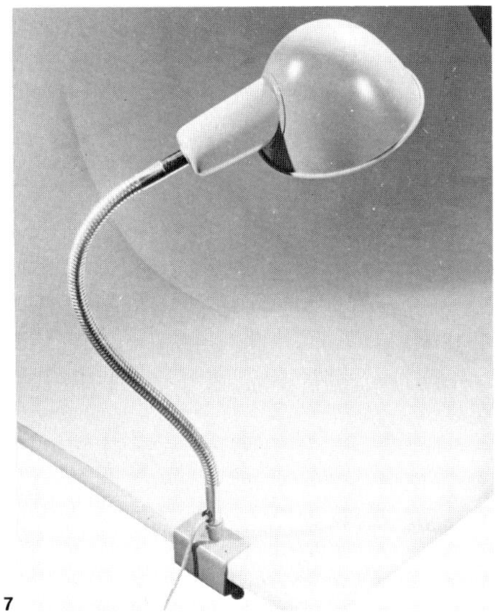
7

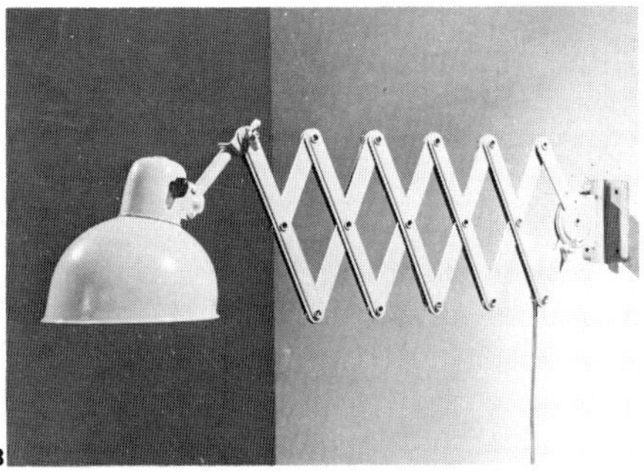
8

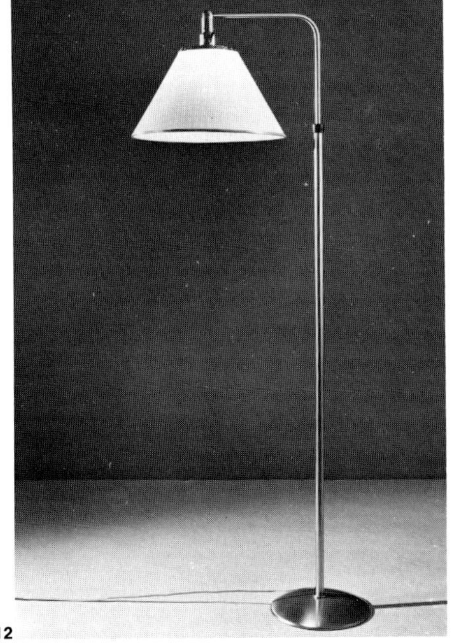
12

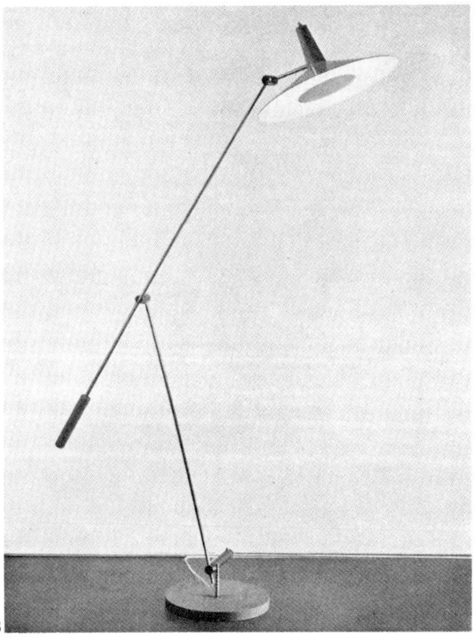
13

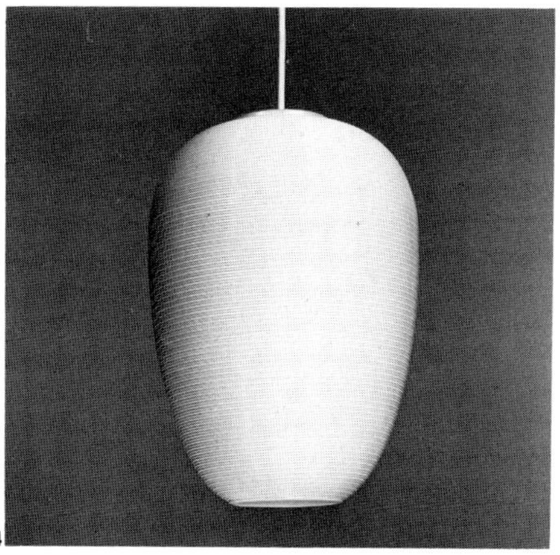
4

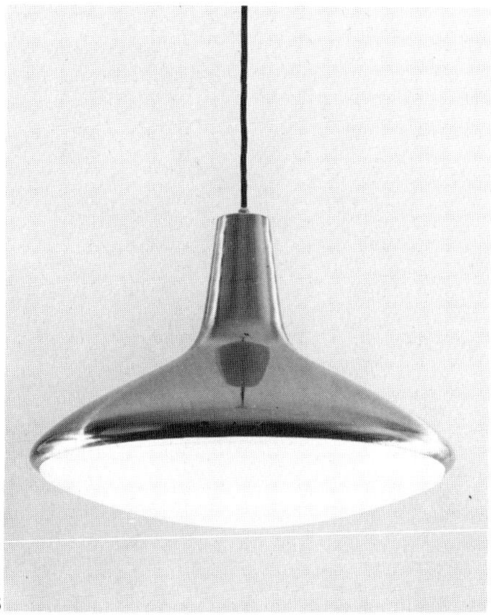
5

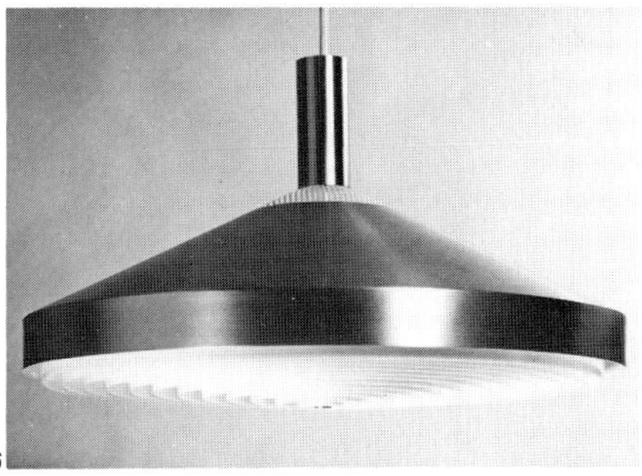
6

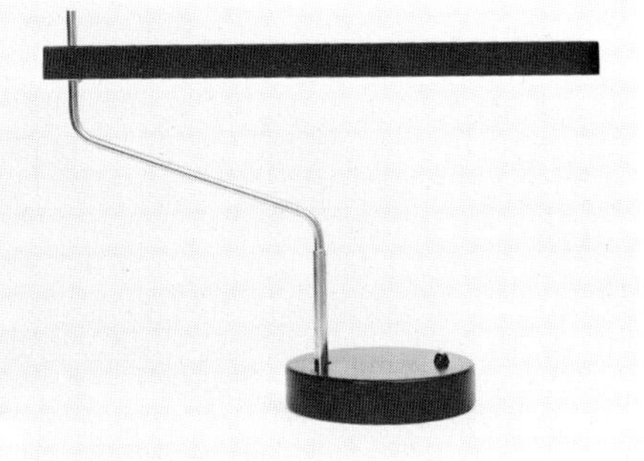
9

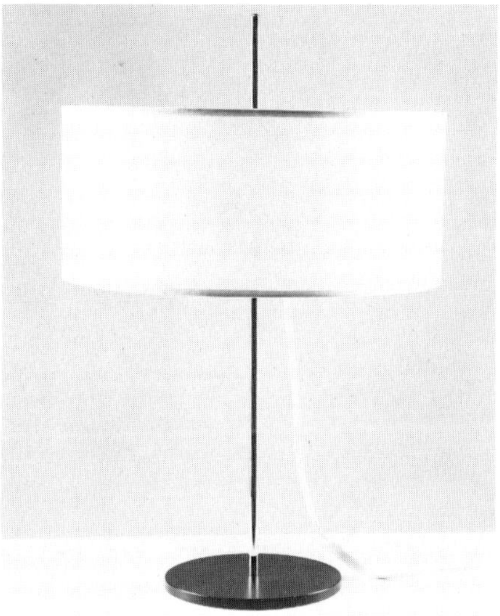
10

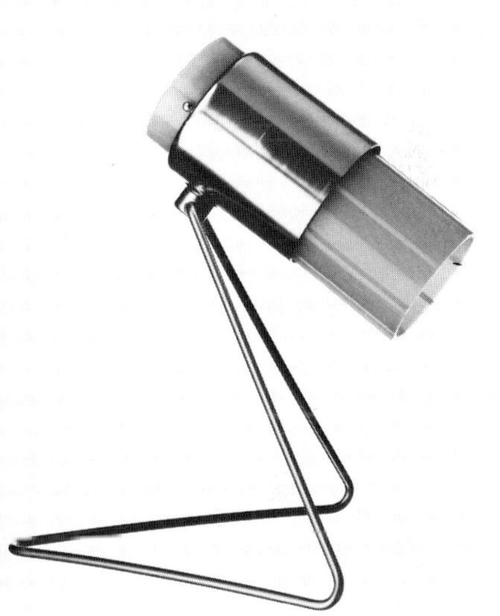
11

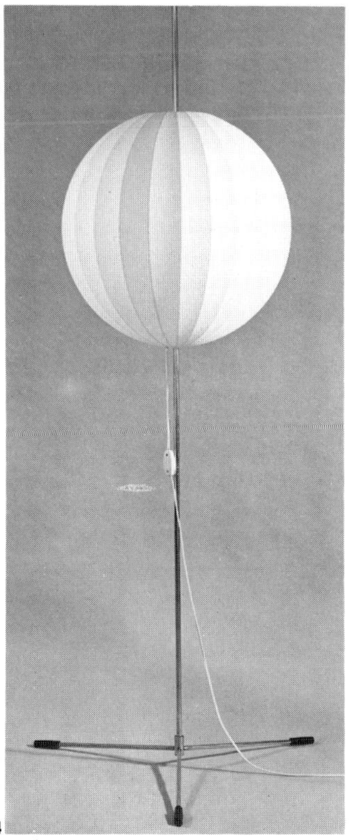
14

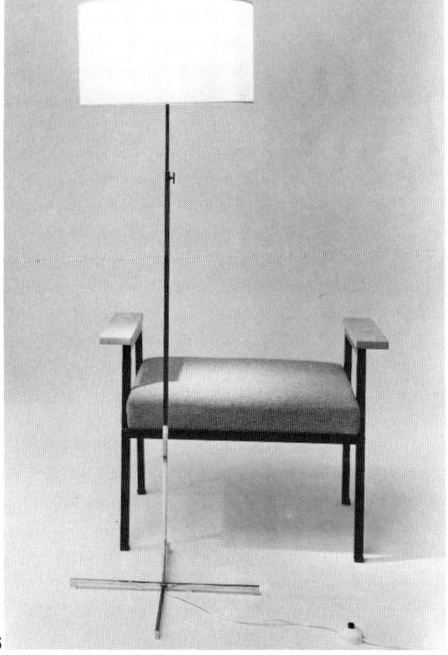
15

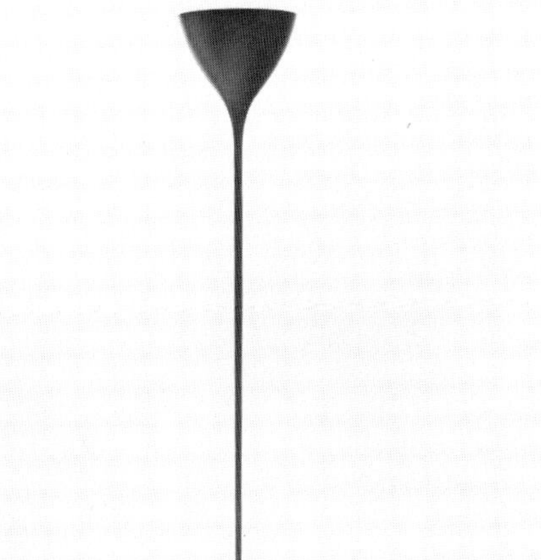
16

Die Entwicklung eines Produktes von 1952 bis 1968

1 Bügeleisen
Therma AG, Schwanden
1942/1952

2 Reglerbügeleisen
M. Schiesser/Rextherm, Aarau
1948/1953

3 Reglerbügeleisen
Therma AG, Schwanden
1955/1959

4 Reise-Regelerbügeleisen
M. Schiesser/Rextherm, Aarau
1955/1956

5 Bügelautomat
Jura-Elektroapparate, Niederbuchsiten
1965/1966

6 Nähmaschine
Tavaro SA, Genève
1953

7 Bernina-Volksmodell
Fritz Gegauf AG, Steckborn
1953

8 Nähmaschine
Nähmaschinen Fabrik Helvetia AG
1955/1958

9 Nähmaschine
Fritz Gegauf AG, Steckborn
1958

10 Nähmaschine
Fritz Gegauf AG, Steckborn
1960/1960

11 Nähmaschine
Peclard/Regina AG
1958/1964

12 Nähmaschine
Tavaro SA, Genève
1964/1964

13 Freiarm-Nähmaschine
Fritz Gegauf AG, Steckborn
1962/1966

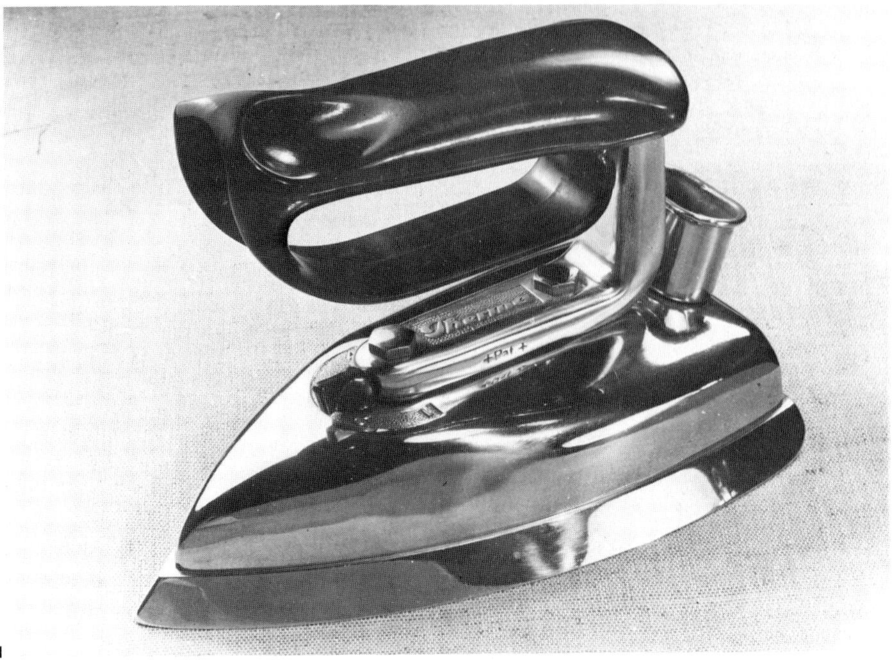
1

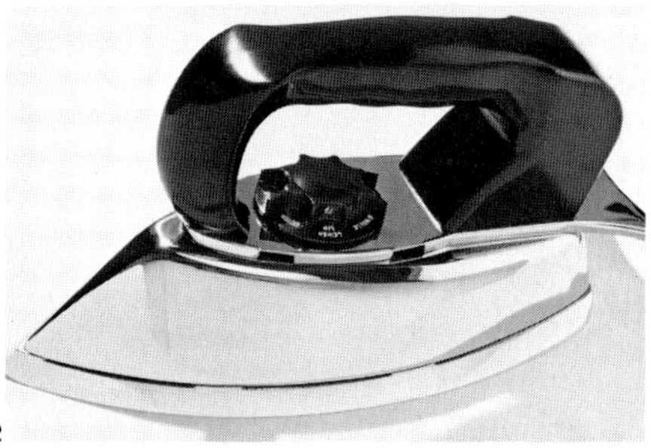
2

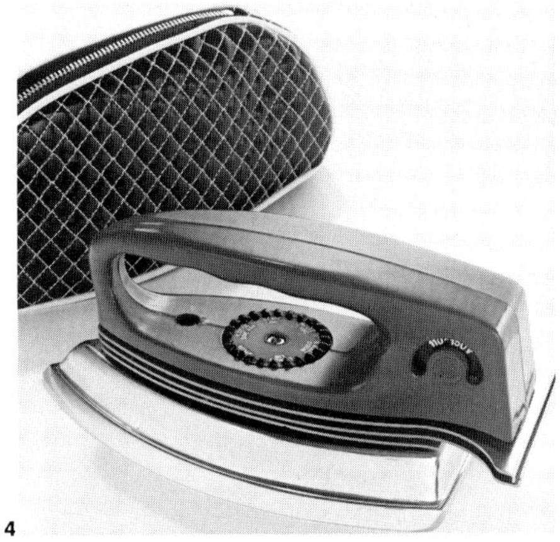
4

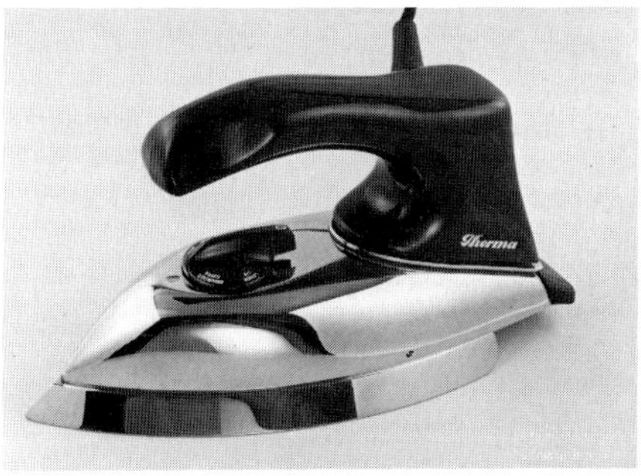

3

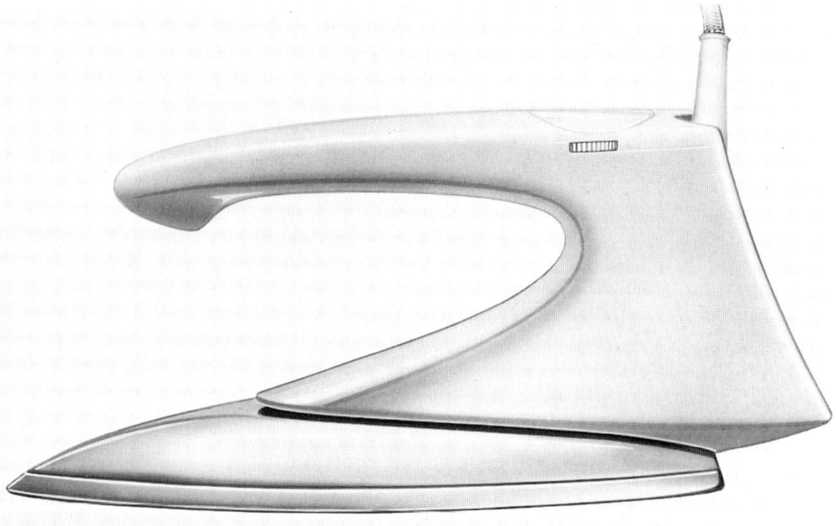
5

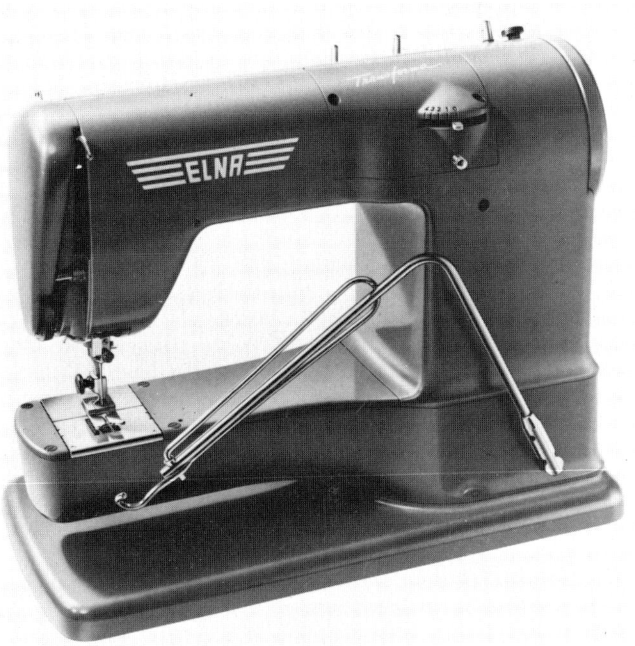

6

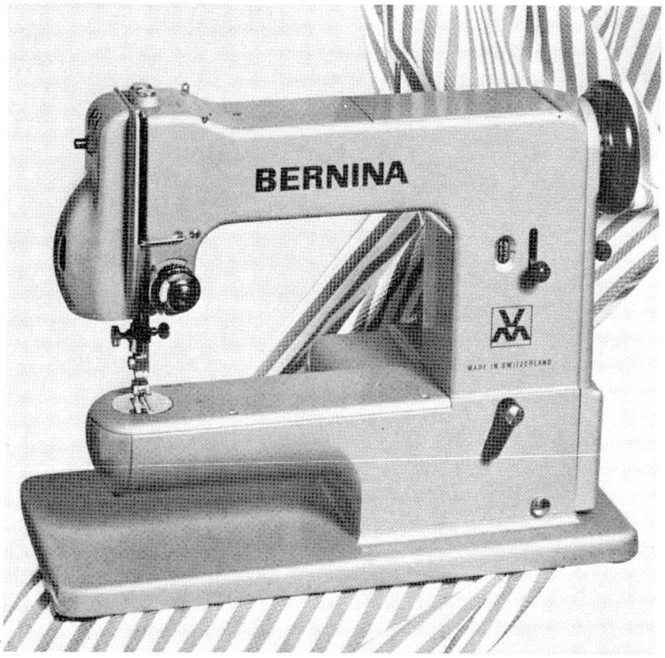

7

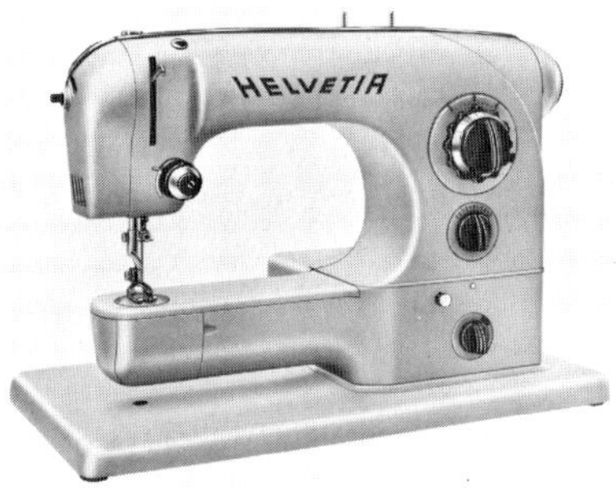

8

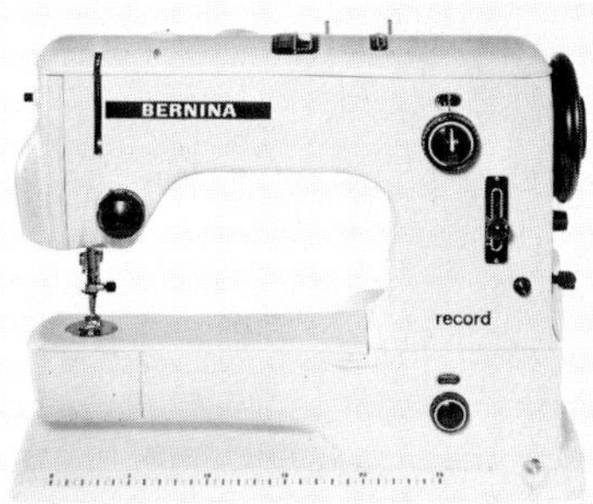

9

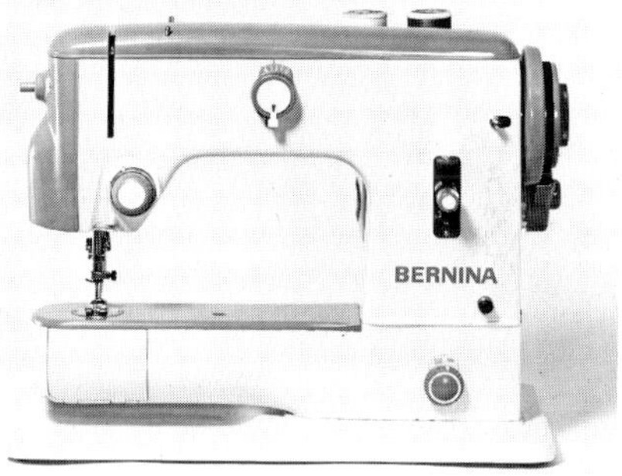

10

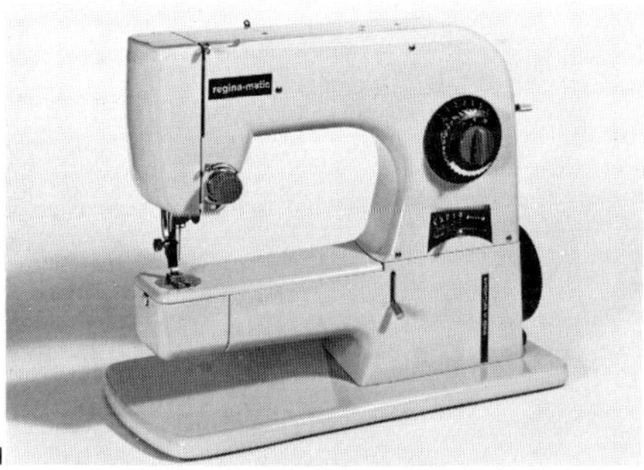

11

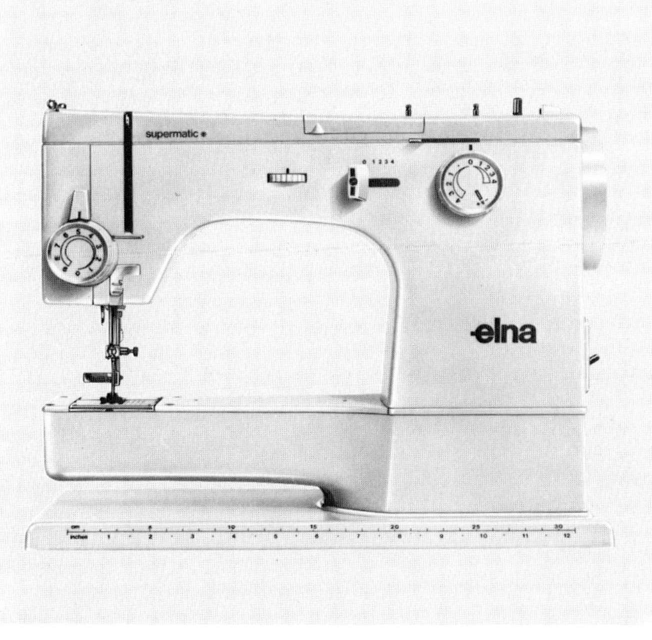

12

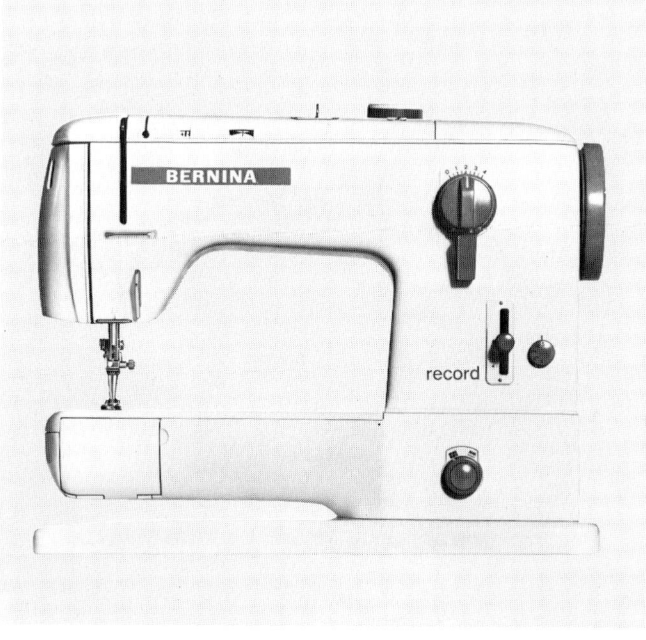

13

Spielzeug

1 Metallbaukasten
Gebr. Stockmann AG, Luzern
1956/1963

2 Baukasten Constri
M. Amsler, Neuallschwil
1960/1961

3 Kienzle, Zürich (F)

4 Zahnklötze
K. Naef, Basel
1962/1962

5 Ch. H. Baumgartner, Genève (F)

6 R. T. James, Philadelphia (F)
«Diese Stahlfeder ist eines der genialsten existierenden Spielzeuge. Seine Bewegung in der Hand und sein Klang können nicht beschrieben werden. Diese Feder wandert, unter anderem, selbständig die Treppe hinunter.» (Max Bill, F)

7 Spieltisch
Baumann AG, Diepoldsau
1959

8 Platten- und Steckwürfelmosaik
Baumann AG, Diepoldsau
1959

9 Spiel: «Dänke und läse»
Jos. Müller/Schubiger, Winterthur
1951/1952

10 Kunstgewerbeschule Zürich (F)

11 Kunstgewerbeschule Zürich (F)

12 Bauklötzeschachtel
A. Berling/Profuond-AG, Samedan
1961/1962

13 A. Vitali, Zürich (F)

14 Fuchs
Vitali-Spielzeug, Zürich
1944/1953

15 Springender Hase
Vitali-Spielzeug, Zürich
1947/1953

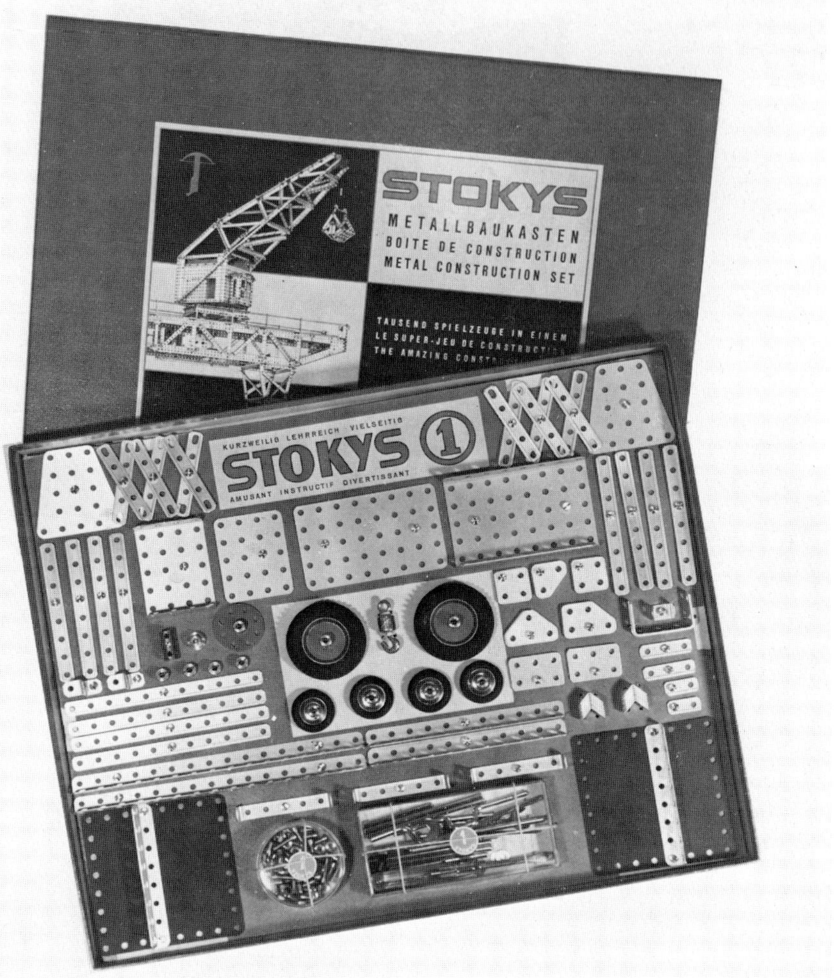

1

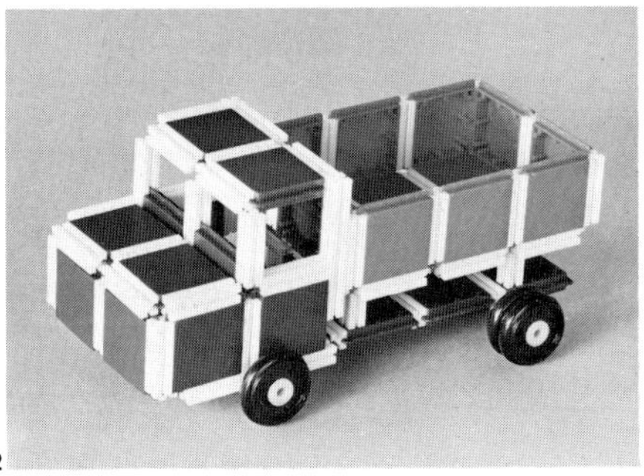

2

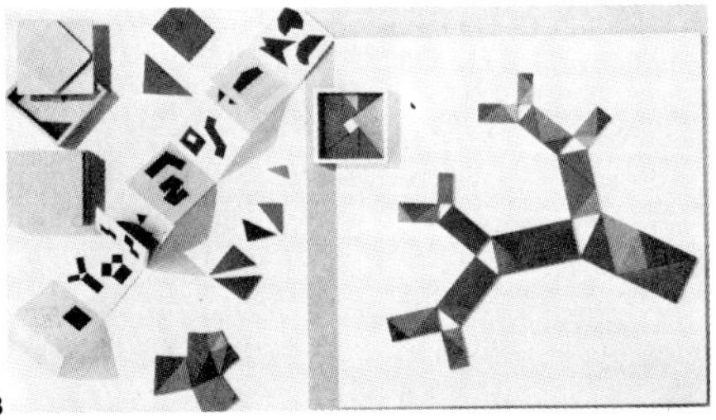

3

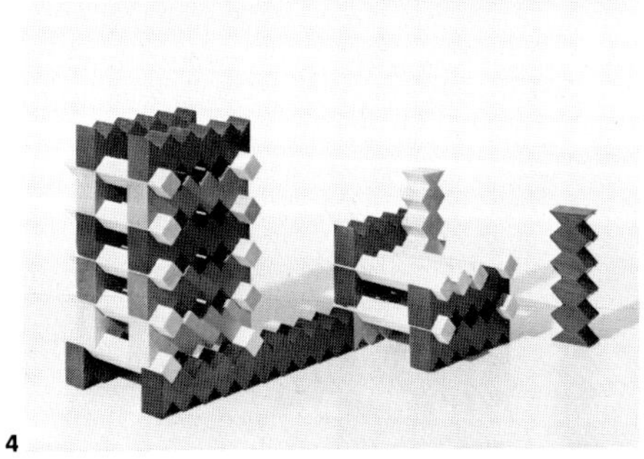

4

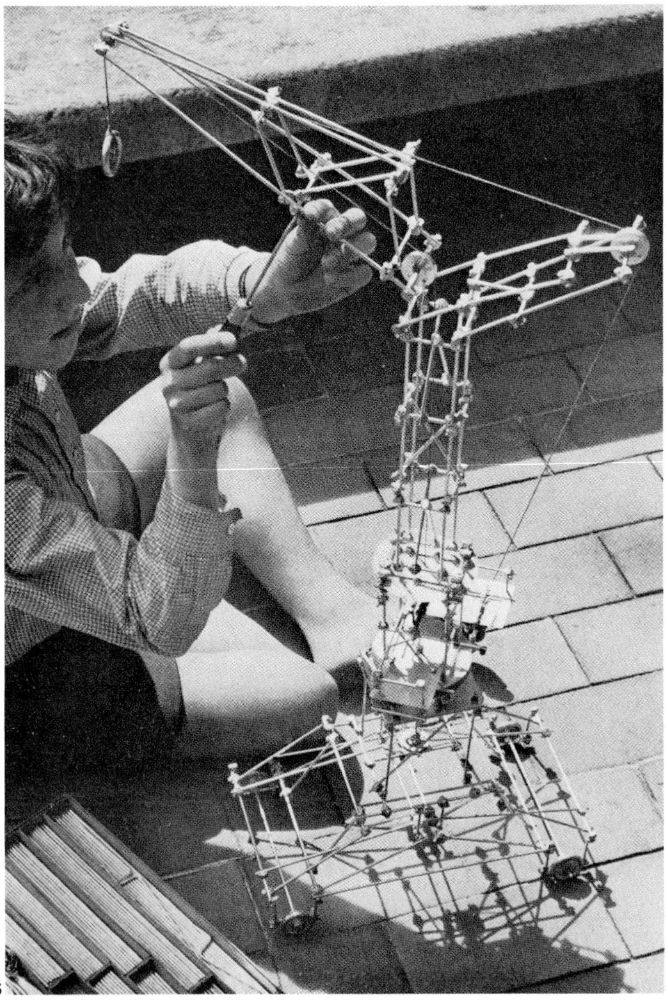

5

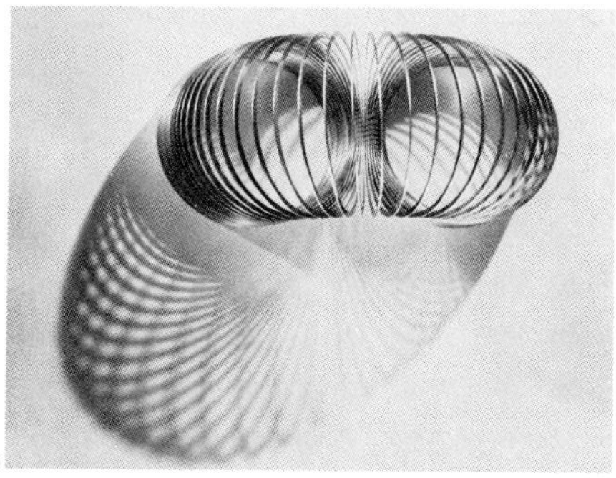

6

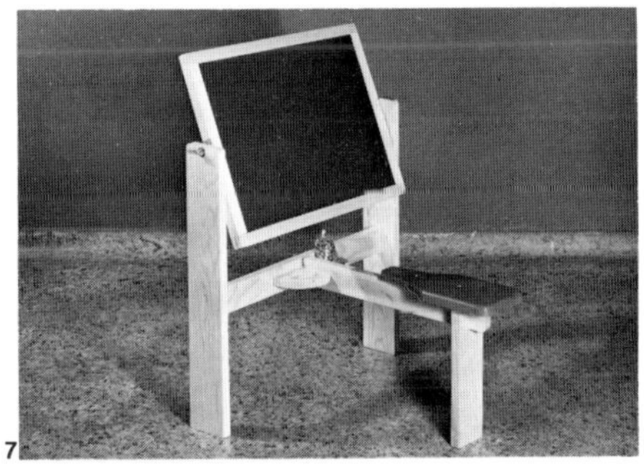

7

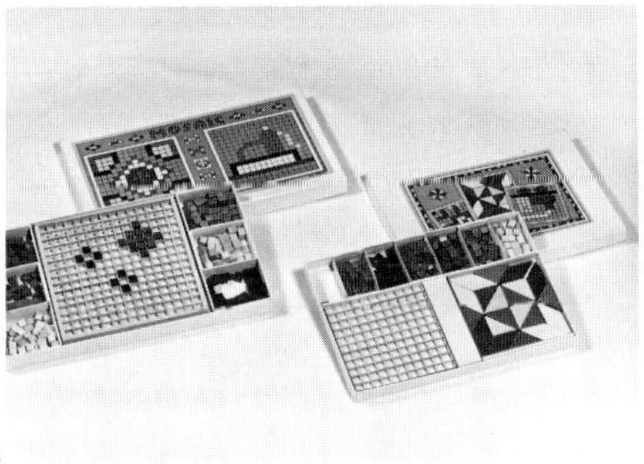

8

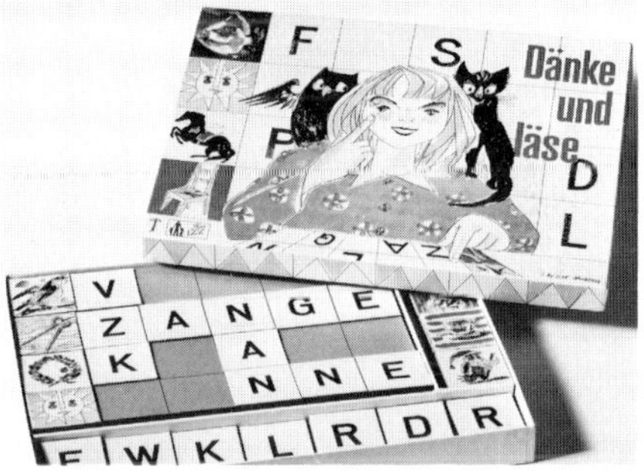

9

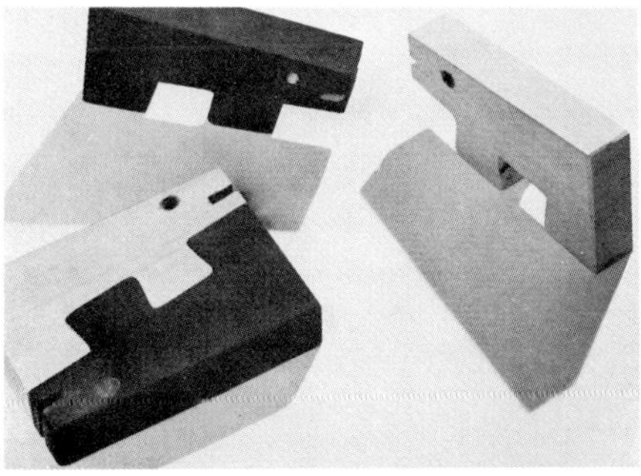

10

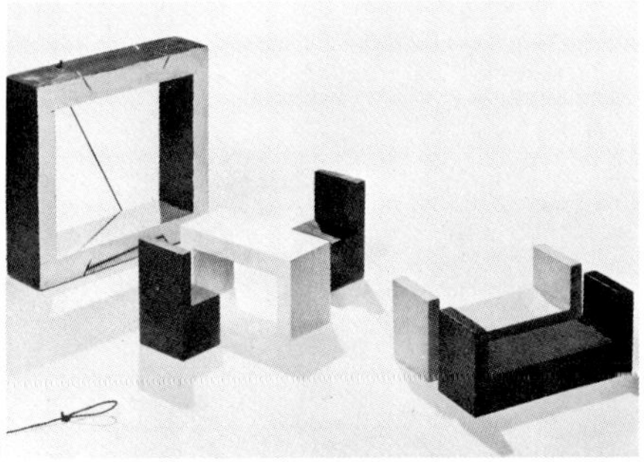

11

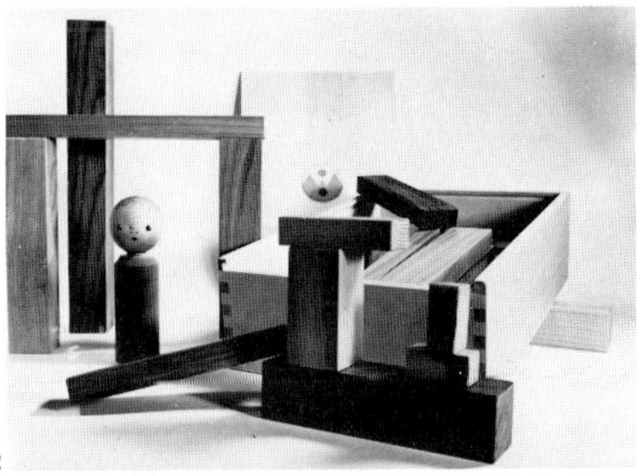

12

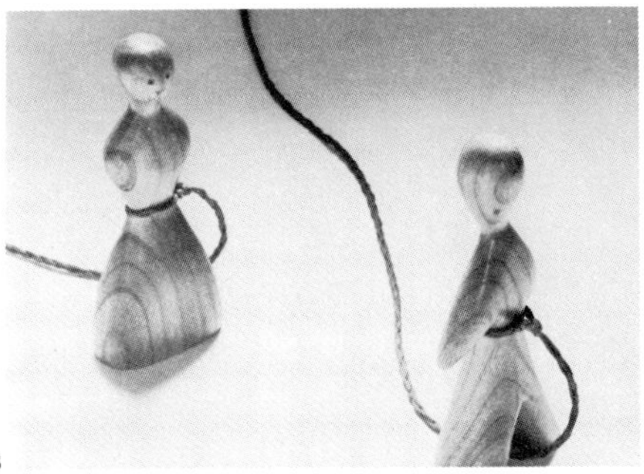

13

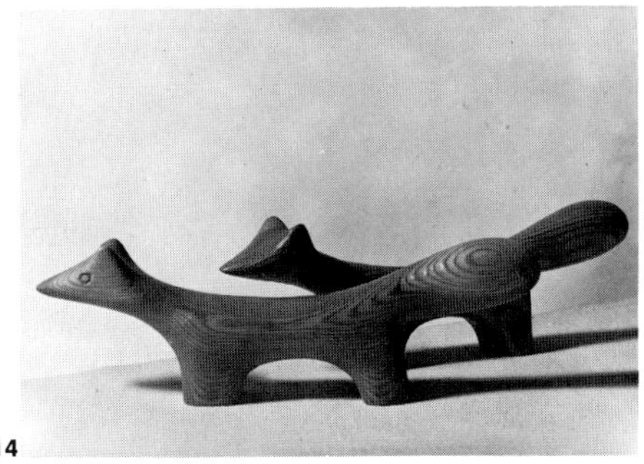

14

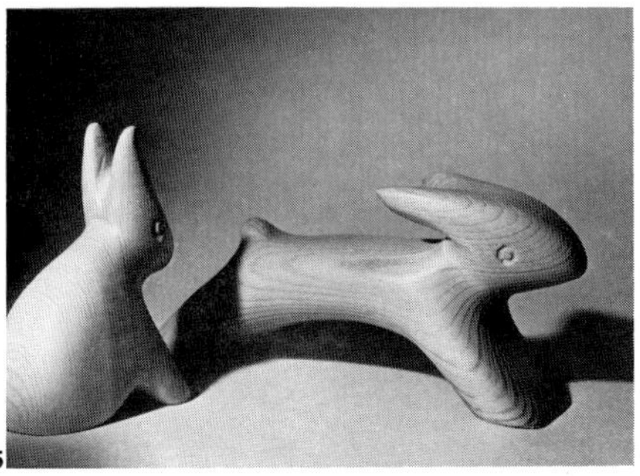

15

Textilien

1 Tischdecke
Chrucher/Worb & Scheitlin AG, Worb
1960/1961

2 Tischdecke
Bieri/Worb & Scheitlin AG, Worb
1960/1961

3 Tischdecke
Schweiz. Leinen-Industrie, AG, Niederlenz
1959/1960

4 Tischdecke
Unseld/Worb & Scheitlin AG, Worb
1958/1959

5 Toilettentuch
Schweiz. Leinen-Industrie AG, Niederlenz
1957/1959

6 Vitragenstoff
Baumann & Co., Langenthal
1956/1956

7 Dekorationsstoff
Worb & Scheitlin AG, Worb
1959/1960

8 Dekorationsstoff
Baumann & Co., Langenthal
1953/1955

9 Vorhangleinen
Baumann & Co., Langenthal
1956/1957

10 Dekorationsstoff
Worb & Scheitlin AG, Worb
1959/1960

11 Vitragenstoff
Baumann & Co., Langenthal
1955/1955

12 Vorhangstoff
Baumann & Co., Langenthal
1955/1957

13 Stoff «Nature abstraite»
Textilklasse KGSZ/Wohntextil AG, Zürich
1953/1954

14 Stoff «Guèpe»
Textilklasse KGSZ/Wohntextil AG, Zürich
1953/1954

15 Vorhangstoff
Textilklasse KGSZ/
Werkgenossenschaft Wohnhilfe, Zürich
1955/1956

16 Vorhangstoff
H. Uelinger/KGSZ Textilklasse
1956/1957

17 Möbelbezugsstoff
Handweberei am Bachtel, Zürich
1953/1953

18 Möbelbezugsstoff
Handweberei am Bachtel, Zürich
1953

19 Möbelbezugsstoff
Handweberei am Bachtel, Zürich
1953

20 Möbelbezugsstoff
Handweberei am Bachtel, Zürich
1953

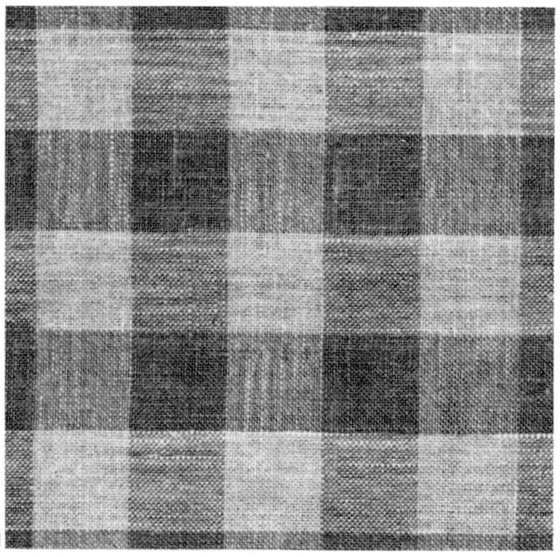
1

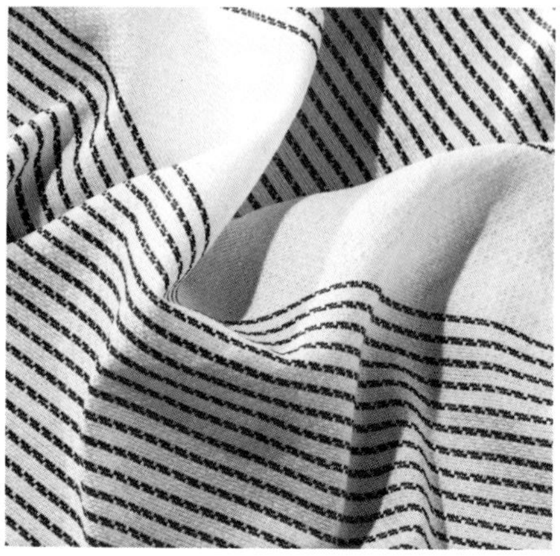
5

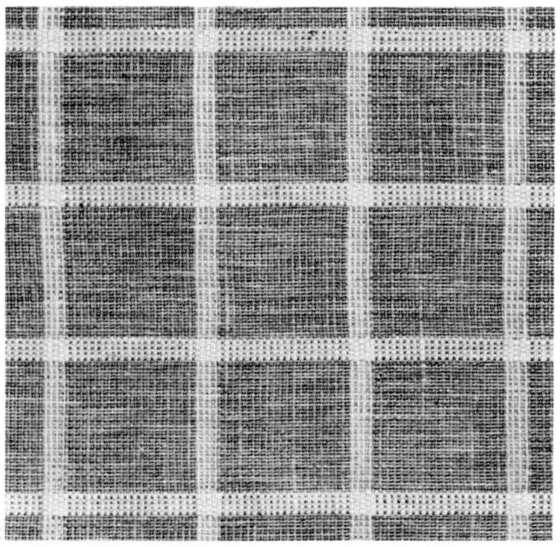
2

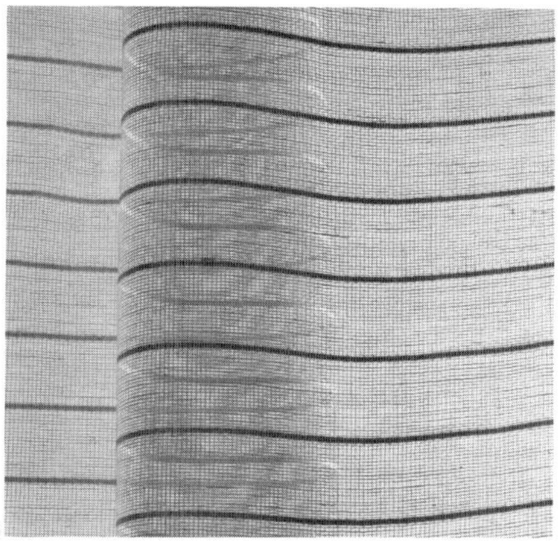
6

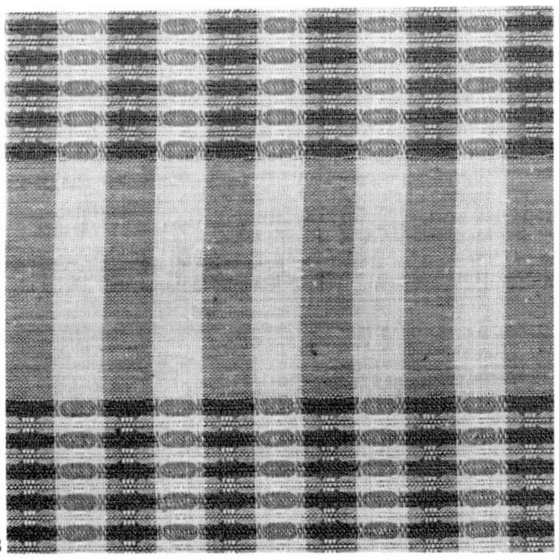
3

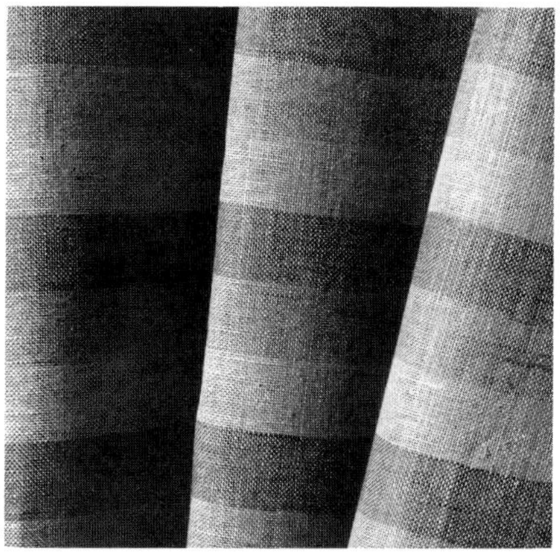
7

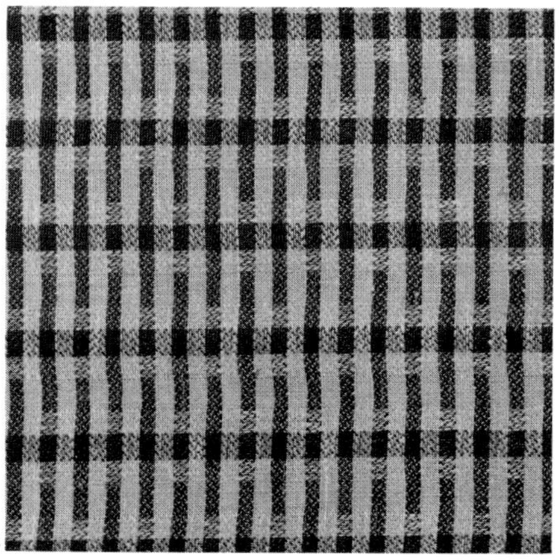
4

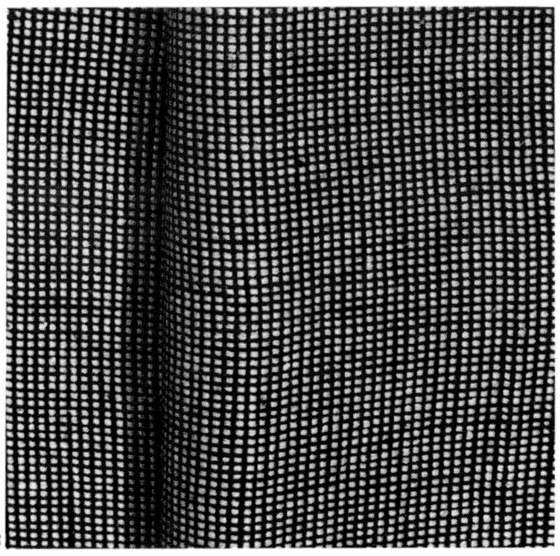
8

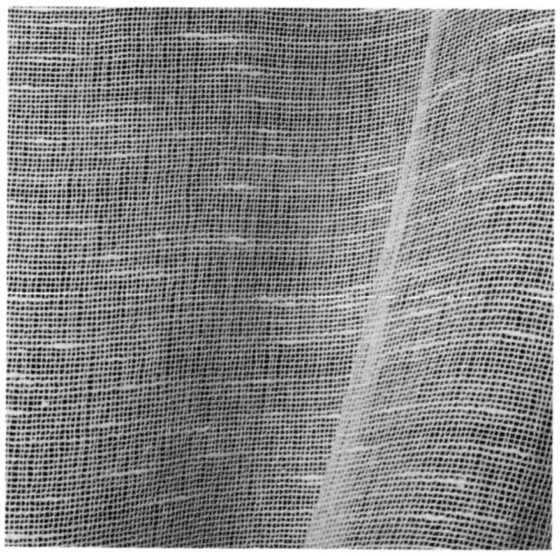
9

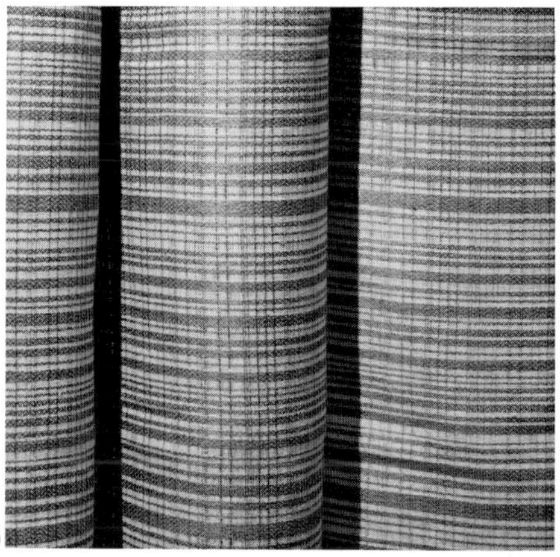
10

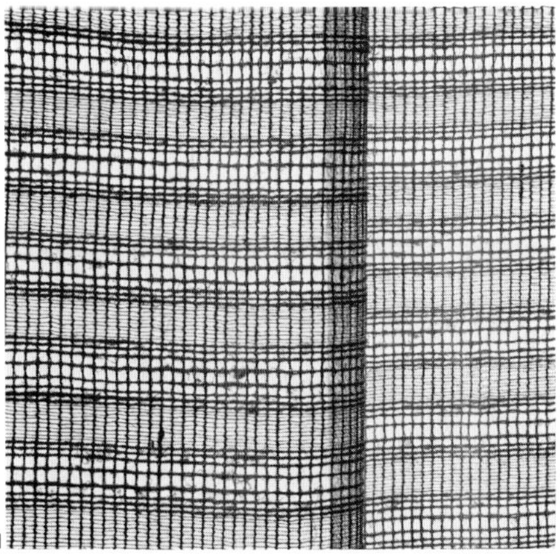
11

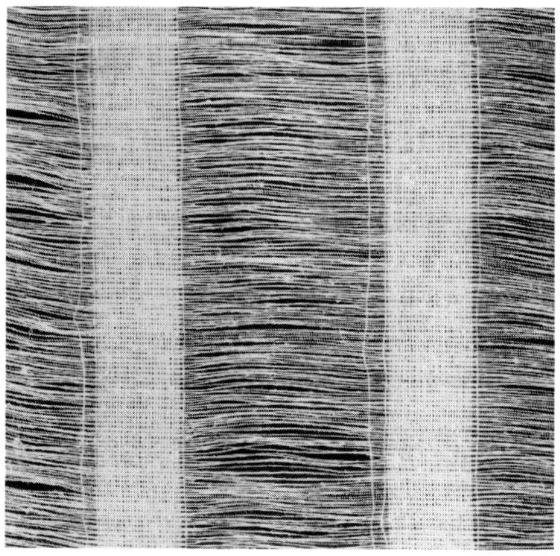
12

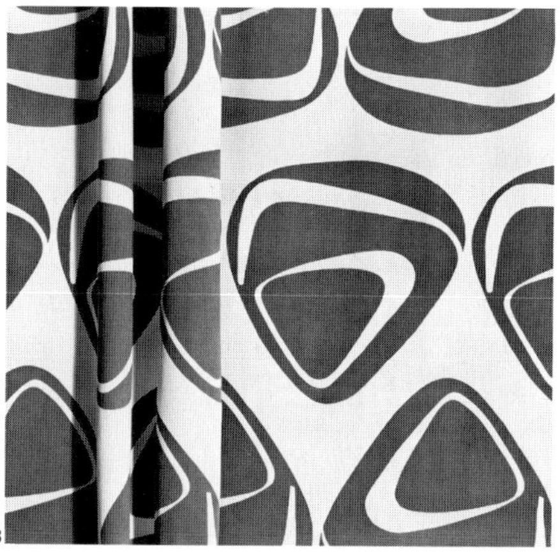
13

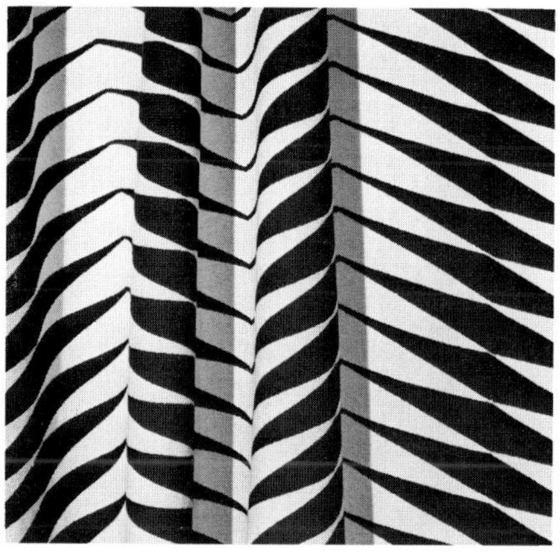
14

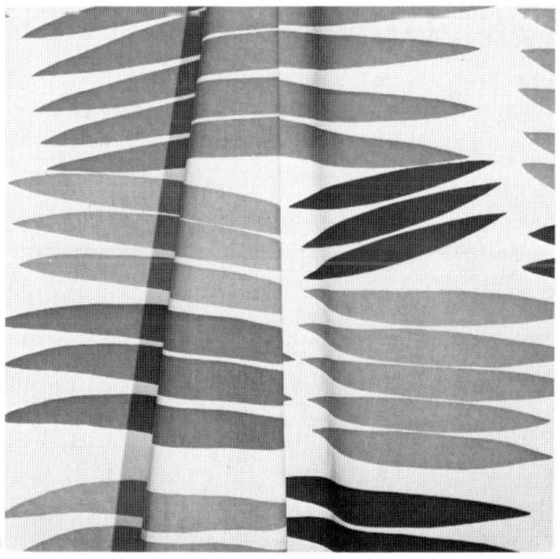
15

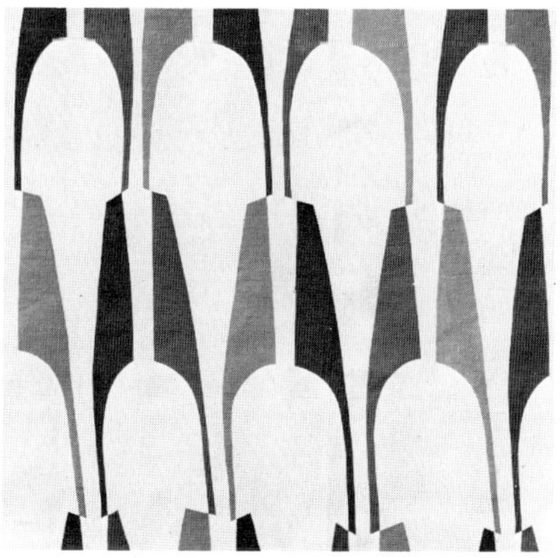
16

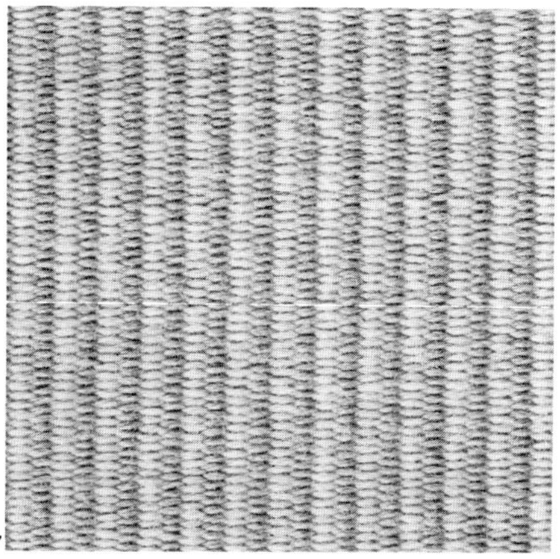
17

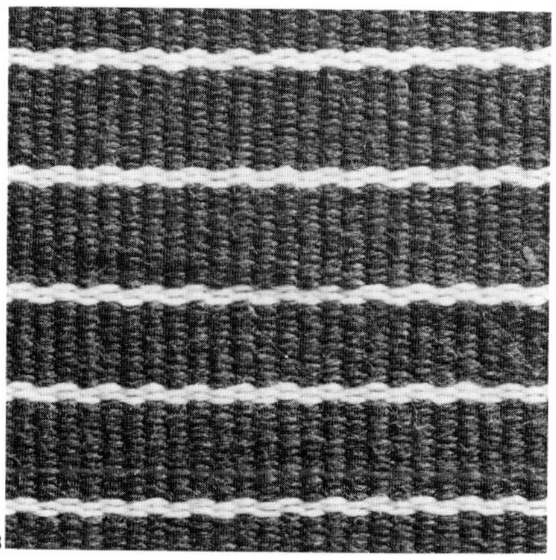
18

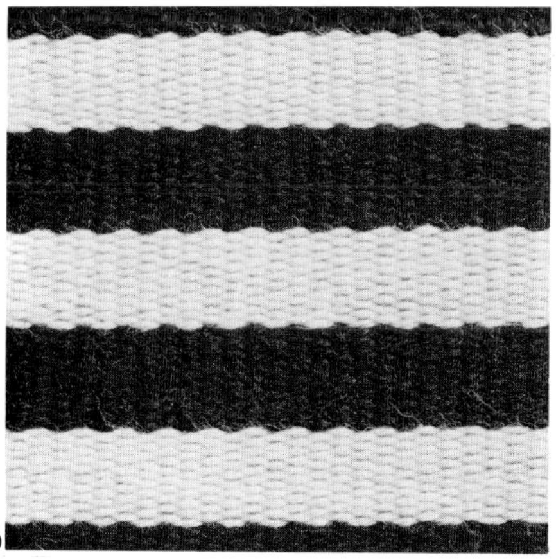
19

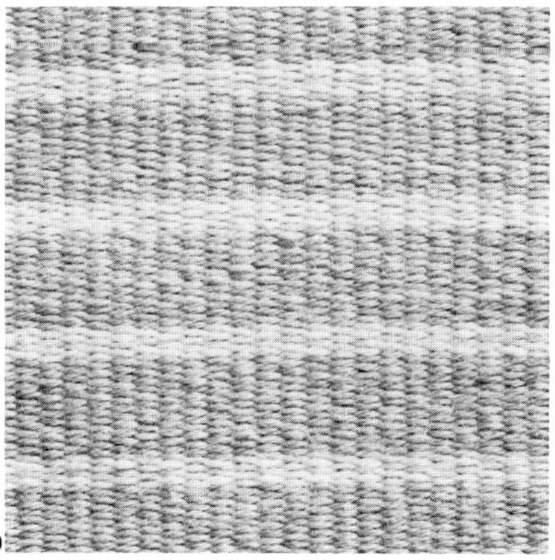
20

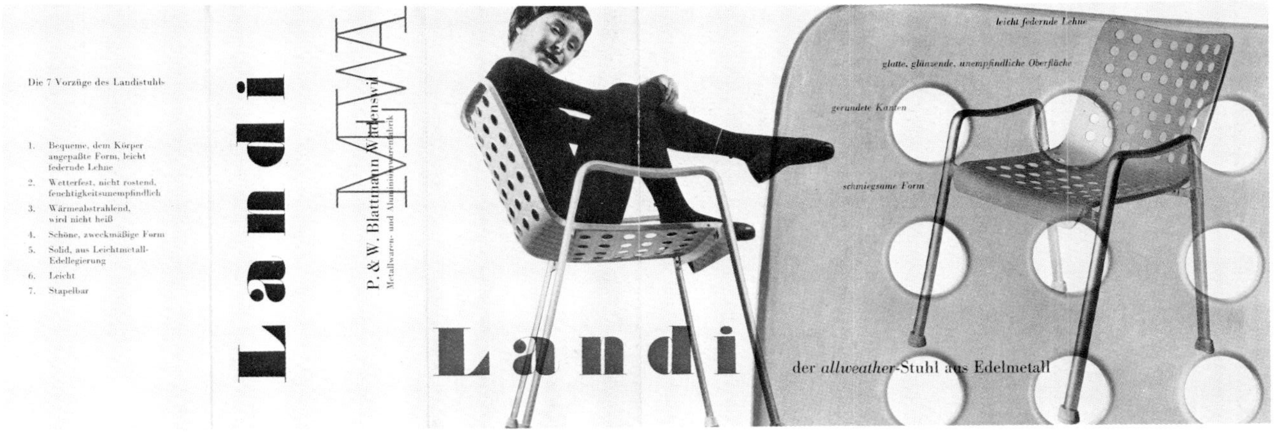
Die 7 Vorzüge des Landistuhls
1. Bequeme, dem Körper angepaßte Form, leicht federnde Lehne
2. Wetterfest, nicht rostend, feuchtigkeitsunempfindlich
3. Wärmeabstrahlend, wird nicht heiß
4. Schöne, zweckmäßige Form
5. Solid, aus Leichtmetall-Edellegierung
6. Leicht
7. Stapelbar
Landi
MEWA
P. & W. Blattmann Wädenswil
Metallwaren- und Aluminiumwarenfabrik
Landi
der allweather-Stuhl aus Edelmetall
leicht federnde Lehne
glatte, glänzende, unempfindliche Oberfläche
gerundete Kanten
schmiegsame Form

Die gegenstandslose Welt und die Gegenstände des täglichen Bedarfs

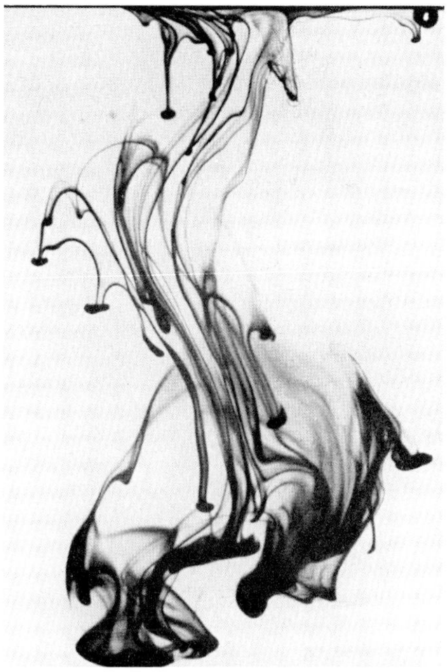

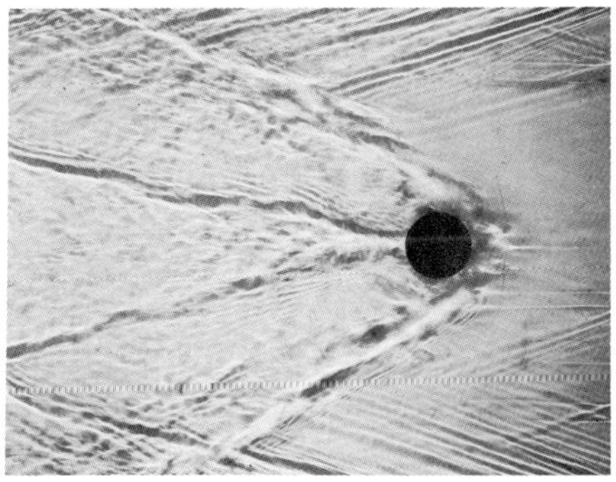

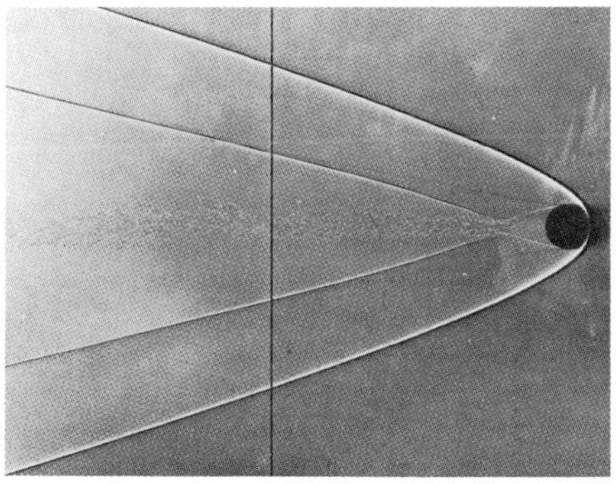

Im Wasser niedersinkende Anilinfarb-Partikel (F)

Hindernis in einer Strömung (WKB)

Fotografie eines Projektils im Flug (WKB)

Max Bill schreibt 1952, «Industrielle Formgebung» sei nicht das Problem unserer Zeit. «Wenn Formen entstanden sind, und Formen entstehen, die mit unserem heutigen Weltbild besser übereinstimmen als jene, die vor 20 Jahren (...) oder 100 Jahren gebräuchlich waren, dann ist dies weniger eine Folge der industriellen Herstellungsmethoden, als vielmehr das Resultat der Wandlungen unseres Weltbildes.» – Diese Wandlung hänge eng mit den Erkenntnissen der **Wissenschaft,** den Erzeugnissen der **Technik** und den Schöpfungen der **Kunst** zusammen. Die Gestalter neuer Formen würden bewusst oder unbewusst unter dem **Einfluss** der **modernen Kunst** als dem **reinsten** sichtbaren Ausdruck der geistigen Strömungen ihrer Zeit stehen. Bei den heute sich auswirkenden Wandlungen handle es sich um den **Einfluss** der **Kunst** auf die **Erzeugnisse des täglichen Bedarfs,** die Durchsetzung des Alltags mit Werken, ob handwerklich oder industriell hergestellt, deren Bedeutung nicht nur in ihrer Zweckmässigkeit liegt, sondern die nach den heutigen Begriffen schön sind (→). Bill widerspricht mit diesen Äusserungen dem Credo des (Vulgär-)Fuktionalismus, dem Glauben, dass die Gesetze der industriellen Produktion und die instrumentale Funktion des zu erzeugenden Produkts, dessen Form restlos bestimmen. Er weist auf die Tatsache einer Abhängigkeit der formalen Modalität von jenen (künstlerischen) Produkten, die, ohne instrumentale Funktion, sich mitteilend allein an den Betrachter wenden. Die Namen ihrer Produzenten fürs Zeitalter der ‹guten Form›? Pevsner, Vantongerloo und Bill selbst, Hans Arp und Henri Moore, Archipenko, Brancusi, Miró und Naum Gabo, Calder, um nur einige Namen zu nennen. In ihrer (und verwandter) Produktion kommen die (sogenannten) ‹geistigen Strömungen der Zeit› tatsächlich deutlich und ‹rein› zum Ausdruck. Sie reden einer ‹**gegenstandslosen Welt**› das Wort, reden in einer ‹kindlich-elementaren› Sprache (Miró) oder sind mythische Paraphrase naturwissenschaftlich-mathematischer ‹Idiolekte›, auf **Ordnung, Gesetzmässigkeit, Struktur** und **Bau** der **Materie** hindeutend. Diese machen gleichsam eine Realität hinter der sichtbaren Oberfläche der Dinge, sind nicht Aussenwelt, die aus dieser Optik als blosser Schein beurteilt wird. Sie sind **Innenwelt,** nur dem Blick zugänglich, der die Hülle durchdringt und in die geheimnisvolle Enklave oder Exklave des Mikrokosmos vorzudringen weiss. Dort wird natürliche und perfekte Ordnung registriert, die nichts weiss vom sozialen Chaos, von Ungemach, Schrecken und Angst und dergestalt zum Leit-Bild wird, herausführend aus der Sphäre, wo's zugreift, abwürgt und frisst. – Die Künstler der Nachkriegszeit könnten zwei (grundsätzlich **magischen**) (→) Tendenzen zugeordnet werden: Darstellung des **Chaos,** Veräusserlichung der innern, der seelischen Spannungen

Bill, M., op. cit. 1952, S. 10.

Magisch, weil vieles dafür spricht, dass die bildnerische Produktion der Nachkriegszeit bannende, beschwörende Funktion hat.

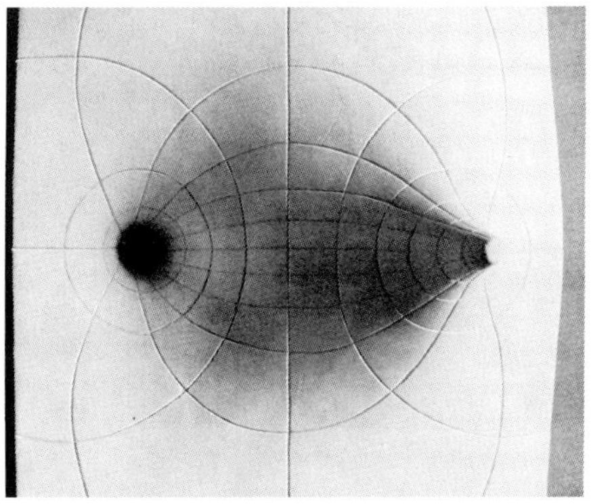

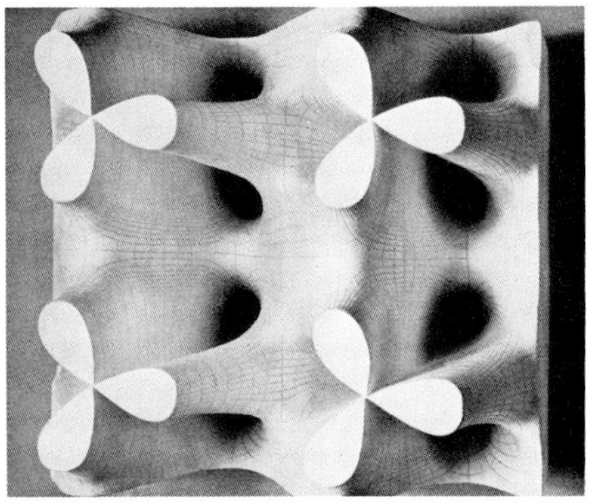

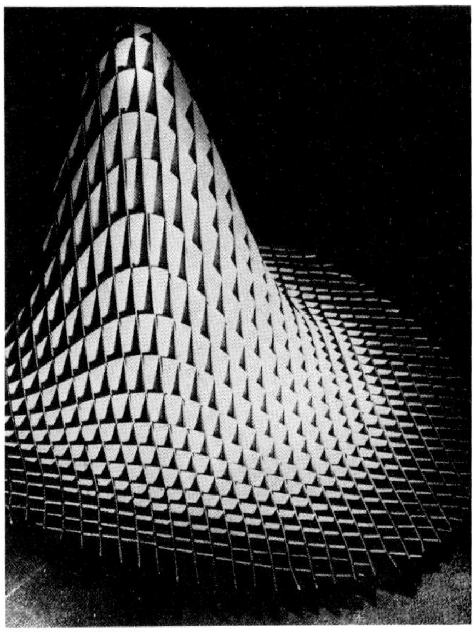

$$w = \frac{2}{\pi} \cdot \mathrm{Log} \cdot \frac{z - \frac{\pi}{4}}{z + \frac{\pi}{4}} \quad \text{(F)}$$

$W = p'(U)$ (F)

Plastische Darstellung eines mathematischen Theorems (F)

(Nihilismus, Auflösung, Hoffnungslosigkeit) mit dem Zweck, diese zu vergegenständlichen und solchermassen zum beeinflussbaren, zum manipulierbaren Gegenstand zu formieren, dessen schreckliche, bislang unverfügbare Macht es dann zu bannen gilt. (Pollock, Tobey, Tachismus, Informel) (→); zum andern aber: Darstellung des **paradiesischen Reichs** der ersten Natur, entdeckt im Mikrokosmos, dessen Reinheit und Güte utopisch zum Bezugsort des eigenen Tun und Lassens wird. Aus dieser zweiten Perspektive erscheint ‹Natur› als sittliche Macht – der Gedanke ist nicht neu, epistemologisch betrachtet finden wir ihn etwa im Rahmen der englischen und französischen Aufklärung des 18. Jahrhunderts (→). Diese zweite Tendenz idealisiert – anders als tradierte Romantizismen – das Ursprüngliche, den Naturzustand, der in den Gesetzmässigkeiten und der Logik der Materie verborgen, mit Hilfe der modernen Mathematik, neuer Geometrie, formaler Logik und Kybernetik zu erschliessen ist (→).

Nukleare Malerei, atomisierte Gesellschaft: siehe dazu Farner, K., Der Aufstand der Abstrakt-Konkreten, Neuwied und Berlin 1970, S. 106 f.

Shaftesbury, Rousseau.

Russel, Carnap, Speiser, Wiener, Wittgenstein, Riemann usw.

1949 veröffentlicht Max Bill einen Aufsatz mit dem Titel «Die mathematische Denkweise in der Kunst unserer Zeit» (→). Er gesteht der Perspektive, dem perspektivischen Sehen – ein «System, das vermittels reiner Rechnung und Konstruktion die Gegenstände sozusagen ‹naturgetreu› nachbilden kann», – «wesentliche Neuerungen im Bewusstsein des Menschen» zu, meint aber, diese «Erweiterung der Gestaltungsmethode» habe im Gefolge gehabt, «dass die Kunst sich vom Ur-Bild zum Ab-Bild entwickelte und dass damit der endgültige Zerfall einer tektonischen und symbolischen Kunst besiegelt war (→).» Diesen gelte es zurückzugewinnen. Bill erwähnt Kandinsky, der in seinem Buch «Über das Geistige in der Kunst» schon 1912 angedeutet habe, anstelle der Phantasie sei die mathematische Ausdrucksweise zu setzen.

Bill, M., Die mathematische Denkweise in der Kunst unserer Zeit, in: WERK 1949, Nr. 3.

Ebenda.

«Ich bin der Auffassung, dass es möglich ist, eine Kunst weitgehend aufgrund einer mathematischen Denkweise zu entwickeln» (→). Die «Grenzfälle, wo Mathematik sich plastisch manifestiert oder als Farbe oder Form auf der Fläche erscheint, bedeuteten bei der Suche nach neuen künstlerischen Ausdrucksmöglichkeiten vorerst etwa dasselbe, wie die Entwicklung der Negerplastiken durch die Kubisten. Aber sowenig die Negerplastiken in ihrer Eigenart in die europäische Kunst übernommen werden konnten, sowenig ist es möglich, die mathematischen Modelle in der Kunst zu übernehmen, und ihre Entdeckung durch die Künstler führte vorerst lediglich zu einem Konstruktivismus, zusammen mit technischen Konstruktionen, Fliegerfotos (→) und ähnlichen Anregungen, die benützt wurden, um einen Ausdruck zu suchen, der technizistischen Empfindungen unseres Zeitalters entsprechen sollte. Gleichzeitig war die **Mathematik** auf einem Punkt angelangt, wo vieles **unanschaulich** wurde; Grenzgebiete sind undeutlich, unerkennbar. Viele Folgerungen können nicht mehr bewiesen werden. Das **menschliche Denken** ist nicht an einer **Grenze angelangt**; aber es bedarf einer **Stütze im Visuellen.** Diese findet sich oft in der **Kunst,** auch für **mathematisches Denken**»...

Ebenda.

Bill mag an Malevitch und an Moholy-Nagy gedacht haben.

Tatsächlich ist der Wert jener **Visualisierungen naturwissenschaftlicher Formeln** und synthetisierender Modelle, die für sich in Anspruch nehmen, Prozesse im Bereich der unsichtbaren Realitäten symbolisch darzustellen, kaum zu überschätzen. Wenn Bill, Pevsner, Vantongerloo sich auch den Vorwurf mythischer Produktion gefallen lassen müssen, trägt ihr Ansatz doch dazu bei, das Vorstellungsvermögen

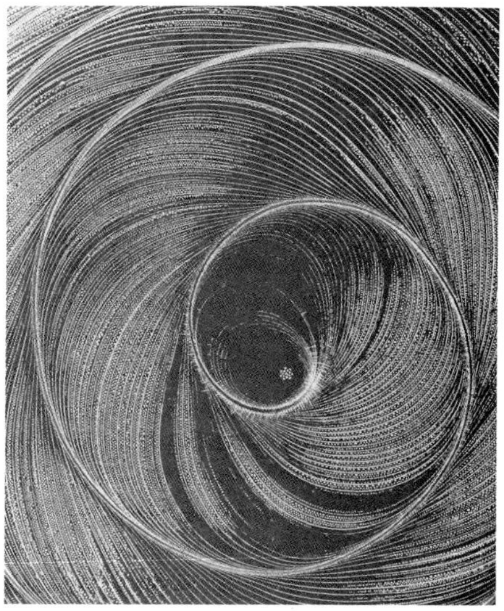

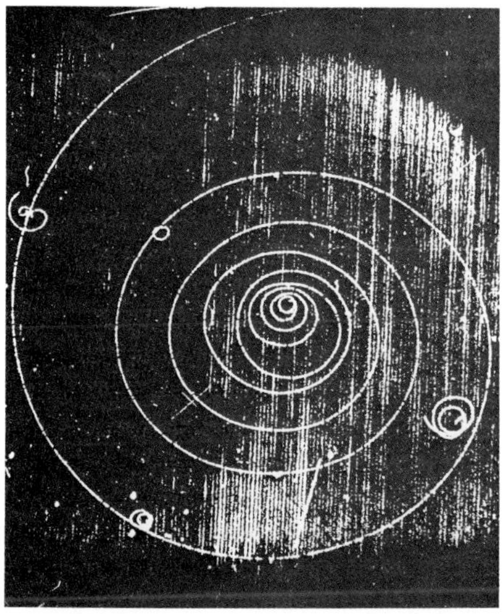

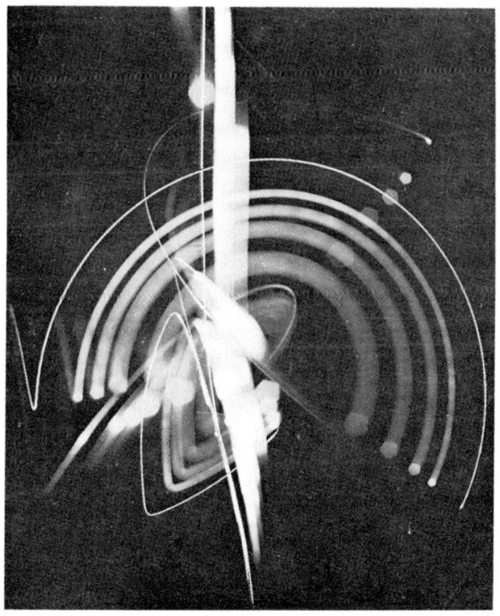

Jekabs Zvilna, Zeit- und Bewegungsstudie (WKB)

Elektronenbahn in einer Bläschenkammer mit flüssigem Wasserstoff (WKB)

Bewegungsstudie (WKB)

ihrer Zeitgenossen für eine zeitspezifische Wirklichkeit zu sensibilisieren, die, ohne ihre Experimente, angsteinflössend, restloses Geheimnis geblieben wäre. Die magische Funktion dieser Kunst ist da in den Dienst einer Tendenz gestellt, die jeder Aufklärung voranzugehen hat. Bevor Aufklärung über einen Gegenstand ihren Anfang nehmen kann, hat der Neugierige sich ein Bild des Objekts zu entwerfen, das seinen Emotionen und seinem Verstand zum ersten Spiel- und Tummelfeld dient, später korrigiert, ergänzt, transformiert werden kann. Menschliche Erkenntnis bedarf einer **Stütze** im **Visuellen**. Die bildhafte Repräsentation: fehlerhaft, unzulänglich, Zerrbild vielleicht – menschliches Denken bedarf tatsächlich einer Stütze im Visuellen.

«Weil er zu einer Einheit strebt, vermittelt der Künstler in seiner Vision eine **Synthese,** auch dann, wenn diese vorerst eine künstlerische Notwendigkeit und nicht unbedingt von mathematischer Richtigkeit ist. Auf diese Weise verschiebt sich auch hier eine Grenze, sehr unscharf, wo man einst eine klare Grenzlinie glaubte. **Unsichtbares, abstraktes Denken** wird **konkret,** anschaulich und damit auch **empfindungsmässig** wahrnehmbar. Unbekannte Räume, fast unvorstellbare Axiome bekommen Gestalt; man wandelt durch Räume, die es vorher nicht gab, und erweitert durch diese Gewöhnung sein Empfinden für weitere Räume, die heute noch kaum vorstellbar, noch unbekannt sind.

Die mathematische Denkweise in der heutigen Kunst ist (...) eine Gestaltung von Rhythmen und Beziehungen, von Gesetzen, die individuellen Ursprung haben, genauso, wie anderseits auch die Mathematik ihren Ursprung hat im individuellen Denken der bahnbrechenden Mathematiker» (→).

Ebenda.

Auf der Suche nach den «Grundkräften, die jeder menschlichen Ordnung zugrunde liegen»: All diese Dinge würden der heutigen Kunst einen neuen Inhalt geben; sie seien «**formgewordener Gedanke,** Idee, Erkenntnis: also nicht nur auf der Oberfläche vorhandener Substanz, sondern Ur-Gedanke des Weltgefüges (...), Vermittlung elementarer Kräfte, auf sinnlich wahrnehmbare Weise» (→). Die Kunst habe Gebiete erfasst, die ihr früher verschlossen waren. Eines dieser Gebiete bediene sich der mathematischen Denkweise, die bis an die Grenze des Unabgeklärten führe.

Ebenda.

Die vorhin erwähnten Künstler, zu ihnen gesellen sich Namen wie Moholy-Nagy und Sophie Täuber-Arp, befürworten ein Repertoire von Morphemen (kleinste bedeutungstragende Elemente eines Sprachsystems), die aus visualisierten naturwissenschaftlichen Experimenten – Energiefelder, gefärbte Präparate, Mikrowelt – naturwissenschaftlichen Modellbildungen entliehen sind (→). Diese Formen, so Strömungslinie, Elektronenbahnen, Morphologie der Bewegung (→), modulare Prinzipien, mikro-biologische Form, kristallines, anorganisches Gefüge, sind dem Kontext ihrer ursprünglichen Objektsprache enthoben und in ein neues Zeichengefüge amalgiert, das nur noch ans Vorgängige erinnert, vielleicht für dieses signifikant ist, im Grunde genommen aber zu andern Inhalten redet (→). Dem mythisierenden Akt ist eine Parzellierung inhärenter Attribute der Materie, etwa der Bewegung oder der Struktur (→) vorausgegangen – dem Attribut allein wird Aufmerksamkeit geschenkt. Losgelöst, hat es seinen Gegenstand unter dem Vorwand, einem allgemein gültigen Prinzip zu dienen, verlassen. Ähnliches zur **Modularität:** «Die Welt ist atomar, das heisst modular. Auch unser Wissen ist modular. Alles kann gezählt und registriert werden» (→). **Autonomie** der **Struktur:**

Siehe dazu etwa die erste Bildserie in Bill, Form, Basel 1952.

Kinetische Kunst, Ausstellung im Kunstgewerbemuseum Zürich, 1960.

Die primäre Sprache der jeweiligen Disziplin ist die Beute eines Mythos geworden, Barthes, R., in: Mythen des Alltags.

Das heisst Bewegung oder Struktur werden gleichsam vom restlichen Merkmalbündel, das den Gegenstand symbolisch macht, isoliert.

Morrison, Ph., Die Modularität des Wissens, in: Kepes, G. (Hrsg.), Modul, Proportion, Symmetrie, Rhythmus, Brüssel 1969, S. 1.

«Trotz der Präsenz räumlicher Vorstellungen entwikkelt der analytische Kubismus ein neues Vokabular. Bündel von Halbkreisen, Geraden, Kurven schieben sich horizontal, vertikal, diagonal über die Fläche, lösen die Fassbarkeit der figuralen Konzepte auf und bilden eine neue Struktur (...). In diesem Prozess ist bereits der Beginn einer **Autonomie** der **Struktur** erkennbar» (→), die weiterentwickelt zu Standard-Elementen anonymer Form führen, die Richard Paul Lohse schrittweise, gestützt auf Laborarbeit, im Verband derart organisiert, dass Determination und Freiheitsgrad gleichermassen im Bildgefüge sinnfällig werden.

Lohse, R.P., Standart, Modul, Serie: Neue Probleme und Aufgaben der Malerei, in: Kepes, G., op. cit. 1969, S. 128.

Der (notdürftig) umrissene Nenner bildnerischer Produktion nach dem Zweiten Weltkrieg ist massgeblich in Praxis und Theorie der Zwischenkriegszeit (→) präformiert, gründet weiterzurückreichend auf Suprematismus und Neoplastizismus. Nach 1945 hatte das abstrakt-konkrete Vokabular nach einer kurzen Blüte völkisch-nationaler Tendenzen eine zweite Hausse. Neue Experimente im Bereich des Non-Figurativen sind mit einem **dekorativen Eklektizismus modernistisch-moderner Kunst** beinahe unlösbar verzahnt – allerdings ohne den harten Vorsatz der 20er Jahre zu bemühen.

1960 findet in Zürich die Ausstellung ‹Konkrete Kunst, 50 Jahre Entwicklung› statt

Hans Curjel schreibt (→), als Kontrast zur Askese des rechten Winkels sei in der jüngeren und jüngsten Entwicklung die **Schweifung** in Erscheinung getreten, in der sich das **Individuelle,** das **Emotionale,** das **Entspannte** auswirke. In der Haltung des Menschen trete das **Weiche** hervor. Nicht ganz zufällig erfinde die Industrie den amorphen Schaumgummi. Die Wellenstruktur des Jugendstils erlebe ein Auferstehung; der Sinn für das Stramme sei im Absinken, jener für die Schwebungen des Lebens im Wachsen – und dies «trotz der im täglichen Leben steigenden Kurve der Brutalität».

Curjel, H., Marginalien zur Triennale 1954, in: WERK 1955, Nr. 2.

«Mitten in dieser breiten Welle der **Schweifung,** die oft die gefahrvolle Nähe des Gestaltlosen (und im Geistigen des Verantwortungslosen) berührt, beweist der rechte Winkel seine unverbrauchte Kraft. Ein Blick in die skandinavische, holländische oder belgische Abteilung der Triennale, in denen die Strukturen und die räumlichen Beziehungen auf rektangulären Einteilungen beruhen – und wir befinden uns in der Welt der unendlich variablen Ideen, deren Kern **monaden**gleich durch Quadrat und rechten Winkel bestimmt ist. Von hier aus wird es verständlich, dass bei aller Lebendigkeit der **emotionalen Schweifung** die **mathematisch** konzipierte Kurve – Beispiel: der bekannte Tisch Max Bills – an Ausdruckskraft das rein Emotionale übertrifft.»

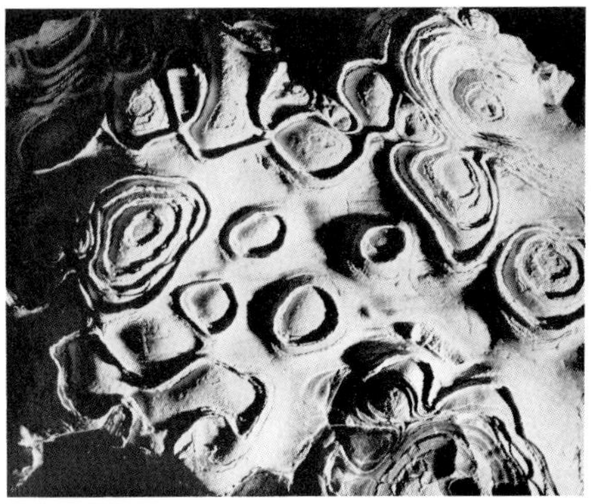

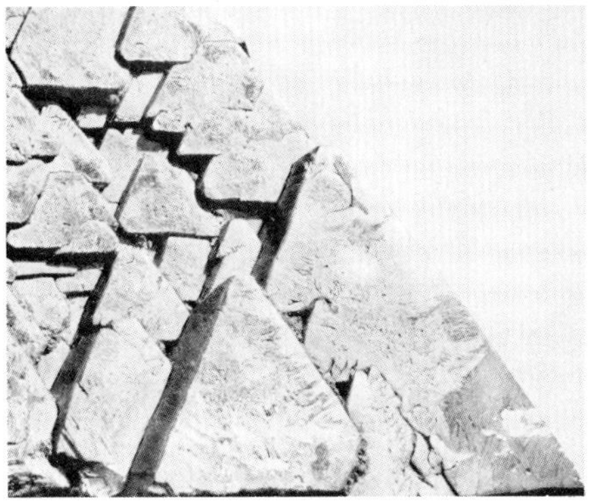

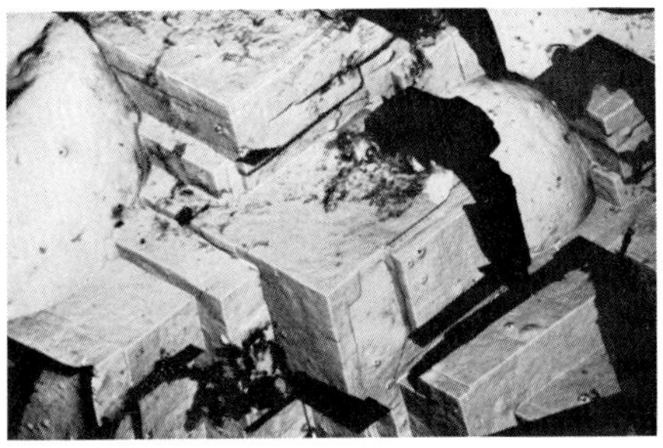

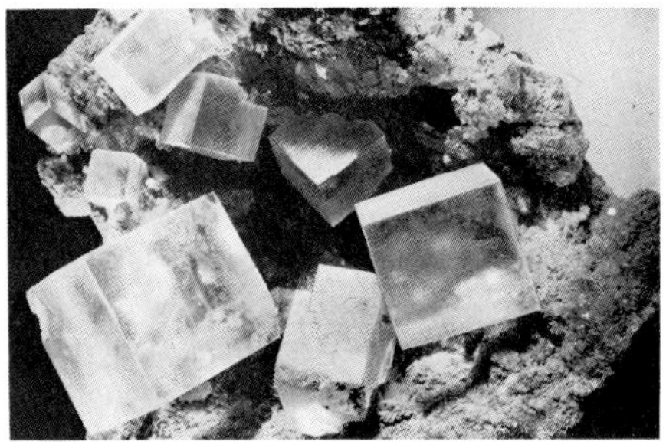

Schichtförmige Ablagerung von Kieselerde (F)

Schwefelkieskristalle in Form von Oktaedern (F)

Struktur der Oberfläche einer angeätzten Aluminiumplatte (F)

Der absolute Würfel existiert in der Natur in Form von durchsichtigen Steinsalzkristallen (F)

Östreich, 1953 (→):
«Eine der auffälligsten Erscheinungen innerhalb der modernen Kunst ist die Vorliebe für **Spannungszustände** anstelle eines In-sich-Ruhenden, Harmonischen. Konform damit geht die Tendenz zur **Aufhebung** der **Schwere,** zur **Negierung** des **Tektonischen** und die **Entmaterialisierung.** Das bewusst oder unbewusst angestrebte Ergebnis ist das **Schwebende,** oder besser: ein (in einem Kraftfeld) durch Spannungen in der Schwebe Gehaltenes. (...)

Östreich, D., Formtendenzen unserer Zeit – Das Plastisch-Organische, in: WERK 1953, Nr. 6.

Besonders während der letzten Jahre lassen sich nun auf einem noch jungen Gebiet plastischer Gestaltung ähnliche Formtendenzen beobachten wie in Moores Werken: dem der **Formgebung industrieller Erzeugnisse.** Wie nämlich unser Zeitgefühl im Zweidimensionalen der angewandten Graphik entgegenkommt, so ähnlich im plastischen Bereich, wo gegenstandslose Skulptur und gutgestaltetes Industrieprodukt in der beiden gemeinsamen Kraft des Ausdrucks innere Verwandtschaften aufweisen. (...)»

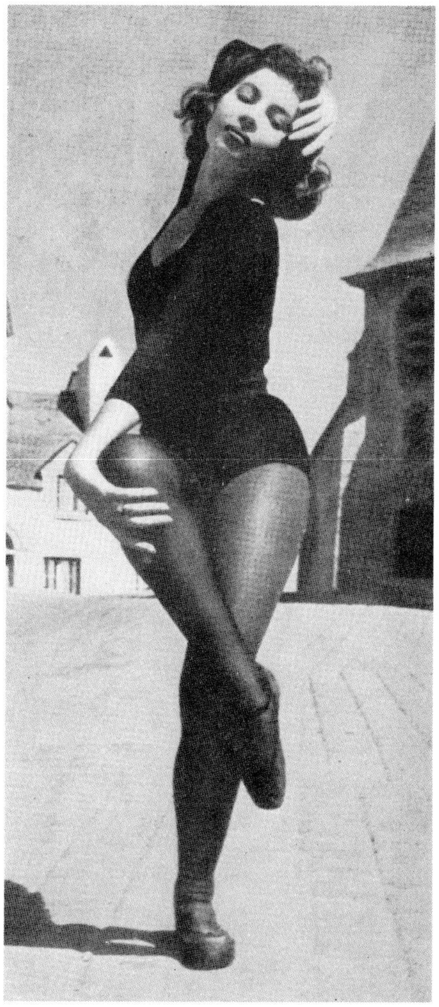

Drei verschiedene Körpergefühle «das **Muskulös-Gespannte,** das **Konstruiert-Scharfkantige** und das **Plastisch-Gerundete** standen lange Jahre als Antithesen gegeneinander oder neutral nebeneinander. Erst nach dem Zweiten Weltkrieg zeichnet sich eine Tendenz zur **Synthese** ab: die Konstruktion beginnt, als **Skelett** in die plastische Form hineinzuwandern (im Jugendstil war diese fast nur Muskel), deren **gespannte Oberfläche** zu einer **elastischen** Haut wird, die knapp anliegt wie das Trikot auf dem Körper einer Tänzerin. Dieses neue **plastische** Gefühl hat nichts von dem Bewegten, Schwellenden des Barocks, sondern ist ein **Straffes, Schlankes, Gebändigtes** und unserer Zeit durchaus Eigenes. (...)

Nebst den erstgenannten ‹Allegorien naturwissenschaftlicher Modelle› bestimmen «Schwebungen», «Schweifungen», «Wellenstruktur» und Organoid-Plastisches, wie Östreich es charakterisiert, den Code der ‹guten Form›. Das «Organische dieser Formen löst rein vom Optischen her ‹Lustgefühle des Tastsinns› (Hermann Obrist) aus.» Sie fordern beinahe suggestiv zur Betätigung des Gerätes auf, verlocken zur Berührung, evozieren gewissermassen eine sinnlich-‹erotische› Beziehung zwischen Gerät und Benutzer (→).

Östreich spricht von «Tastfreuden der Oberfläche», die zum «Darüber-hinweg-Streichen» verlocke.

Östreich, 1953:
«In überwiegendem Masse werden heute in der **industriellen Serienproduktion** Materialien von **amorpher** Struktur verwendet: Metalle, Glas, Kunststoffe. Diese und die modernen Möglichkeiten ihrer spanlosen Verformung (Giessen, Pressen, Ziehen, nahtloses Verschweissen usw.) wie die der Herstellung der dazu notwendigen präzisen und widerstandsfähigen Formen kommen einer **plastischen Gestaltung** sehr entgegen. Eine solche erweist sich ohnehin oft als erforderlich aus Gründen der Steifigkeit (Pressteil von Blechen) oder des geringen Bewegungswiderstandes (Karosserien, Schiffe usw.). Da aber die **Natur** längst solchen Erfordernissen entsprechende Formen geschaffen hat (teilweise geradezu als **Prototypus,** wie etwa beim **Ei,** dessen Schale so gebildet ist, dass sie den geringsten Widerstand bildet beim Durchwandern des Tierkörpers und den grössten gegen Druck: ein Hühnerei vermag aufgestellt bis zu zehn Kilogramm zu tragen!) – so ist den oben genannten Erwägungen oft zwangsläufig eine Tendenz zum **Organischen** immanent (Entwicklung des Automobils: vom Kasten zum ‹Vollblut›. (...)

Solche unabhängig voneinander an verschiedensten Stellen unseres Kulturkreises auftretenden Tendenzen zu **organisch-plastischer** Gestaltung scheinen nicht Zufall, sondern allgemeines Symptom unserer Zeit zu sein – ist doch der Begriff ‹organisch› auf anderen Gebieten (z, B. dem der Organisation von Haus- und Stadtgrundrissen) längst zu einem festen Bestandteil des Fachvokabulars geworden.»

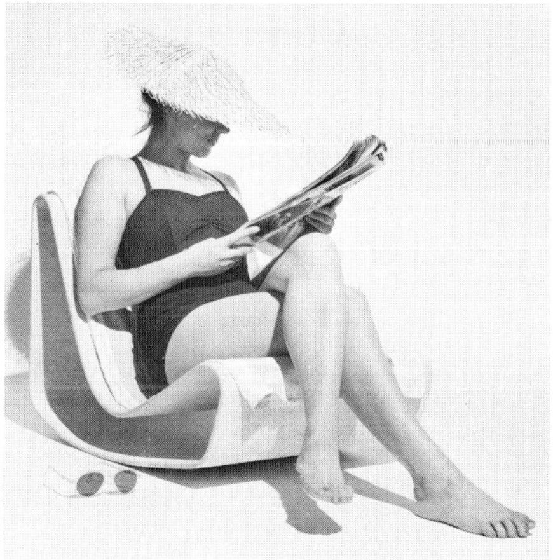

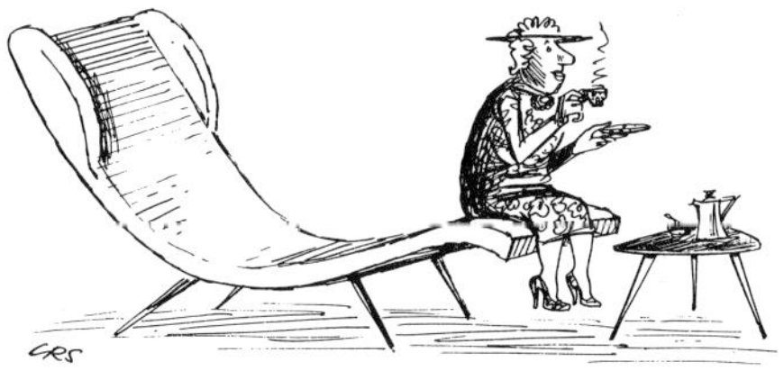

(W 1953/6)

Eternit-Sitz für Strand und Garten
W. Guhl/Eternit AG, Niederurnen
1954/1955

(N 1957/20)

Morphologie

1 Hocker
L. Walser / Eternit AG, Niederurnen
1959 / 1960

2 Bill, Fläche von einer Linie begrenzt, 1948
(W 1949 / 8)

3 Bill, Dreiteilige Einheit, 1948
(W 1949 / 3)

4 Hache vite
Ed. Joyet / Havelco SA, Lausanne
1952 / 1957

5 Pevsner, Konstruktion «Die Welt», 1947
(W 1949 / 3)

6 Erni, Kielformen, 1941
(W 1947 / 12)

7 Gabó, Lineare Konstruktion, 1942–43
(SKW)

8 Arp, Umschlagseite (ADA 1953 / August)

9 C. Brancusi, Léda, 1922–1924
(W 1948 / 10)

10 Stromlinienförmige Verkleidung der NSU-Weltrekordmaschine (NFIP)

11 Strassenleuchte
B.A.G., Turgi
1959 / 1959

12 Messer «Swissline»
M. Oertli / Wenger & Co. SA, Delémont
1955 / 1956

13 Schale
Gebr. Müller AG, Luzern
1953 / 1953

14 Luftbefeuchtungsapparat
K. Flury / Defensor AG, Zürich
1955 / 1958

15 Stuhl mit Plexiglas-Schale
W. Fehlbaum / Vitra GmbH, Basel
1954 / 1955

16 Hartung, Liegende, (W 1949 / 7)

17 Moore, Liegend, (Ausschnitt) 1945 / 46 (W 1953 / 6)

18 Moore, Two Forms 7, 1934 (MOO)

19 Umwälzungspumpe
K. Rütschi Pumpenbau, Brugg
1951 / 1953

20 Bally AG, Schönenwerd (F)

21 Magnelli, «Paris», 1947 (ADA 1949 / 2)

22 Aufschnittmaschine
Ad. Ditting / W. Latscha, Zürich
1948 / 1952

23 Calder (W 1958 / 9)

24 Bill / Wohnbedarf, Zürich (W 1950 / 8)

25 Arp, Bois gravé (ADA 1950 / 9)

26 Modulare Sonnenblende (MPSR)

27 Tapete
L. Hebting / Galbau AG, Burgdorf
1953 / 1954

28 Kinderspielkiste
KGSZ / Eternit AG, Niederurnen
1954 / 1955

29 Inserat Knoll (ADA 1952 / 3–4)

30 Schalenstuhl
W. & E. Guhl / Scott Bader & Co. AG, Zürich
1948 / 1952

31 Tibesti-Handwebteppich
M. Moser / Hassler, Aarau
1956 / 1956

32 Lohse, Reihenelemente zu rhythmischen Gruppen konzentriert
1949–56 (MPSR)

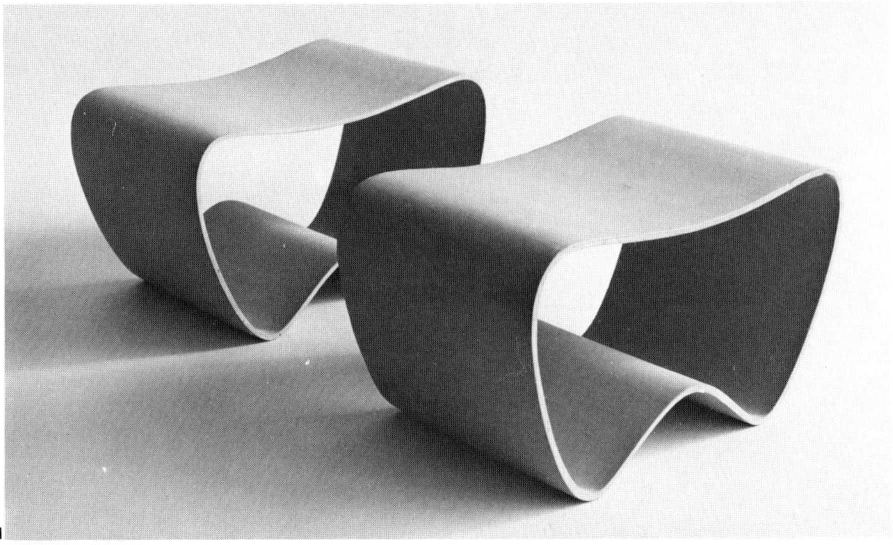
1

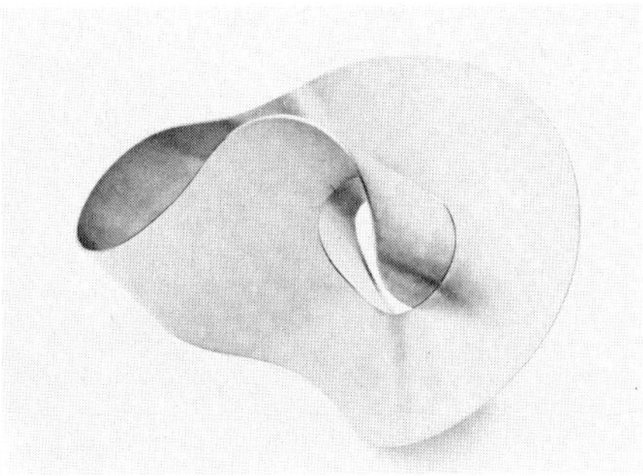
2

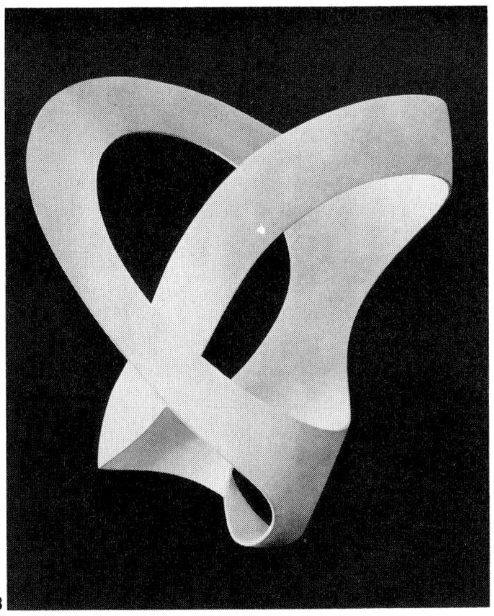
3

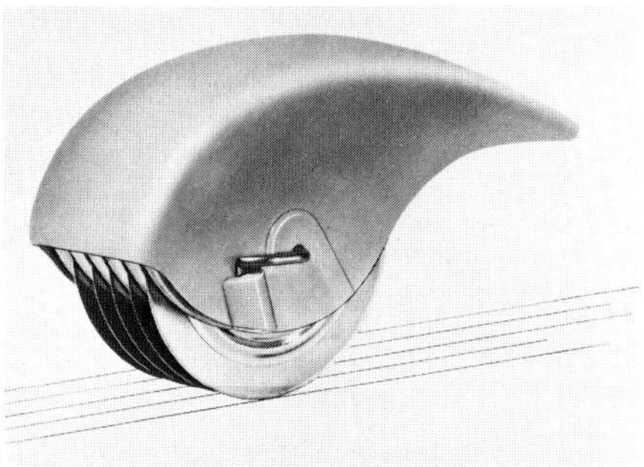
4

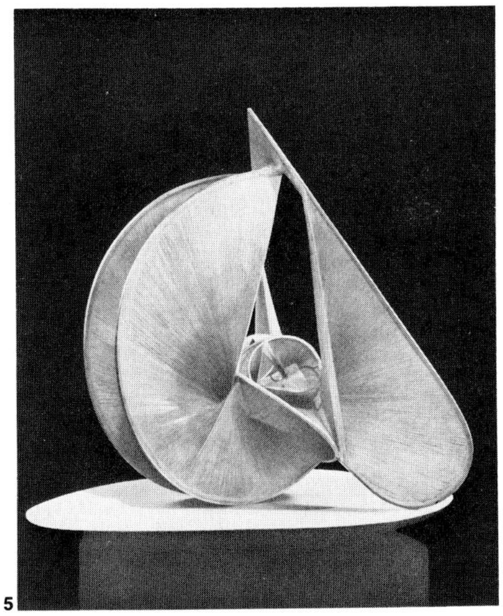
5

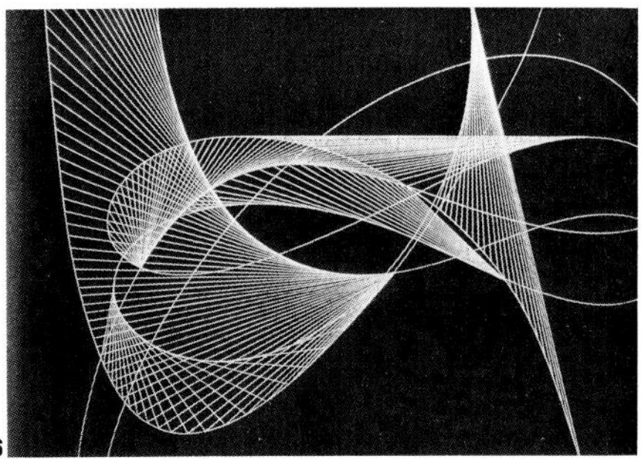
6

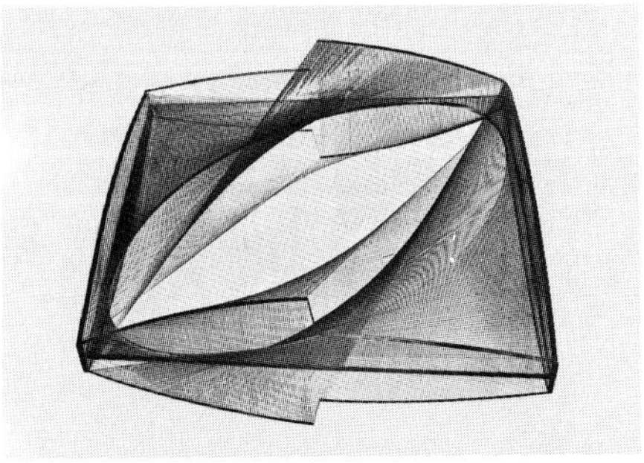
7

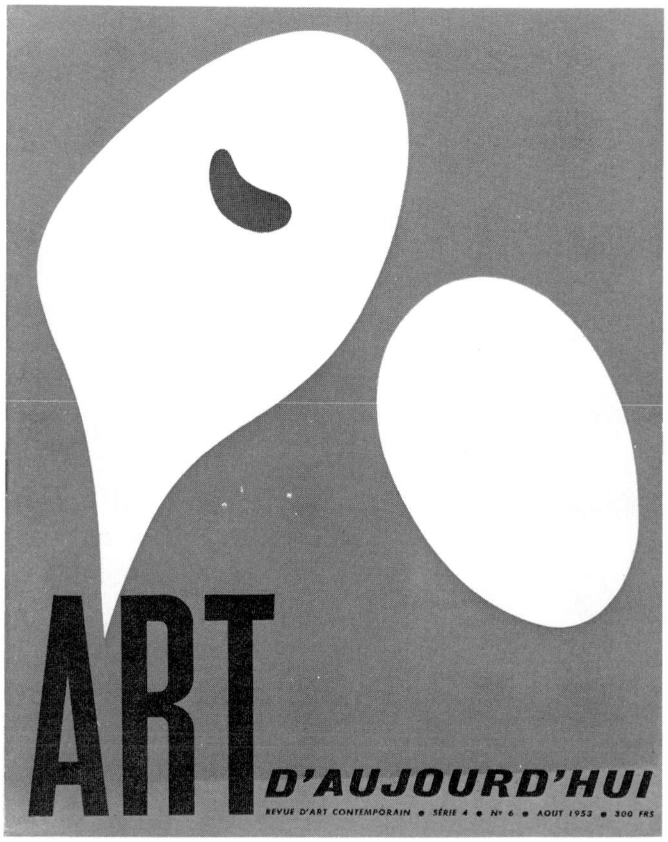

8

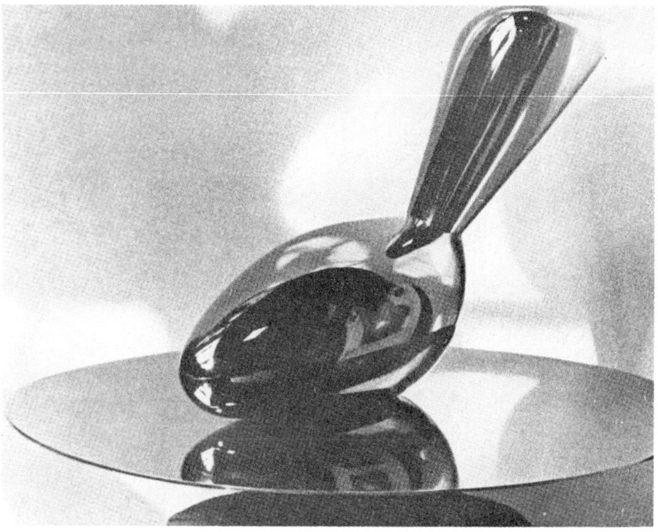

9

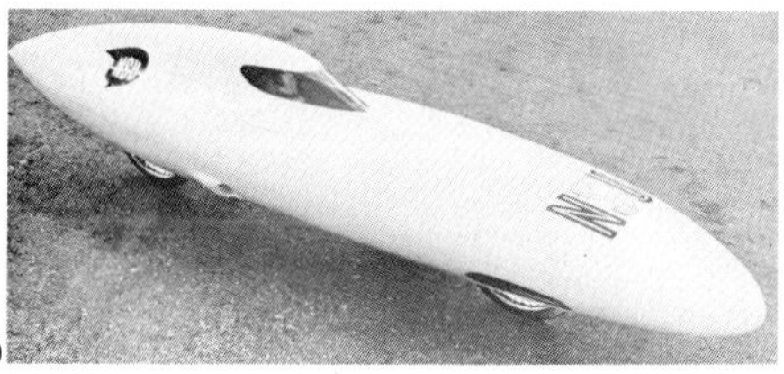

10

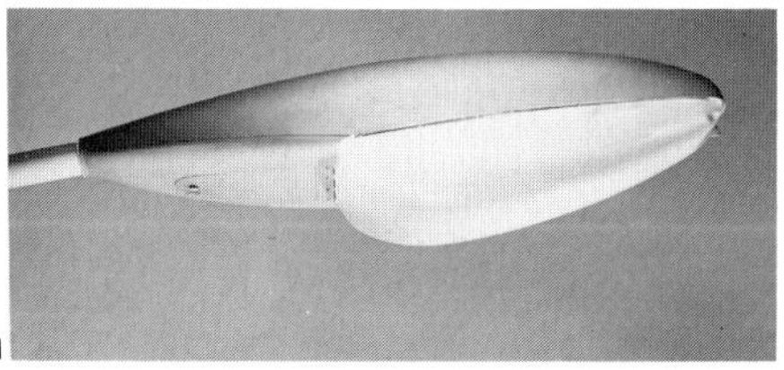

11

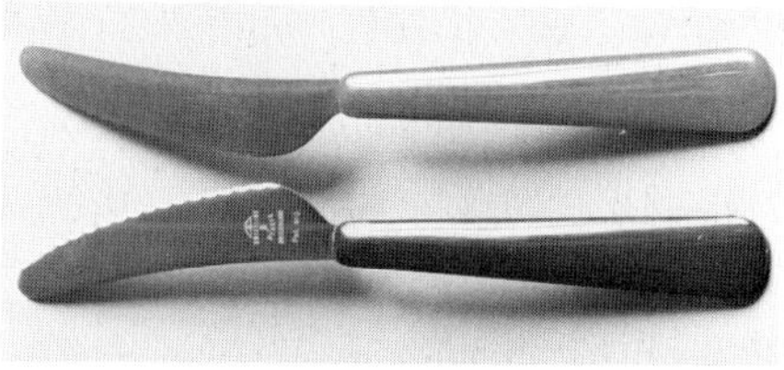

12

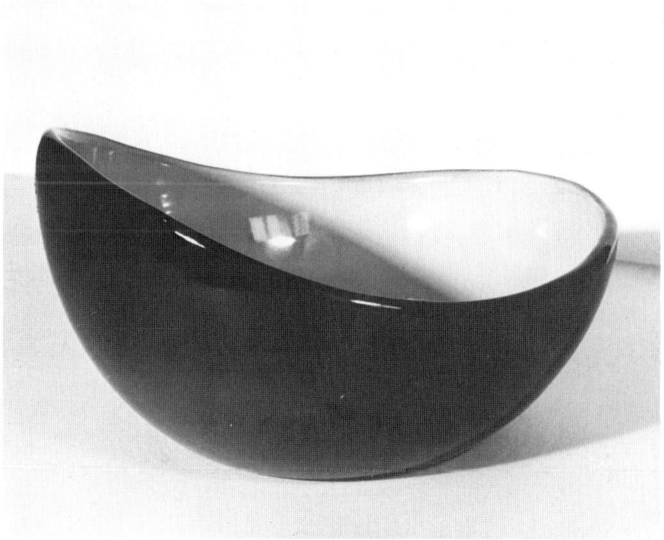

13

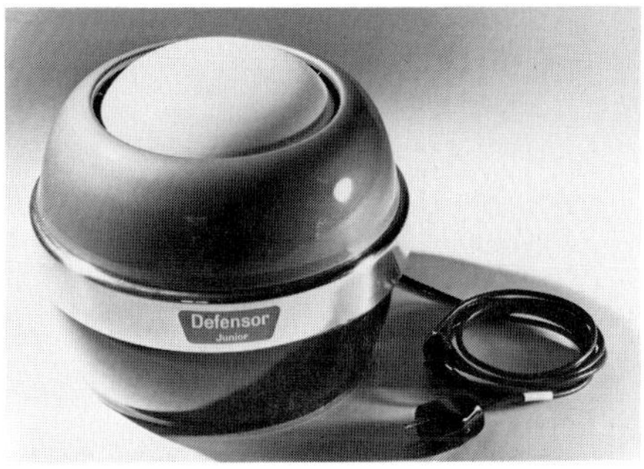

14

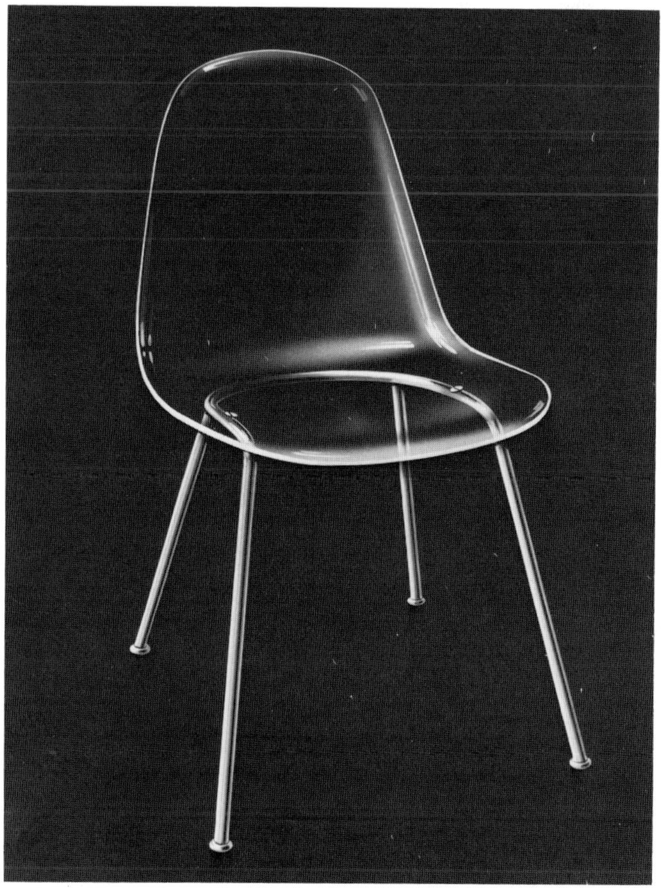

15

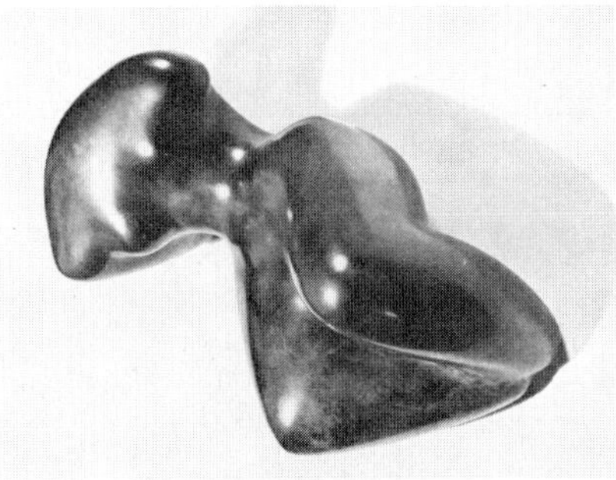
16

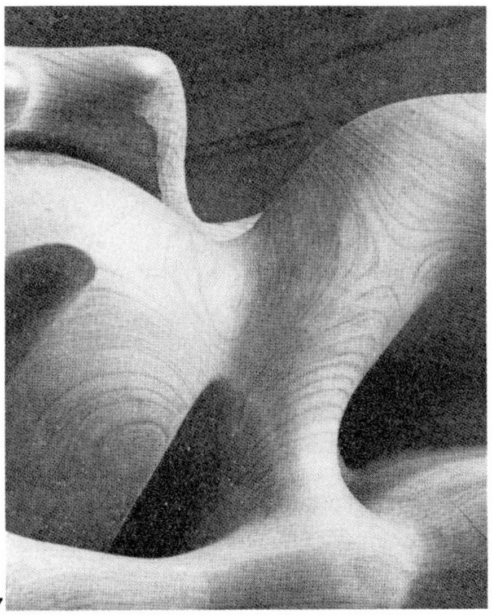
17

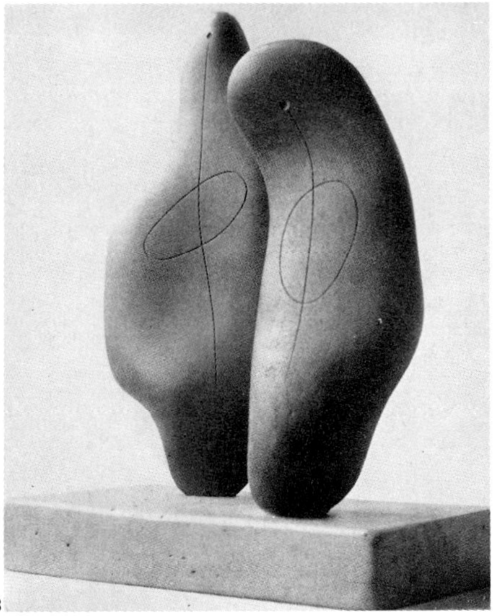
18

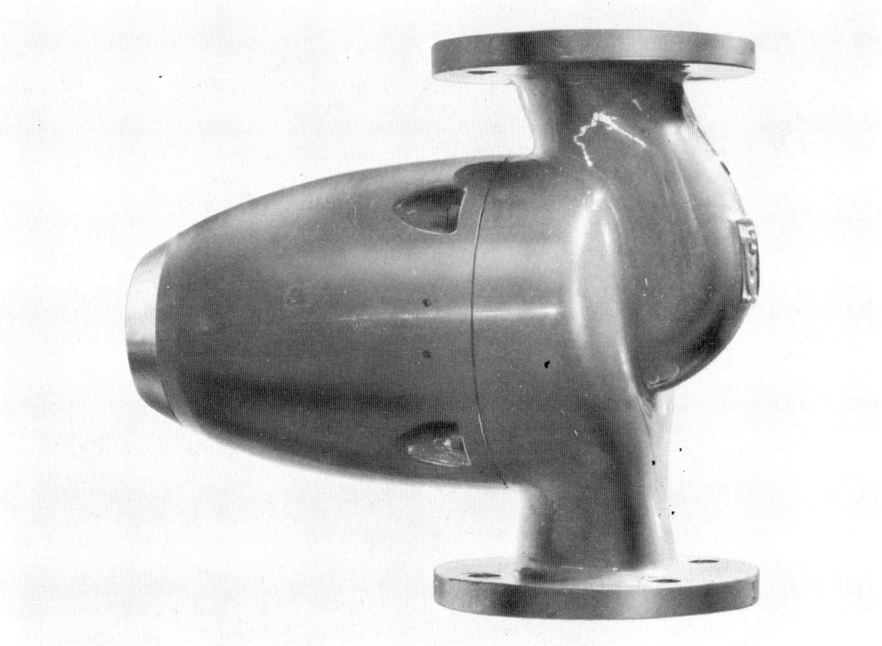
19

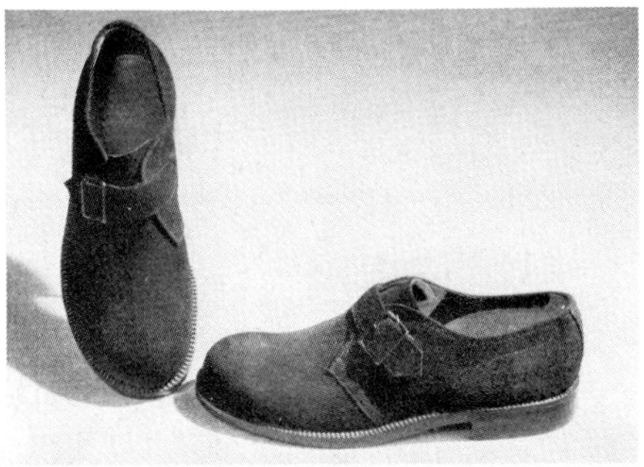
20

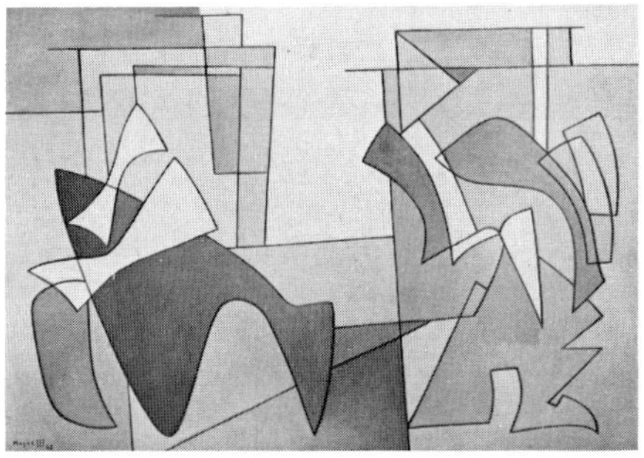
21

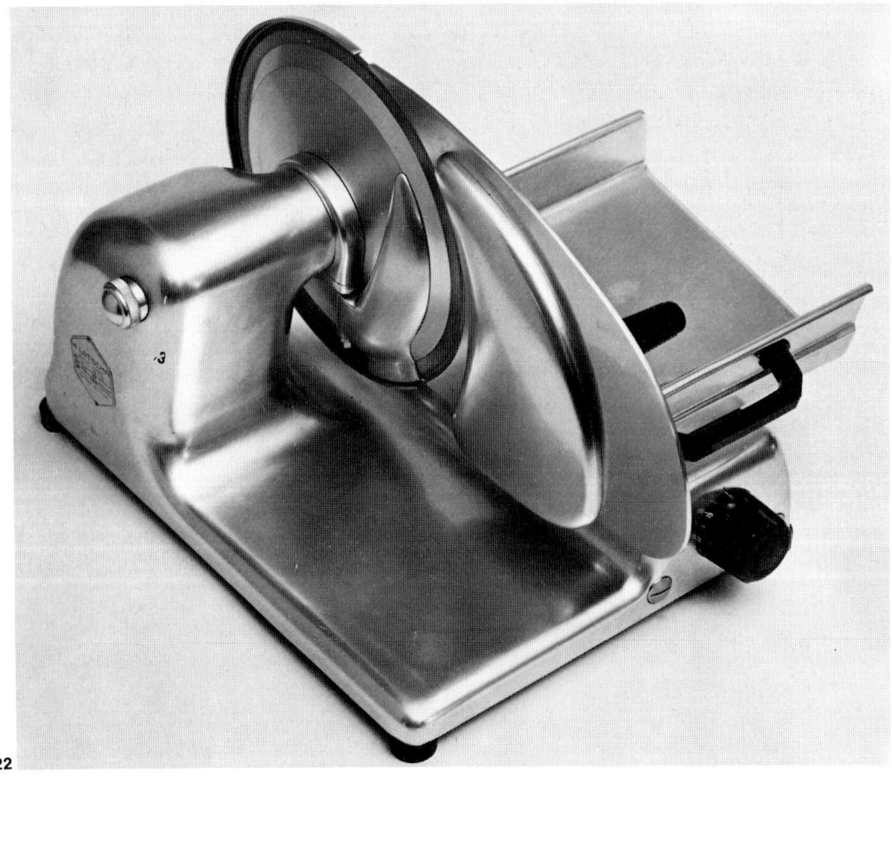
22

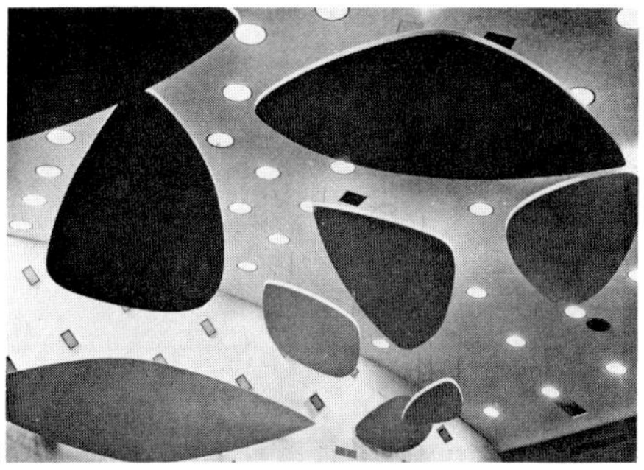
23

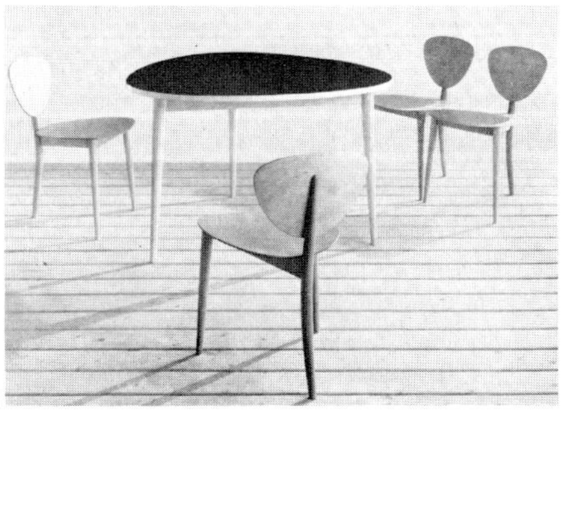
24

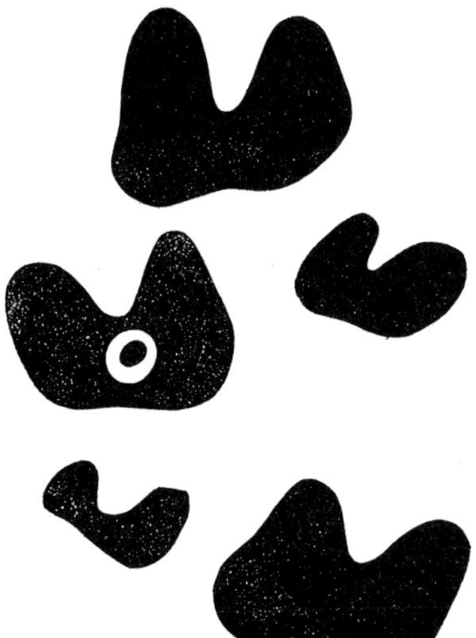

25

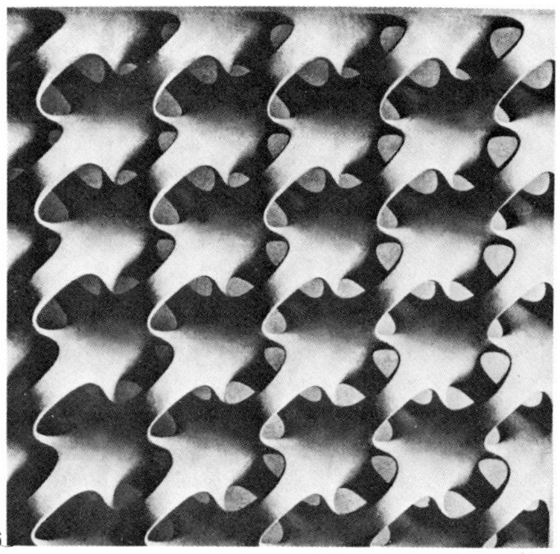

26

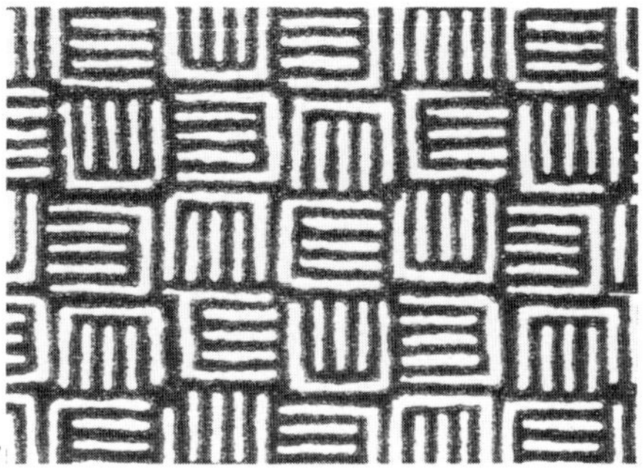

27

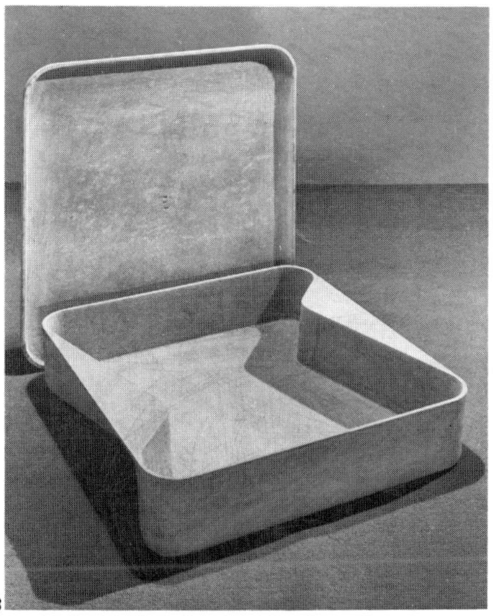

28

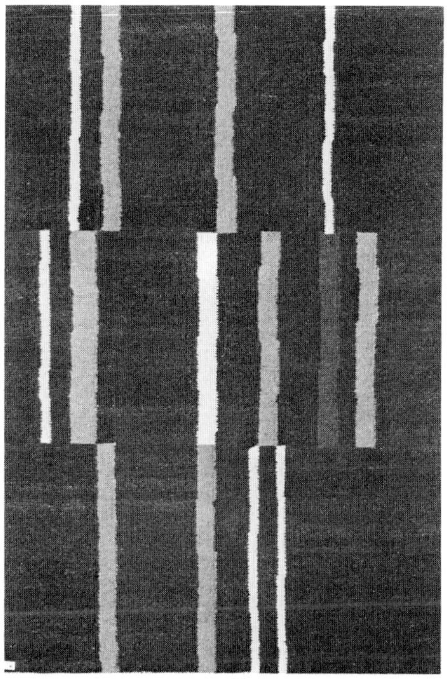

31

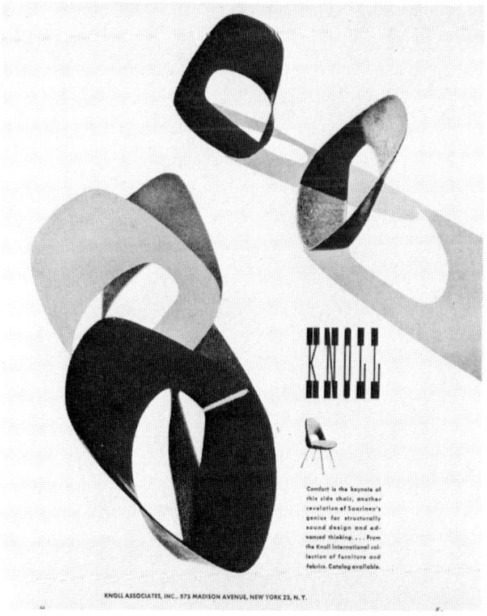

29

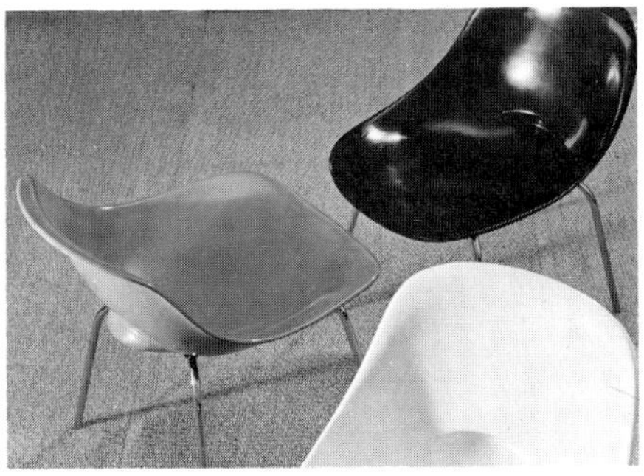

30

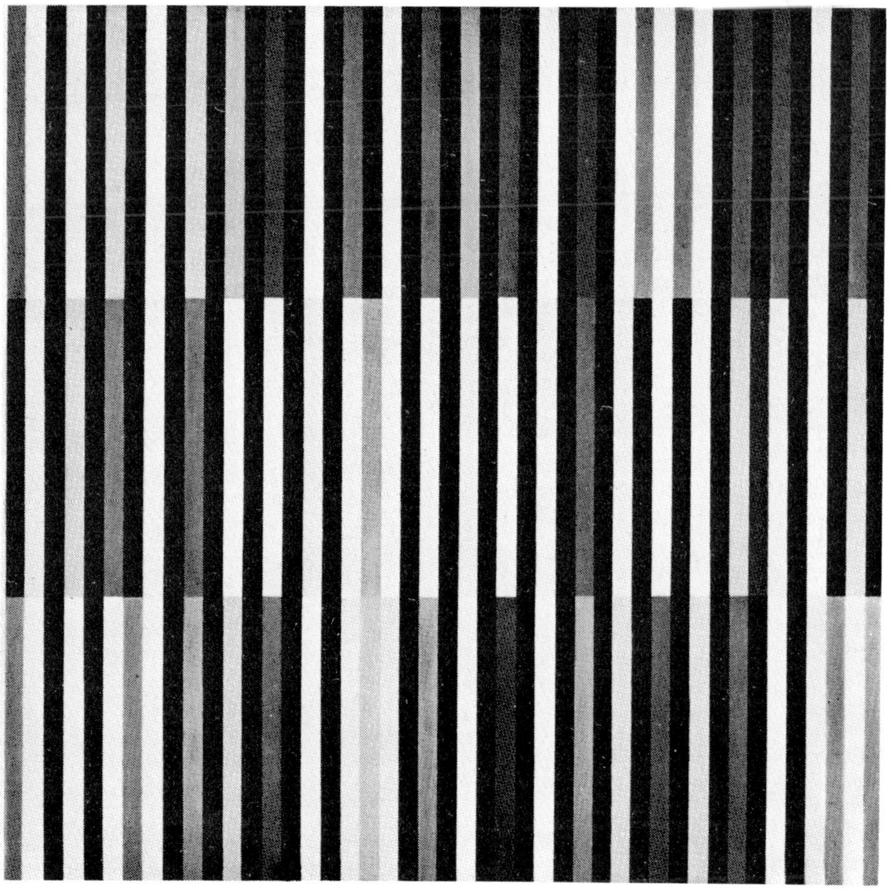

32

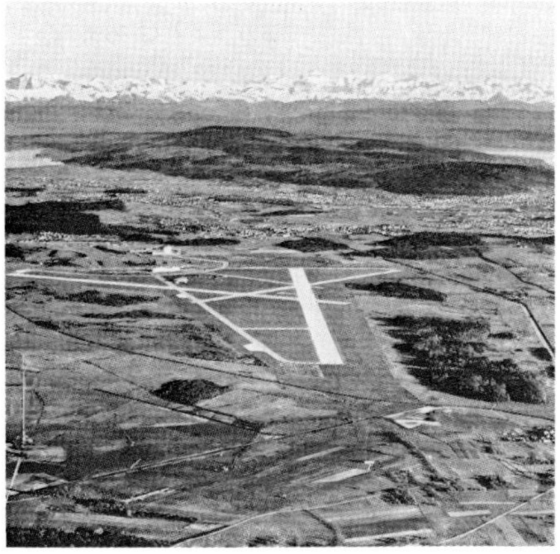

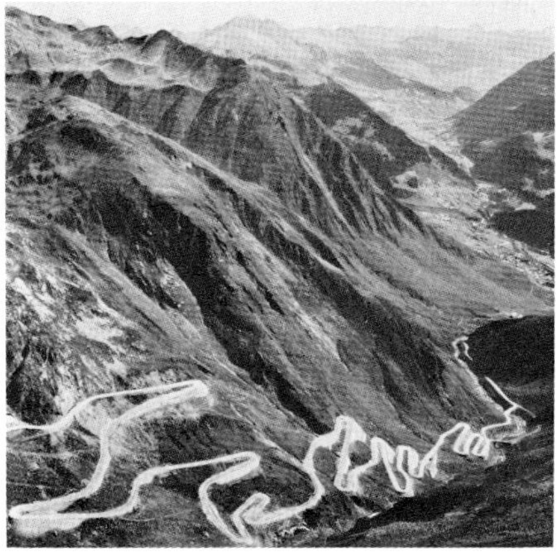

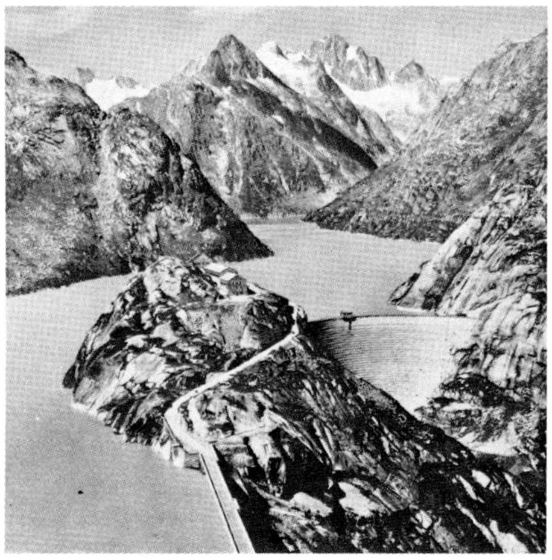

(GDS)

Sparsam und ordentlich: Nationaltugenden und der Geist des Kapitalismus

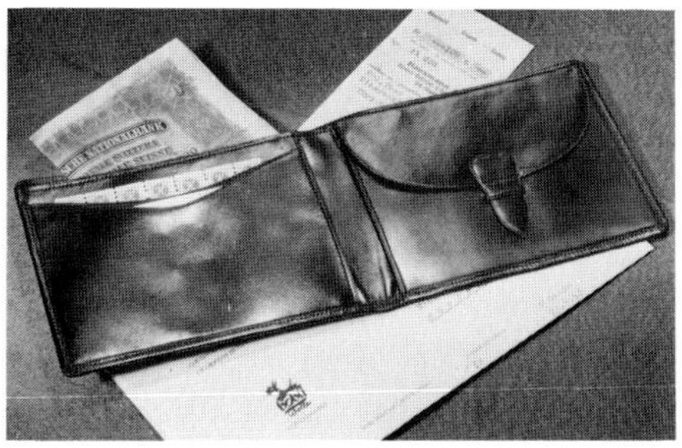

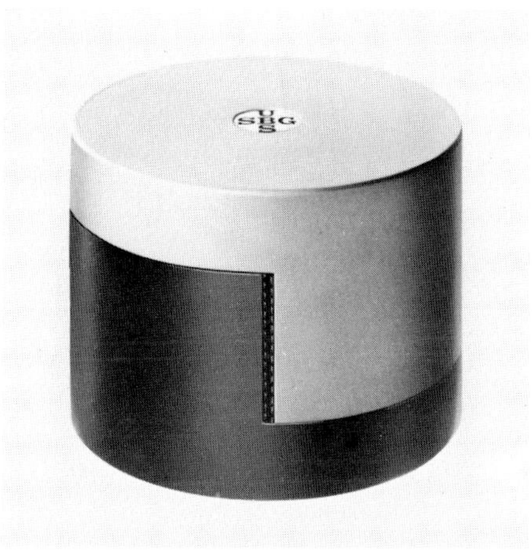

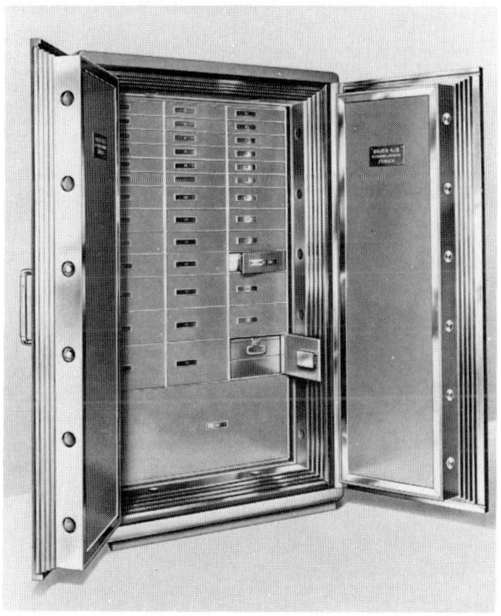

Portefeuille
Schneider/Oscar Eberli, Zürich
1948/1951

Sparbüchse
R. Grazioli/Injecta AG
1965/1966

Panzerschrank
Bauer AG, Zürich
1956/1957

In einer Broschüre, die das «Kantonale Gewerbemuseum Bern» und das «Industrie- und Gewerbemuseum St. Gallen» der Aktion ‹Die gute Form› widmen – die Austellung machte 1953 in den beiden Instituten Station –, heisst es: «Wir (die Schweizer) sind gewohnt, dass an der technischen Verbesserung unserer Erzeugnisse dauernd gearbeitet wird. Ein **hoher Standard** der **handwerklichen** und **technischen Qualität** unserer Produkte ist für die **Schweiz** eine anerkannte Notwendigkeit geworden, die mit der **Struktur** und dem **Ruf** unserer **Wirtschaft** zusammenhängt. Billige, qualitativ minderwertige Erzeugnisse, die zum Teil auch bei uns auf den Markt kommen und ihre Abnehmer finden» seien «häufig ausländischen Ursprungs». Den unverhohlenen **Nationalstolz** ergänzt die Bemerkung, allzuleicht unterliege die Form eines Produktes dem Urteil eines unentwickelten, zufälligen Geschmacks, während man sich in Fragen der Dauerhaftigkeit, Zweckmässigkeit und Wirtschaftlichkeit gerne dem Urteil des Sachverständigen unterwerfe – wir beurteilen «die Kultur vergangener und heutiger Völker weitgehend nach der Formung (!) ihrer Kunstwerke, ihrer Bauten, ihrer Geräte, ihrer Schrift und ihrer Gedanken». Wir wüssten, dass Gesicht und Gestalt eines Menschen stärkster Ausdruck seines Wesens seien, und wir würden täglich eine Spanne Zeit verwenden, um durch Pflege des Körpers, durch Haarschnitt und Kleider uns selbst zu gestalten. Weniger selbstverständlich scheine es, dass es auch eine Qualität der Form gebe. Häufig sei die «Formung» (!) der Häuser, unserer Möbel, unseres Geräts im Widerspruch zu unserem Wesen. Ihre Wahl sei durch ein spekulatives Angebot, zufällige Beeinflussung und durch momentane Mode bedingt. ‹Die gute Form› zeige «schöne und vorbildliche Dinge unserer Zeit»; die Ausstellungen sollen den Besucher anregen, «**Einfachheit, Klarheit, Sauberkeit,** aber auch Phantasie, Schönheit und Persönlichkeit» (→) in den Dingen zu suchen. – 1959 wird bei einem Rückblick auf einige wichtige Aktionen des SWB «seiner **Aufklärungsarbeit im internationalen Zusammenhang**» entscheidende Wirkung zugebilligt, und der Nutzen der ‹guten Form› für den Export «gut geformter schweizerischer Erzeugnisse» betont. – Zwei Jahre zuvor schreibt Max Bill (→), unter dem Titel «Schweizer Qualitätsprodukte», diese würden auf dem schweizerischen wie auf dem internationalen Markt wegen ihrer «**Solidität** und **Zuverlässigkeit** geschätzt». Überall dort, wo nicht das Billigste das Gute verdränge, würden sie Anerkennung finden. «Diese Art technischer Qualität ist für die Schweizer Produkte zur selbstverständlichen Voraussetzung geworden.» Und: «Wenn die **Schweizer** mit eigenen schönen Dingen umgeben sein werden, mit Dingen, die unserer Zeit entsprechen, die Ausdruck eines hohen Lebensstandards sind, dann werden diese

Informationsblatt des SWB zu: ‹Die gute Form 1952›.

Bill, M., op. cit. 1957.

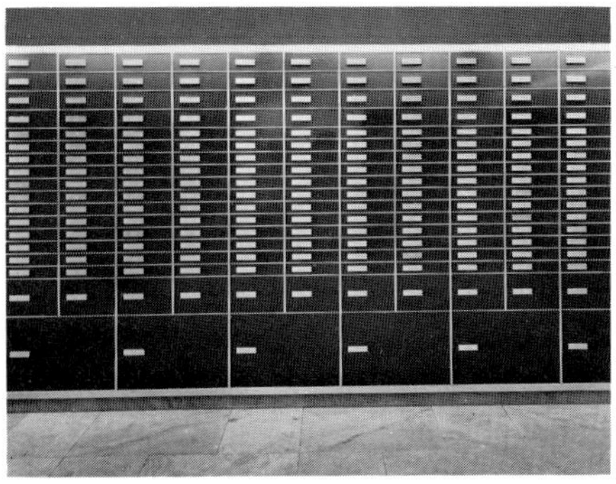

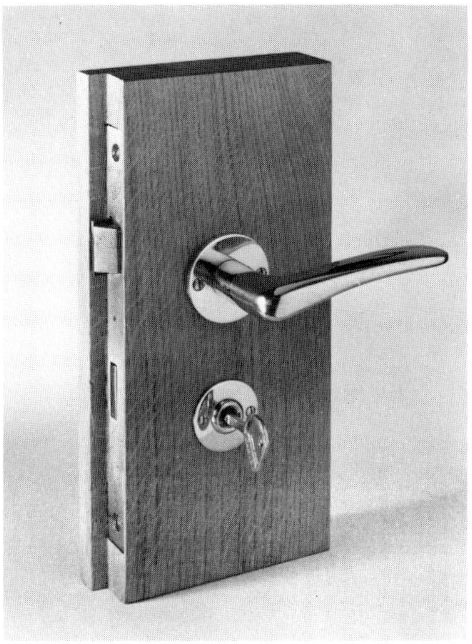

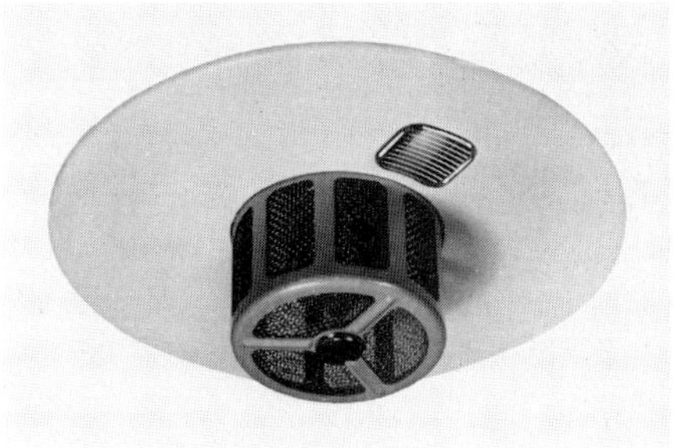

Sicherheit, Solidität

Safe-Anlage
A. & R. Wiedemar, Bern
1959/1960

Sicherheitszylinder
V. Glutz-Blotzheim Nachf. AG, Solothurn
1957

Feuermelder
Th. Lampart/Cerberus AG, Männedorf
1957/1961

gleichen Dinge auch zu begehrten **Exportgütern**» (→). Max Bill appelliert an die Schweizer Produzenten, ihre technisch perfekten Erzeugnisse so zu gestalten, dass sie durch ihre **Formqualität** Aufmerksamkeit erwecken. «Wir warnen vor einem Verharren im Althergebrachten ebenso, wie vor kurzlebigen Modeeinflüssen» (→). Theodor Brogle, Direktor der Schweizer Mustermesse, bezeichnet 1948 die Schweizer Mustermesse «als das grosse Schaufenster für Qualitätsware» – der «ästhetisch eingestellte Mensch» weiche «in seinem Privatleben dem Kitsch». Die Schweizer Mustermesse sei mit «Kitsch und Unkunst-Industrie-Produkten, verglichen mit anderen (...) Messen, allerdings weit weniger durchsetzt». «Für die Nation wie für den einzelnen wird unendlich viel davon abhängen, ob im **internationalen Wettbewerb**, auf den unsere Wirtschaft nun einmal eingestellt ist, gegenüber den Prinzipien der niedrigen Kosten aus Massenproduktion, das Prinzip der **hohen Qualität** Sieger bleiben kann» (→). Gregor Paullson fügt dem bei, der Deutsche Werkbund habe schon früh erkannt – er erwähnt den nationalliberalen Politiker Friedrich Naumann –, dass der ästhetische Wert einen Faktor der deutschen Exportpolitik bilde. 1948 scheint der Fortschritt solcher Bemühungen nur gering. Der Grund liege zum Teil in der schweizerischen Wirtschaftsstruktur – und: «etwas Schönes ist in unserem puritanischen und kritischen Land im vornherein schon ein wenig verdächtig.»

Bill, M., op. cit. 1957.

Bill, M., op. cit. 1957.

Brogle, Th., Der Qualitäts- und Formgedanke in der schweizerischen Industrie, Vortrag gehalten an der SWB-Tagung 1948 in Basel, publiziert in: WERK Sonderdruck, 1949.

Schenken wir doch den Prädikaten – «**Einfachheit, Klarheit** und **Sauberkeit**», «Schönheit und Persönlichkeit», «**Solidität** und **Zuverlässigkeit**» – die in einen Zusammenhang gebracht sind mit dem schweizerischen Qualitätsschaffen, die nötige Aufmerksamkeit. Forderung oder verifizierte Qualität – sie erscheinen als charakteristisch für das **Eigene, Schweizerische,** das unablässig von «Unkunst-Industrie-Produkten» und ausländischem Kitsch bedroht, in den industriellen Erzeugnissen seinen materiellen Ausdruck findet. Dies der Tenor: hier «Solidität und Zuverlässigkeit» – dort «Unkunst und Kitsch», zwischen den beiden Zonen eine Grenze, die weitgehend identisch ist mit der territorialen Grenze, die den «Nationalitätenstaat» Schweiz vom Ausland scheidet. Den Industrie-Erzeugnissen, die bei uns produziert werden, kommt die Aufgabe zu, diese Grenze im Bereich des Wahrnehmbaren zu festigen. Die expressive Funktion dieser Produkte hat nicht nur ihr Versprechen hinsichtlich der instrumentalen oder der utilitären Funktion zu erfüllen – das Erscheinungsbild, bedingt durch die mehr oder minder gute Form schweizerischer Produkte, ist so anzulegen, dass sie als «Schweizer Qualitäts-Produkte» kenntlich sind. Wird dies vom Artefakt geleistet, dann erkennen sich Schweizerinnen und Schweizer im hiesig Produzierten; das Artefakt signalisiert «Schweizerisches», «Schweizer Qualität», die, ins Erfahrbare transponiert, für die Exportindustrie unabdingbar ist im Kräftefeld der internationalen Konkurrenz. ‹Althergebrachtes›, wie es etwa 1939 das ‹Dörfli› der Landesausstellung und der sogenannte Heimatstil repräsentieren, kann nicht

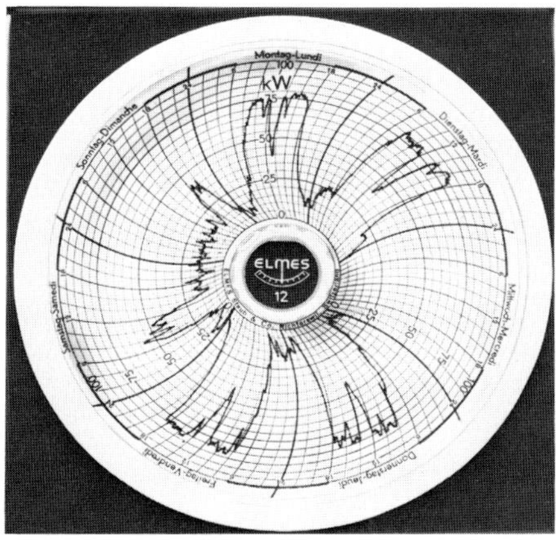

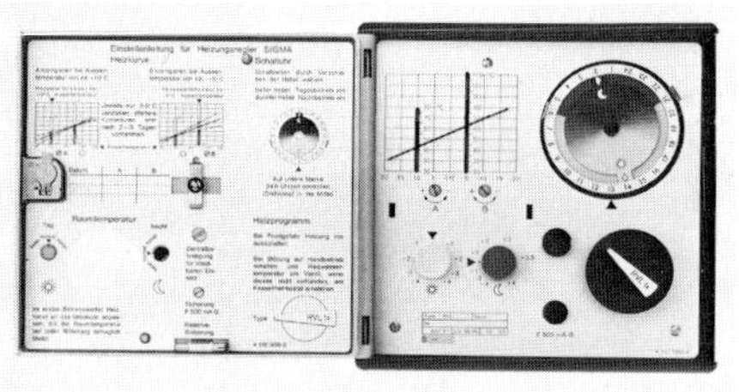

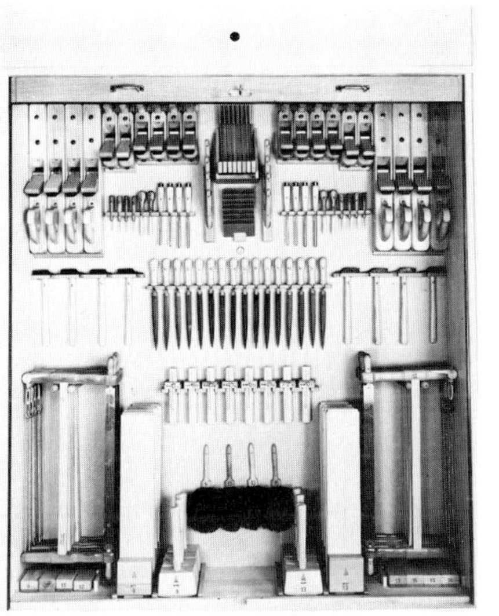

Ordnung

Kreisblattschreiber
Elmes, Staub & Co., Richterswil
1958/1959

Heizungsregelung
Landis & Gyr AG, Zug
1966/1967

Rolladenschrank für Schulwerkzeugsatz
Lachappelle AG, Kriens
1958

Kennzeichen der Industrie-Nation Schweiz sein. Diese beliebte sich zwischen 1949 und 1969 mit einer Sprache darzustellen, die reduzierte Äusserung, das Sachliche, den Verwendungszweck, «Solidität und Zuverlässigkeit» betonte und einen hohen Gebrauchswert der präsentierten Erzeugnisse zu versprechen imstande ist. Diese Erzeugnisse haben jene Inhalte darzustellen, auf die die Schweizer stolz sind, **National**tugenden sozusagen, so «unser» Sinn für Ordnung und Ordentlichkeit, Sparsamkeit, Arbeitsamkeit und Disziplin, Mässigung, Askese, Stabilität. Unsere Ideale: Solidarität, Gleichheit und Unabhängigkeit – unser Sinn fürs Demokratische.

Ludwig Hohl:
«Die Schweizer sind stolz, so schöne Berge geschaffen zu haben. – Schweiz. Die Starrheit ergreift nach und nach, ohne dass sie es merken, auch die besten, und sie werden wie mit einer Glasur überzogen. – Die charakteristischen Züge der Schweizer: Genauigkeit, Sparsamkeit und Hässlichkeit. Genauigkeit: zu denken an die besondere Art der Industrien, die in der Schweiz vorherrschen. – Post ist überall; aber in der Schweiz ist sie zuverlässig. – Geiz: der natürlich auch zu grösster Unbeweglichkeit des Wesens führt. – Hässlichkeit: nur zu erkennen, wenn man aus dem Ausland kommt! Und zwar nach so langem Aufenthalt, dass das Auge neutralisiert wurde. Langdauernde Ärmlichkeit wird wohl immer Hässlichkeit erzeugen, wenn sie mit Geiz gepaart ist.»

Kulturideal: Im folgenden bewegen wir uns massgeblich auf der Ebene der Kulturideale und der idealen Kulturmuster. Es ist wohl zu unterscheiden zwischen realen und idealen Kulturmustern. «Eine reale Kultur besteht aus der Gesamtsumme der Verhaltensweisen der Mitglieder einer Gesellschaft, insoweit diese Verhaltensweisen erlernt und gemeinschaftlich sind» (→). Die Ideal**muster hingegen sind Abstraktionen, die eine weitgehend übereinstimmende Meinung der Gesellschaftsangehörigen darstellen, wie die Menschen sich in einer bestimmten Situation verhalten sollten. Sie brauchen nicht vollumfänglich mit den wirklichen Mustern übereinzustimmen, üben jedoch eine normative Wirkung aus; häufig basieren sie auf der Erinnerung an die Dinge, wie sie einmal waren, und nicht so sehr auf der Beobachtung der Dinge, wie sie sind. Sie setzen, als Wertsystem, einen Massstab und sind das Resultat struktueller Bedingungen (ökonomischer, politischer, religiöser). Wenn sie jene positiv bewerteten Eigenschaften beinhalten, die der betreffenden Kultur substantiell erscheinen, werden sie zu Kulturidealen, die etwa in den bildnerischen Erzeugnissen und den sprachlichen Produkten als signifikant für den betreffenden Kreis angesprochen werden. Insofern reduzieren sie die soziale Realität immer auf ihren besseren Anteil, auf das, was – zwar latent vorhanden – als typisch erscheint und erstrebenswert fürs betreffende Kollektiv.**

Linton, R., Gesellschaft, Kultur und Individuum, Frankfurt 1974, S. 43.

In einer empirischen Studie, die 1964 anlässlich der Expo in Lausanne erschienen ist, ermittelte Luc Boltansky einige Werte des normativen Lebenszusammenhangs in der Schweiz (→). Zu diesen Werten gehören **Arbeitsamkeit, Leistungsstreben, Ausdauer, Ordnung, Sauberkeit, Sparsamkeit, Disziplin, Mässigung** – samt und sonders Prädikate, die entweder Voraussetzung sind für die ‹gute Form› oder aber ihr als Merkmal zukommen. Dieser Studie zufolge ist der **Nationalcharakter** der Schweizer, so wie diese ihn selber definieren, mit **Pünktlichkeit, Ordnung, Sauberkeit, Fleiss, Sparsamkeit** und **Seriosität** umrissen.

Nach Hollstein, W., Familienideologio und Familienwirklichkeit – Einige Bemerkungen über spärliche Daten, in: Wohlstand und Ordnung? Zur Soziologie der Schweiz heute, Basel 1978, S. 200 ff. im folgenden.

Die genannten Tugenden werden von den Befragten fast immer im Ensemble genannt. «Wer zum Beispiel Ordnung sagt, nennt auch Pünktlichkeit, Fleiss, Se-

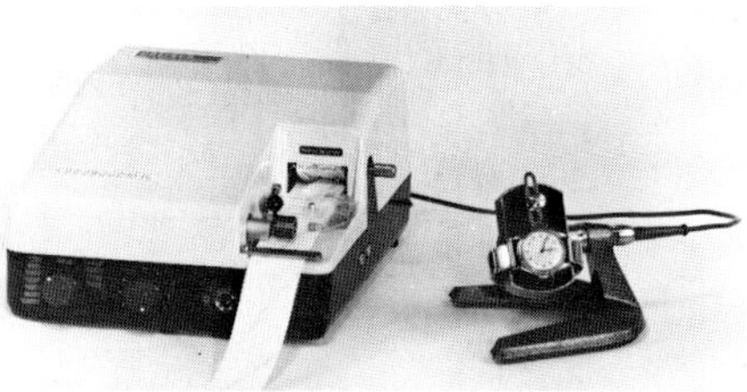

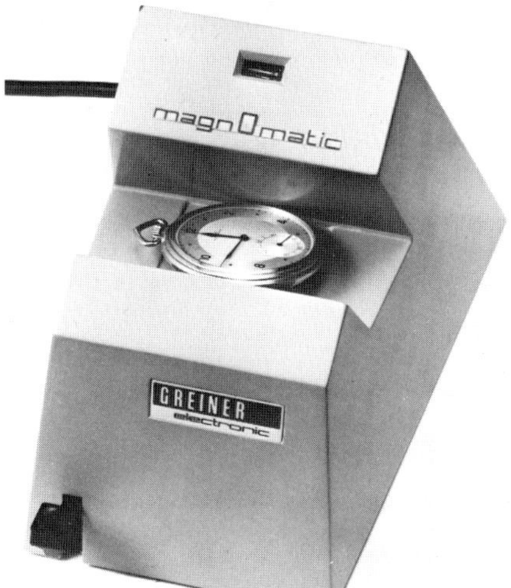

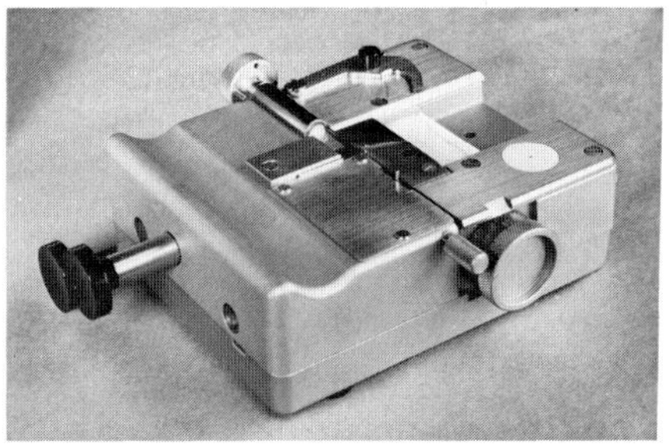

Präzision, Kontrolle

Uhrenprüfgerät
H. Oberli/Greiner Electronic AG, Langenthal
1958/1961

Entmagnetisiergerät
H. Oberli/Greiner Electronic AG, Langenthal
1961/1961

Pitonnierblock für Uhrenspiralen
Greiner Electronic AG, Langenthal
1957/1961

riosität; wer Sparsamkeit betont, meint auch Ordnung, Fleiss und Pünktlichkeit usw.» Das helvetische Wertsystem wird von Boltansky als «asketisch» bezeichnet – die Normen seien auch unter dem Begriff des «Währschaften» zu subsumieren. – Wilhelm Bikkel spricht Ursachen dieses Wertsystems im Ökonomischen an. Er zählt zu den langfristigen Eigenheiten der schweizerischen Industrie deren «Weltoffenheit und Weltverbundenheit, die sich aus der Kleinheit des Landes, seiner zentralen Verkehrslage» und dem «Fehlen aller Rohstoffe» erklärt, und die in dem hohen Anteil der Ausfuhr an der industriellen Produktion sichtbar wird. «Der angesprochene Exportcharakter wichtiger Industrien und damit auch der Industrie in ihrer Gesamtheit zwinge diese von jeher zu einem hohen Grad der **Anpassungsfähigkeit** an **konjunkturelle** und **strukturelle Veränderungen** auf den Weltmärkten und zu einem **hohen Leistungsniveau** aufgrund **qualifizierter** und **spezialisierter** Arbeit, stärksten Kapitaleinsatzes, steter Forschung, neuer Ideen und schöpferischer Unternehmerinitiative» (→). «Weltoffenheit» und «Weltverbundenheit» meint hier Abhängigkeit vom Ausland, genaues Beobachten des internationalen Marktes, kein blindes und unbekümmertes Wirtschaften, sondern ein An-sich-Halten, Voraus-Sicht, Weit-Sicht, Planung und Selbstkontrolle des eigenen Tun und Lassens. Hochentwickelte Kleinstaaten sähen sich wegen ihrer geringen Bevölkerungsgrösse vor allem mit zwei strukturellen Einschränkungen konfrontiert: die internen Märkte sind zu klein, um die Basis für eine autarke Entwicklung abzugeben – die verfügbare Zahl der Personen und der Umfang der materiellen Mittel ist zu gering, um einen ähnlich hohen Grad an Differenzierung von Organisation und Rollen zu erlauben, wie grosse Länder (→). Das heisst Abstimmung auf das Ausland und Spezialisierung, Präzisierung der Wirtschaftstätigkeit, Genauigkeit und Seriosität, Pünktlichkeit und Fleiss, justament Eigenschaften, die dem Asketischen zukommen und in der ‹guten Form› veräusserlicht, das heisst dinghaft geworden sind. Zudem fördert der «Finanzplatz Schweiz» – Umgang mit Kapital, Rechnen, Kalkulieren – die erwähnten Werte. Werte dominieren, wie Arbeitsamkeit und Leistung, Sparsamkeit (Geiz?), Mässigung und Disziplin, die gleichbedeutend sind mit fügsamem und angepasstem Verhalten. Der **Verzicht auf triebhafte Wünsche** und Gelüste gewährleistet ein hohes Mass an **Selbstbeherrschung** und **Kontrolle** in den Formen des alltäglichen Umgangs, die sowohl im ‹Schweizerischen Qualitätsschaffen›, in der Fremdenindustrie wie im Strassenbild der Schweizer Städte und in den kontrollierten Formen bildnerischer Erzeugnisse des Industrial Design (‹Die gute Form›) ihre Repräsentanten finden. Nicht umsonst hat die konkrete Schule (Lohse, Bill, Graeser) in Zürich einen festen Sitz. Aus den Zeugnissen dieser konkreten Schule, die damals übrigens intensive personelle Beziehungen zur ‹guten Form› unterhalten hat, spricht ein hohes Mass von **Rationalität,** bürgerlicher Rationalität (Weber), operationeller Rationalität (Marcuse): Es besteht der berechtigte Grund zur Annahme, dass diese Rationalität – Selbstbeherrschung, An-sich-Halten, Selbst-Kon-

Bickel, W., Wachstum und Strukturwandel der Wirtschaft, in: Die Schweiz seit 1945, Bern 1971, S. 71f.

Höpflinger, F., Kleinstaat und Grossunternehmen, in: Wohlstand und Ordnung?, Basel 1978, S. 41.

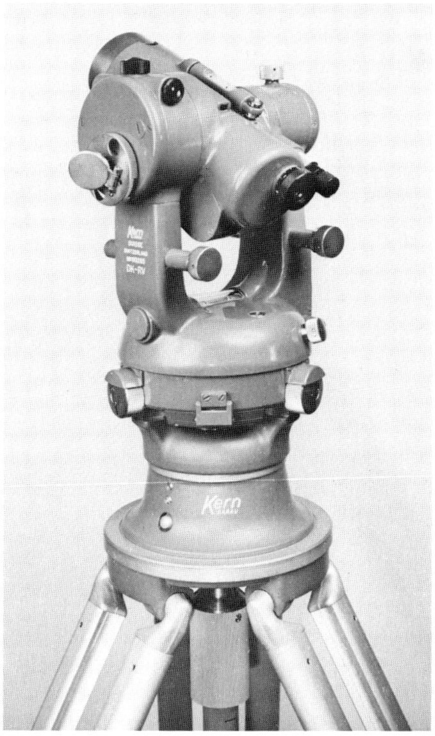

Doppelkreis-Reduktionstachymeter
Kern & Co. AG, Aarau
1956/1959

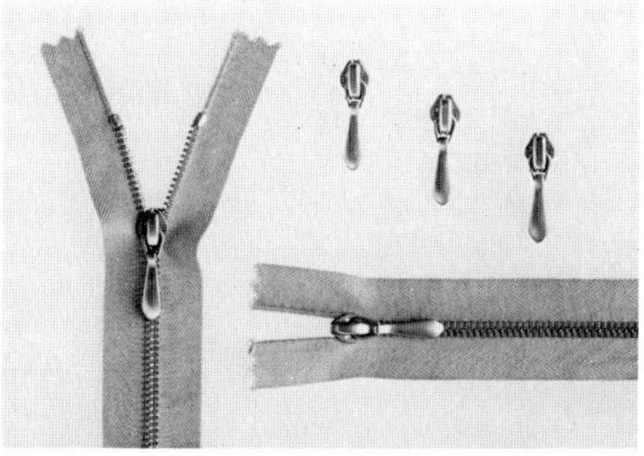

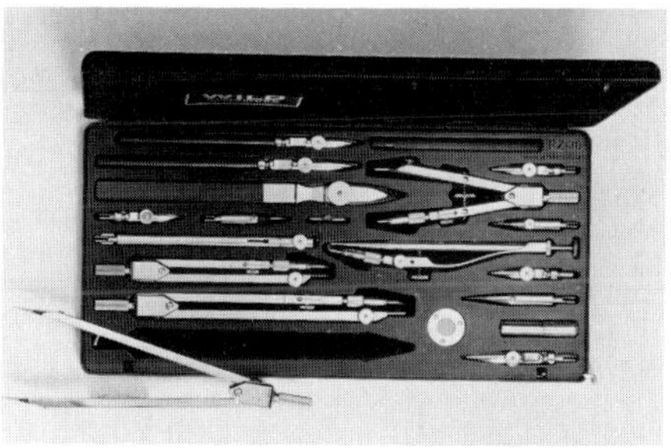

Präzision, Rationalität, Zweck

Reissverschlüsse
Color Metal AG, Zürich
1958

Reisszeug
Wild AG, Heerbrugg

trolle und Kontrolle der Mittel, die man produktiv in den Händen hält – ein **homogener Charakterzug** ist, dass also derjenige, der sich auf einem Gebiet rational verhält, mit grosser Wahrscheinlichkeit dies auch auf anderen Gebieten tun wird. Die wirtschaftliche Position dieses Landes legt seinen Bewohnern einen restriktiven Habitus nahe, den Schule und Familie schon früh vermitteln und befestigen. – Wenn es ein Bürger für nötig erachten sollte, sich irgendwie zu irgendwas zu äussern, dann bitte: objektiv, ausgewogen und sachlich (→).

Die Dreifaltigkeit der drei Eigenschaftswörter hätte man ins weisse Kreuz zu schreiben. – «Dazu kommt ein Arbeitsethos, das, im Laufe der industriellen Entwicklung nie in dem Umfange wie in anderen Industrieländern durch die Vermassung der arbeitenden Bevölkerung korrumpiert, in der gut gemachten Arbeit an einem guten Werkstück entscheidende Befriedigung findet.» Rotzler, W., gute Formen aus der Schweiz, in: ‹gute form aus der schweiz›, Ausstellungskatalog, München 1957.

Dieser Habitus verträgt sich nur zu gut mit einem Autonomie-Streben, das im Prädikat ‹freiheitsliebend› zum Ausdruck kommt und einen gewissen **Eigensinn** im Schlepptau hält. Eigensinn, dies meint nicht nur forcierte schweizerische Eigenart, wie sie die industrialisierte Schweiz in ihrem bislang skizzierten Wertsystem zu vertreten geruht, dies meint auch das übliche Verhaltensmuster der Nationalstaaten (→), ethnische Merkmale der eigenen Sphäre hervorzuheben und sich auf gemeinsame Vergangenheit, gemeinsame «völkische Herkunft», Sprache, Sitte und Brauchtum zu berufen. Freiheitsliebend war man, dem naiven Tenor horchend, hier bei uns seit eh – und der Schwierigkeit, die vier Landessprachen, die Verschiedenheit der Kulturen daselbst auf einen grossen gemeinsamen Nenner zu bringen, wird mit der heim-zündenden, ein-leuchtenden Formel der «Einheit in der Vielfalt» (1939) begegnet. ‹Die gute Form› ist schweizerisch nur, insofern sie die industrialisierte Schweiz repräsentiert; mit dem Bodenständigen, der Hellebarde und Wurzelkunst, steht sie auf Kriegsfuss; sie begleitete eher die fortschrittlichen Kräfte und befürwortet eine «Harmonie», die das liberale, fortschrittliche und weltoffene Bürgertum idealisierend zu seinen hohen Werten zählt.

Nationalismus ist ihre Ideologie.

Hohl:
«Harmonie ist Bach, aber nicht die Schweiz.»

Keine monokausale Begründung: Eine weitere historische Ursache für die Betonung erwähnter Werte ist wohl das Wechselspiel zwischen industrieller Produktion und dem Arbeitsethos des Protestantismus. Die Geographie der ‹guten Form› zählt bezeichnenderweise **Basel** und **Zürich** zu ihren Zentren.Sparsamkeit und Kapitalakkumulation sind hier in einem hohen Mass ausgebildet worden. Sparsamkeit im ökonomischen Bereich, **Askese** und Selbstkontrolle finden ihre Parallele in der Sparsamkeit, der Ökonomie der Mittel, der kontrollierten Form, in der asketischen Ausgestaltung industrieller Erzeugnisse, deren Seriosität und Solidität auf jene ihrer Produzenten hindeuten. Kein Prunk, **kein Flimmer und Glitter,** ohne Embleme und Zeichen, die an feudale Vorbilder erinnern würden. Tatsächlich hat dieses Land keine feudale Vergangenheit. Der Schweiz fehlte ein eigentlicher Feudaladel, kein Karlsruhe, kein Versailles, traditional ist wenig chevalesker Prunk auf «uns» gekommen (→); der Sinn für unbescheidene Selbstdarstellung fehlt weitgehend, **Bindung** an den **Zweck**, das **Nützliche** scheint erstes Gebot. Ornamentales Surplus, elegante Figur, nutzloser Zierat, dessen Funktion es ist, geradezu auratisch die jewei-

Lese bei Höpflinger, F., op. cit. 1978, S. 16 f.

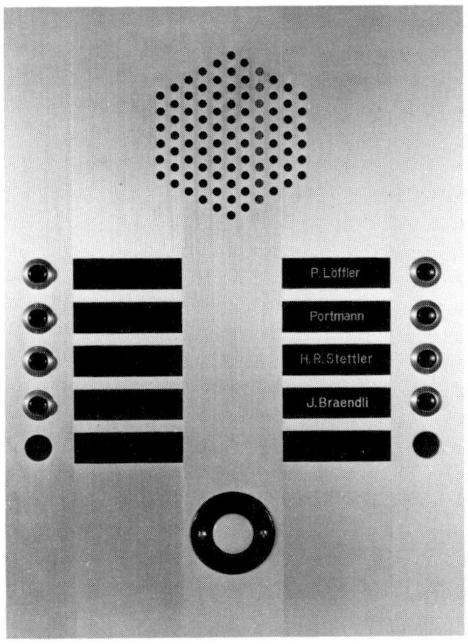

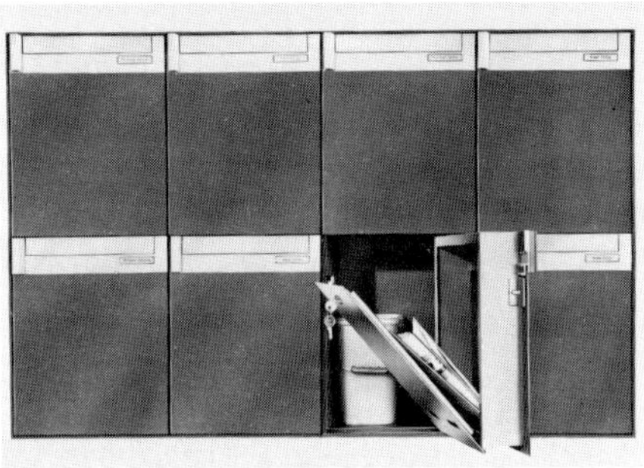

Ordnung und Ruhe

Sonnerie mit Gegensprechanlage
Ing. H. Fahr, Basel
1951/1961

Brief-/Milchkasten
Metallbau Kehrer, Allschwil
1966/1966

lige soziale Sphäre distinktiv zu befestigen, ist hierzulande wenig gefragt. Wenn befestigt wird und abgegrenzt, dann mit wohlständigen, **währschaften** und **behäbigen** Mitteln oder den Mitteln der Reduktion – mit einer **prätentiösen (!) Bescheidenheit.** Trügerische Selbstbescheidung: hierzulande ist Eloquenz und Souplesse verdächtig. Man hält es mit den **Kargen,** den Wortkargen, die in kurzen Sätzen (Bichsel), reduzierte Äusserung (‹Die gute Form›), ihren Vers vortragen, ihre Botschaft verkünden oder ihre Moral darlegen. Sarkasmus und Ironie sind fehl am Platz; der Humor, bündig, träge und schrullig, wie er hierzulande nun einmal ist, hat sein solides Gefäss: den «Nebelspalter» (→).

Nebelspalter: Blatt für Schweizer Humor.

Freilich wäre es Eigensinn und Naivität, des Schweizers Nationalcharakter, so wie ihn Boltansky recherchierte, für bare Münze zu nehmen. Selbst wenn wir den Kulturidealen einen gewissen Wahrheitsgehalt zumessen, stellt sich bei einem Blick über die Grenze die Frage, ob denn die Schweiz punkto Pünktlichkeit, Solidität, Sauberkeit, Selbstbeherrschung und Disziplin wirklich einmal mehr ein **Sonderfall** ist unter den hochindustrialisierten Nationen. Kommen diese Eigenschaften nicht eher den Bewohnern der hochindustrialisierten Welt ganz allgemein zu? Werden **Zuverlässigkeit, Präzision, Ruhe** und **Ordnung, Sauberkeit** und **Disziplin** nicht von allen Industrie-Ländern in einem hohen Mass reklamiert, um die «grosse Maschinerie» (Marx) in Bewegung zu halten, deren Reproduktion zu gewährleisten und Wachstum zu fördern. Historisch betrachtet: waren diese Eigenschaften nicht seit Anbeginn bürgerlichen Wirtschaftens eine Notwendigkeit zur Entwicklung der Produktivkräfte gewesen (→)? Werden sie nicht von deren **nutz**-bringenden Verwertung im Bereich der Produktion wie des Warenaustausches und des Austauschs von Kapital verlangt? Sind sie, ihre Herkunft suchend, nicht signifikant für die kapitalistische Ordnung und was sie konkurriert? Sind sie nicht, wie angedeutet, Ausfluss oder gar Synonym einer technologisch-operationellen Rationalität (→)? In gebotener Kürze, terrible simplification: Werner Sombart misst dem Unternehmertyp, der typisch geworden ist für das Zeitalter der Industrialisierung, zwei sittliche Qualitäten zu, nämlich **Rechnen** und **Sparen** (→). In einem Kapitel, das mit «der moderne Wirtschaftsmensch» umschrieben ist, nennt er «Fleiss, Sparsamkeit, Ehrbarkeit (Industry, Frugality, Honesty)». Fleiss: das Tempo des Betriebs entscheidet über das Tempo des Unternehmers. Er könne ebensowenig faul sein, wie der Arbeiter an der Maschine. Das **Sparsamkeits**prinzip: «Verschwendung ist im kleinsten zu bekämpfen (...) . Sie ist eine fressende Krankheit, die sich nicht lokalisieren lässt» (Rathenau). Die Hauptsünden heissen – und Sombart begründet sie aus der Ethik des Calvinismus wie aus jener der Römischen Kirche – **Sinnlichkeit, Fleischeslust** und **Üppigkeit** (→). «Beschäftigung mit nützlichen Dingen» wird im Rahmen der puritanischen wie der thomistischen Ethik gefordert, verpönt sind Sport, Spiel, Jagd und Maskeraden; Mässigkeit wird gefordert, Sparsamkeit, **Ökonomie der Mittel** – kurz und gut: eine «**Rationali-**

Im besonderen: Technologie, Forschung, Know-how und Know-why(!).

Marcuse: «Das totalitäre Ganze technologischer Rationalität ist die letzte Umbildung der Idee der Vernunft . . .» Marcuse, H., Der eindimensionale Mensch, Neuwied und Berlin 1967, S. 139.

Sombart, W., Der Bourgeois, München und Leipzig 1913, S. 188.

Sombart, W., op. cit. 1913, S. 329.

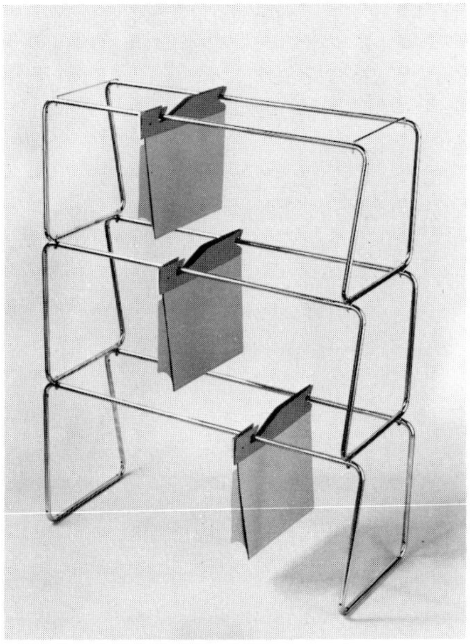

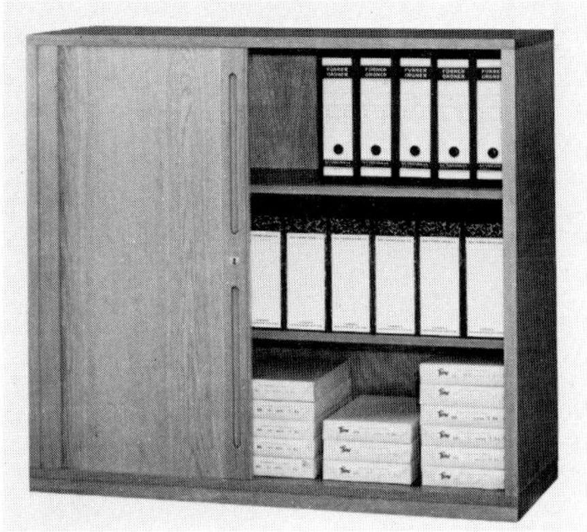

Kontrolle, Übersicht, Disziplin

Hängeregistratur-Gestell
Rud. Fürrer Söhne AG, Zürich
1953/1954

Rolladenschrank
Rud. Fürrer Söhne AG, Zürich
1953/1954

sierung der Lebensführung», die in einen Kontrast zur seigneuralen Lebensgestaltung getreten ist, Zurückhaltung und ein Ansichhalten, **Selbst**kontrolle, **Kontrolle** des **Raumes,** der **Dinge** und der **Zeit.** «Zeit ist Geld», schreibt Benjamin Franklin (→). **Fleissig, mässig, sparsam** und **besonnen** habe der Bürger zu sein, wohlanständig und korrekt (→). «Die gesamte Tätigkeit untersteht einer höchstmöglichen, einer tunlich absoluten Rationalität.» Diese sei seit jeher ein Bestandteil des kapitalistischen Geistes gewesen. Sie habe sich seit jeher in der **Plan**mässigkeit, **Zweck**- und **Rechnungs**mässigkeit der Wirtschaftsführung geäussert (→). Und: «Auf reine Tauschgüterproduktion (Waren, p.e.) ist die Wirtschaft ausgerichtet.» Entscheidend sei die Warenabsatzfähigkeit; daher die **Indifferenz des modernen Unternehmers gegenüber der Produktion von Schundwaren und Surrogaten.** Heute (1913!) habe allerdings eine Bewegung eingesetzt, die auf eine «Hebung der Qualität» abziele.

Sombart, W., op. cit. 1913, S. 154.

Sombart, W., op. cit. 1913, S. 162.

Sombart, W., op. cit. 1913, S. 230.

In der Beschreibung des «Innern Habitus» pflichtet Max Weber (→) den Texten Sombarts weitgehend bei. Die Rationalität des occidentalen Kapitalismus sei wesenhaft durch die Berechenbarkeit der technisch entscheidenden Faktoren bestimmt; durch Unterlagen exakter Kalkulation (→). Das ‹Ideale Kulturmuster› stellt dem Schein, Flitter und Prunk eine Ehrlichkeit, eine nüchterne **Einfach**heit entgegen, die mitsamt den andern Eigenschaften, die dieser Ethik zukommen, signifikant ist für die Bemühungen der ‹guten Form›. Ja diese erscheint, so betrachtet, gleichsam als Illustration der angesprochenen Ethik. **Disziplinierter Habitus** und **disziplinierte Form des Geräts,** Effizienz, Selbstbeherrschung und Kontrolle des zu verarbeitenden Materials, Selbstdisziplin bei der Produktion jener «schönen, guten, sauberen» und nützlichen Dinge, die dem Werkbund zwischen 1949 und 1969 besonders lieb gewesen sind. Rechnerisches **Kalkül** hier wie beim Wirtschaften, eine «**Werkheiligkeit**» (→), Askese als Sollwert, **Disziplinierungen,** wie sie die bürgerliche Ethik dem Bürger predigt und die Praxis industrieller Produktion, hervorgerufen durch eben dieses Bürgertum, bedarf. (Als gutes Beispiel die bürgerliche Kleidung: der Gentleman betrachtet Unaufdringlichkeit als wahre Eleganz (→), Unaufdringlichkeit, prätentiös vorgetragen, die ein Kennzeichen ist der ‹guten Form›).

Siehe Sombart, op. cit. 1913, 329 f.

Weber, M. Vorbemerkung zu den gesammelten Aufsätzen zur Religionssoziologie in: Die protestantische Ethik I, Tübingen 1979.

Weber, M., Die protestantische Ethik und der Geist des Kapitalismus, in: Die protestantische Ethik, op. cit. 1979, S. 132.

Siehe Bahr, H.-D. Missgestalten, Lollar, Lahn 1976.

Die Form der Geräte ‹guter Form› spiegelt (u. a.!) eine spezifische Art der Bezogenheit, die Ordnungsliebe und Reinlichkeit eigensinnig favorisiert und Kontrolle und Macht über die Dingwelt üben möchte. ‹Die gute Form› und ähnliche Phänomene deshalb unbedacht in die Nähe des ‹Analen› zu rücken, das laut Erich Fromm die moderne Welt als Charakter-Zug durchzieht (→), wäre kurzschlüssig, obgleich Zurückhaltung und Disziplin, die Ästhetik des Reinen, überdeutlich seit den Rationalisierungsbemühungen nach 1900 in Erscheinung treten. Norbert Elias hat dargelegt, ohne der Kontrolle der ersten Natur die gebührende Aufmerksamkeit zu schenken, wie **Fremd**- und **Selbst**kontrolle (→), zunehmend

Fromm, E., Anatomie der menschlichen Destruktivität, Stuttgart 1974, S. 266 – Fromm folgend manifestiert sich der anale Charakter in einem Syndrom von Charakterzügen, die Eigensinn, peinliche Ordnungsliebe und übertriebene Sparsamkeit, Pünktlichkeit und Reinlichkeit heissen.

Kontrolle über die erste und zweite Natur, die Gesellschaft (Staat) und in Abhängigkeit davon die Kontrolle über sich selbst. Siehe Elias, N. 1977.

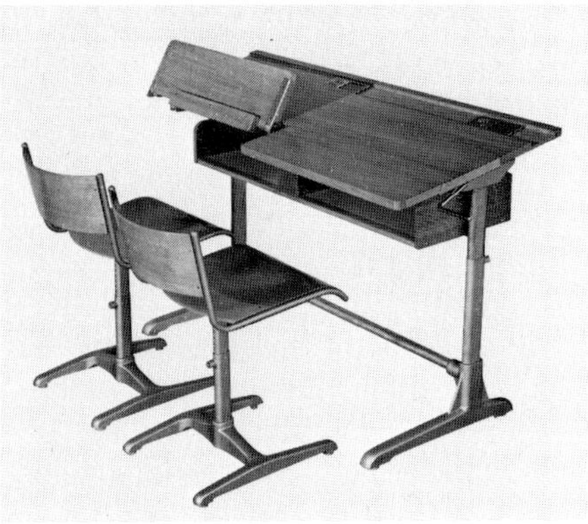

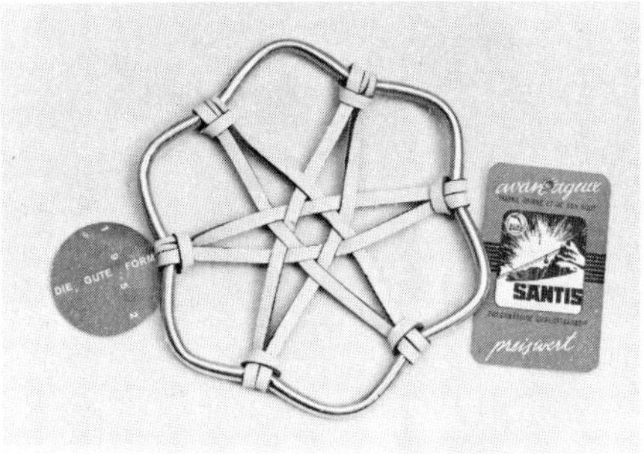

Disziplin . . .

Schülerpult und Stuhl
Reppisch-Werke AG, Dietikon
1953/1954

Skistockteller
Albert Lutz AG, Teufen
1952/1953

gewachsen sind seit dem ausgehenden Mittelalter. Seine Studie «Über den Prozess der Zivilisation» ins industrielle Zeitalter verlängert, wären die neuen Figurationen, die die Menschen im 19. und 20. Jahrhundert bilden, zu recherchieren, nämlich: die Disziplinierungen der Arbeiter im Betrieb, **Bürokratisierung,** zunehmendes **Machtmonopol** des Staates, Monopolbildungsprozesse im dezentralen Gefüge der industriellen Produktion, **Konvergenz** und **Divergenz**, anarchisches Wirtschaften und Systematisierung, forcierte Ordnung, Eingliederung, Unterwerfung unter die Hegemonie der grossen Maschinerie (→).

Zum Thema Askese: Siehe B. Groethuysen, A. Weber, G. Simmel und N. Elias.

Nationale (schweizerische) Wertschätzungen und Wertschätzungen der industrialisierten Welt, der bürgerlichen Klasse, die teils auch für jene Klassen verbindlich geworden sind, die sie abzulösen trachtet, scheinen sich, hier bei uns, bestens zu vertragen. Kein Wunder. Mögliche Widersprüche zwischen nationalen und transnationalen Tendenzen, die der ‹guten Form› Vorschub leisteten, sind gänzlich marginal. Zwei Bedingungen für denselben Gegenstand, Kräfte, die das Objekt erst realisieren, könnten ursächlich einander ausschliessen, ohne dass ihre fördernde Wirksamkeit für dieses Ereignis oder jenes Phänomen darunter leiden würde.

(CH)

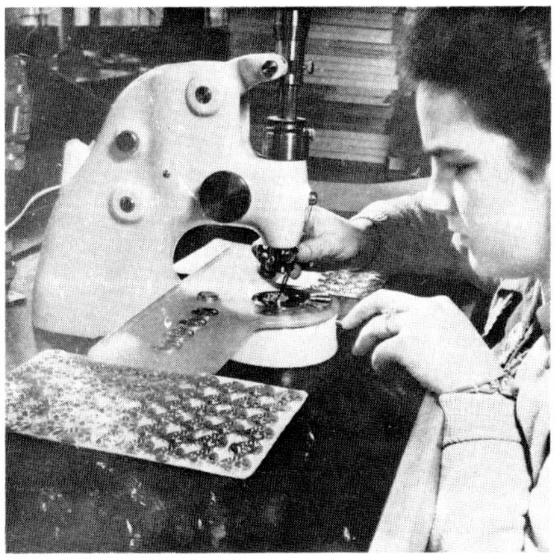

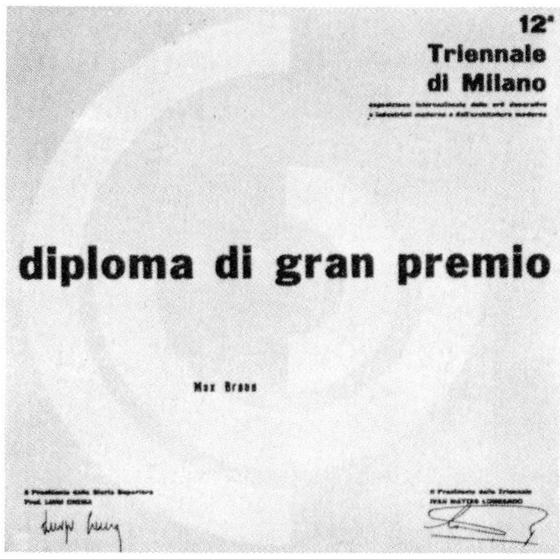

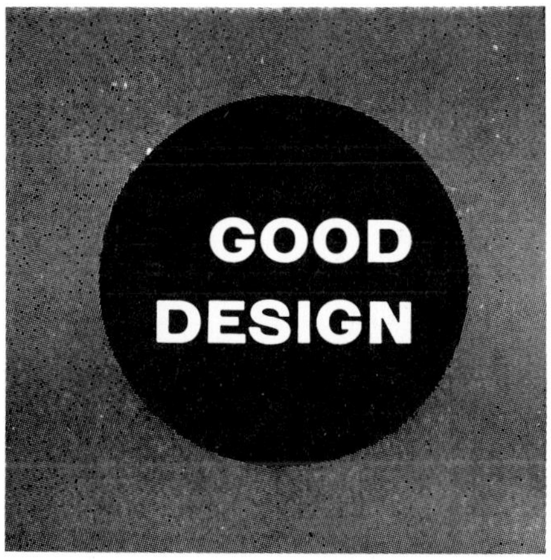

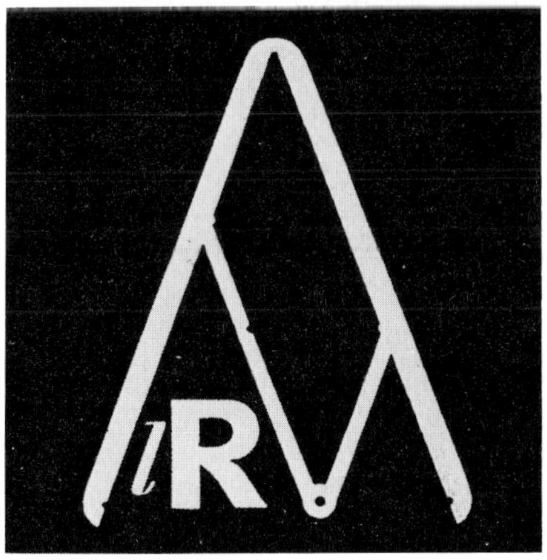

Parallele Aktionen

Triennale di Milano

Good Design, Chicago

Il compasso d'oro la Rinascente, Mailand

Der Geschäftsbericht des Schweizerischen Werkbundes (1950/51) redet vom Wunsch des Eidgenössischen Departements des Innern (EDI): Die Schweiz solle auf der nächsten internationalen Schau des Kunstgewerbes, der Triennale von Mailand, wieder mit einem Beitrag vertreten sein. Das EDI beauftragt den SWB, die Ausstellung einzurichten. – 1953 beliefert der SWB die «grossangelegte internationale Ausstellung» des Landesgewerbeamtes Baden- Württemberg/Stuttgart. Die Schau habe eine Dokumentation gutgeformter Geräte vermittelt. Es sei «interessant und erfreulich zugleich gewesen, die Qualität der Schweizer Produkte unmittelbar mit den Geräten aus anderen Ländern vergleichen zu können» (→). Unsere Chronik informiert über die Auslandsmissionen des Schweizerischen Werkbundes, die, unterstützt vom EDI und der Pro Helvetia (→), nach eigenen Aussagen nicht ohne Erfolg geblieben sind. Dem Werkbund kommt während den Jahren der ‹guten Form› die Rolle eines **Agenten** zu, eines Commis voyageur, Botschafters des schweizerischen Qualitätsschaffens. 1964 nach einem Besuch der Industriemesse Hannover stellt der Geschäftsführer des SWB fest, die Jury der ‹guten Form› sei strenger als die dortige, die die «gute Industrieform» auszeichnet (→). In «Formen und Normen der industriellen Produktion» erwähnt W. Braun-Feldweg das «schweizerische Formschaffen» lobend. – Mit grosser Offenheit charakterisiert er den einen Zweck der ‹guten Form›: «Die gute Form soll verkaufen, besser verkaufen. Der Aufwand des Herstellers soll sich lohnen» (→).

SWB-Geschäftsbericht 1953.

Stiftung Pro Helvetia, gegründet 1939 (!), seit 1983 Schweizer Kulturstiftung Pro Helvetia.

SWB-Geschäftsbericht 1964.

Braun-Feldweg, W., op. cit. 1954, S. 88.

Gesamteuropäisch betrachtet ist die Nachkriegszeit, trotz mannigfacher Neuerungen, eine Epoche der **Rekonstruktion.** Restauriert sind, strukturell betrachtet, die politischen und die ökonomischen Verhältnisse der Vorkriegszeit. Unverkennbar ist der **Einfluss der USA.** Im Rahmen des Marshallplans hilft sie der westdeutschen Wirtschaft und beeinflusst direkt und indirekt die dortigen Konsumgewohnheiten. Die Gründung der GATT (→) weist hin auf einen allgemeinen Trend zur Liberalisierung der Handelspolitik, Zollsenkung und Abbau der Einfuhrbeschränkungen, der wesentlich zu einem **verstärkten Konkurrenzkampf** der Industrienationen beiträgt. 1949 wird die westliche Besatzungszone Deutschland zum Bundesstaat (BRD): Der regsamen Wirtschaft ist ein Staatsapparat beigegeben, der, besorgt um die Reproduktion der Produktionsbedingungen, seinen Anteil dazu leistet, das ökonomische Kräftefeld um eine weitere ernstzunehmende Kraft zu ergänzen. So besehen ist das erwähnte Interesse des EDI und der nationalen Wirtschaft für die Bemühungen des SWB gut verständlich. – Der SWB leistete mit seiner Aktion einen Beitrag zum Erscheinungsbild der Ware und damit zur Konkurrenzfähig-

GATT: General Agreement of Tariffs and Trade, 1947.

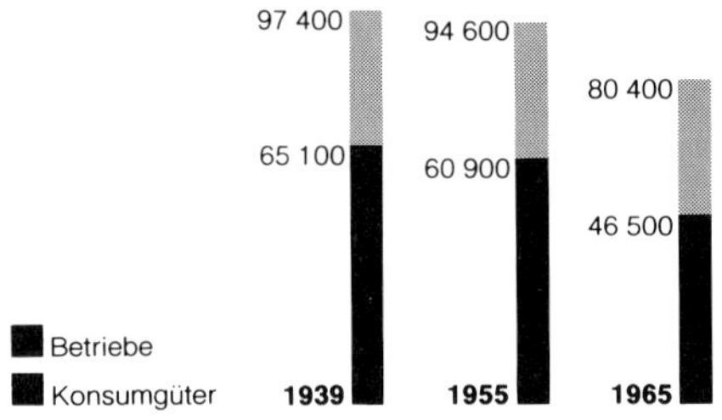

Anzahl Betriebe

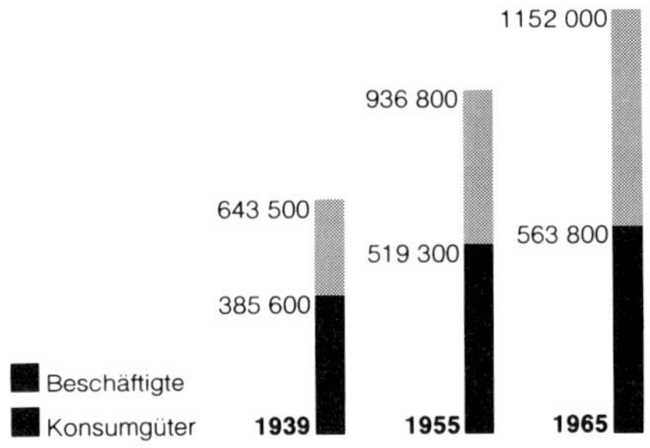

Anzahl Beschäftigte

nach Bickel, in: Die Schweiz nach 1945

keit der nationalen Industrie. Den Versuch, Marktanteile jenseits der Landesgrenze zu erobern, begleitet das Anliegen, auch Einheimische davon zu überzeugen, dass Selbstproduziertes gleichbedeutend ist mit hoher Qualität. Der andauernde Erfolg der ‹guten Form› bis hin zur Hochkonjunktur, ihr Einfluss auf die güterproduzierende Wirtschaft, ja auf ein Unternehmertum, das sich dem Diktat des ideologischen Apparates SWB beugte und mitnichten auf die Hilfeleistung dieses Agenten verzichtete, gründet einerseits auf den Folgen der internationalen Entwicklung im Gefüge konkurrierender Nationalökonomie, anderseits auf deren Folgen im binnenwirtschaftlichen Verband. Das **mittlere** Unternehmertum ist in der Nachkriegszeit zunehmend **bedroht** (→). Die ‹gute Form› hat eine Option vorgezeichnet, **schweizerische** Produkte gegenüber jenen **ausländischen** zu differenzieren, die im Schwange der anhaltenden Konjunktur nach dem Kriege den **modischen Trends** eines lauten, schmissigen und schnellebigen Stylings anheimgefallen sind. Mit der ‹guten Form› wird dem **kleinen** und **mittleren** Unternehmen ein Weg vorgezeichnet, wie dem starken Konkurrenzdruck standzuhalten sei.

Siehe Statistik in der Bildspalte. Konzentration: Gleichzeitig mit der Abnahme der Anzahl der Betriebe steigt zwischen 1939 und 1965 die Anzahl der Beschäftigten.

Die ‹gute Form› ist nach dem zweiten Weltkrieg in allen westlichen Industriestaaten akut geworden (→). Georg Schmidt (1962): Im Gegensatz zum Armbrustqualitätszeichen meine das Werkbund-Qualitätszeichen nicht nur «schweizerische Produktion» – gleichgesinnte Werkbünde gebe es in Deutschland, Österreich und in den nordischen Ländern. Sicher weisen deren Aktionen auf die Bemühungen im Rahmen der industrialisierten Welt, der Warenproduktion, die **tendenziell** nur auf Absatzfähigkeit gerichtet ist und auf «Schundware und Surrogat» hin tendieren (→), ethische Impulse zu verleihen. Dieser (quasi) transnationale Aspekt darf aber nicht darüber hinwegtäuschen, dass das Bemühen um die ‹gute Form› der jeweiligen nationalen Industrie im Konkurrrenzkampf um den internationalen Markt deutlich entgegengekommen ist. **Man konkurrierte mit denselben Mitteln.** ‹Die gute Form› ist ein Instrument, die Qualität, die Beschaffenheit des Produkts optisch und visuell zu kommunizieren. Ihr Gebrauchswertversprechen sucht seinesgleichen. Dass das ‹idealisierte Objekt›, «rein», «sauber», unbescholten und industriell gefertigt, beim Konsumenten Anklang gefunden hat, mag zum einen die Folge einer **Reaktion** auf die **nationalistischen Kulte** sein, die während den Jahren des Faschismus neuklassizistisch instrumentiert gewesen sind, oder, die nationale Eigenart betonend, einen konservativen Dialekt benutzten und das Bodenständige und Wurzelgründige hervorgeschoben haben. Jetzt aber ist es schon ein Wunsch, das Verbindende, Internationale, das Gemeinsame dieser bislang dividierten Welt zu repräsentieren. Das schöne Ding und die ‹gute (!) Form› mag als Modell einer besseren Welt erschienen sein, als **kleiner Entwurf** zu einem **grösseren Ganzen**. Eine ‹gute› dingliche Realität, praktisch, sachlich und «harmonisch» zugleich, heisst das magische (!) und leider wenig geeignete Mittel, einen Einfluss auf das Kräftefeld der sozialen Realität zu

Siehe S. 12ff.

Siehe S. 93.

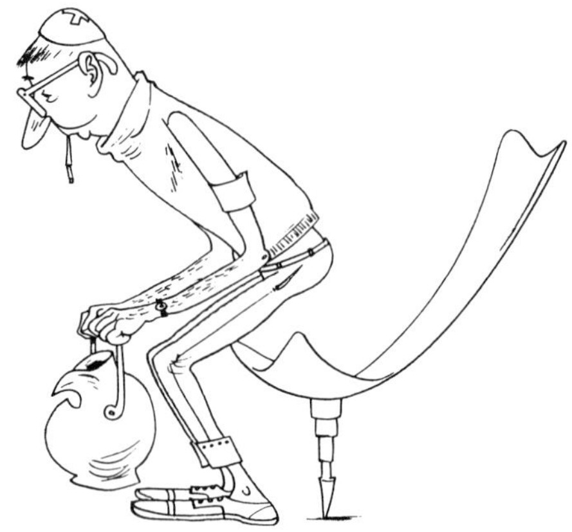

Unsere Möbelimporte haben 1959 einen Wertbetrag von über 23 Millionen erreicht. Meist verfängt die «originelle» Form der in Riesenmengen fabrizierten ausländischen Ware.

Nächstens kauft von unbekannten
fremden Massenlieferanten
ein modernisiertes Tellchen
das Amöblemang zum melchen.
(N 1960/13)

Many decades ago
in Swiss hotels and villas
English sanitary equipment was the best.

Today
Swiss people
like to wear British coats and knitwear
like Irish, Welsh and Scottish tweeds and fabrics
like to drive English cars.
Swiss galleries
like to show contemporary British art.
Swiss collectors
like to own modern British paintings and sculptures.

Swiss Design
is the expression of a high standard of living
and of a taste for durability and quality.
One of these qualities is its aesthetic value.
Swiss Design follows
a tradition of high technical standards
and of first-class workmanship.
Otherwise
Swiss Design has its roots not only in technology
but also in experiences with constructive art
yielding an aesthetic background and criteria.

When we planned this small exhibition of Swiss Design
we wanted to show more of these things:
representative examples of Swiss production
which are selected every year for their «Good Design»
and marked with a special label.
Unfortunately we can show you only products
of Swiss manufacturers
who are interested in the British market.
So we regret that we are not able to present more
of these goods for you to see.

However, we present a few samples:
proofs of our endeavour
to make honest standard goods:
really only things intended
to make everyone's life easier.

Max Bill

(SD)

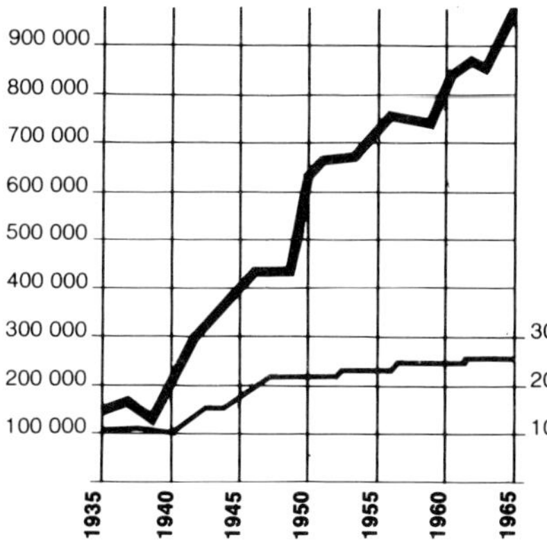

Schweizer Mustermesse Basel
Entwicklung der Besucher- und Ausstellerzahl

üben. So betrachtet erscheint die ästhetisierte Dingwelt, der ‹altruistische Code›, dem auf der Bedeutungsebene Liberalismus und Philantropie eingebunden sind, als ästhetische Folie, die – so sagen jene, die für sich in Anspruch nehmen, die Dinge wahrhaftig zu begreifen – über ziemlich missliche Verhältnisse gebreitet ist:

Georg Schmidt, 1943 (→).
«Für die Schweiz stellt sich die Frage der Mitarbeit am europäischen Wiederaufbau in doppelter Weise:
1. in der klassisch «schweizerischen» Form des Exports von qualifizierten Arbeitskräften, Ingenieuren, Architekten, Facharbeitern.
2. in der Form des Güteraustauschs (...).
Auf dem Gebiet der Erziehung des gewerblichen Nachwuchses hat der Werkbund zwar nur einen indirekten Einfluss, als Treuhänder einer Idee jedoch eine nicht geringe Verantwortung gegenüber der Jugend. Ich glaube, es wird einmal als ein Ruhmestitel des Schweizerischen Werkbunds betrachtet werden, dass er den Schlagwortparolen der Krisen- und Kriegszeit sich nicht widerstandslos hingegeben und dass er – in der **vierten Periode der Werkbund-Idee, die wir auch die anti-faschistische nennen können** – das europäische Ideengut der zwanziger Jahre dem kunstgewerblichen Nachwuchs in relativer Reinheit übermittelt hat (→).

Schmidt, G., Werkbund und Nachkriegszeit, Vortrag gehalten an der SWB-Tagung, ‹Fragen der Nachkriegszeit›, publiziert, in: ‹Werkbund und Nachkriegszeit›, Basel 1944.

Und nun zur Frage des Güteraustausches.
In der Kriegszeit, das heisst in der Zeit der zwangsweisen Autarkie auch bei uns, hat manche unserer Gebrauchsgüterindustrien den Inlandmarkt konkurrenzlos beherrscht. Da erhebt sich die Frage: Werden diese Industrien den Inlandmarkt im gleichen Ausmass halten können? Haben sie die Zeit der Autarkie-Konjunktur genützt, um wenigstens qualitativ mit den besten Auslandsprodukten konkurrenzfähig zu werden? Die Schweizer Mustermesse gibt auf diese Frage leider keine unbedingt bejahende Antwort. Das neue Langenthaler Geschirr zum Beispiel ist dem Arzberger Modell oder dem englischen Wedgewood an Formqualität noch immer unterlegen. Und dabei wird die wieder einsetzende Konkurrenz des Auslandes, nach dem, was man hört, mit schier unheimlich verbesserten Produktionsmethoden in den Wettbewerb treten.
In all den Ländern, die unter Rohstoffmangel, Rohstoffverschlechterung und Gütermangel noch mehr gelitten haben als wir, wird das Problem der Quantitätssteigerung, der Qualitätsverbesserung und der Verbilligung ungleich dringlicher sein als bei uns, also zu ganz neuen Methoden und Lösungen führen. Es wird daher für uns der grössten Anstrengungen bedürfen, um auch nur im Rennen zu bleiben. Damit ist die Frage des Exportes schweizerischer Gebrauchsgüter, die für einzelne Gebrauchsgüterindustrien unseres Landes schon vor dem Krieg ziemlich dringlich war, überhaupt noch nicht berührt (...).

Für den Werkbund aber wird die Zeit wieder kommen, da er auf unserem Markte das in seiner Gebrauchsqualität und in seiner Formqualität Beste fördert, gleich aus welchem Land es kommt – und sei es auch nur, um die eigene Industrie zur Qualitätssteigerung anzuspornen.»

Jean Mussard, 1943 (→):
«Einen Idealzustand werden wir in der Autarkie nie sehen. Die Schweiz ist zu klein, um als Absatzgebiet unseren hochentwickelten Industrien Vollbeschäftigung zu gewährleisten. Unsere Produktion ist auf das Exportgeschäft angewiesen, wenn auf die Dauer ein Schrumpfungsprozess vermieden werden soll, der zu einer wesentlichen Verarmung führen müsste.
Und nun komme ich zum letzten Gedanken dieses Referates: Der Heisshunger nach Waren, der sich nach Kriegsende im Ausland zweifellos zeigen wird, bringt mit sich, dass auch Produkte minderwertiger Qualität verschluckt werden dürften. Die Alternative, die sich uns stellt, ist die folgende: Wollen wir dem Ausland irgendwelche Massenartikel, Schund und Kitsch liefern, oder wollen wir den schwereren Weg gehen und gediegene Ware verkaufen? Gross sein wird die Versuchung, auf Höchstleistungen zu verzichten. Denn leicht wird in den ersten Jahren der Absatz auch mittelmässiger Dinge sein. Nicht genug können wir die schweizerischen Produzenten davor warnen, den Ruf unserer Produktion gründlich und für lange Zeit zu verderben, indem sie geschmacklose, unsolide Ware ins Ausland verschieben. Sie würden den Rückschlag mit aller Härte bald erleiden.»

Mussard, J., Nachkriegsprobleme der Produktion, Vortrag gehalten an der SWB-Tagung, ‹Fragen der Nachkriegszeit›, publiziert in: ‹Werkbund und Nachkriegszeit›, Basel 1944.

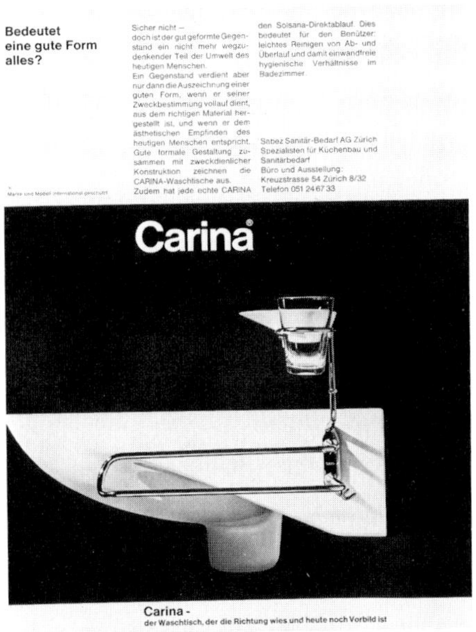

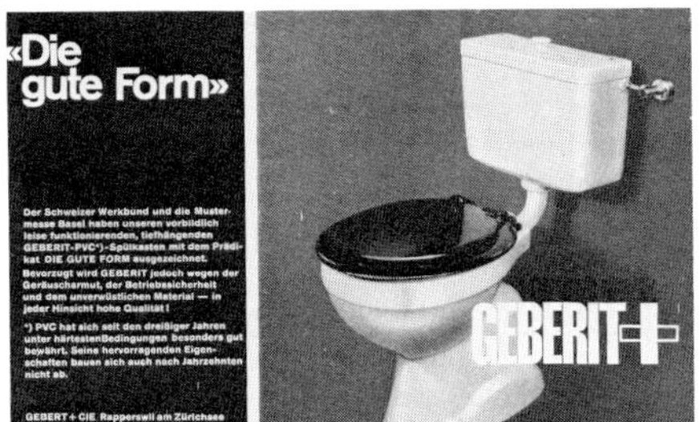

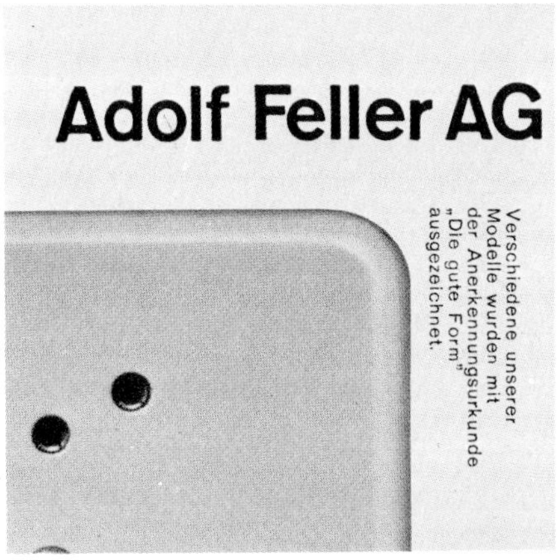

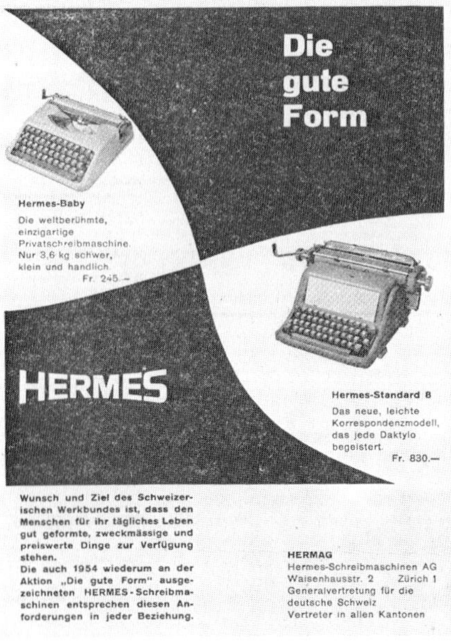

Inserate (W)

Die Schweiz nach 1945 – die schweizerische Wirtschaft habe am Ende des Krieges noch unter dem Einfluss der grossen Depression der dreissiger Jahre gestanden; der Krieg selber habe zwar in mancher Hinsicht eine Besserung der Wirtschaftslage gebracht (→). Die Befürchtung, dass es nach Beendigung des Krieges zu einer neuen Wirtschaftskrise kommen werde, hat sich nicht bestätigt. Der Warenhunger der kriegsversehrten Welt führte zu einem starken Auftrieb der Exporte aus einem Land, dessen Produktionsapparat nicht nur intakt geblieben ist, sondern durch die forcierte Rüstungsindustrie entscheidende Stimuli im Bereich des Technologischen erhalten hat (→). Der Konjunkturaufschwung nach dem Zweiten Weltkrieg, in dessen Rahmen die ‹gute Form› betrachtet werden kann, ist eine internationale Erscheinung.

Bickel, W., Wachstum und Strukturwandel der Wirtschaft, in: Die Schweiz seit 1945, Bern 1971, S 56.

Kernenergie, Elektronik, Automatisierung, Datenverarbeitung. «Seit den frühen vierziger Jahren (...) lassen sich die Anzeichen einer dritten industriellen Revolution erkennen. Die erste wurde durch die Dampfmaschine ausgelöst, die zweite durch den Elektromotor und den Explosionsmotor. Die dritte industrielle Revolution gründete in der Freisetzung der Kernenergie und der Verwendung elektronischer Maschinen.» Mandel, E., Marxistische Wirtschaftstheorie, Frankfurt a.M. 1971, S. 640.

Die **erste Konjunkturwelle** zwischen 1945 bis 1948 (!) war die Folge zahlreicher Auslandbestellungen, die teils durch umfangreiche Kredite der USA, teils durch Darlehen des Bundes und der schweizerischen Banken finanziert worden sind. 1949 – wichtiges Datum für die Aktion ‹die gute Form› – brach die erste Konjunkturwelle ab. Der Konjunkturrückschlag ist aber bereits 1950 überwunden (→). – Bis 1957 steigen die Ausfuhrmengen und die Ausfuhrwerte stetig (→). Nach einem konjunkturellen Rückschlag im Jahre 1958 stetzte die dritte grosse Konjunkturwelle ein, die bis Mitte der 60er Jahre anhielt (→). Die Expansion verlangte Zustrom ausländischer Kapitalien und Arbeitskräfte. Zwischen 1950 und 1963 verdreifachte sich der Güteraustausch zwischen den europäischen Staaten und stieg von 41% auf 55% des gesamten Welthandels (→). «Ein Wandel dieses Umfangs muss die **Effektivität** des **Wettbewerbs** beträchtlich erhöhen, was die französischen Produzenten (aber nicht nur die französischen Produzenten) von Kühlschränken, Photoapparaten und Fernsehgeräten bestätigen werden». Grosse Handelsfreiheit (→) bedeutet eine Steigerung des Wettbewerbs zwischen den Industrienationen, die jetzt veranlasst sind, hohe Qualität anzubieten, und diese – visuelle Kommunikation – darzustellen. Eine expressive Funktion der Ware, des Geräts, ist es, mit einem **vertrauenerweckenden**, einem «guten» Erscheinungsbild für den betreffenden Gegenstand zu werben. – Dies die eine Seite. Bei Bickel lesen wir, die Zahl der Beschäftigten im Gewerbe haben zwischen 1955 und 1965, zur Zeit der Hochkonjunktur, um 200 000 Beschäftigte zugenommen. Dagegen habe die **Zahl der Unternehmungen,** die sich annähernd mit der Zahl der Selbständigen im Gewerbe deckt, **um rund 8500 abgenommen** (→). Besonders das **Handwerk** habe, trotz Konjunktur, **starke Verluste** erlitten. Der mittelständische Detailhandel hielt dem Konkurrenzdruck der modernen kapitalistischen und genossenschaftlichen Betriebs- und Unternehmungsformen kaum stand. Der Schweizerische Werkbund, als ständische Organisation (des Mittelstandes), hat hier ebenso seine Funktion als ideologische Kraft unter Beweis gestellt. Er hat dem kranken Gewerbe, dem mittleren Unternehmen eine Medizin bereitgehalten – das Rezept lautet auf ‹gute Form›.

Bickel, W., op. cit. 1971, S. 62.

Bickel, W., op. cit. 1971, S. 60.

Die Ausfuhrwerte steigen – siehe Bickel, W., op. cit. 1971, S. 61 ff.

Landes, D.S., Der entfesselte Prometheus, Köln 1973, S. 471.

Zur Funktion OECD, Montanunion, EWG, EFTA, siehe Landes, D.S., op. cit. 1973, S. 466 ff, 575 f.
Die Liberalisierung des Welthandels wird in der Schweiz begrüsst; die Exportwirtschaft ist begünstigt durch niedere Steuerbelastung, bescheidene Soziallasten, den unterbewerteten Schweizer Franken, stagnierende Lohnkosten. Die Auslandverflechtung erreicht 1974 einen Höhepunkt. Siehe Wittmann, W., op. cit. 1979, S. 10 und S. 17.

Bickel, W., op. cit. 1971, S. 74., S. 69.

Auf einem Fragebogen der Muba über das Ergebnis der Messe 1960 war u. a. folgende Frage gestellt worden:
«Wie bewerten Sie die Aktion ‹Die gute Form› als Mittel zur Förderung der Formqualität industrieller Erzeugnisse? Haben Sie dazu besondere Wünsche und Anregungen?»
Die erwähnte Frage wurde von 36% der Aussteller, die den Fragebogen zurücksandten, beantwortet, und zwar lauteten 70% der Antworten positiv und 30% negativ. Eine Reihe Firmen sandte Wünsche und Anregungen oder machte kritische Bemerkungen. Es wurden auch sehr zahlreiche anerkennende Urteile ausgesprochen. In einer Zusammenstellung pointierter Antworten hat die MUBA unter anderem folgende Statements festgehalten:

Positive Stellungnahmen der Gruppe Möbel:
«Gut. Grossmöbel sollten in vermehrtem Masse aufgenommen werden, nicht nur Kleinmöbel.»
«Als Anreiz zur Initiative für eine eigene Formgestaltung gut.»
«Positiv; dies trotz der Gefahr der unrechtmässigen Hintansetzung gewisser Erzeugnisse.»
«Sollte sich nicht nur auf industrielle Erzeugnisse beschränken.»
«Gut, aber nur zum Vorteil der industriellen Herstellung. Anregung: Bewertung auch der Einzelherstellung, der Handwerksarbeit. Schliesslich ist Uninorm und Uniform kein Idealzustand, das Gewerbe hat breiteren Boden.»

Negative Stellungnahmen der Gruppe Möbel:
«Vom volkswirtschaftlichen Standpunkt aus schlechte Beurteilung. Allzu gesuchte und extreme Formen. Viel Maschinen-, wenig Handarbeit. Wenn die ganze Möbelindustrie auf diese nüchternen Formen eingestellt wäre, hätten wir rasch eine Überproduktion.»
«Für den Aufwand wenig bedeutend. Auswahl zu sehr den Juroren unterworfen, so dass lächerliche Missgriffe geschehen (Mangel an Fähigkeit, objektiv zu beurteilen).»
«Es sollten alle Formen und nicht nur die modernen (kubisch) bewertet werden.»
«Ohne Bedeutung, da wenig Interesse im Publikum.»
«Das breite Publikum fragt nicht darnach.»
«Für unsere Artikel völlig unbedeutend.»
«Für gewisse Artikel bestimmt gut, aber in unserer Branche ist die Bezeichnung ‹Die gute Form› vom ästhetischen Standpunkt aus betrachtet oft verwirrend.»
«Wir halten nicht viel davon. ‹Die gute Form› ist relativ! Wir müssen Möbel fabrizieren für die breite Masse, welche den ‹Sachverständigen› zum vorneherein nicht gefallen.»
«Einseitig!»
«Die ausschliessliche Auszeichnung nur industriell hergestellter Güter ohne Rücksicht auf die Qualität ist zweifelhaft. Wir hoffen, dass diese Institution gelegentlich soweit kommt, auch handwerkliche Produkte, die von hoher Qualität sind, zu beachten und auszuzeichnen.»
«Sehr einseitig.»
«Möbel: Diesen Herren sollte das Handwerk gelegt werden. Katastrophal unschweizerisch und unpraktisch.»
«Im Hinblick auf die Möbel nicht günstig, da unseres Wissens nur extrem moderne Sachen in die Wahl fallen.»
«Ungünstig, denn es scheint, dass immer nur Modelle der wenigen, gleichen Architekten vom SWB berücksichtigt werden. Wir werden in Zukunft nicht mehr mitmachen.»
«Ohne jeden Wert. Ich habe den Artikel ELTA neu übernommen, der den ‹schönen› erkauften Titel trägt. Keine einzige Anfrage stützte sich auf ihn.»
«Ich stelle fest, dass seit Jahren die gleiche Richtung mit dem Prädikat ‹Die gute Form› ausgezeichnet wird.»
«Mit dieser Beurteilung bin ich gar nicht zufrieden. Viel zu extrem für Verkaufserfolg. Zur Beurteilung Leute heranziehen, die nicht nur Kistenfabriken aufziehen wollen. Ich glaube, dass Herr Sproll in Bern auch meiner Ansicht ist. Was war zu sehen in der Möbelabteilung ‹Die gute Form›? Nichts als Kisten und schlechte Arbeit.»
«Halle 8 sehr bescheiden, um nicht zu sagen kläglich. Wohnen ist mit Ausnahme der Küche keine technische Angelegenheit. Wohnen ist Rahmen und Rückhalt für ‹wohnliches› vertrautes Zuhausesein in einer wohltuenden Umwelt, in der man sich ohne rein intellektuelle Auseinandersetzung wohlfühlt. Man überlege sich die Umsatzschrumpfung, die die 1960 gezeigten ‹Gute Form›-Vorbilder im Gefolge hätten, wenn sie die Allgemeinheit ansprechen würden.»
«Wird in kompetenten Fachkreisen nicht ernst genommen. Einseitige Angelegenheit, die auch vom Schweizer Publikum nur teilweise anerkannt wird. Die sogenannte, aus dem Ausland importierte ‹gute Form› entspricht meistens nicht dem Empfinden unseres Volkes. Sie wirkt zu modisch. Die Bestrebung der Schaffung ‹guter Formen› in Industrie und Handwerk ist zu unterstützen, doch sollten auch andere Kreise als junge Grafiker und extreme Architekten Gelegenheit erhalten, das Ihre zu einer den schweizerischen Verhältnissen angepassten Lösung beizutragen. Die meisten innerhalb dieser Aktion ausgestellten Produkte waren mehr oder weniger Kopien ausländischer Erzeugnisse (siehe illustrierte Fachzeitschriften).»
«‹Die Gute Form› die braucht es nicht, sie ist überflüssig.»

Positive Stellungnahmen der Gruppe Hauswirtschaft:
«Wirkt auf die Industrie in anspornendem Sinne.»
«Vermittelt Anregungen, ist aber zu wenig bekannt.»
«Ein gewisser Einfluss auf die Formgestaltung ist feststellbar.»
«Gibt Ansporn zur Vervollkommnung.»
«Il serait important de ne pas sélectionner des articles qui sont de mauvaises copies de produits étrangers.»
«Für viele Erzeugnisse sicher berechtigt, wenn es nicht auf Kosten der Zweckmässigkeit geht.»
«Sehr gut; richtungweisend und animierend. Eine Zeitschrift mit Abbildungen zeitgemässer Formen wäre erwünscht. Periodische Orientierung im Abonnement.»
«Sehr gut, bedauern aber, dass die propagandistische Auswertung nur für 1 Jahr zulässig ist.»
«Leider hie und da etwas im Widerspruch mit unseren eigenen Wünschen, im übrigen sehr zu begrüssen.»
«Gut – sie zwingt geradezu den Konstrukteur, noch Besseres zu leisten.»

Negative Stellungnahmen der Gruppe Hauswirtschaft:
«Mangelnde Fachkenntnisse der Experten: unobjektive Urteile.»
«Sans valeur. Désire que le jury passe à des heures fixées à l'avance, et que la critique du produit soit confirmé par écrit.»
«Es wird zu viel prämiert, was dem Ansehen der Aktion schadet.»
«Von der Mehrzahl der Kunden wird dem keine Bedeutung beigemessen.»
«Zwecklos, ist nur eine Geldmacherei. Weglassen, auf jeden Fall ist es nicht angebracht, dass Artikel mehrere Jahre ausgezeichnet werden und es sich alljährlich um die gleiche Form handelt.»
«Mässig, da ein Einheitsstil gefördert wird, der zu wenig Rücksicht auf Funktion und Herstellungsverfahren nimmt.»
«Die Zweckmässigkeit des Fabrikats wird den kritischen Schweizer eher zum Kauf anregen. Über den Geschmack lässt sich streiten.»
«Besondere Bedeutung dürfte dieser Frage nicht zukommen, da die Kundschaft im allgemeinen darauf nicht achtet.»
«Eine Kaffeemaschine, die der ‹guten Form› entspräche, würde bei der Käuferschaft keinen Eindruck machen, sondern eher den Verkauf, wenigstens meiner Fabrikate, erschweren.»
«Cette formule pourrait avoir de l'intérêt si on lui donnait la forme d'un concours ou le développement d'une mode. Comme telle elle n'a aucune chance de porter sur le public.»
«Die Jury sollte etwas verjüngt werden. Wir wurden letztes Jahr von 3 Jurymitgliedern mit Geburtsdatum vom letzten Jahrhundert bewertet. (Schildert dann ausführlich, dass ein Isolierkrug, den die Firma durch einen bekannten Formgestalter hatte entwerfen lassen, nicht ausgezeichnet worden ist. Lediglich zwei denkbar einfache Artikel wurden ausgezeichnet, die wie andere ausgezeichnete Artikel überhaupt nichts Neues boten): Die Form unseres Kruges war aber grundlegend neu, und der Verkaufserfolg – 1958 alte Form 7000 Stück, 1959 neue Form 35 000 Stück – beweist, dass wir ins Schwarze getroffen haben.»

Positive Stellungnahmen der Gruppe Elektrizität:
«Ausgezeichnetes Werbemittel bei den Architekten.»
«Als Werbeträger von grossem Nutzen. Zu bemängeln wäre ihre übertriebene Geschäftstüchtigkeit.»
«Die Schönheit darf die Funktion nicht beeinträchtigen.»
«Gute Zukunftsaussichten. Es ist schade, dass diese Abteilung nicht besser organisiert ist, sie wirkt im Gegensatz zu ausländischen Ausstellungen ausserordentlich bescheiden.»
«Gut, wenn Zweckmässigkeit und Funktion in erster Linie für die Beurteilung massgebend sind.»
«Im Prinzip unbedingt zu unterstützen; in bezug auf unsere Branche wagen wir eine genügende Kenntnis der Materie seitens der Jury allerdings in Frage zu stellen.»

Negative Stellungnahmen der Gruppe Elektrizität:
«Devrait être gratuite et non payante.»
«Hasler AG unbeteiligt. Ursprünglich festgestellter Anreiz verflacht sich. Nicht mehr alljährlich, sondern in Abständen von einigen Jahren durchführen.»
«Soweit es sich um kunstgewerbliche Artikel handelt, ziemlich wertlos. Die Bezeichnung ‹Die gute Form› würde in mancher Beziehung vorteilhaft ersetzt durch ‹Die neue Form› oder ‹Die ausgefallene Idee›, worunter nicht immer ‹gut› zu verstehen ist.»
«Ansonst gut, jedoch zu geschäftstüchtig infolge viel zu hoher Gebühren; mancher würde mitmachen. Sollten ein bisschen mehr die nordischen Länder zum Vorbild nehmen und die Sache nicht in erster Linie als Geschäft betrachten.»

Positive Stellungnahmen der Gruppe Industriebedarf:
«Ein Nachteil ist, dass die prämierten Erzeugnisse erst im folgenden Jahr in der Sonderschau gezeigt werden können. Evtl. Prämierung am Tag vor Messeeröffnung.»
«Réclame pour nos articles.»
«Sicher begrüssenswert. Auch der Kunde industrieller Erzeugnisse schätzt die Formschönheit an Maschine, Instrument usw.»
«Sie hat ihre Berechtigung, darf aber auch nicht überschätzt werden.»

Negative Stellungnahmen der Gruppe Industriebedarf:
«Nous trouvons le bruit fait autour de cette action exagéré. Tout ça est du snobisme.»
«Betrachten wir nur als Verkaufsargument; gute Artikel setzen sich auch ohne Auszeichnung durch.»
«Schlecht; in der Auswahl dieser ‹guten Form› sollte man etwas wählerischer sein.»
«Dieser Platz würde besser für realere Zwecke verwendet.»
«Nous n'y attachons pas une grande importance. Le développement de l'esthétique industrielle provient du jeu de la libre concurrence.»
«Seit einigen Jahren unsererseits keine Beteiligung, da Kundschaft uninteressiert.»
«Zu freigiebig, 1957 zum Beispiel bekamen wir sieben Auszeichnungen.»
«Wir haben etwelche Zweifel, dass die Mustermesse hier ein geeignetes Forum darstellt.»

Gute Formen im Ausland

1 Waage BRD (DWK 1955)

2 Glasleuchte BRD (B+W 1953/6)

3 Waage I (SI 1955/5)

4 Gartenschere USA (SI 1958/17)

5 Rührwerk BRD (B+W 1952/5)

6 Schreibmaschine I (SO)

7 Stahlrohrstuhl BRD (B+W 1953/1)

8 Fernsprecher BRD (W 1952/8)

9 Schüsseln (SI 1955/4)

10 Liegestuhl CAN (D 1952/Nr. 273)

11 Kleinbild-Kamera BRD (W 1952/8)

12 Besteck S (SI 1959/Nr. 219)

13 Radio BRD (DWB 1961)

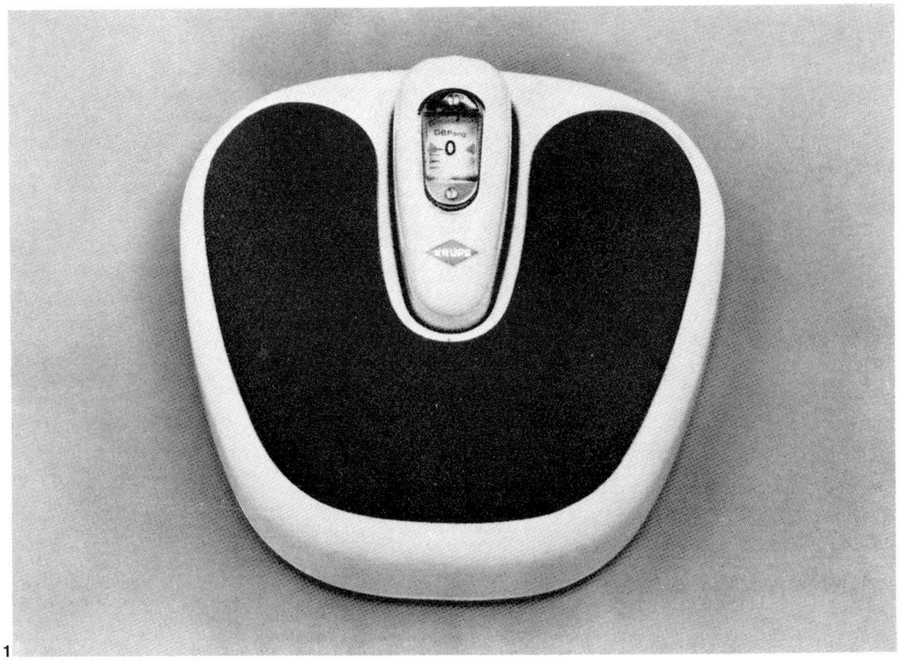

1

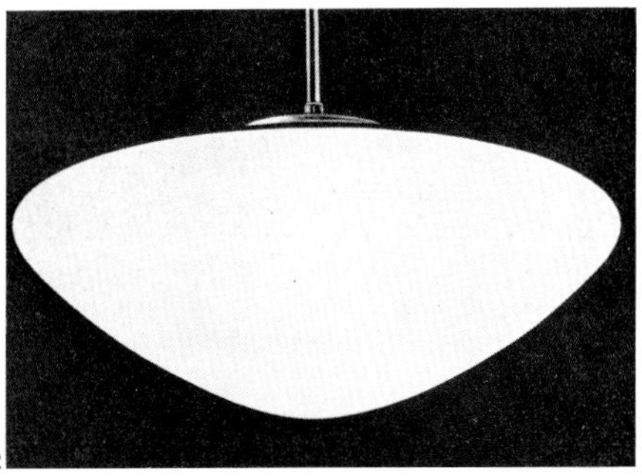

2

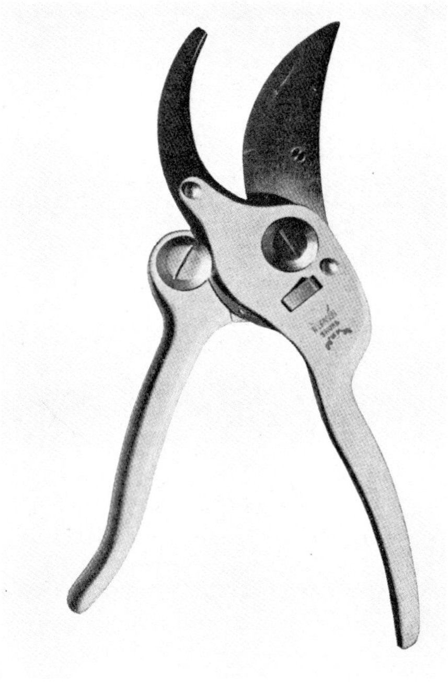

4

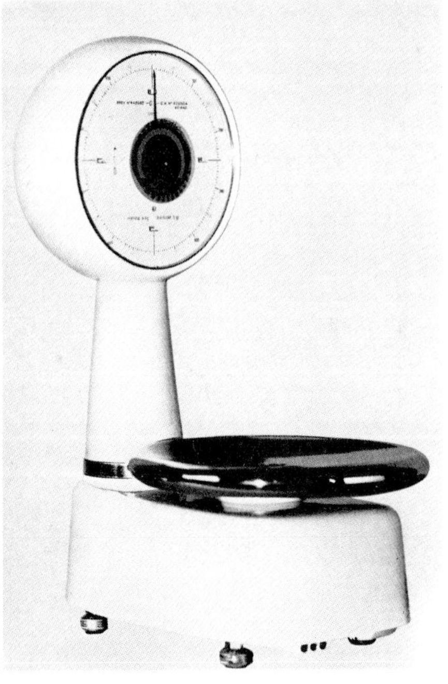

3

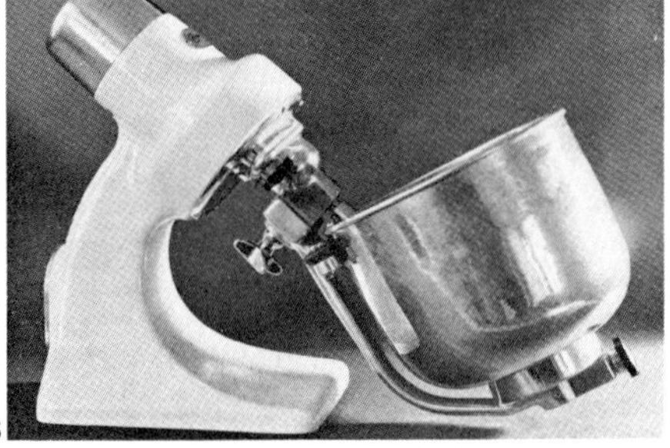

5

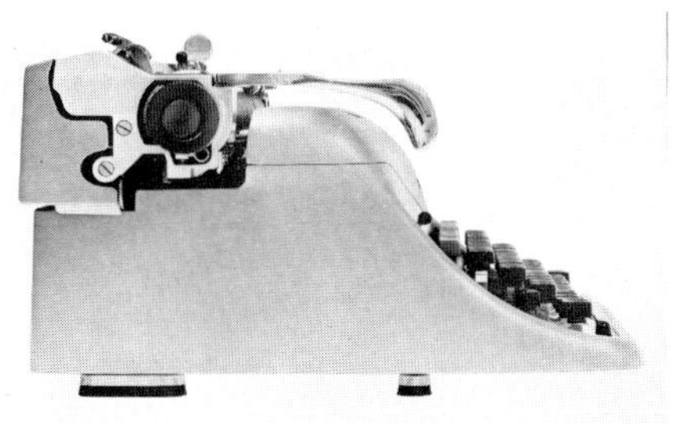

6

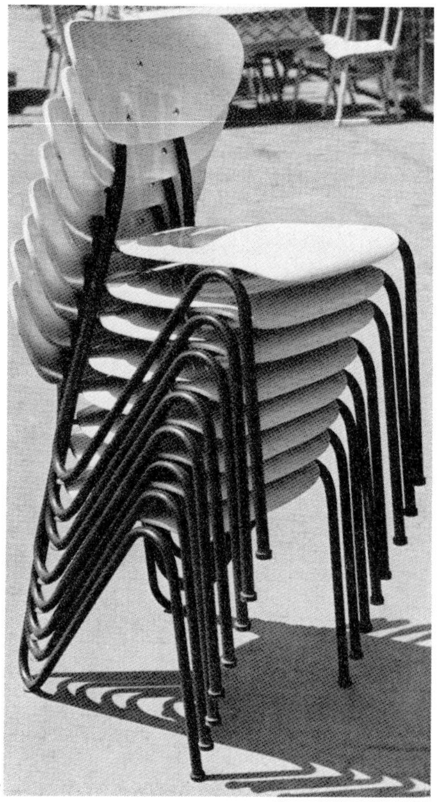

7

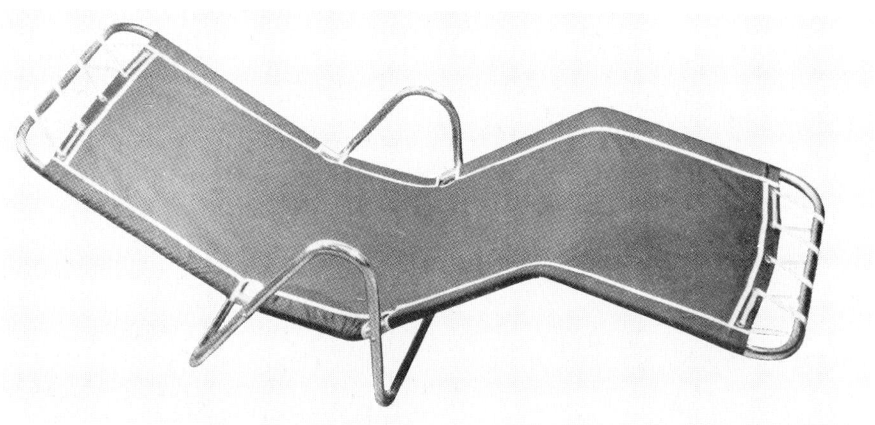

10

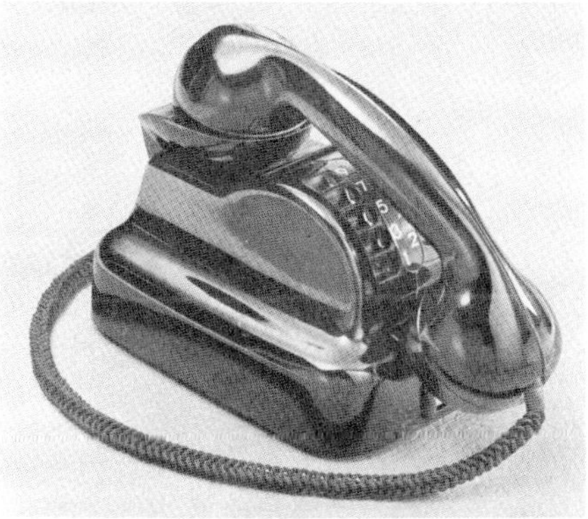

8

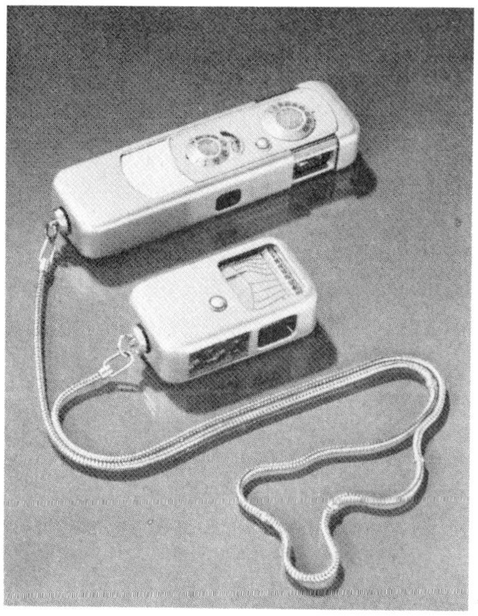

11

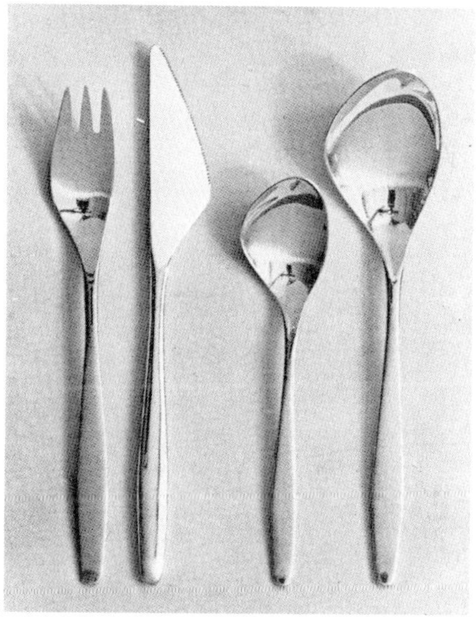

12

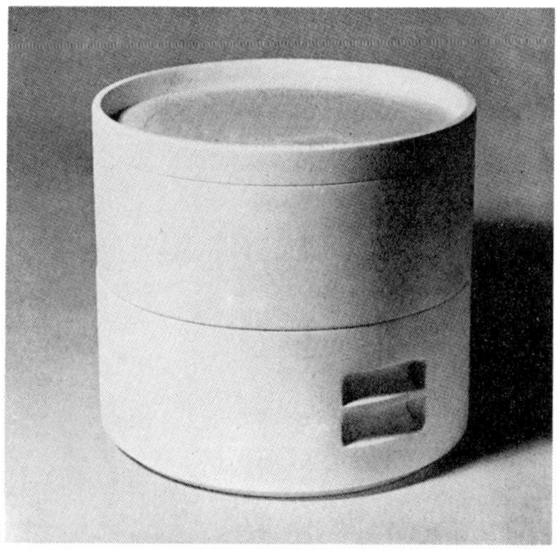

9

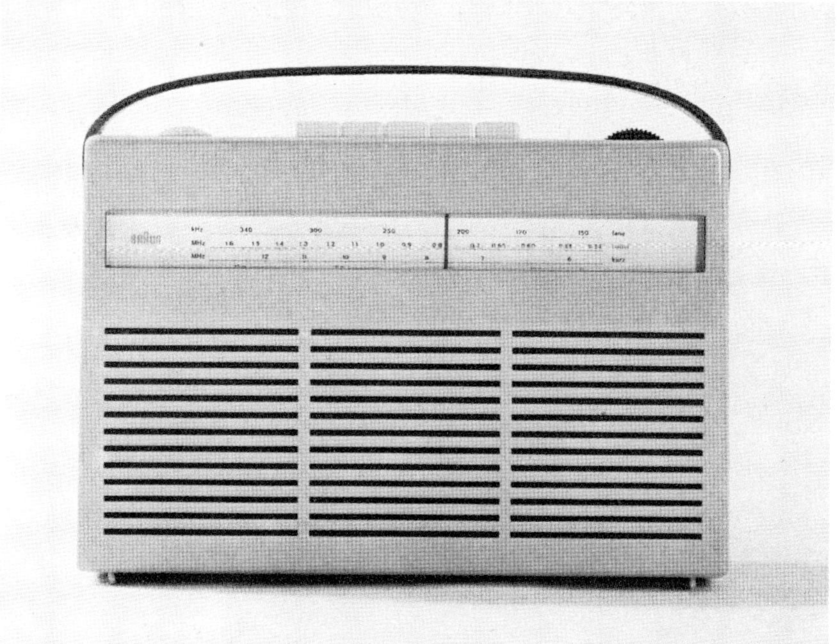

13

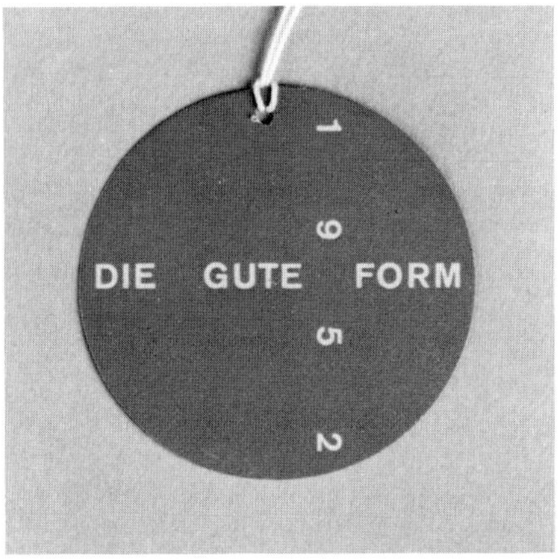

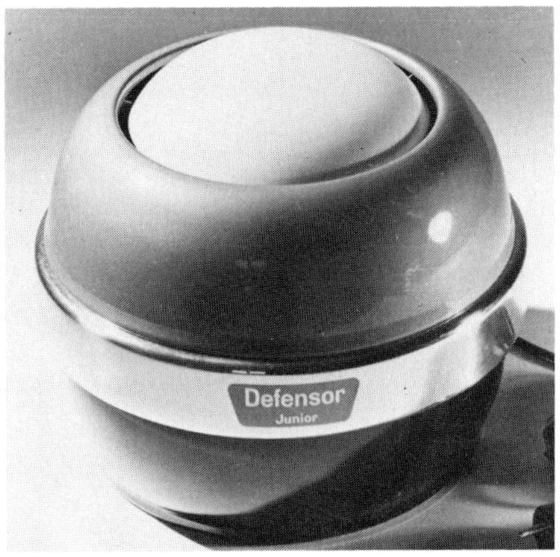

Luftbefeuchtungsapparat
K. Flury / Defensor AG, Zürich
1955 / 1958

Die sündigen Gewänder des profanen Geschmacks: Ethik

Henry van de Velde schreibt in einem Aufsatz – er ist in den publizierten Vorträgen der Werkbundtagung 1948 einführend vorgestellt (→) – die «reine zweckmässige Form» sei vom «**erschreckenden Vordringen** der **Phantasie,** von ihren Verführungen und Beschmutzungen» bedroht. «Die Periode des **Zerfalls,** den der Ansturm **ungesunder** Auswüchse und die **verbrecherischen** Anschläge auf die Formen auslöste», habe die Quelle – «die bestimmende Macht der Vernunft (→) und die strenge Disziplin der Einsicht des Verstandes» – nicht völlig versiegen lassen. Van de Velde erinnert an die heroische Epoche der klassischen Moderne und sein eigenes «**Apostolat**» (!): «Wenn ich (damals) erklärte, dass jede von der Vernunft konzipierte Form, die ausschliesslich durch ihre Funktion konzipiert ist, **rein** sei und so eine Bedingung ‹sine qua non› der Schönheit erfülle, so gaben meine wenig skrupelhaften Gegner diesen Grundsatz dahin wieder, dass, wenn die Form ihrer Funktion, dem Gebrauch, dem sie dient, entspreche, sie notwendig schön sei.» Van de Velde beruft sich auf Sokrates, der seine Schüler Wesen und Eigenschaften der vernunftsmässigen Schönheit gelehrt habe, weiss von Goethe, der einen Korb mit den Worten beurteilte: «Er kommt der Antike nahe, denn er ist nicht allein so vernünftig und zweckmässig als möglich, sondern er hat auch dabei **einfachste, gefälligste** Form, so dass man also sagen kann: er steht auf dem höchsten Punkt der **Vollendung**.» Van de Velde schaut Möglichkeiten im Maschinenzeitalter, «dass die **Reinheit** in die Welt einströme». «Vielleicht wartet unser die Aera einer Zivilisation, welche die Moral ihrer Zeitgenossen wieder hebt und ihnen den wahren Begriff der **Tugend** neu schenkt. Würde, Vornehmheit, Adel der Gesinnung werden dem neuen Stil eigen, und seine Herrschaft bringt uns die **Auferweckung** (!) (→) des Geschmacks und die Rückkehr jener **Schönheit,** der sich die Helden des ersten **Kreuzzugs** weihten» (→).

van de Velde, H., Die reine zweckmässige Form, in: ‹Die gute Form› – Vorträge an der SWB-Tagung in Basel 1948, Vorwort zu Sonderdruck WERK 1949.

Siehe dazu Marcuses Kritik der operationellen Rationalität, ihre Abgrenzung gegenüber der Vernunft.

Auferweckung: siehe dazu «Die heilige Schrift».

van de Velde meint vermutlich Morris und Ruskin.

«Eine einzige Quelle: die schöpferische Vernunft; sie schafft das **Gold** herbei, die reinen Formen» (→).

van de Velde, H., op. cit. 1949. Siehe dazu Bornemann, E., Psychoanalyse des Geldes, Frankfurt a.M. 1977.

Von der «Vollkommenheit geadelt» erhebe sich die «**reine Form**» auf die Stufe jenes «**Altars**», wo sie ihren «höchsten Grad» erlangend, sich der **Schönheit vermähle**. Die Schönheit sei bereit, sich der **reinen Form** zu verbinden. Sie schenke ihr die «Kraft **ewigen** Lebens». «Sie ist sinnlich wahrnehmbare Wirklichkeit», die **reine** Form. Henry Van de Velde hat kund getan, dass er sich seit 1913 mit dem Gedanken eines Museums der «reinen Formen» trage, dessen Anliegen es wäre, den Geschmack zu heben. Das Museum wäre eine ergreifende Gesamtschau dafür geworden, was «die Menschheit der Schöpfung zweckbestimmter, vernunftgemässer und empfundener Formen verdanke. Deshalb Überraschung, als er in «einem wenig anziehenden Teil der

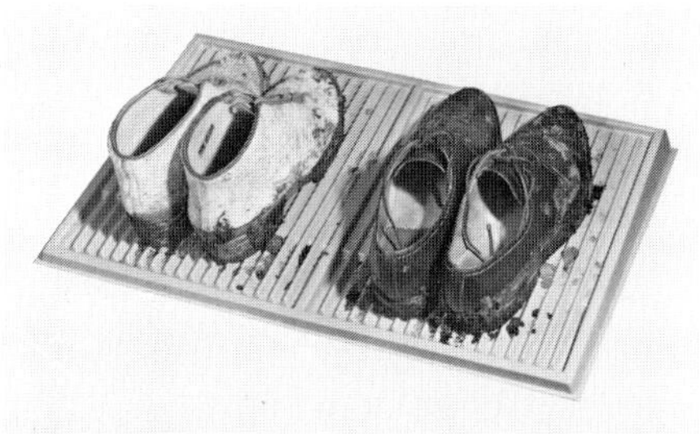

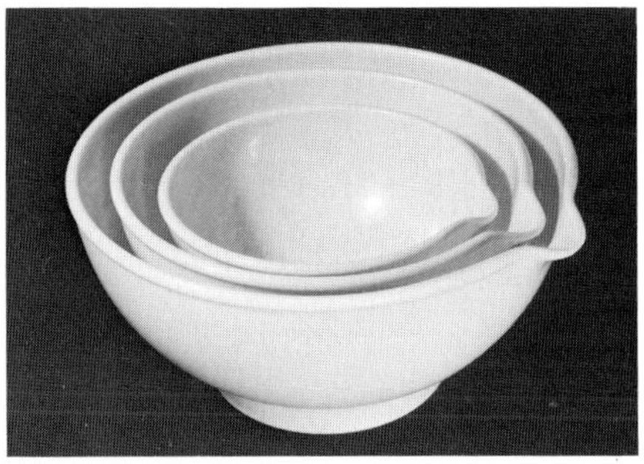

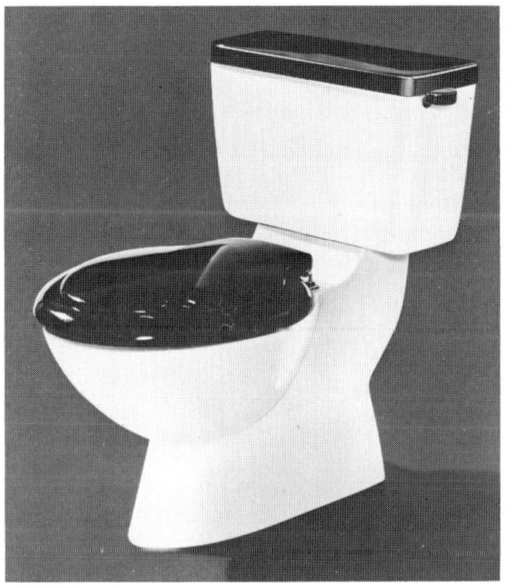

Reinheit, Reinlichkeit

Shoe-boy
Plastomatic AG
1963/1964

Teigschüsseln
Ornapress AG, Zürich
1958/1962

Klosett-Anlage
A. Althorr/Geberit + Cie, Rapperswil
1962/1963

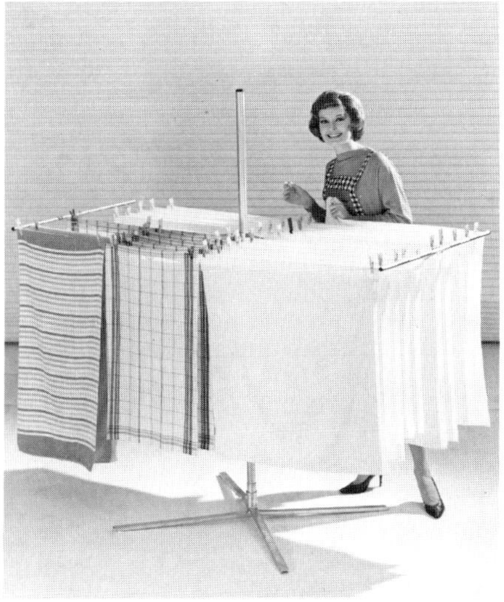

Saubere Dinge

Wäscheboy
Gölz, Wäschehänge-Anlagen, Zürich
1957/1962

Mustermesse» auf ein «**Embryo**» des «Museums der reinen Formen» gestossen sei, auf den Pavillon ‹Die gute Form›.

«Ein Grundstein des **Tempels**, dessen Plan ich entworfen hatte, erhob sich vor mir» (→).

van de Velde meint die Sonderschau 1949.

Eine grundsätzliche Dichothomie heisst bei Van de Velde **unrein-heilig**: ein «**Tempel**» der zweckmässigen, vernünftigen Form, die vollendet, Würde und Vornehmheit konnotiert – und anderseits «**Verführungen**» und «**Beschmutzungen**», die gegen das Ideal der «Schönheit» verstossen, gegen den «Adel der Gesinnung», gegen Moral und schöpferische Vernunft reiner Form. Die schöpferische Vernunft wird bei Van de Velde mit dem wertvollsten Material verglichen, nämlich dem **Gold**. Die «Helden der reinen Form», opfermütig, wie sie sind, führen – so betrachtet – seit Ruskin und Morris einen «Kreuzzug» gegen das **Unreine**, **Hässliche**, **Wüste**. Das Ideal, die erstrebenswerte Form, erscheint hier **rein** und **vollendet, vollkommen** und **regelmässig**, zurückhaltend, einfach und sauber. Die erstrebenswerte Form schaut sich in einem polaren Gegensatz zum Ungestalteten, Rohen oder Überladenen und Verzerrten. Zwischen der reinen Form und der unreinen, zwischen dem sauberen, harmonischen Konstrukt und jener diffusen Vielfalt verworrener und ungestalter Formen, ist ein **axiologisches Gefälle**; eine imaginäre Skala ist auszumachen, die den praktischen Fällen die Lage zwischen den beiden Extremen anzeigt. Mit ihr gelingt es, die Vielfalt unterschiedlicher Formen zu hierarchisieren. Das eine der beiden Extreme wird vom Reinen, dem (absolut) Guten, dem einzig Wahren und Schönen besetzt. Mit dem erhält es (selbstsprechend gedankliches Konstrukt) den Status eines **heiligen Ortes**. Das andere Extrem hingegen ist der Ort des Unreinen; dort ist Chaos, Schmutz, will sagen Ornament, dort ist **Unordnung**, je nach dem. Trugbilder und Phantasmen machen den andern Ort, Surrogate, hohler Schein, Fassade, hinter der sich die Plattitüde verbirgt oder sogar das **Böse**, **Schlechte** und **Hässliche** – und das ist mieser Gebrauchswert in erster Linie. Für die idealtypische Darstellung der dualistischen Schau, die bestimmend gewesen ist für den Schweizer Werkbund und seine Programme und Aktionen seit Anbeginn, genügt es, auf die Tatsache zu weisen, dass einem auch das Hässliche – die Kritik bleibt mit Absicht systemkonform – perfekt und vollkommen (→) erscheinen kann. Unverholen ist bei Van de Velde das Bemühen um das Ideal der reinen Form ins **Kultische**, ins Religiöse stilisiert (→). Da wird ein höchstes und absolutes Gut, wahr, vollkommen und rein entworfen, auf das sich die Gesamtheit der Anschauungen und Normen, die Summe der Aktivitäten zu richten hat. An diesem letzten Ziel sind die Resultate produktiver Tätigkeit zu messen.

Baudelaire...

Man beachte das Vocabular.

Spuren von Ironie, 1955, bei Hans Finsler (→):
«Welche Löffel dürfen eingehen in die **Tempel** der ‹guten Form›?» Nicht ohne Ironie: «Mir scheint, unsere **Missionare** des **guten Geschmacks** sind nicht ganz unschuldig an der Masse der **Stilgläubigen,** denen man die **sündigen Gewänder** des **schlechten Geschmacks** genommen hat, ehe sie die **Nacktheit** der **reinen Form** ertragen konnten. Nun irren sie unruhig durch

Finsler, H., Der Werkbund und die Dinge, op. cit. 1956.

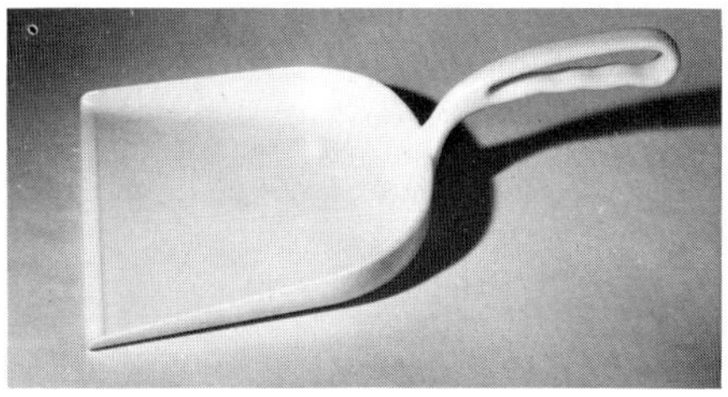

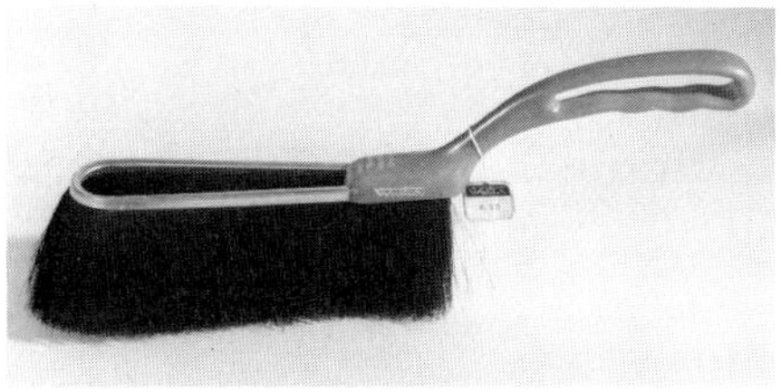

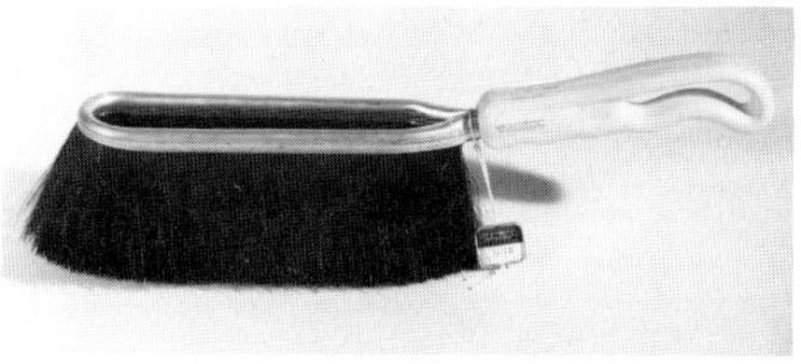

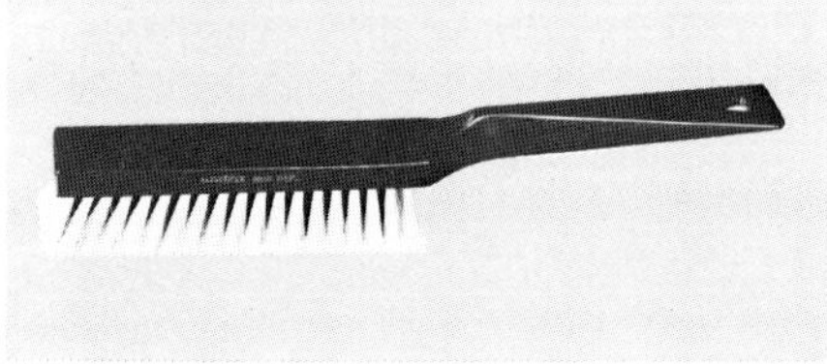

Kehrichtschaufel
1956/1957

Handwischer
1956/1957

Handwischer
1956/1957

Kleiderbürste
1961/1962

alle Gegenstände
Bürstenfabrik Walther AG, Oberentfelden

die Pseudoformen von Jugendstil bis zum Heimatstil und Schwedenstil.» Und: «Sind wir nicht alle auch ein wenig schlechte Menschen? Lieben wir nicht im geheimen den Kitsch (→) oder sogar die Gegenbeispiele zu unseren funktionellen Formen aus den schrecklichen, den werkbundlosen Zeiten des letzten Jahrhunderts? Haben wir nicht ein gewisses Misstrauen gegen die Genüsse in einem Restaurant im Werkbundstil? Ich gebe zu, dass es in Schweden oder Finnland vielleicht anders ist.»

«Léger hat sich in Amerika darüber beklagt, dass der gute Geschmack allmählich sogar in die Shows des Broadway eindringt. Es wurde ihm erst wieder wohl, wenn er auf der Strasse die handgemalten Krawatten und die schreienden Farben sah und spürte, dass immer noch ursprüngliche Kräfte des schlechten Geschmacks am Werk sind, aus dem er schöpfen konnte. Ohne das Fundament des schlechten Geschmacks wäre die Serie seiner Velobilder nicht enstanden.»

Hans Finsler übt da in einer bewunderungswürdigen Weise Kritik am **Glaubens**bekenntnis, am **profanen Kult** des SWB, der für so hehre Werte wie «Einfachheit, Klarheit, Sauberkeit, Phantasie und Schönheit» in einer wüsten Welt plädiert.

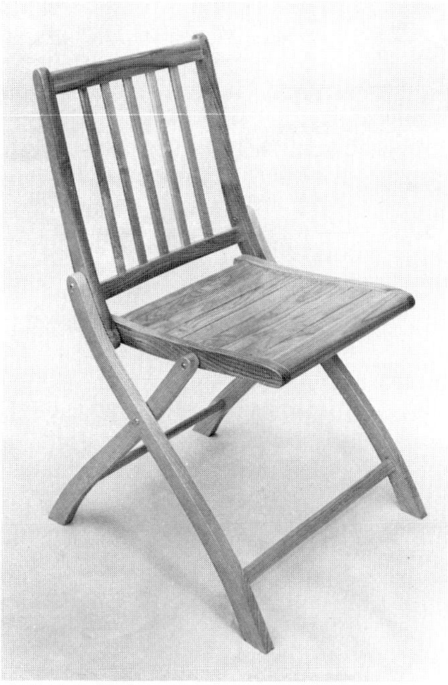

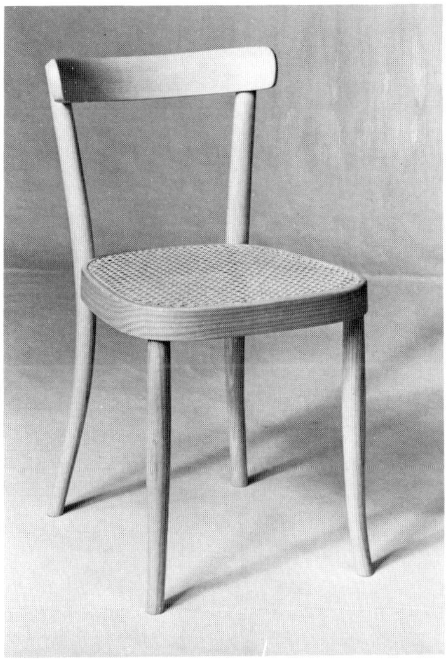

Reine Formen

Klappstuhl
E. Wattenhofer/Erba AG, Erlenbach
1939/1952

Stuhl
W. M. Moser/AG Möbelfabrik Horgen-Glarus, Glarus
1929/1952

Rein (Heilig) – Unrein: der englische Anthropologe N. W. Thomas **meinte: «Streng genommen umfasst Tabu nur a) den Heiligen (oder unreinen) Charakter von Personen oder Dingen, b) die Art der Betrachtung, welche sich aus diesem Charakter ergibt, und c) die Heiligkeit (oder Unreinheit), welche aus der Verletzung dieses Verbotes hervorgeht»** (→). **– Sigmund Freud folgend, «geht die Bedeutung des Tabus nach zwei entgegengesetzten Richtungen auseinander. Es heisst uns einerseits: heilig, geweiht, anderseits: unheimlich, gefährlich, verboten, unrein.» – Die Antwort auf die Frage, wie Tabu exakter zu bestimmen sei, seine Herkunft, Wirksamkeit, darf uns im Zusammenhang mit der ‹guten Form› leider nicht weiter beschäftigen. Von momentanem Interesse ist einzig die Gegenüberstellung** «unrein – rein», **die eine Bindung des Reinen ans** Heilige **und** Geweihte **und die Verwandtschaft des Unreinen mit dem Verbotenen, Gefährlichen und Unheimlichen. Das Adjektiv «rein» ist der ‹guten Form› unlösbar verbunden, und es wäre freilich nicht ohne Sinn, die Protagonisten des Werkbundes diachron danach zu befragen, warum sie seit Anbeginn soviel auf das** reine **Konstrukt legen, das** ornamentlos, **nahezu ohne ästhetisches Surplus, dem Betrachter begegnet. Loos, «Ornament und Verbrechen», 1908: «der moderne mensch, der das ornament als zeichen der künstlerischen überschüssigkeit vergangener epochen** heilig **hält, wird das verquälte, mühselig abgerungene und krankhafte der modernen ornamentik sofort erkennen. kein ornament kann heute mehr geschaffen werden, von einem, der auf unserer kulturstufe lebt»** (→). **Mit erstaunlicher Gesetzmässigkeit wird das Reine einer** höheren **Kulturstufe, dem hehren und heiligen Ziel eines Strebens verbunden. Den «ungeklärten Zuständen», «Zustände, die eben in ihrer Gemischtheit den Mangel an Disziplin und Organisation beweisen»** (→), **wird schon früh der «Krieg» erklärt. «Kultur ist ohne bedingungslose Schätzung der Form (gemeint ist die reine, unverfälschte Form) nicht denkbar, und die Formlosigkeit ist gleichbedeutend mit** Unkultur**». Und: «Die Form ist in demselben Masse ein** höheres geistiges Bedürfnis, **wie die** körper**liche** Rein**lichkeit ein höheres** leib**liches Bedürfnis ist. Dem wirklich kultivierten Menschen bereiten** Roh**heit in der Form fast körperliche Schmerzen, er hat ihnen gegenüber dasselbe Unbehagen, das ihm Schmutz und** schlechter **Geruch verursachen». Während das Reine den «Zeiten einer hohen Kulturblüte» (Muthesius) vorbehalten ist, die erst in greifbare Nähe rücken, wenn für die «**Gebildeten **unserer Nation» der Sinn für die Form bis zur «Dringlichkeit ihres Bedürfnisses nach** reiner Wäsche **entwickelt ist (!)», verbindet sich das** Unreine **dem** Un-Entwickelten, **Krankhaften, dem Verbrechen** (→), **die quasi per definitionem pejorativ beurteilt sind, und dem Schlechten, ja dem Bereich des Bösen zugehören. In manichäischer Manier ist das Reine dem Unreinen, das Gute dem Bösen dual entgegen gestellt. – Das Reine, das ist ästhetischer Purismus, asketisch, radikal, ohne Tätowierung** (→), **ohne zusätzlichen Bedeutungsmantel, ohne aufoktroyierte Schicht, die jene ex-**

Siehe Freud, S., Totem und Tabu.

Loos, A., Ornament und Verbrechen, in: Conrads, U., Programme und Manifeste zur Architektur des 20. Jahrhunderts, Berlin 1964, S. 20.

Muthesius, H., Werkbundziele, in: Conrads, U., op. cit. 1964, S. 24. Siehe auch S. Freud, das Unbehagen in der Kultur: «Die Seife als Kulturmesser».

L. Burckhardt, 1961: «Carl Ernst Osthaus (...) prägte einmal das Wort vom ‹Schund, der auf den Mistbeeten des Liberalismus wuchert.› Alfred Roth, 1958: «... dass es nicht gelingen will, den wilden und höchst unwirtschaftlichen Wucherungen Einhalt zu gebieten.»

Tätowierung: siehe Loos, A., in: Conrads, U., op. cit. 1964, S. 15.

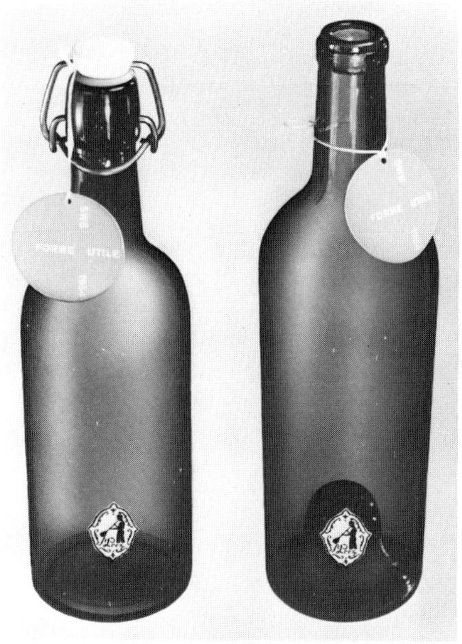

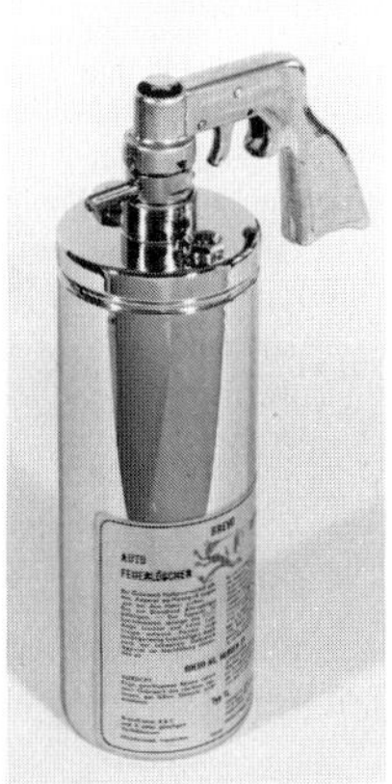

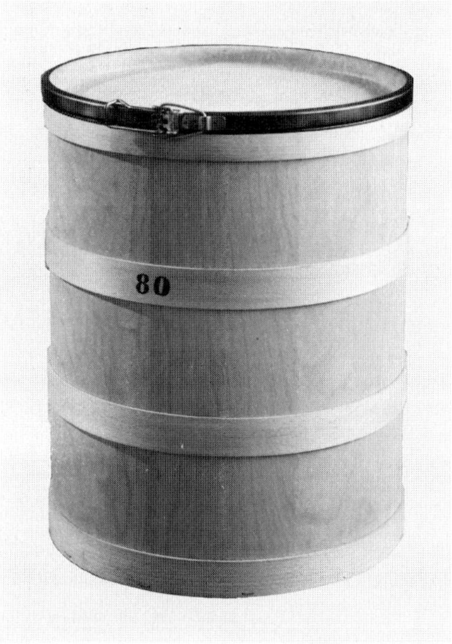

Bierflasche, Bordeauxflasche
Glashütten St-Prex AG
1954

Feuerlöscher
P. Vorbrodt/Brevo AG, Horgen
1961/1964

Industriefass
Imprägnieranstalt AG, Zofingen
1939/1952

pressive Funktion des Objekts verbirgt, die auf dessen Zweck und zugleich auf jene Signifikate hindeutet, die Technikgläubigkeit und Glaube an die unumschränkte Macht des Rationalen heissen. Bürgerliche Rationalität: Eine purgierte Welt, frei von missliebigen Einbrüchen aleatorischer Gewalt, wie sie noch aus der unkontrollierten und von Verstand und Vernunft unbeherrschten Sphäre kommt, steht im Blickpunkt. Dies das Credo der klassischen Moderne und ihrer Nachfolge, der ‹guten Form›; dies ihr Kodex; tabuiert ist das Unreine, «künstlerische Überschüssigkeit der modernen Zeit», «ungeklärte Zustände», «die eben in ihrer Gesamtheit den Mangel an Disziplin (...), Organisation» repräsentieren und damit gegen die Gesetze der Effizienz, der operationellen Rationalität, das heisst die Ordnung des industriellen Zeitalters, wie sie etwa in Wissenschaft, Technologie und Forschung zum Ausdruck kommt, verstossen. – Die englische Anthropologin Mary Douglas meint, unsere Vorstellung von Schmutz sei Ausdruck eines symbolischen Systems (→). Schmutz sei «A matter out of place», eine Sache fehl am Platze. Schmutz sei nie ein isoliertes Ereignis, er impliziere ein Set geordneter Relationen und einen Verstoss gegen diese Ordnung. Wo Schmutz sei, da sei auch Ordnung und System. Schmutz sei ein Beiprodukt systematischer Ordnung, Klassifikation der Dinge (→). Ordnung im engeren Sinne meint eine Menge von Eigenschaften, die dazu befähigen, eine Ansammlung von Elementen vollständig, das heisst eindeutig zu beschreiben – diese erscheint dann als gegliederte Ganzheit einander wechselseitig zugeordneter Elemente, gegliedert nach Gesetzen und Regeln. Im Bereich der ‹guten Form› ist es ihr Zweck, einen Beitrag zur geplanten und vorausschauenden Beherrschung der ersten wie der zweiten Natur zu leisten. Diese einzige Ordnung ist vom Werkbund zum Mass aller Dinge genommen worden – eine zentristische Schau der Dingwelt, die jede Abweichung vom eigenen Ideal peinlichst registriert und nur ‹Die gute Form› wie sie eingangs beschrieben worden ist, als Form gelten lässt. Der Rest, jenseits der Grenze, die das Gute vom Bösen und Schlechten scheidet, ist Un-form, Unrat, der die harte Grenze unablässig zu durchbrechen, die Ordnung der ‹guten Form› zu stören sucht.

Douglas, M., Purity and Danger, London 1966, S. 35.

Douglas, M., op. cit. 1966, S. 35.

Rein und unrein, schmutzig und rein, sind Eigenschaften, die die Stellung ihres Gegenstandes in einem axiologischen Schema kennzeichnen. ‹Befleckung› ist gleichbedeutend mit ‹Sünde›; Handarbeit, als schmutzige Arbeit, wird, aus ‹hoher Warte›, der Kopfarbeit unter-ordnet (→). Dennoch: ‹schmutzige Hände› und eine ‹weisse Weste› vertragen sich ganz gut.

‹blue collar› und ‹withe (!) collar›.

Das **Schlechte** und **Böse** ist wiederzufinden im «Schundgeschmack des unerzogenen Konsumenten» (Brogle). Die «Ausstattung der Ware mit Zieraten», ist – so meint Paullson, der in seinem Vortrag (1948) auf die Reformbewegungen der Morris und Van de Velde und auf Van de Veldes Schrift «Die drei Sünden wider die Schönheit» weist – einer ästhetischen **Prostitution** (!) gleichzusetzen. Gregor Paullson gibt sich allerdings skeptisch gegenüber der Möglichkeit, «eine schönere Welt auf ethische Imperative wie Würde und Vernunft» aufzubauen und plädiert für Erziehung und Volksbildung, die massgeblich bei den Bedürfnissen der Konsumenten anzusetzen habe.

Von **Sünde**, **Sünden**fall und Anverwandtem ist fortwährend die Rede in den Texten zur ‹guten Form›. So 1963, rückblickend, nach 50 Jahren SWB: «Die Geschichte des Designs fängt mit dem Sündenfall des 19. Jahrhunderts an; es ist die Entdeckung, dass die Maschine alles produzieren kann» (→).

Blaser, W., Burckhardt, L., Hernandez, A., Nach 50 Jahren, WERK 1963, Nr. 10.

Heute stünden «Geist gegen Ungeist, Grundsätzlichkeit gegen Verallgemeinerung, Echtheit gegen Schein, Härte gegen Verweichlichung, Einsatzbereit-

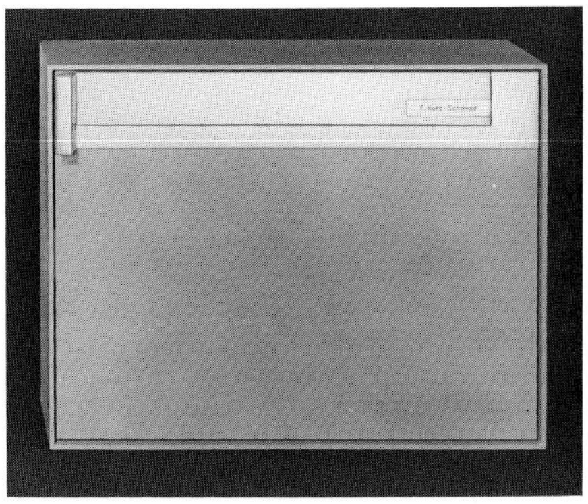

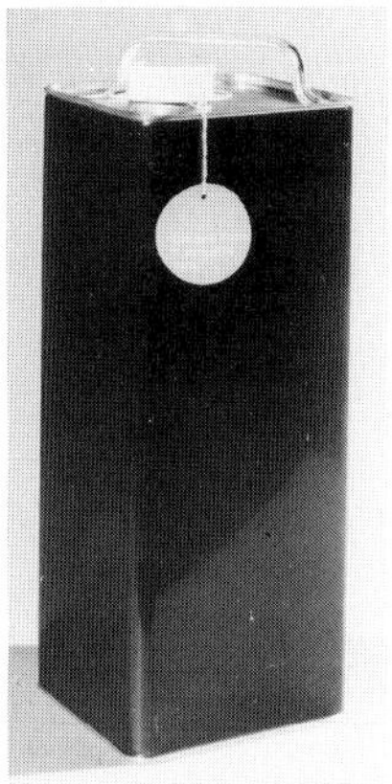

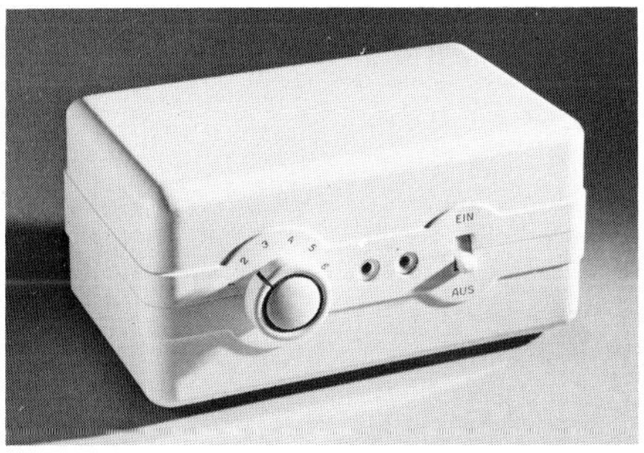

Brief-/Milchkasten
Metallbau Kehrer, Allschwil
1962/1962

Kanister
Gebr. Hoffmann AG, Thun
1959/1959

Demodulationsgerät
Autophon AG, Solothurn
1951/1952

schaft gegen materielle Erfolgsucht» (→). Das **Gute** ist dem **Schlechten**, spezifische Tugenden sind spezifischen Untugenden gegenübergestellt, die offenbar beide auch einen Einfluss üben auf die Form. Daher der Appell an die Hersteller, die heute (1957) die «Verantwortung» für die «höhere oder niedrige Kultur eines Landes» trügen.

Roth, A., Zum 50jährigen Bestehen des Schweizerischen Werkbundes, in: WERK 1963, Nr. 10.

Max Bill bindet an Form zum vornherein eine Qualität (→): «Form ist das, was wir im Raum begegnen. Form ist alles, was wir sehen können. Doch wenn wir das Wort Form hören oder den Begriff denken, dann bedeutet er doch mehr als nur ein Etwas, das zufällig besteht. Wir verbinden mit dem Begriff Form von vornherein eine Qualität. Wir unterscheiden, ob es eine hässliche Form sei oder eine schöne, wobei es uns sehr viel selbstverständlicher erscheint, dass eine Form schön sei als hässlich. Wir kritisieren die Form immer nach dem Argument des Schönen, ja des beabsichtigt oder erwählt Schönen.»

Bill, M., Die gute Form, op. cit. 1957.

«Der gesellschaftlich anerkannten Hierarchie der Künste (...) korrespondiert die gesellschaftliche Hierarchie der Konsumenten. Deshalb auch bietet sich Geschmack (abhängig vom Bildungskapital, Qualität und Quantität, p. e.) als bevorzugtes Merkmal von ‹Klasse› an.» (Bourdieu, P., op. cit. S. 18).

Max Bill bindet an Form zum vornherein eine Wertung. Er kritisiert die Form nur nach dem Argument des Schönen und setzt dieses absolut. Zugleich repräsentiere Form in ihrer autonomen Existenz immer eine Idee. Die vollkommene Schönheit gelte der bald schöner, bald weniger vollkommen gewerteten spezifischen Form als Mass. Form wolle letzten Endes Schönheit bedeuten, obgleich es im praktischen Fall sich sozusagen um relative Schönheit handle.

«Lange Zeit war man geneigt, anzunehmen, dass allein die vernünftige Durchführung einer Aufgabe, gewissermassen aus sich selbst heraus, zu einer vorbildlichen Form führe. Unter vernünftig verstand man, dass die Form **nicht sinnlos** sein soll, dass sie wohlüberdacht aus dem **reinen** Zweck des Gebrauchs entwickelt werden könne. Auf diese Weise wurden – vor allem seit dem Aufkommen dieser Ansicht – Apparate, technische Erzeugnisse, Haushaltgeräte und dergleichen, ähnlich wie Maschinen kontrolliert. Ihre Formen wurden maschinenähnlich. Dies kam nicht nur daher, weil die Maschine als ästhetisches Erzeugnis des Menschen gewertet und eingeordnet wurde, sondern auch daher, weil der Herstellungsprozess sich veränderte, indem man die früher handwerklich gefertigten Erzeugnisse durch industriell hergestellte zu ersetzen begann und die **moralische** Forderung aufstellte, die industrielle Herstellung habe den neuen Herstellungsprozess zu berücksichtigen und führe zu einer neuen Art von Formgebung» (→).

Bill, M., op. cit. 1952.

Mit dieser Allusion wird die Form der heroischen Epoche der ‹klassischen Moderne› gewissermassen als vernünftig und sinnvoll charakterisiert und ihre Abhängigkeit von der Technikgläubigkeit der ‹historischen Rationalisierung› (→) angedeutet, in deren Tradition die ‹gute Form› steht.

Nach 1900: Taylor, Ostwald, Gilbreth.

«Der entscheidende Beweggrund, der zur guten Produktform führt, ist **moralischer** und **ästhetischer** Art: Wir sind dagegen, dass man etwas, das uns nicht gefällt, einem Ahnungslosen für sein ehrlich verdientes Geld verkauft, damit das ganze Kulturniveau senkt. Wir sind mit einem Zustand nicht einverstanden, der zu soviel Hässlichem führt. Wir wissen, dass solche **Hässlichkeiten im Kleinen** zu denen **im Grossen** führen. Wir wissen, dass überall dort, wo etwas **verdeckt werden muss,** eine Verzierung – heute meist eine stromlinienhafte Vereinfachung und gleichzeitige Aufblähung – angebracht wird, sei dies nun beim Gebrauchsgegenstand, oder im Staat –, im Kleinen wie im Grossen. Diese neue oder alte Art der Verzierung gefällt uns nicht, wir wollen sie nicht. Wir setzen ihr die Idee der guten Form entgegen, vom kleinsten Gegenstand bis zur Stadt» (→).

Bill, M., op. cit. 1952.

Der entscheidende Beweggrund, der zur guten Produktform führt, sei moralischer oder ästhetischer Art: Der moralische Imperativ einer ideologischen

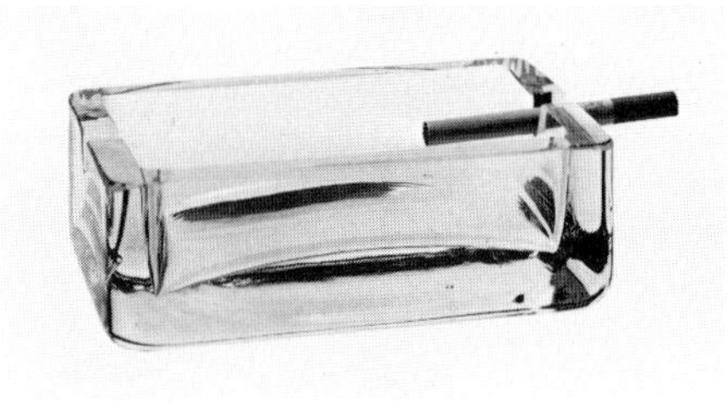

Aschenbecher
P. Loder/Siegwart & Co. AG, Hergiswil
1966/1967

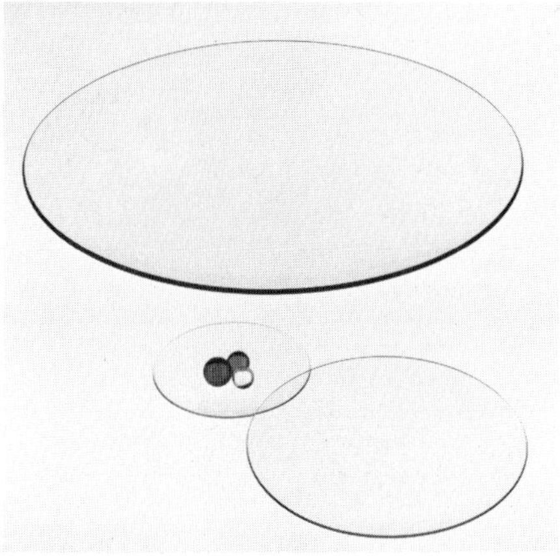

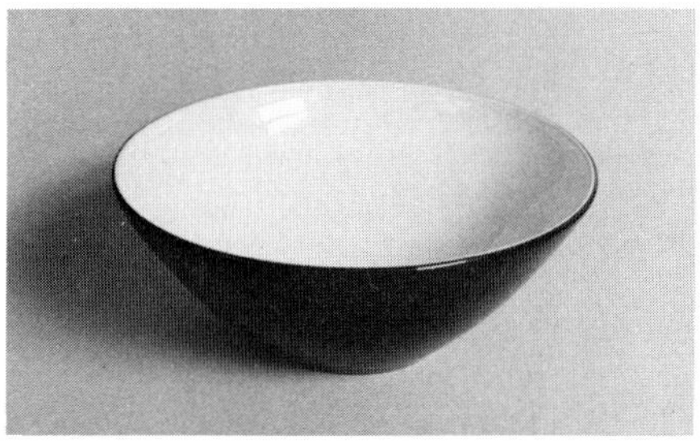

Schalen
Robert Niederer, Zürich
1956/1957

Schale
Gebr. Müller AG, Luzern
1953/1954

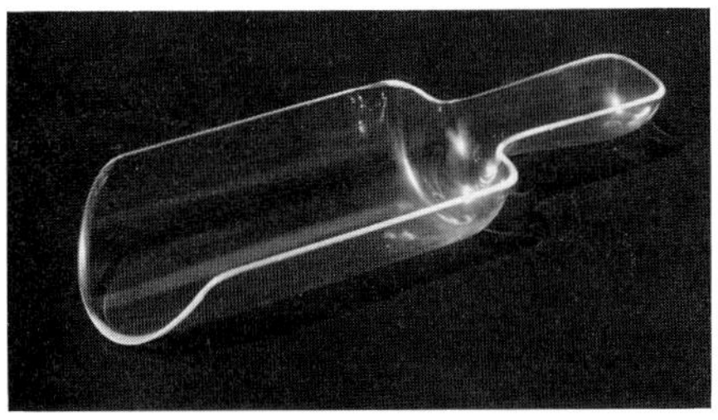

Salzschaufel
Isba AG, Münchenstein
1954/1957

Kraft, die das Gute dem Wahren, dem Authentischen und dieses dem Schönen anknüpft, tritt da unverdeckt zutage. Die Geräte ‹guter Form› seien ihm also nicht nur **für** etwas oder **zu** etwas anderem gut, ‹gut› erscheint da nicht in seiner **relativen** Bedeutung. Das heisst, dieses Möbel oder jener Apparat ist nicht nur gut im Verhältnis zum Zweck. Die Geräte haben dem **Guten** in seiner **absoluten Bedeutung zu genügen,** das freilich **Utilitarismus,** Nützlichkeitsmoral, zu seinen Bedingungen zählt. Für die normative Ethik des Utilitarismus ist ja jenes Prinzip verbindlich, nach dem jede Handlung, wenn nicht empfohlen, so doch erlaubt ist, die sich für das Glück aller Beteiligten als optimal erweist. Diese Ethik ist – nach Vorarbeiten von Hobbes und Hume, im Zeitalter einer (empirisch – rational) ausgerichteten Gesellschaftsreform vorbereitet und zur Zeit der grossen bürgerlichen Revolution in Frankreich von Jeremy Bentham (→) formuliert worden. Implizit ist sie in der Ideologie der ‹guten Form› enthalten, weil diese – Nützlichkeit, Annehmlichkeit und das Glück der Konsumenten im Auge – **nicht** für eine **schmale Elite**, sondern für die «**breiten Massen**» bestimmt war. Sie richtet sich an alle, ‹Die gute Form›, verspricht jenen Heil, wenn man so sagen darf, die ihrem Appell folgen. Mit ihnen und durch die Geräte ‹guter Form› ist das Mass an alltäglichem Ungemach, tagtäglichem Ärger auf ein Minimum reduziert. Die Geräte ‹guter Form› **schenken** gewissermassen **Freude** (hedonistisches Prinzip), helfen **Unlust** zu **vermeiden**. Höchster Wert ist es, die menschlichen Bedürfnisse (hier Beihilfe bei Praktiken und Ritualen des täglichen Lebens) zu befriedigen. Aber zum Gebrauchswert, zum Gebrauchsversprechen des Objekts tritt noch diskrete Schönheit, die zum einen auf der Übereinstimmung von Erkanntem und Sachverhalt (Wahrheit, Authentizität) beruht, zum andern aber auf einer Harmonie, einer Vollkommenheit, einer Ökonomie der Mittel – polemisch, die auf prätentiöser Bescheidenheit beruht, hintendiert zur platonischen Idee, die das Wesen des Dings unverfälscht veräussern möchte. «Einstimmigkeit im Zusammenspiel des Vielen zum Einen», kein falscher Ton, alle Teile sind demselben Code unterworfen. Das Schöne: reduziert, geschliffene Form, endgültig, hell, sauber und überblickbar, mass-voll und regel-mässig: die Gestalt des Dings erscheint hier wie nirgends sonst, seit der heroischen Zeit des ‹Neuen Wohnens, Bauens und Denkens›, als Manifestation oder Repräsentant des Guten und Wahren. Dies die ihm «sinnlich aufscheinende Idee», die allerdings nur sehr bedingt zeitlos, von der Faszination jener Welten gespiesen wird, die sich dem Betrachter mit dem Mikroskop, dem Fernrohr, im Rahmen des naturwissenschaftlichen Versuchs öffnen. In den zeitgleich erforschten Räumen präsentiert sich die erste Natur wesenhaft, dort wird ihre Organisation sinnfällig, dort werden die letzten ‹Ur-gründe› des Lebens gesucht, elementare Teile, Spannungen, Bewegungen, gemeinhin unsichtbare Kräftefelder, ohne die die Materie entropisch sich verteilen würde, dort das grosse Aleph, letztendliches und letztursächliches Prinzip. Auf diesen letzten und elementaren Code, den Code des Schöpfers, den nur noch

Jeremy Bentham: Einführung in die Prinzipien von Moral und Gesetzgebung, 1789.

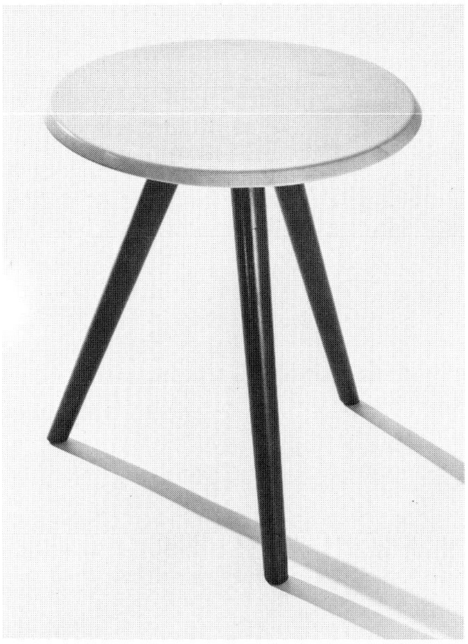

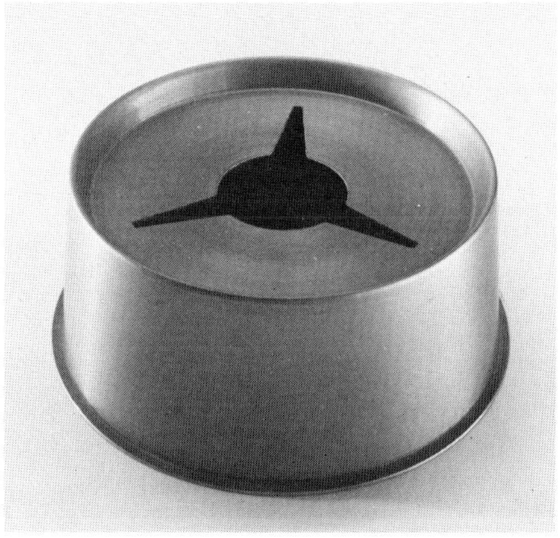

Guhl-Hocker
W. Guhl/Wohnhilfe, Zürich
1954/1955

Aschenbecher
E. Dennler, Zürich
1956/1957

die Kinder anthropomorph imaginieren, zielt die ‹gute Form›. Sie veräusserlicht einen modernen Mythos, eine **Erklärung der Welt**. Deren Teile spielen offenbar analog im Kleinen wie im Grossen. Dergestalt erscheint der Werkbund gleichsam als **neureligiöse Sekte, Glaubens**gemeinschaft, die ihre schöne Lehre aus den Residuen eines **ästhetischen Humanismus** formuliert und in **messianischer Selbsteinschätzung** Heil verkündet. Nicht wahr: «Es gibt keinen andern Weg, den sinnlichen Menschen vernünftig zu machen, als dass man denselben zuvor ästhetisch macht» (→). Nicht wahr: «Wir sind mit einem Zustand nicht einverstanden, der zu soviel Hässlichem führt. Wir wissen, dass solche Hässlichkeiten im Kleinen zu denen im Grossen führen.» Nicht wahr: «. . . vollkommenes Wollen ist die Norm des Menschen» (→). Der Werkbund glaubt an die **humanisierende** Wirkung der Form. Dem Tun und Lassen werkbündlerischer Weltverbesserer ist die Perfektibilität der Menschheit, treu den Heilslehren von Christus bis Marx und Comte, gewiss. Ungebrochen war deren Glaube an eine technologische, eine positive Vernunft, die Utilität grossschreibt.

Schiller, 23. Brief über die ästhetische Erziehung des Menschen in einer Reihe von Briefen.

Goethe, einleitend zu Braun-Feldwegs ‹Normen und Formen industrieller Produktion›.

Zweifellos gehört das Adjektiv ‹gut› ins Vokabular der Ethik. Sein polarer Gegensatz heisst schlecht oder bös. Die Vorstellung der Unvereinbarkeit zweier Instanzen, die – substantivierte Adjektive – das Gute heissen und das Böse, ist Ausdruck einer dualistischen Schau, die für Übel und Glück tendenziell monokausal argumentiert. Dualistische Weltbilder, so etwa jenes der Gnosis und des Manichäismus des Mittelalters, treten ihrerseits in einen Gegensatz zu harmonischen Weltbildern, die entweder Böses leugnen oder es als Folge einer Unvollständigkeit, einer (vorläufigen?) Unzulänglichkeit betrachten. Der unveränderbare Gegensatz dualistischer Weltbilder ist jeder Heilslehre konträr. Erst wenn einer an die Möglichkeit glaubt, der polare Gegensatz, etwa jener zwischen den Klassen, den guten und den schlechten Formen, sei zugunsten des Guten aufzuheben, das Gute sei imstande das Böse zu besiegen, erst wenn einer auf Basis eines harmonischen Weltbildes die Perfektibilität des Menschen ins Auge fasst, kann sich imaginativ Heil einstellen.

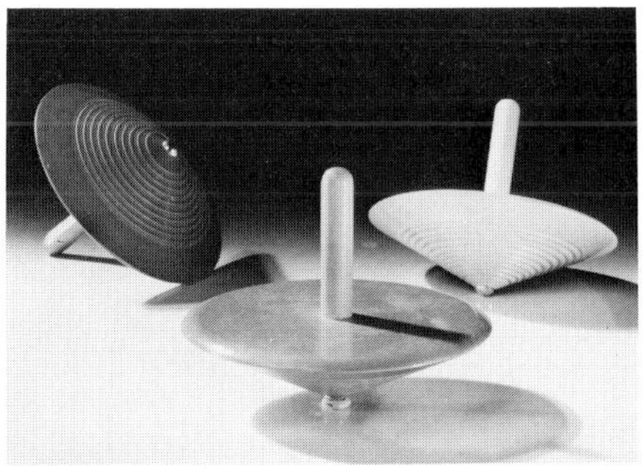

Holzkreisel
Kurt Naef, Zeiningen
1958/1959

Alfred Roth, 1951 (→):
«Welches sind nun die richtigen Dinge für die ästhetische Erziehung unserer Jugend?
Es können selbstverständlich nur die Dinge in Frage kommen, die nach den **Regeln** der **Vernunft** und des **Schönheitsempfindens** derart gestaltet sind, dass Inhalt und Form ein überzeugendes, unmittelbares Entzücken bereitendes Ganzes bilden. Es sind dies die edlen Erzeugnisse des Handwerks und der für unsere Zeit besonders charakteristischen Industrie und Technik, die guten Beispiele zeitgemässer Architektur und die Werke der Kunst, insbesondere solche, die unmittelbar berührende ästhetische Schöpfung sind. Objektiv wahrer Ausdruck der lebendigen Kräfte der Zeit sind diese Dinge und Werke deshalb, weil sich darin eine von der inneren Natur von Mensch und Ding ausgehende aufbauende Gesinnung offenbart. Die Wesenszüge dieser Gesinnung, die schon allen starken Kulturen zugrunde lag, sind: unvoreingenommene gefühls- und verstandesmässige, gefestigte **künstlerische** und **moralische** Einstellung zu den Aufgaben und Lösungsmöglichkeiten – Bekenntnis zum **Schöpferischen** und **Edlen** im Menschen – Wille zur **universalen Harmonie** der gedanklichen und dinglichen Welt. (...)

Roth, A., Die Bedeutung der Umwelt für die ästhetische und moralische Erziehung der Jugend, in: WERK 1951, Nr. 3.

Ästhetische und **moralische** Erziehung: Das gemeinsame Ziel besteht darin, die kommenden Geschlechter in die kulturelle Lage zu erheben, die notwendig ist, um **Wahrheit** und **Schönheit** im Leben und in der Umwelt nach den Gesetzen von Mensch und Kunst verwirklichen zu können. Kann in Anbetracht der Bedeutung und Grösse dieser Aufgabe mit ihrer Inangriffnahme an den Volksschulen und höheren Schulen noch gezögert werden?»

Schalter, Stecker, Steckdosen

1 Druckknopfschalter
Xamax AG, Oerlikon
1959/1959

2 Druckknopfschalter
Xamax AG, Oerlikon
1959/1960

3 Druckknopfschalter, Steckdose
Xamax AG, Oerlikon
1959/1960

4 Druckknopfschalter
Levy Fils AG, Basel
1958/1960

5 Druckknopfschalter
Xamax AG, Zürich
1956/1957

6 Stecker zweipolig
Tschudin + Heid AG, Basel
1956/1958

7, 8 Flexo-Stecker
M. Bill/SA des Câbleries,Cossonay
1955/1956

9 Stecker
A. Feller, Horgen
1964

10 Steckdose
A. Feller AG, Horgen
1955

11 Steckdose für Rasierapparate
Gardy SA, Genève
1956/1958

12 Steckdose
A. Feller AG, Horgen
1955

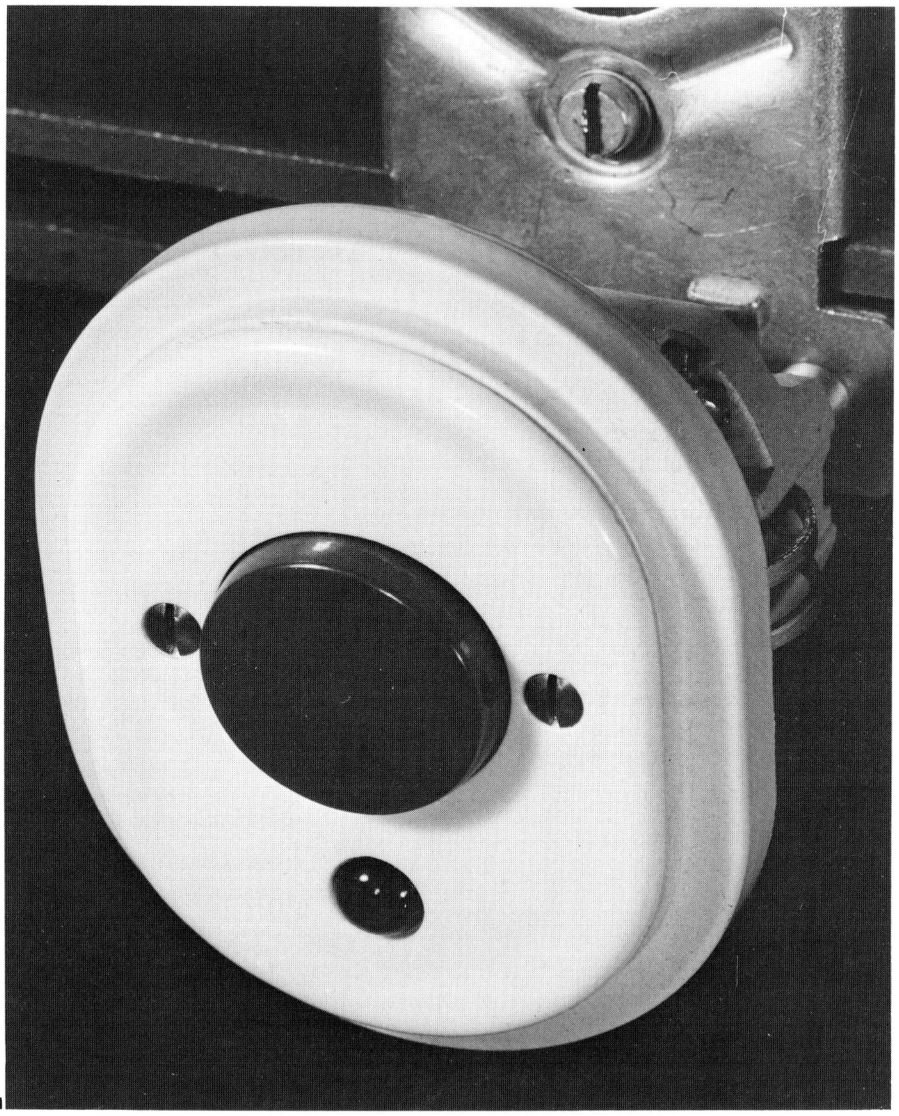
1

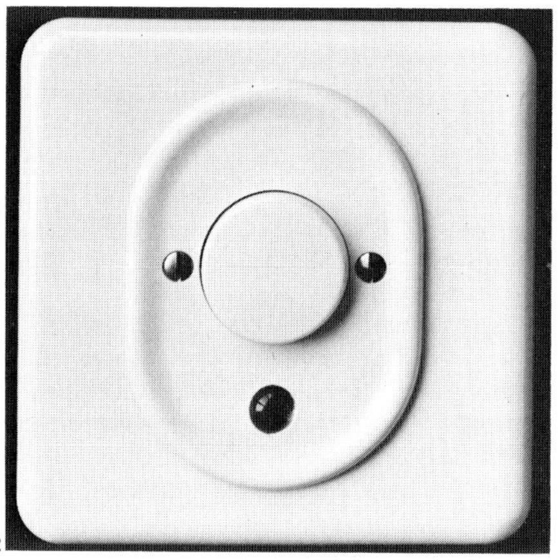
2

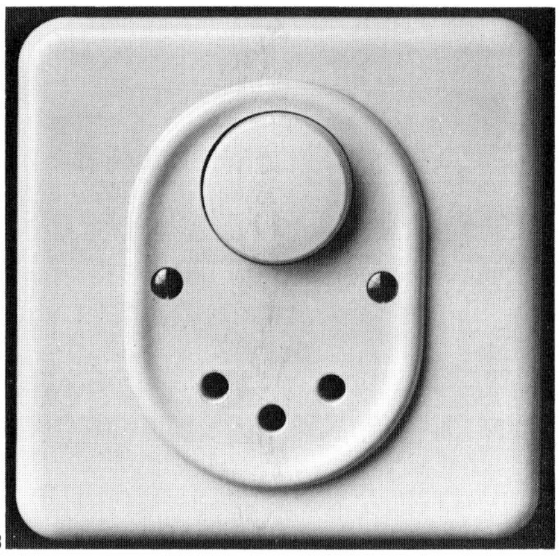
3

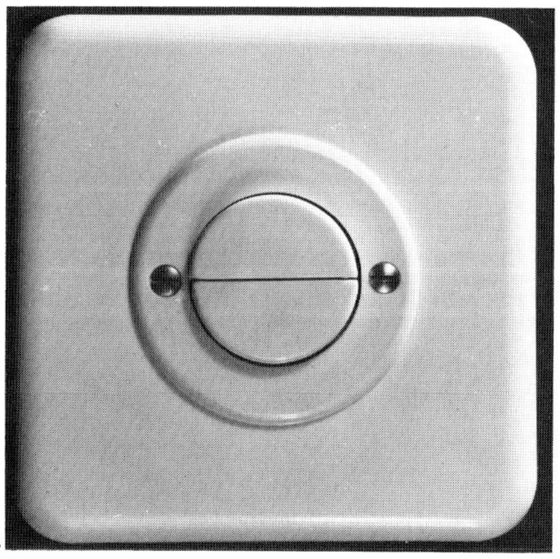
4

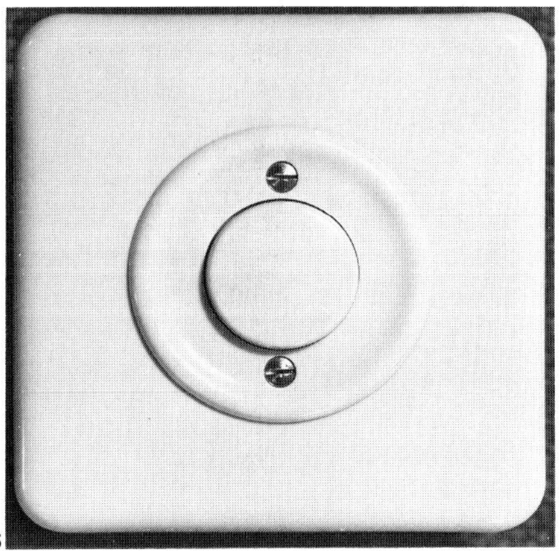
5

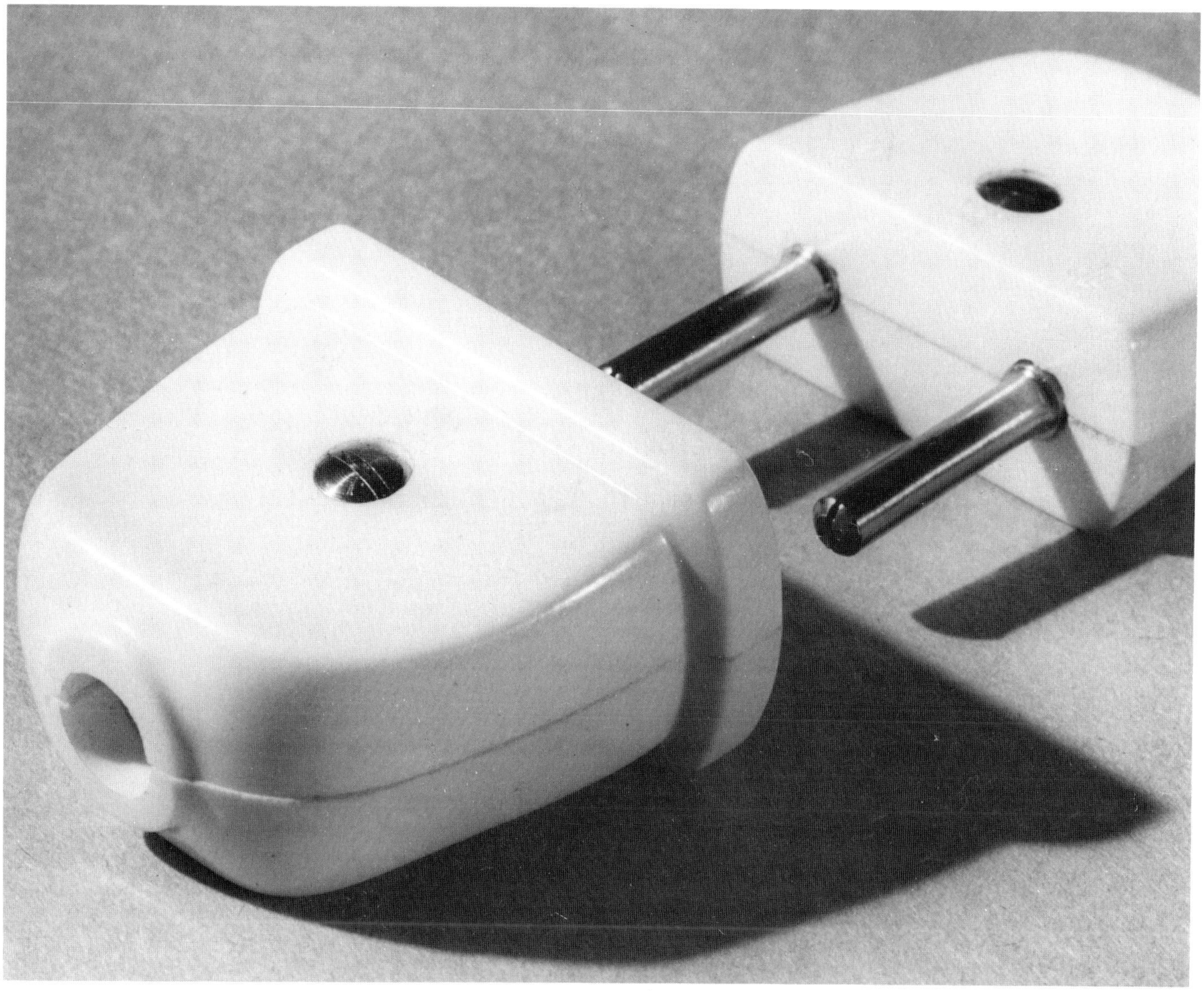

6

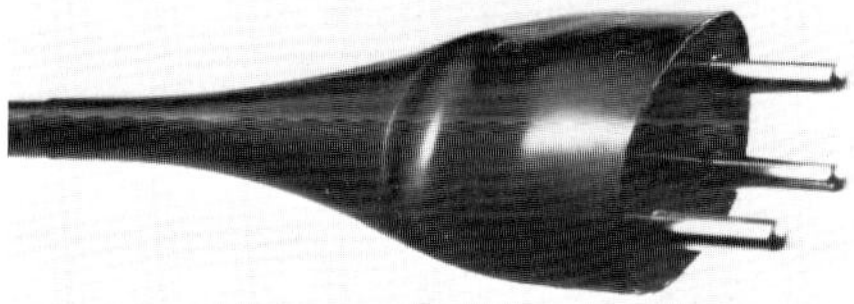

7

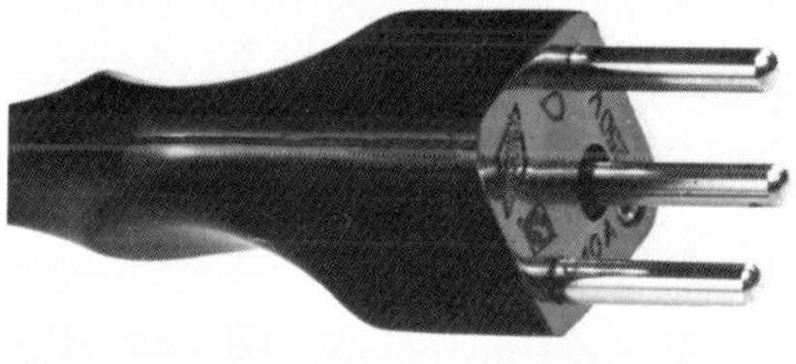

8

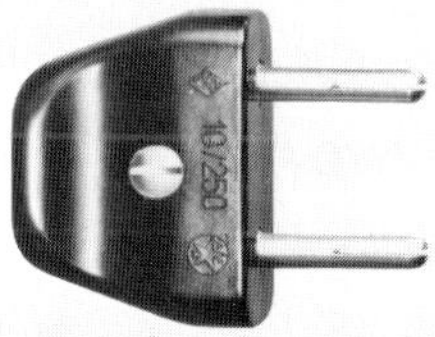

9

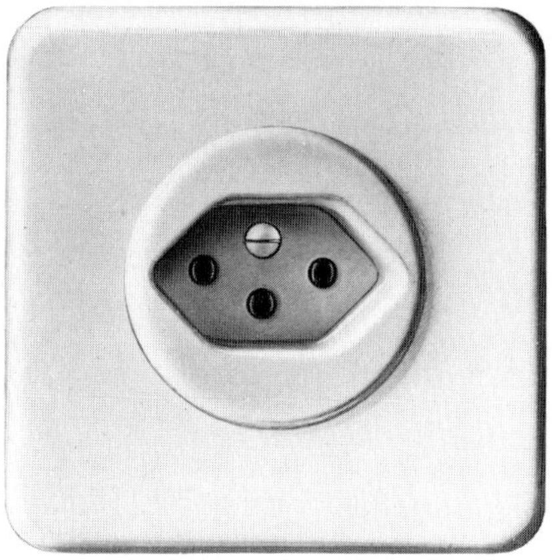

10

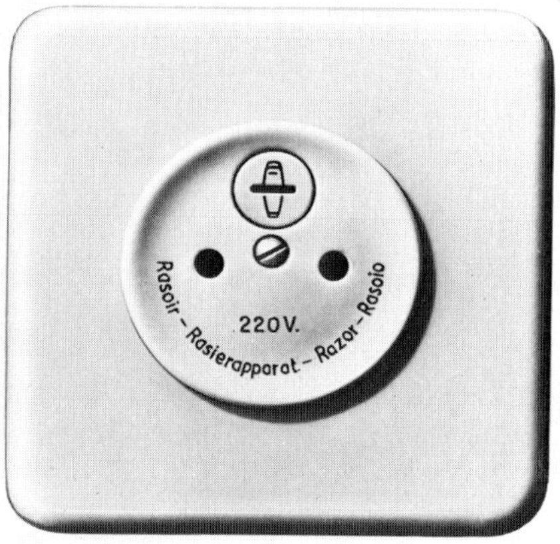

11

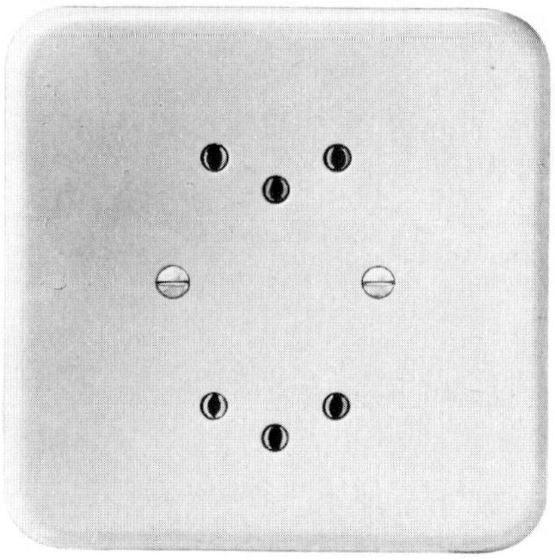

12

Behälter

1 Biscuit-Dose aus Weissblech
Gebr. Hoffmann AG, Thun
1959/1959

2 Kühlschrank- und Campingdose
Gimelli & Co. AG, Zollikofen
1959/1959

3 Weinflaschenkasten
H. Dorner/A. Schoeller & Co., Küsnacht
1966/1967

4 Flaschenkorb
Imprägnieranstalt AG, Zofingen
1952

5 Streudose aus Weissblech
Gebr. Hoffmann AG, Thun
1959/1959

6 Kanister aus Weissblech
Gebr. Hoffmann AG, Thun
1959/1959

7 Zyliss-Hyga, Vorratsdose
K. Zysset/W. Reist & Co., Bern
1956/1957

8 Flasche, 1 Liter
Gimelli & Co. AG, Zollikofen
1958/1961

9 Blumentöpfe
Gimelli & Co. AG, Zollikofen
1961/1961

10 Vorratsdosen
Gimelli & Co. AG, Zollikofen
1957/1961

11 Tarag-Kanne
A. Stückli, Netstal
1964/1965

12 Wanne rund
Georg Utz AG, Bremgarten
1957/1963

13 Eimer mit Deckel
Owo-Presswerk AG, Mümliswil
1957/1961

14 Benzinkanister
Bürstenfabrik Walther AG, Oberentfelden
1959/1960

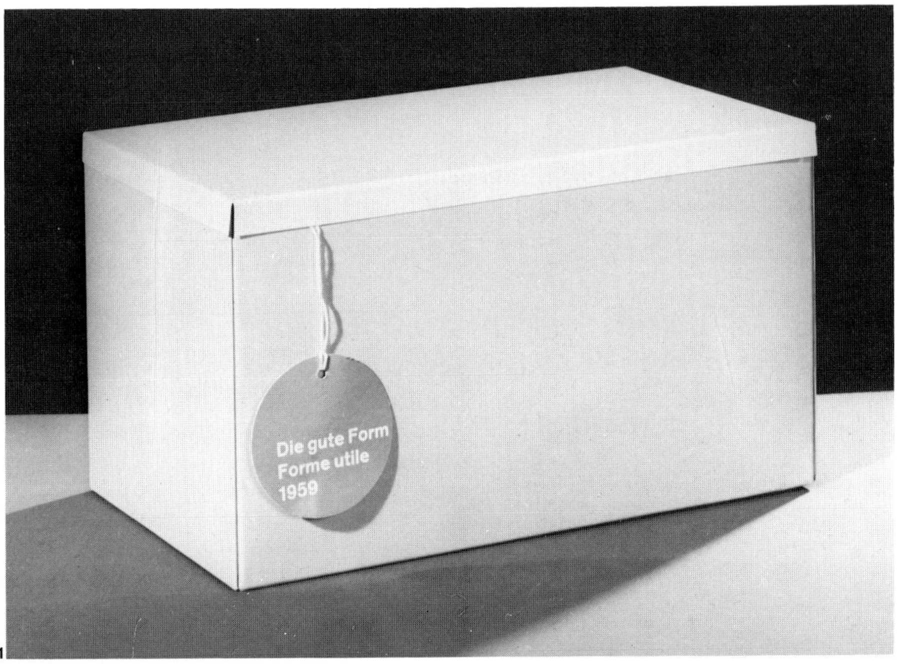

1

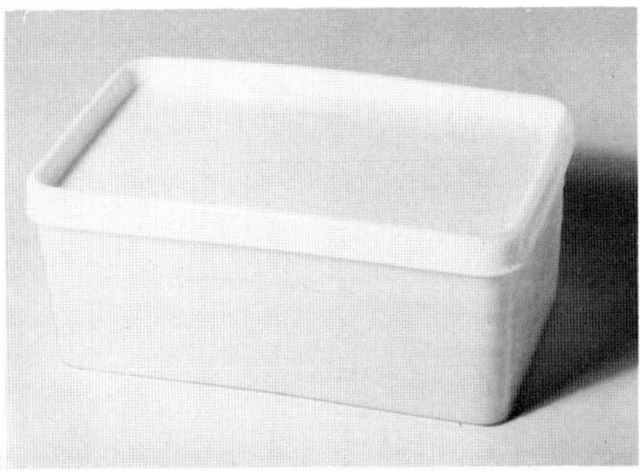

2

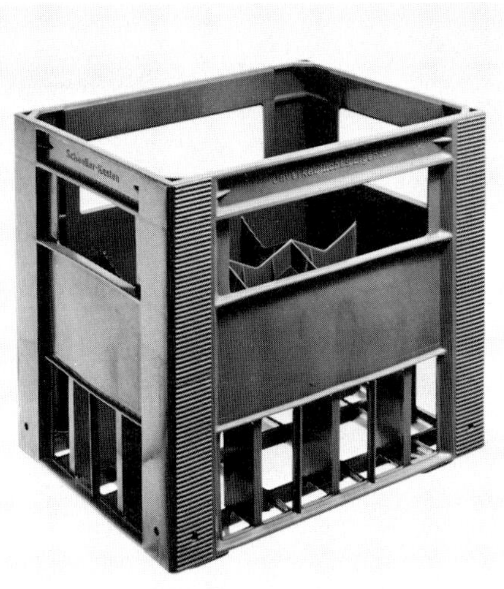

3

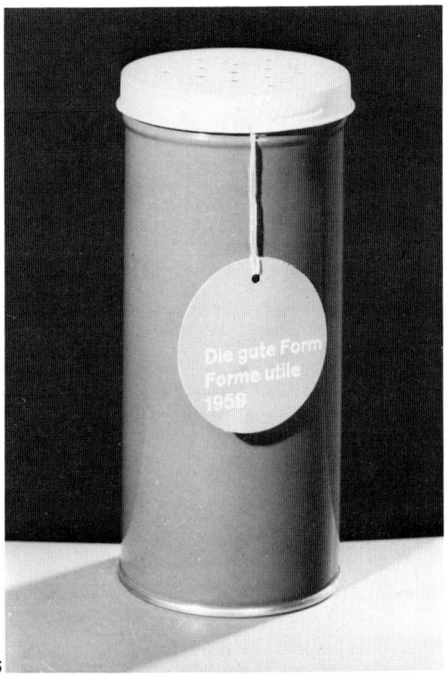

5

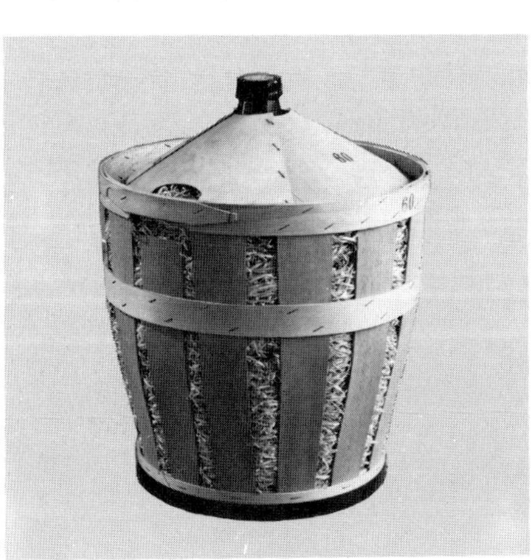

4

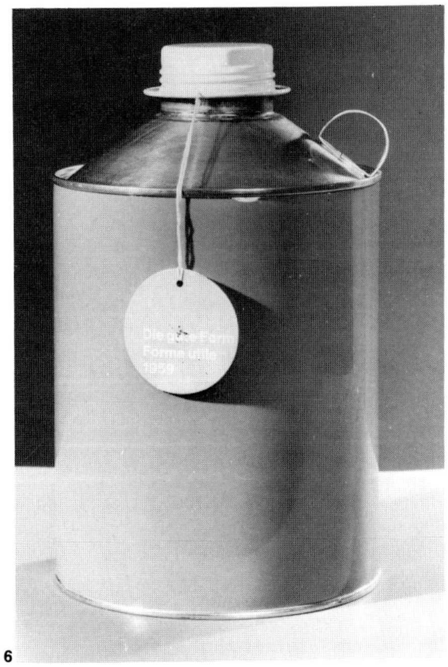

6

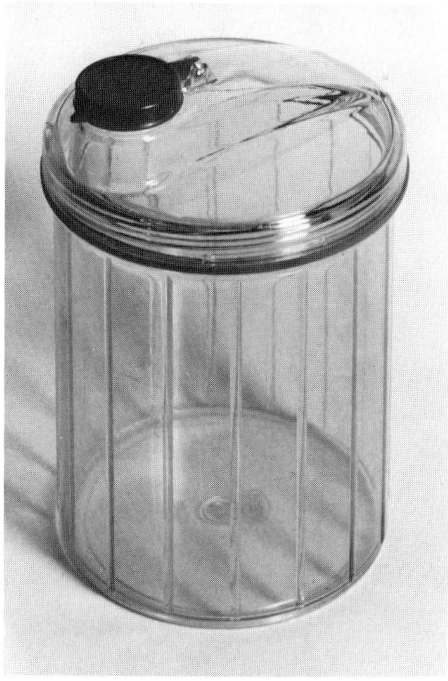
7

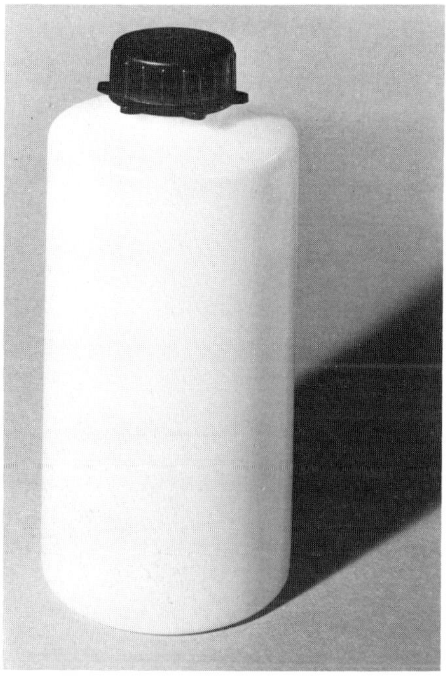
8

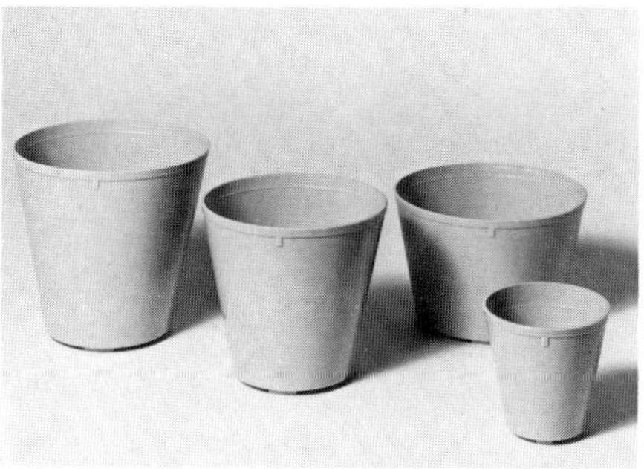
9

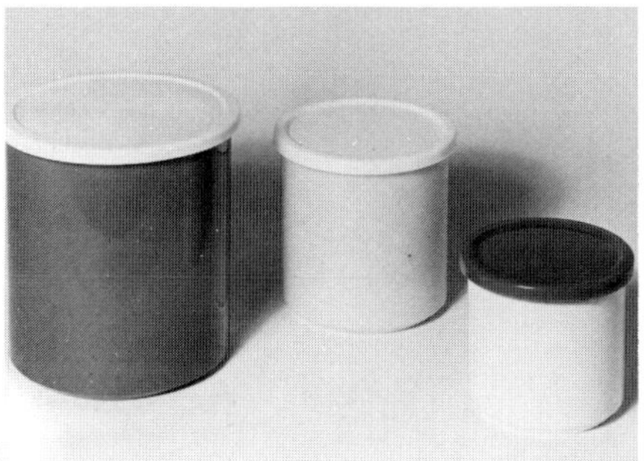
10

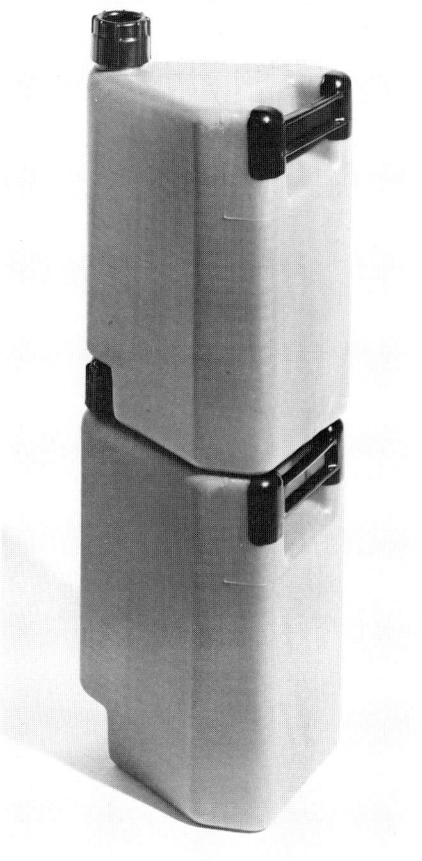
11

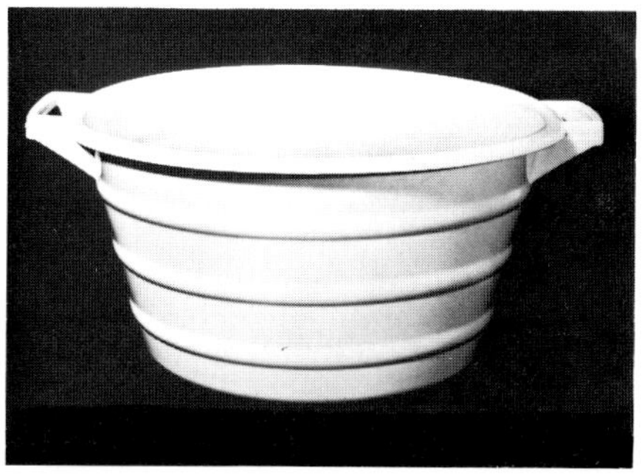
12

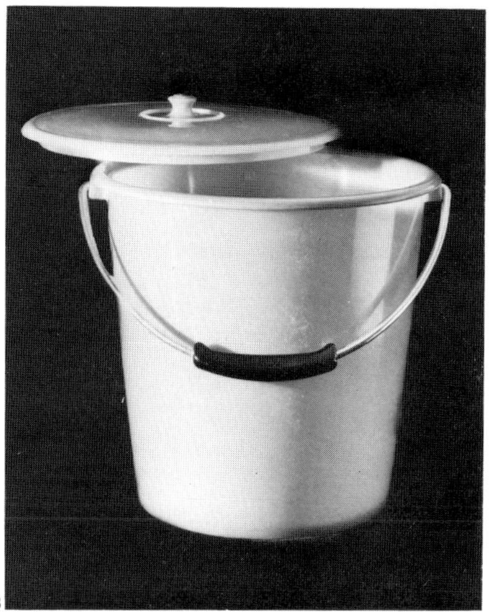
13

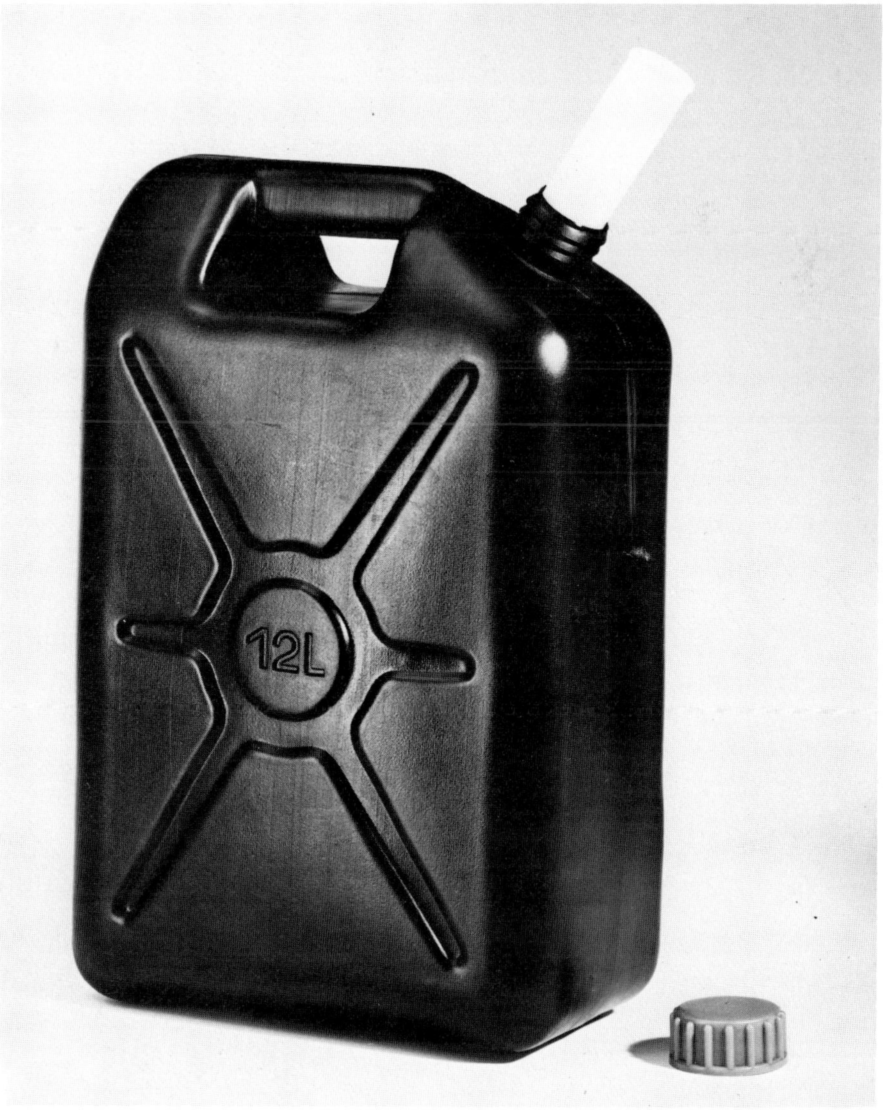

14

Gläser und Schalen

1 Trinkgläser
1960

2 Kelchgläser
1959

3 Tafelgläser
1959

4 Trinkgläser
1960

5 Burgunderschwenker
1967
C. Haefeli AG, Sarnen

6 Schale
F. Handschin AG, Basel
1960/1960

7 Schale
Franz Loder
1959

8 Schale
Franz Loder
1959

9 Schale
M. Mascarin, Muttenz
1953/1953

10 Keramik-Schale
M. Mascarin, Muttenz
1952/1952

11 Sonderschau ‹Die gute Form 1965›
MUBA 66
Gestaltung I. Biesele

12 Fruchtschalen
F. + P. Renfer/Porzellanfabrik, Langenthal
1956/1957

13 Whiskyglas
C. Haefeli AG, Sarnen
1967/1967

14 Sockelbecher
C. Haefeli AG, Sarnen
1967/1967

15, 16 Vase
P. Loder/Siegwart + Co. AG, Hergiswil
1967/1967

17 Kugelvase
C. Haefeli AG, Sarnen
1959

18 Zylindervase
C. Haefeli AG, Sarnen
1962

19 Vase
M. Mascarin, Muttenz
1953/1953

20 Vase
H. Pfenninger, Zürich
1956/1959

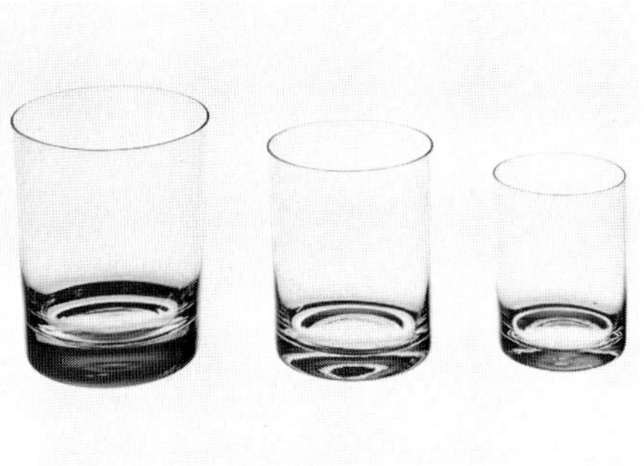
1

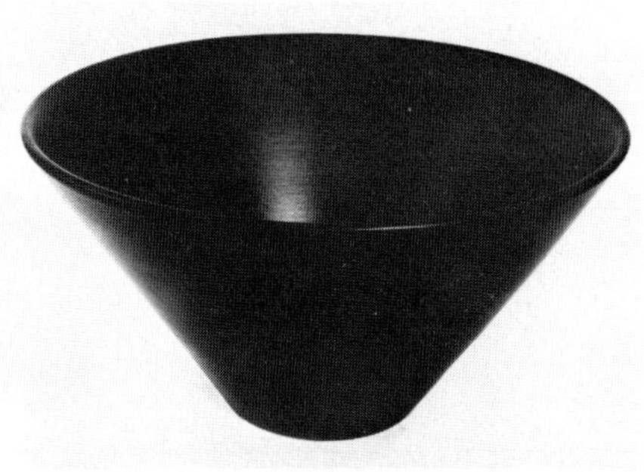
6

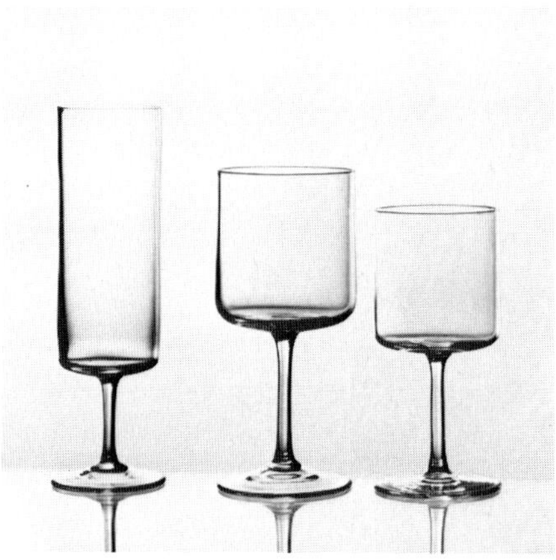
2

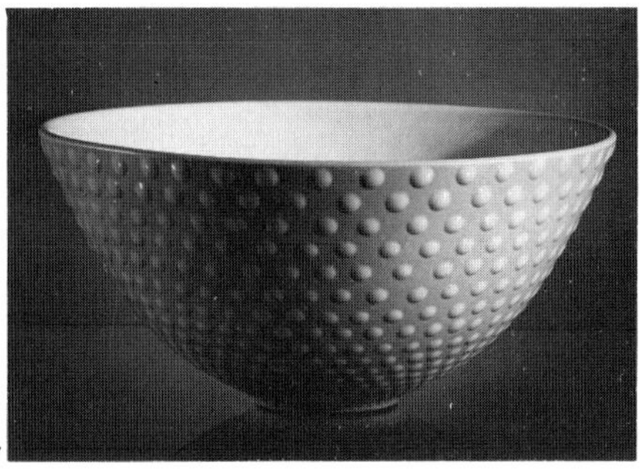
7

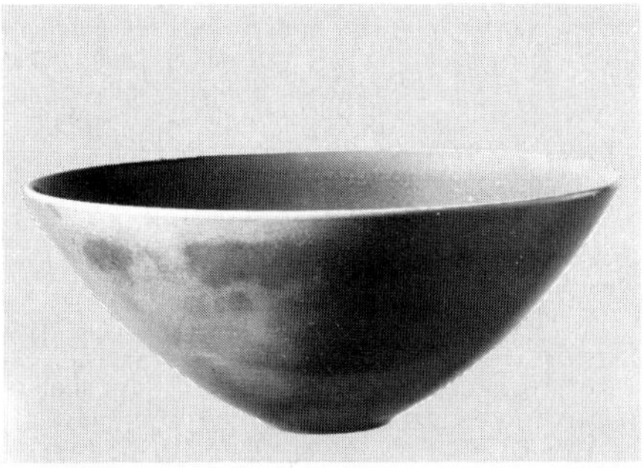
8

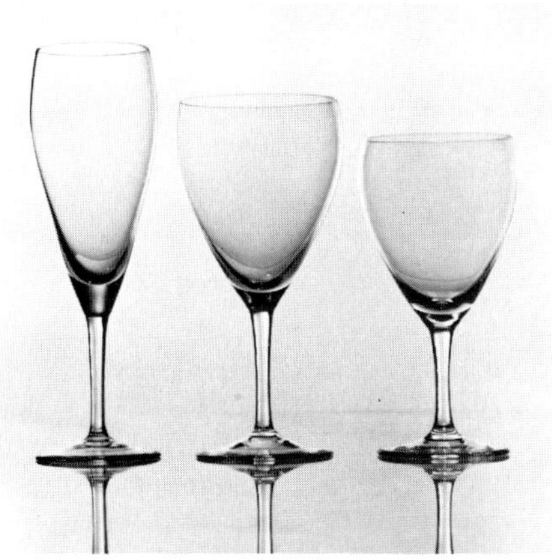
3

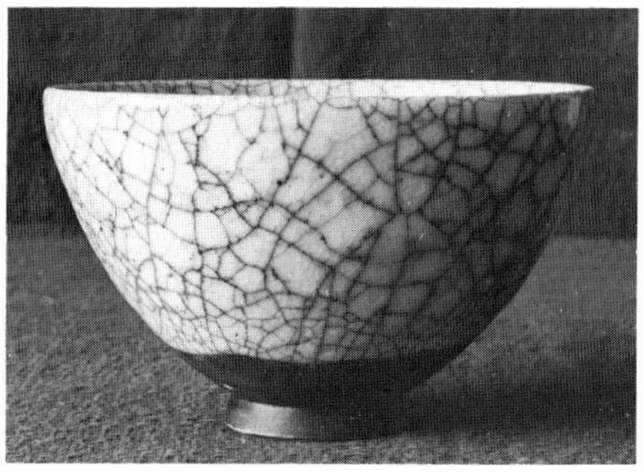
9

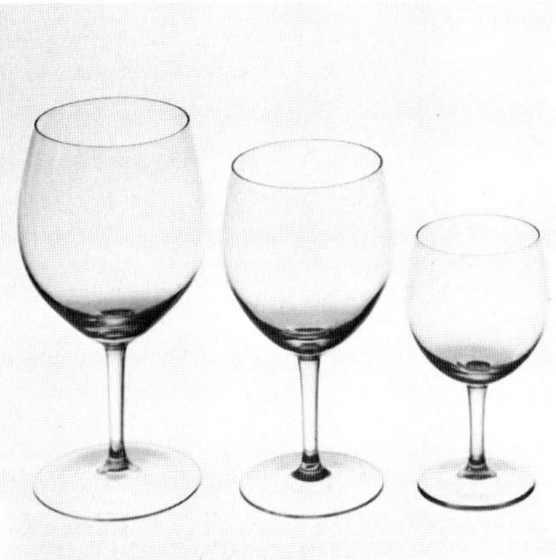
4

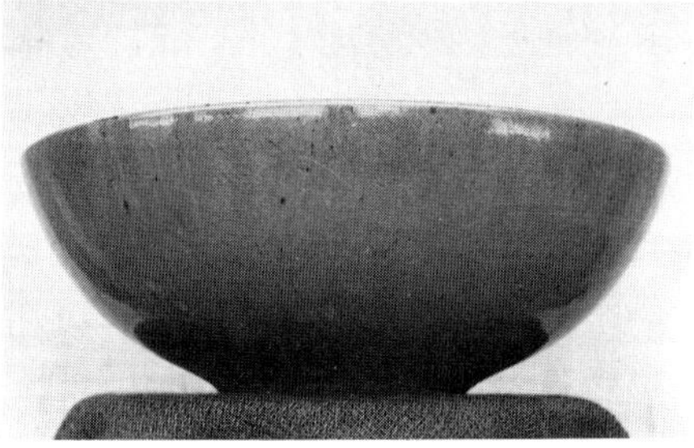
10

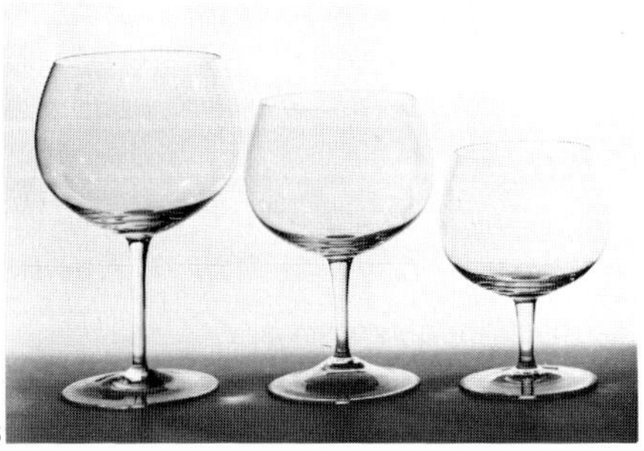
5

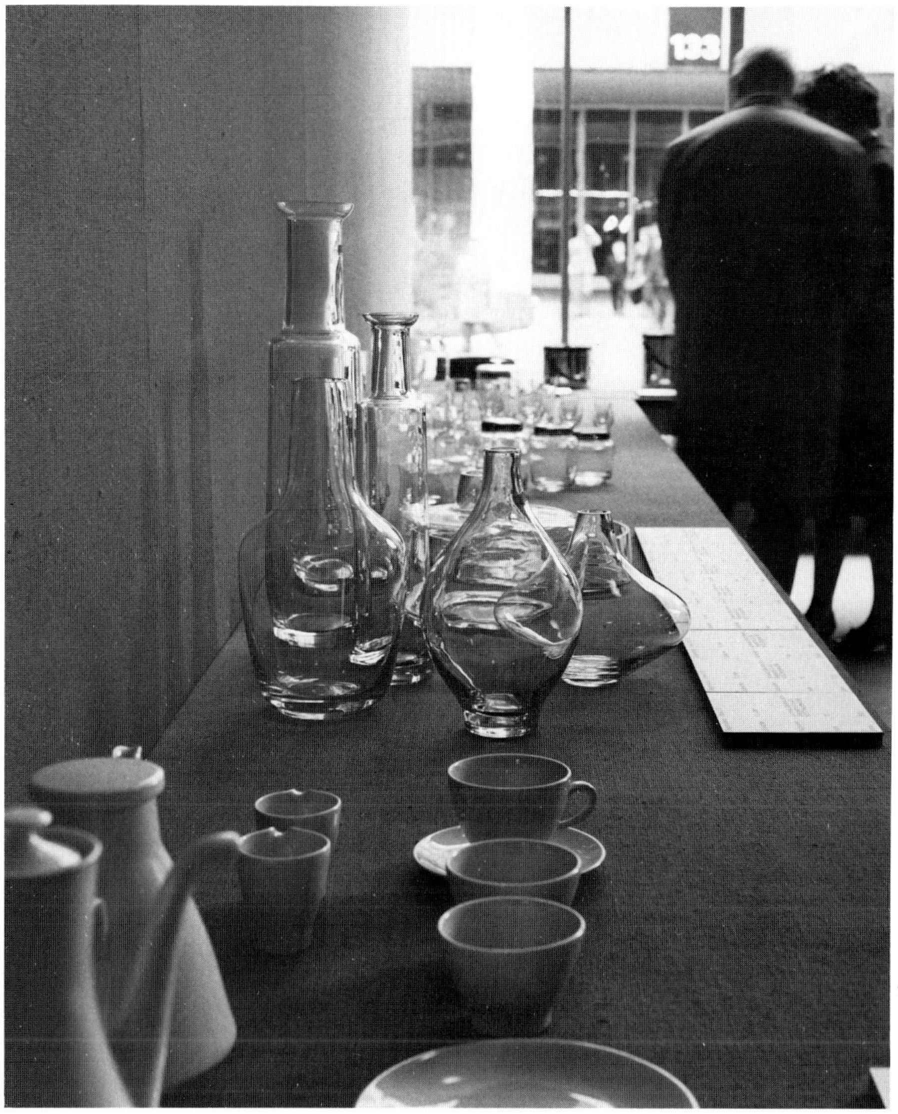
11

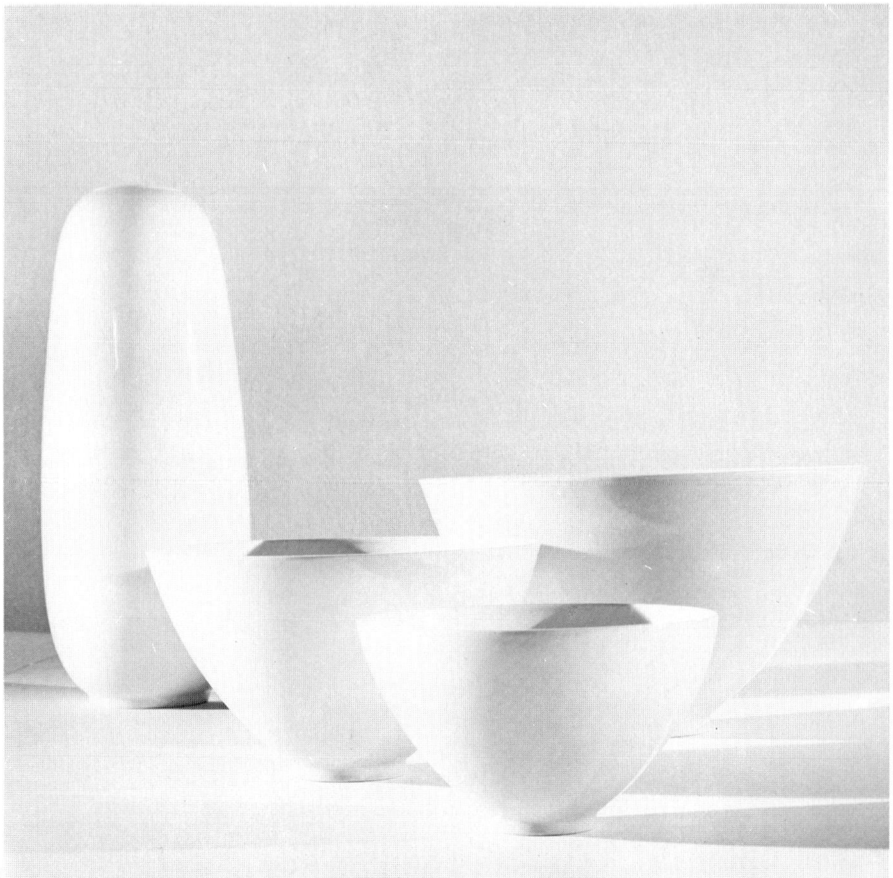
12

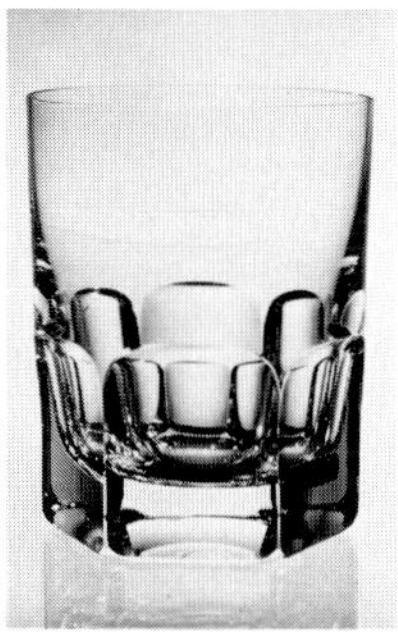
13

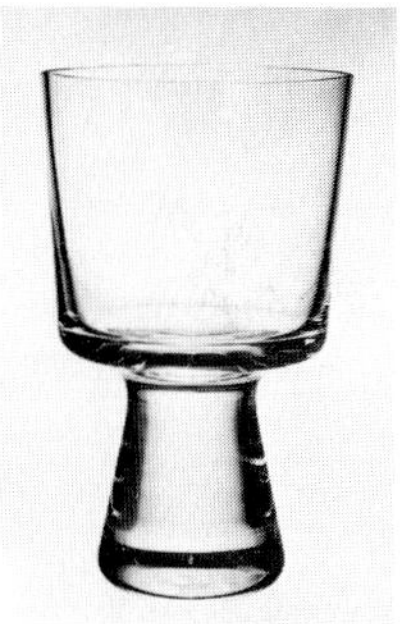
14

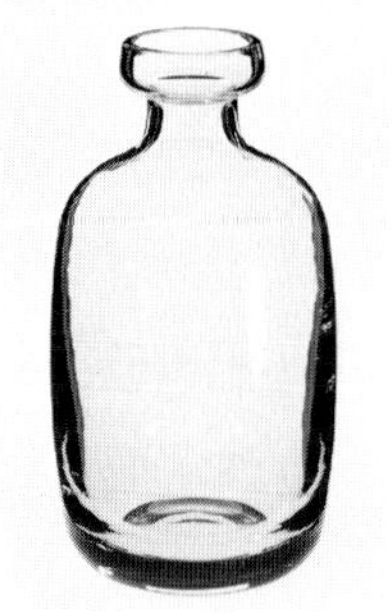
15

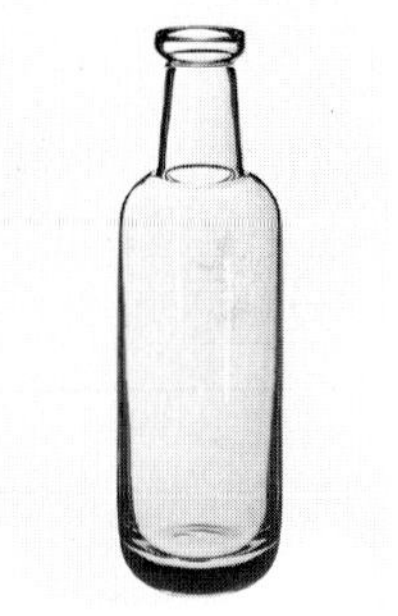
16

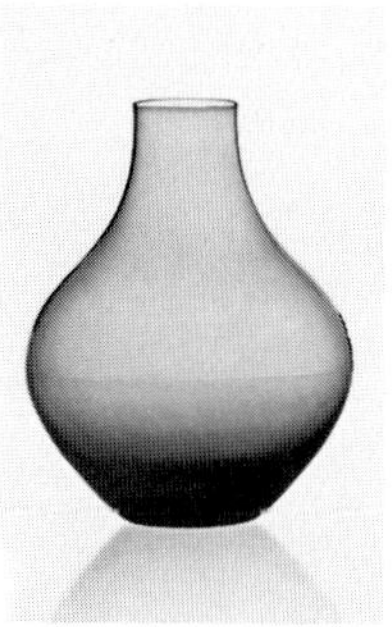
17

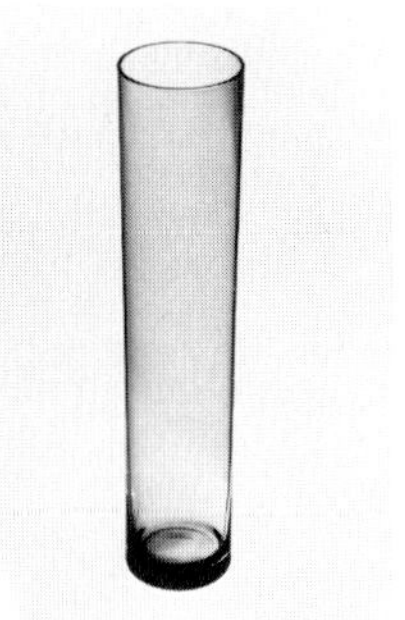
18

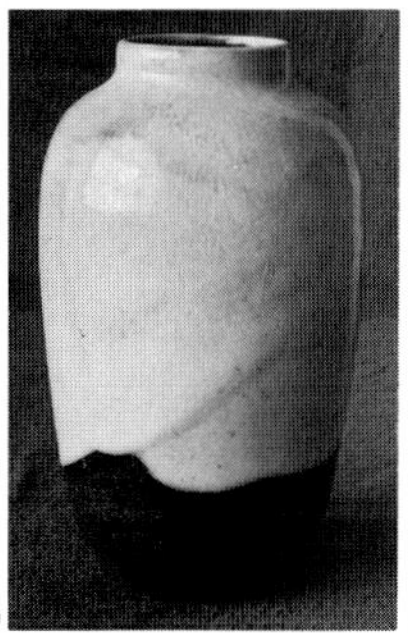
19

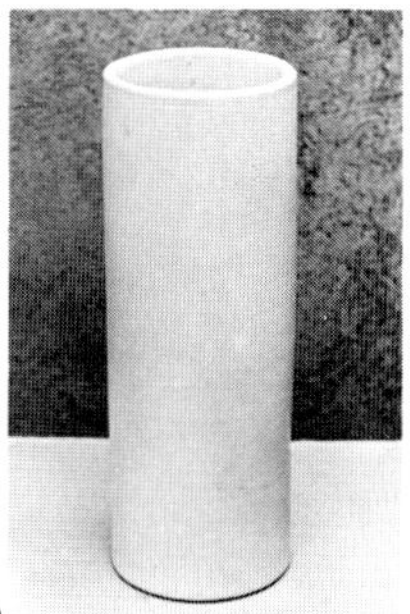
20

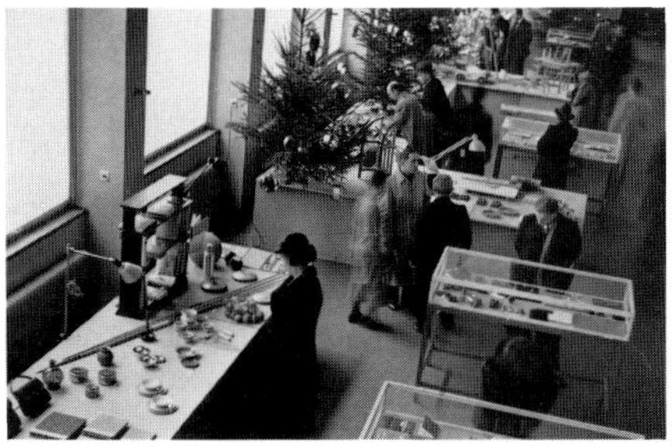

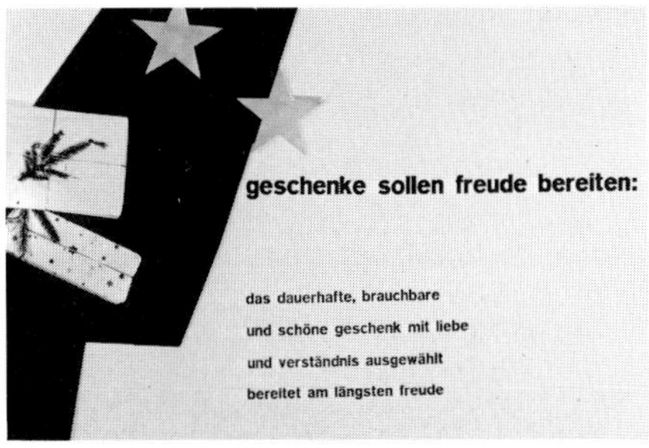

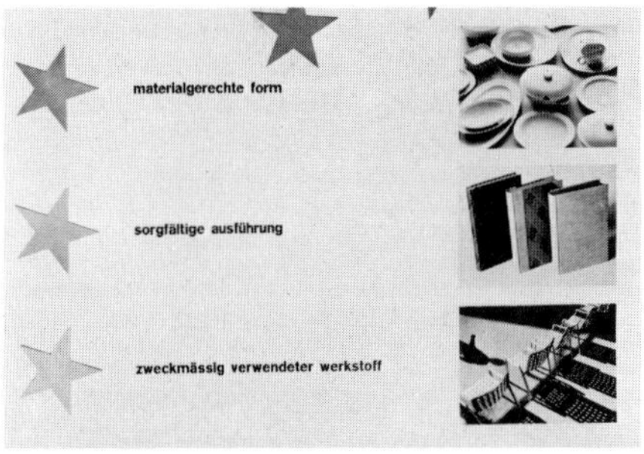

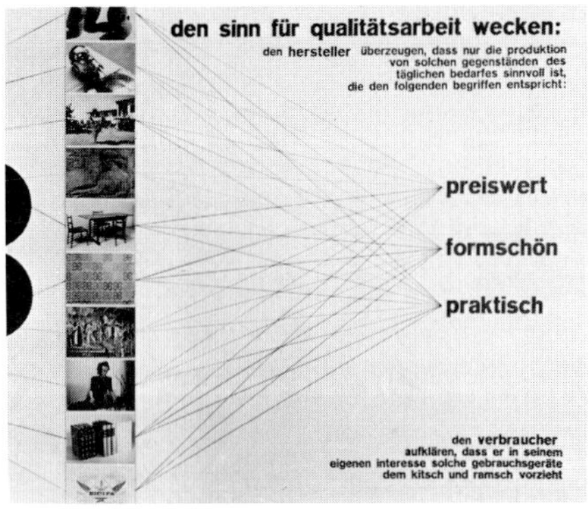

SWB-Weihnachtsmesse, Zürich 1940

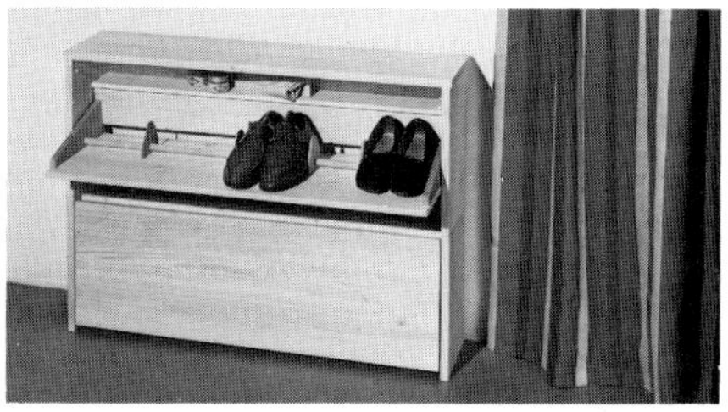

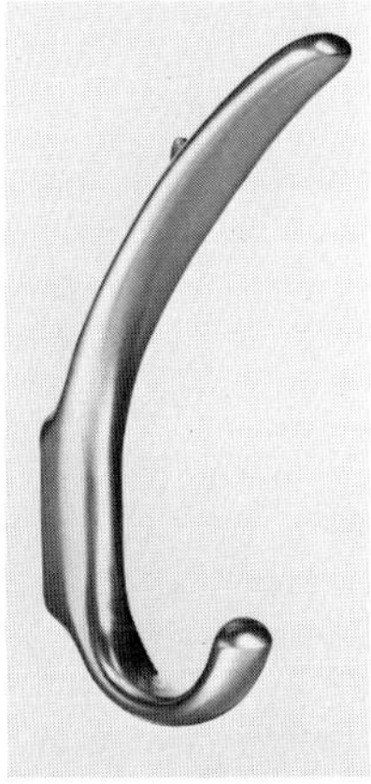

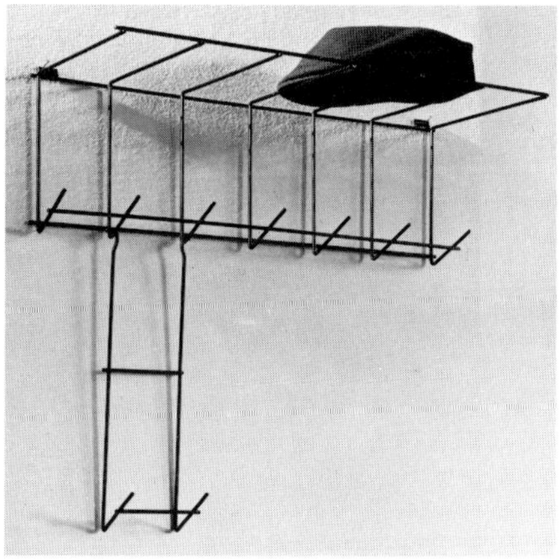

Schlecht und recht

Schuhkippe
W. Kienzle/Wohnhilfe, Zürich
1952/1953

Huthaken
A. Roth/Bürgin + Cie., Schaffhausen
1956/1957

Garderobe
E. Hauser/Wohnhilfe Zürich
1957/1958

«Die letzte Frage: Welches ist der Beitrag des Werkbundes an die Entstehung der Dinge? Der Werkbund selbst ist nicht schöpferisch. Keine Änderung seiner Organisation, keine Strenge der Selektion kann ihn zu einem schöpferischen Organ machen. Nach den Satzungen ist seine Aufgabe Hebung und Förderung, Hebung der Qualität und Förderung der angewandten Kunst. Das ist kein Programm einer schöpferischen Gruppe. Trotzdem spricht man von einem Werkbundstil, aber das bedeutet mehr Tadel als Lob. Der Werkbund ist eine Vereinigung schöpferischer Kräfte, die nicht notwendig einen gemeinsamen Stil vertreten, die sich im Gegenteil oft heftig bekämpfen, am stärksten in der Blütezeit des Deutschen Werkbunds. Schöpferische Gruppen sind anders geartet als der Werkbund. Die Gruppe De Stijl in Holland, das Bauhaus in Deutschland, die Gruppe um Le Corbusier in Frankreich haben neue Fundamente geschaffen: Der Riedveld-Stuhl von 1918, die Bauhauslampe von Jucker und Wagenfeld von 1924 oder der Liegestuhl von Le Corbusier, Pierre Jeanneret und Charlotte Perriand von 1927 sind Äusserungen eines neuen Gestaltungswillens, kostbare Dinge, die ohne Werkbund entstanden sind und die unsere Museen nicht übersehen sollten. Der Werkbund hat ihnen nichts Gleichwertiges entgegenzusetzen. Das Werkbundgeschirr von Langenthal ist eine Folge, nicht ein Anfang einer neuen Formensprache.

Die Aufgaben des Werkbundes sind anders gerichtet, aber sie sind nicht weniger notwendig. Die Werkbünde sind entstanden als notwendige Korrektur einer plan- und gewissenlosen industriellen Produktion. Der Werkbund ist das **Gewissen**. Er wird in irgendeiner Art da sein müssen, solange die **Produzenten kein Gewissen** gegenüber den Dingen und die Konsumenten **kein Wissen um die Dinge** haben. Das letzte Ziel des Werkbundes scheint mir zu sein, schöpferischen Kräften, schöpferischen Gruppen Möglichkeiten zu geben, sich zu entfalten und die Basis zu schaffen für ein neues **Verhältnis** des **Menschen** zu seinem **Werk**» (→).

Finsler, W., op. cit. 1956.

Dies das Weltbild des Werkbundes: Er ist grundsätzlich einem monistisch-harmonischen Weltbild verpflichtet, glaubt an die Perfektibilität des Menschen, schaut Unzulänglichkeiten, die in der Form der Artefakte greif- und sichtbar werden, als vorläufige Unvollständigkeit menschlichen Wissens, setzt eine Norm für bildnerische Erzeugnisse, die letztlich eine sittliche Norm ist, glaubt, sittliche Unzulänglichkeit und menschliche Schwäche seien rückwirkend von der Gestalt zum Gehalt mit gutem Willen zu korrigieren. Der SWB foutiert sich weitgehend um die erzeugenden Kräfte der Güter, Geräte, Waren, bejaht industrielle Produktion ohne die Eigengesetzlichkeit der grossen Maschinerie, ihre Funktion als Herrschaftsinstrument zu begreifen. Damit übersieht er, dass Güterproduktion vor allem Warenproduktion ist. Der Werkbund idealisiert und harmonisiert. – Durch die Geräte ‹guter Form› schimmert tatsächlich eine bessere Welt – das Gerät ist modellhafter Repräsentant für zeitbezogene Vorstellungen, wie eine Zukunft ohne Bruch und Schaden, ohne Machtgefälle, Ausbeutung und Destruktion möglich wäre. Das Gerät ist Vehikel einer Botschaft. Die expressive Funktion der Geräte ‹guter Form› meint eine unverfälschte soziale Ordnung, demokratisch, vernünftig, überblickbar und durchschaubar, ohne Tücken und Schliche, die keine fehlgeleiteten Emotionen kennt. Symptomatischerweise wird das Ideal kurz nach

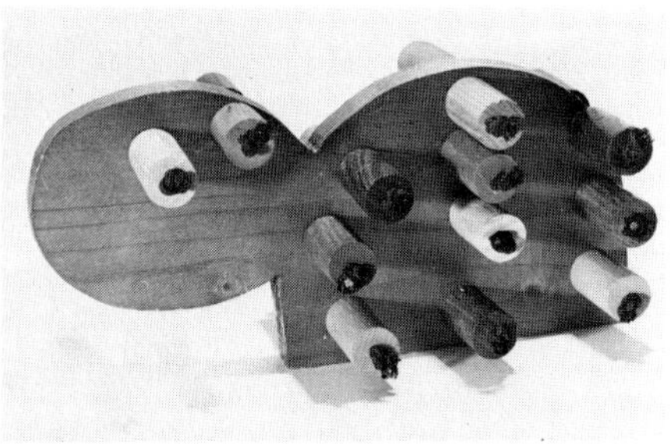

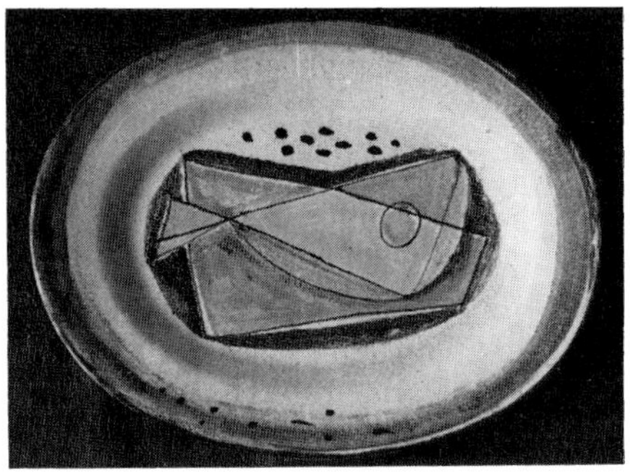

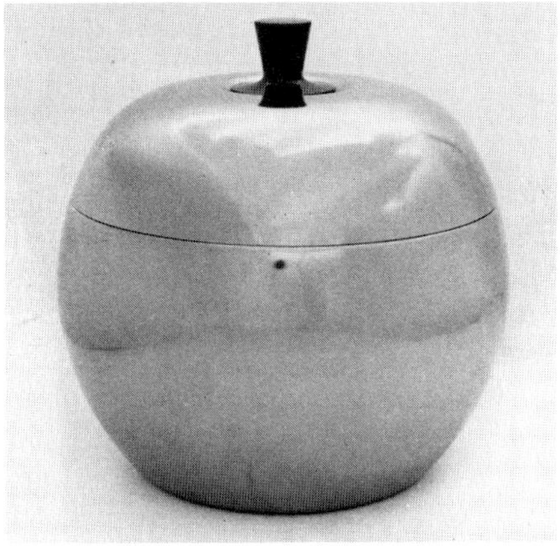

Schlecht und recht

Klappertier
P. Hüsler, Basel
1965/1966

Teller
M. Mascarin, Muttenz
1953/1953

Eisbehälter
Standardwerke AG/Dietikon
1966/1967

dem Zweiten Weltkrieg, kurz nach der zweiten sozialen Katastrophe unserer Zeit entworfen.

Mussard, J., Nachkriegsprobleme der Produktion, Vortrag gehalten an der SWB-Tagung ‹Werkbund und Nachkriegszeit› in Basel, publiziert in: ‹Werkbund und Nachkriegszeit›, Basel 1944. – J. Mussard: Direktor der General Motors Suisse S. A., Biel.

Jean Mussard prophezeit 1943 (→):
«Gerade die unsägliche Not und die schweren Leiden unseres Kontinents dürften sich in grösster Sehnsucht nach Formschönheit und Vollendung auswirken.»

Die Botschaft des SWB wird während 20 Jahren ‹guter Form› bekenntnishaft, belehrend, mit einem missionarischen Eifer vorgetragen. Die hohepriesterliche Attitüde der Protagonisten ist zweifach, in den bildnerischen Erzeugnissen und den verbalen Texten artikuliert. In einem Merkblatt zur Auszeichnung und Sonderschau ‹Die gute Form› (1960) umreisst der SWB seine Aufgabe. Ziel ist die «zweckmässige und ästhetisch gute Gestaltung der Umwelt». Sich selbst bezeichnet der Werkbund als «**Rückgrat** aller **ehrlichen Bemühungen**, sauberer industrieller und handwerklicher Fertigung». Er umfasse ebenso eine «**Elite schöpferischer Kräfte,** die für die künftige Umweltgestaltung mitverantwortlichen Produzenten, Pädagogen, Behördemitglieder und Wissenschafter». Der kulturell Interessierte sei ihm als Freund willkommen. Max Bill misst dem Werkbund die Aufgabe zu, «die kulturelle Bedeutung schöner und guter Erzeugnisse im Bewusstsein **aller** Bevölkerungskreise zu wecken». Aufklärerisch? «Der Werkbund im Dienste der Konsumentenaufklärung», ja, so könne man das aktuelle Kapitel in der Geschichte des Werkbundes (gemeint ist ‹Die gute Form›) überschreiben (→). Fortwährend ist aber auch von «Geschmackserziehung» die Rede und von ästhetischer Kontrolle – der Begriff weist deutlich auf die **normative Funktion** des ideologischen Apparates hin.

Huldt, Å., Der Werkbund in Schweden, Vortrag gehalten an der SWB-Tagung ‹Warum Werkbund?›, in St. Gallen, publiziert in: Warum Werkbund?, Zürich 1955.

Van de Velde, 1949 (→):
«Und der Versuch mangelte nicht der Kühnheit, der Angriff nicht des Schwungs. Wenn sich auch das Experiment in den Grenzen der besonderen Aufgabe des Werkbundes hielt, so liess es doch keine Zweifel zu über den allgemeinen Auftrag dieser Institution, ihr Ziel und ihren eigentlichen Daseinsgrund: die ‹**Bevormundung**› ihrer Mitglieder; das Publikum konnte sich dabei vergewissern, dass der Kampf um die Hebung des Geschmacks unablässig und kraftvoll geführt werden soll. Erfolgreiches Fortschreiten und endlich der Sieg setzen aber eingehende Vorbereitung und umfassende strenge Auswahl voraus. Diese Anstrengungen sind auf die Anerkennung einer ‹**ästhetischen Kontrolle**› zu richten. (Die Waffe hat die ersten Beweise ihrer Wirksamkeit schon geleistet!). Alle Instanzen sollen zur Mitarbeit aufgerufen werden: Staat, regionale und kommunale Behörden. Das Recht, die Vormundschaft auszuüben, und die Mittel, um sie ins Werk zu setzen, sollen den Werkbündlern übertragen werden. Sie sind der Ausfluss der lebendigen Kräfte der industriellen künstlerischen Produktion und des Kunstgewerbes. Deren materielle und ideelle Interessen können nicht erfahreneren Händen und aufgeschlosseneren Köpfen anvertraut werden!
Wer wäre berufener als die Träger der Werkbundidee, die Industriellen und die rückständigen Gewerbetreibenden zur Verantwortung und zur beruflichen Würde zurückzurufen? Immer noch vertrauen diese auf die Wirksamkeit der Mittel des Wettbewerbes, deren Ohnmacht erkannt wurde. Diese Mittel sind längst überholt durch ein sittlicheres Ziel und ein Streben, das des legitimen Gewinnes würdiger ist als jene, welche die den Ausstellern noch verbliebenen Kräfte vertun. Geben sich doch die meisten Aussteller einer geradezu zügellosen und hysterischen Publizität und fastnachtsmässiger Standeinrichtungen hin, die in den ‹Messen› aller Länder den ausgestellten Produkten nur eine untergeordnete Rolle gewähren.»

van de Velde, H., Die reine zweckmässige Form, op. cit. 1949.

Der Werkbund, eine mittelständische Organisation: zugehörig der sogenannten gesellschaftlichen Mitte – und dies hinsichtlich des Einkommens (extrem hohe, wie extrem niedrige Einkommen fehlen), hinsichtlich Status und Prestige sowie im Schema links-rechts. Einzig den gestalterisch-künstlerischen Sektor betrachtend, nehmen einzelne Protagonisten des WB

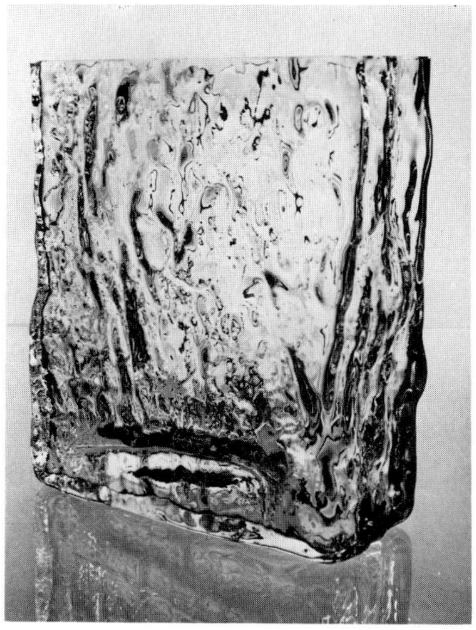

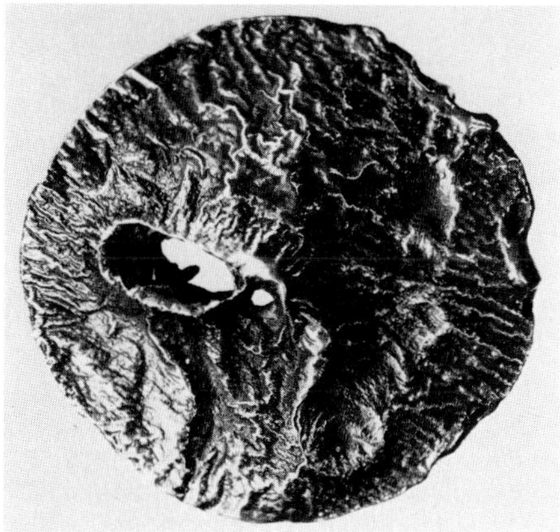

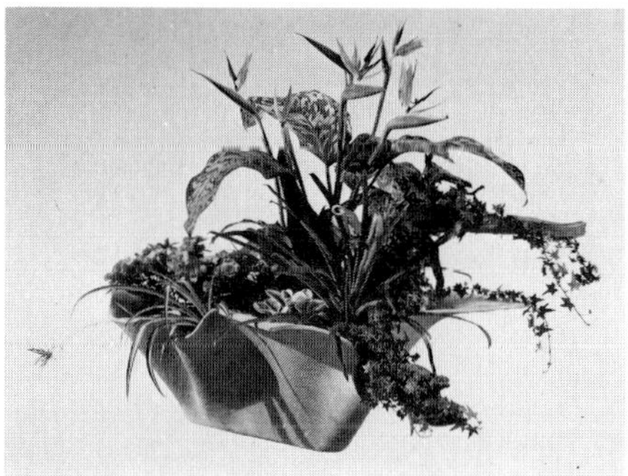

Schlecht

Vase
C. Haefeli, Sarnen
1967/1967

Brosche
H. R. Wagner, Muttenz
1963/1963

Blumenbehälter
W. Guhl/Eternit AG, Niederurnen
1951/1952

Heilsbotschaft, Sendungsbewusstsein: der profanisierte Messianismus mag heute unangenehm berühren. Die Forderungen van de Veldes beinhalten den **Zwang zu einem Glück**, das nur dem Werkbund und seinen Gläubigen als **absolutes** und **verbindliches** Glück erschienen ist. Sein Idiolekt, der von Industriegläubigkeit zeugt und der Heilsbotschaft der Technik traut, ist jener einer kleinen Gruppe, die imstande war, aufgrund ihrer beruflichen Tätigkeit und ihrer Lage und Stellung in der gesellschaftlichen Formation, sich mit dem optimistischen und fortschrittsträchtigen Wirtschaften dort anzufreunden, wo dessen humanisierende Wirkung spürbar geworden ist. Das Credo des Werkbundes: beispielhaftes Handeln, guter Wille und Aufklärung allein genügen, um all das, was noch mangelhaft, zum Guten zu wenden. Selbstüberschätzung: der Werkbund baut auf die Wirksamkeit seines Appells.

Der Werkbund ist eine (mittel-)ständische Organisation (→), Lage und Stellung seiner Mitglieder, materielle Interessenlage und Statusdenken lähmen ihn in seiner Kritikfähigkeit. Sarkastisch: das schöngestaltete Brett vor seinem Kopf würde zweifellos mit dem Siegel ‹die gute Form› ausgezeichnet – aber die Tatsache bleibt: ein Brett, eine Platte, deren Glätte, deren helles Grau (→) zwar freundlich anzuschauen, eben doch den Blick auf die Dinge, wie sie schartig sind, verwehrt. Die Mitglieder des Werkbundes zeichnen sich aus durch relativ einheitliche soziale Herkunft und Erziehung (Bildungskapital) (→); ähnlicher Lebensstil und berufliche Tätigkeit bedeuten da einen verbindenden und verbindlichen Habitus (→) im Umgang mit der sozialen wie der dinglichen, der gesellschaftlichen wie der natürlichen Realität. Die **prätentiöse Bescheidenheit** jener Produkte, die zwischen 1952 und 1968 ausgezeichnet worden sind, zeugen von einem **elaborierten** Code (→), einer Hoch-Sprache, die zum Pompösen grossbürgerlicher Allür ebenso Distanz hält wie zu den populistischen Codes, die Bodenständiges mit neuromantischen Exotismen vermengen und sich jene Embleme einverleiben, die gerade für das soziale Prestige, Ansehen und Wohlstand relevant sind.

Die Sprachbarriere zwischen dem Werkbund und seinem ‹rechtgläubigen› Einflussbereich und der restlichen Menschheit, die den Appell der wahren Lehre nicht hört, scheint zwischen 1949 und 1969 teilweise durchbrochen. Einige Ursachen dafür sind bereits angedeutet worden (→). Erst die Folgen der Hochkonjunktur, die Abkehr von bescheidener und langlebiger Ausstattung der Wohnung, eine Wegwerfkultur, die Kurzlebiges schätzt, hat ‹der guten Form› den soliden und diskret gemusterten Teppich unter den Füssen weggezogen.

Ideologie: Mit Adam Schaff (→) **definieren wir Ideologie als** System von Anschauungen, **das auf Grund eines angenommenen Wertsystems menschlicher Einstellungen und Verhaltensweisen bedingt ist. Diese sind auf akzeptable** Ziele **der Entwicklung einer Gesellschaft oder einer gesellschaftlichen Gruppe gerichtet. Dem System der Anschauungen kommt damit die Funktion einer sozialen Instanz zu, die im betreffenden Ideologieträger** (→) **inkorporiert ist und einem Verhältnis zu den faktischen Existenzbedingungen gewissermassen die**

hohe Positionen ein. Sie haben, meist bei betont künstlerischer Tätigkeit, Zugang zu den höchsten Sphären der gesellschaftlichen Formation. Insofern Werkbündler meist freierwerbend, in gestalterisch-künstlerischen Berufen tätig sind, unterscheidet sich ihre Organisation vom ‹neuen Mittelstand› der Angestellten und ist eher mit einzelnen Kriterien des ‹alten Mittelstandes› des Handwerks und des Handels zu charakterisieren. Max Weber bestimmt Stände durch pos. und neg. Privilegien des Lebensstils (‹Die gute Form›), Herkommen, Erziehung und Beruf. – Organisation? Dies meint kooperative Beziehungen (Parson), gegeben durch traditionales, zweckrationales, wertrationales Handeln (etwa Glaube an den Eigenwert eines Verhaltens hinsichtlich des Ideals ‹Die gute Form› und ihrer Mission). Diesen schliesst (Weber) affektuelles Handeln an (kämpferischer Impetus für ‹Die gute Form›).

Siehe unser dezenter Bucheinband.

Bildungskapital: P. Bourdieu ergänzt ‹Kapital im herkömmlichen Sinne› um ‹Bildungskapital›, das ebenso wie das erstgenannten zu bestimmten Positionen in der gesellschaftlichen Hierarchie befähigt und bestimmte Aktivitäten erlaubt.

Habitus: System von Differenzen und Gemeinsamkeiten, die das Ansehen, ‹Erscheinungsbild›, die Besonderheit des sozialen Subjekts bestimmen – (im Sinne von Stil, Lebensart, Manier).

Elaborierter Code (Bernstein): stark entwickelte, differenziert-sprachliche Ausdrucksfähigkeit. Sensitivität gegenüber feinen Unterschieden und Besonderheiten (der jeweiligen kulturellen Sphäre). Sprache der Mittelschicht, beurteilt aus der Position des ‹Bildungsadels›.

Siehe etwa: S. 88 ff.

Siehe Schaff, A., Strukturalismus und Marxismus, Essays, Wien 1974, S. 88.
Mannheim, K., Ideologie und Utopie, Frankfurt a.M., 1969, S. 76 ff.

Relativierung: Falsch im Ethischen ist ein Bewusstsein, wenn es

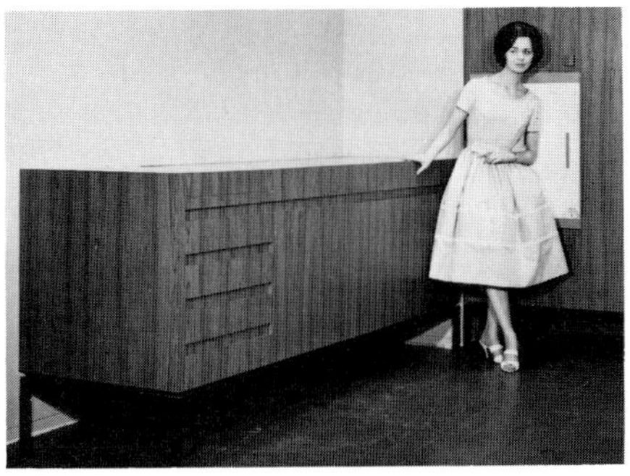

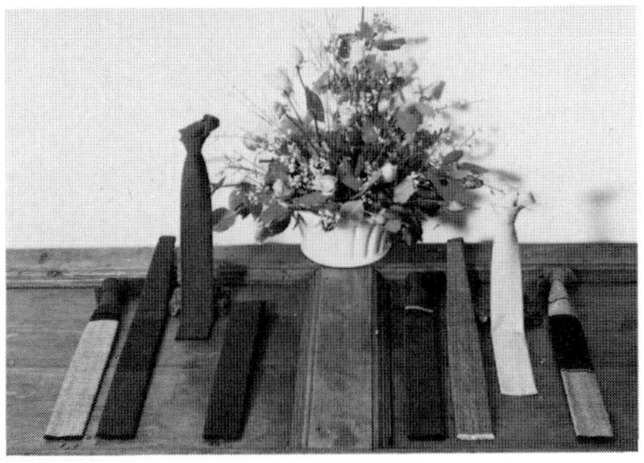

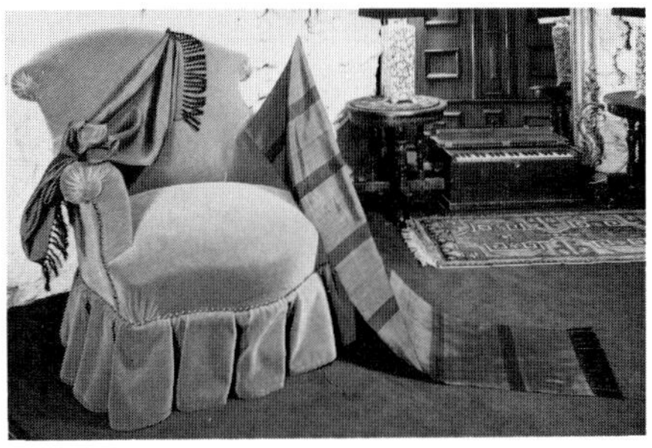

Schlecht

Küche Studio
Novelectric, Zürich
1961/1961

Krawatte
H. Bürgin, Basel
1963/1963

Seidenshawl
H. Bürgin, Basel
1963/1963

Norm gibt. Im Rahmen einer Ideologie wird die faktische Realität interpretiert, so oder anders, entsprechend der Interessenlage, des sozialen Standorts, den Bedürfnissen und Wünschen des Subjekts. Hätte man eine Metapher für Ideologie zu setzen, wäre das Bild der getönten Brille am Platz, die einem die dringliche und die soziale Realität hell oder dunkel, rosa oder grau erscheinen lässt – den erkennenden Blick trübt oder dem erkennenden Auge sogar partiell zu grösserer Klarsicht verhilft. Die spezifische Modalität der jeweiligen Ideologie ist grundsätzlich abhängig von der Position des erkennenden Subjekts im gesellschaftlichen Ganzen. Zu den ersten Eigenschaften der Ideologie gehören ihre vereinheitlichende Funktion und ihre Partikularität: die soziale, die dingliche Realität erscheint umgeklappt, im Medialen. Sie ist medial reduziert. Der betrachtete Gegenstand ist von einzelnen Dimensionen, etwa von störenden Anteilen befreit. Durch die ‹ideologische Brille› erscheint der Gegenstand ziemlich univok: idealisiert und gut oder schadhaft und böse. In jedem Fall ist da eine Diskrepanz zwischen dem Erscheinungsbild und seinem Objekt. Wertgesättigte Bilder suchen zu einem widerspruchsfreien Nebeneinander. Sie summieren sich zu einem verzerrten Abbild der Realität. Die Gleichförmigkeit des entstehenden Konstrukts, aber auch die Art und Weise, wie die einzelnen (Bild-)Teile gruppiert sind, ist zumeist ‹von Oben› vermittelt. Ideologie ist «falsches Bewusstsein» einer Klasse, einer Gruppe oder einer Epoche. Sie ist subjektive Verfälschung, falsches Bewusstsein, dem – und hier verlassen wir den operativen und zielgerichteten Optimismus Karl Marx' – nur ideell ein richtiges Bewusstsein korrespondiert (→).

neuartiges Reagieren verdeckt oder verhindert, kurz, sich als lebensfeindlich erweist. Falsch ist ein theoretisches Bewusstsein, wenn es in Kategorien denkt, denen entsprechend man sich nicht zurechtfinden kann. Überholte Normen und Denkformen erfüllen etwa diese ideologische Funktion. (Siehe: Mannheim, K., Ideologie und Utopie, Frankfurt a.M. 1969, S. 83 f) – kurz: jede dogmatische Lehre (!).

Ideologie ist ‹immer im Spiel›. Sie ist eine Folgeerscheinung des Mangels an Erkenntnisvermögen. Jedes Erkennen ist partikulär. Besonders das wissenschaftliche. –
‹Ideologie› und ‹ideologisch›, wie sie im vorliegenden Text verwendet werden, schliessen in erster Linie an ein soziologisches und nicht an ein gnoseologisches Ideologieverständnis. Die Aufgabe des soziologischen Ideologiebegriffs Virulenz ist es, zur Erklärung des So-Seins, zur Analyse der Entstehung und Entwicklung eines Phänomens beizutragen und dessen Funktion zu apostrophieren. Die wirkkräftigen Inhalte des Begriffs erweisen sich als Instrument zur Bedeutungsanalyse (→).

Der gnoseologische Ideologiebegriff hat demgegenüber vor allem eine erkenntniskritische, eine aufklärerische Funktion (Wahrheitsfindung).

Siehe dazu: Althusser, L., Marxismus und Ideologie, Berlin 1973, S. 127.

Die erwähnten Systeme der Anschauung – kollektive Subjektivität – sind nicht nur gemeinsame Vielfache in der Zone der Denkens und des Fühlens. Sie finden ihre Repräsentanten in der äusseren Realität: Worte, Dinge, Bilder, Zeichen. Sie sind veräusserlicht in einer medialen Realität, die die betreffende Ideologie perpetuiert und ihr zu einem (kommunikativen) Ausdruck verhilft. Die expressive Funktion eines simplen Geräts ist in der Lage, Ideologie zu transportieren, den Betrachter in seiner Relation zur faktischen Realität zu bestätigen oder störend seine Anschauungen zu widersprechen. Man denke an die ‹gute Form›. Sympathie oder Antipathie vis-à-vis eines Artefakts ist abhängig vom Mass der Kongruenz zwischen den ‹inneren› (subjektiven) und den ‹äussern› (objektiven) Codes. Ideologie ist vor- oder unbewusst. Sie ist ein Instrument zur Entfaltung von Macht (→).

Ihre Organe sind die ideologischen Apparate.

Die Crux: wenn Ideologie tatsächlich in den Erscheinungsformen der materiellen Realität hypostasiert ist, wird sie zur faktischen Realität, zur Tat-Sache, zum Faktum. Die Grenze zwischen Schein und Sein, zwischen den Meinungen und den Tatsachen verschwimmt. Erst wenn ich die expressiven Funktionen materieller Realitäten, d. h. ihren Mitteilungswert, erkenne, ist die Voraussetzung gegeben, die eindringliche Rede oder das trügerische Geplauder auf ihre ‹instrumentale Funktion› (!) hin zu befragen.
Ideologien werden von Individuen, die sich – so oder anders – zu einem ‹Verband› formiert haben, gestützt und erhalten, perpetuiert, verändert oder verstärkt. Dieser Gruppe, dieser Klasse von Individuen kommt Systemcharakter zu. Sie ist der eigentliche Ideologieträger, der ideologische Apparat, der seine Ideologie, wie die dinglichen Äusserungen, die aus dieser Ideologie resultieren, auch als Abgrenzungsinstrument gegen Anderes, Neues und Fremdes einsetzt. Ideologie ist dann zumeist ein Bindemittel für die Kohärenz der betreffenden Formation. Man denke an den SWB und seine ‹gute Form›.

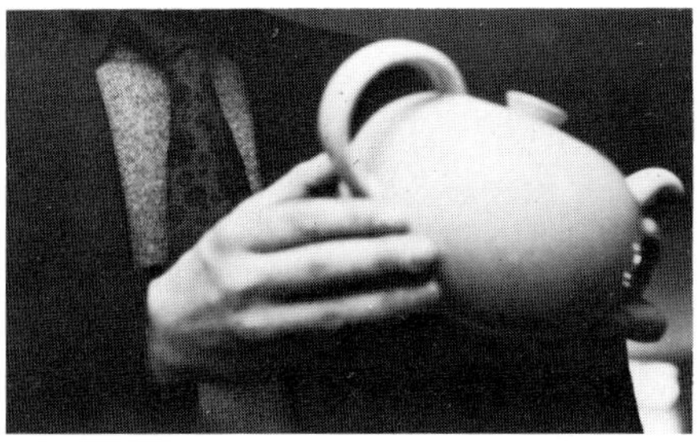

Die Mitglieder der Jury

W. Allenbach, Architekt, Bern
A. Altherr, Architekt, Direktor der Kunstgewerbeschule Zürich
M. Bill, Architekt Zürich, Rektor HfG Ulm
G. Bossert, Direktorin der Frauenarbeitsschule Basel
R. Bühler, Winterthur
E. Giauque, Kunstgewerbeschule Zürich
B. von Grüningen, Direktor der Allgem. Gewerbeschule Basel
O. Senn, Architekt, Basel
J. P. Vouga, Architekt (Oeuvre), Lausanne
E. Koller, Basel
A. Lienhard, Präsident des Schreinermeister-Verbandes, Zürich
R. P. Lohse, Grafiker, Zürich
A. Roth, Architekt, Redaktor Werk, 1. Vorsitzender SWB Zürich
M. Seeger, Geschäftsführerin des Rates für Formgebung, Darmstadt
Rogers
P. M. Shand, Kritiker, London
N. Morgenthaler, Architekt, Bern
E. Ruder, Typograph, Fachlehrer, Direktor der Allg. Gewerbeschule Basel
B. Rohner, Innenarchitekt, Zürich
A. Huldt, Architekt, Rektor vid Kounstfackskolan, Stockholm
M. E. Haefeli, Architekt, Zürich
S. Jehle, Wohnbedarf, Basel
F. Steiner, Fabrikant, Basel
G. Kinzel, Architekt, Basel
A. D. Copier, Leiter des Instituts für industrielle Formgebung, Amsterdam
W. Lüscher, Innenarchitekt, Zofingen
M. Schlup, Architekt, Biel
H. Gugelot, Architekt, Dozent HfG Ulm
R. Gutmann, Industrieentwerfer, Professor FSAI, London
H. Eichenberger, Innenarchitekt, Bern- Stuckishaus
W. Guhl, Innenarchitekt, Zürich
H. Siegrist, Präsident des Schweiz. Schreinermeister-Verbandes, Winterthur
E. Gomringer, Geschäftsführer SWB, Zürich
F. Hochstrasser, Architekt, Winterthur
F. Fueg, Architekt, Solothurn
R. Gutmann, Architekt, Basel
R. Haussmann, Innenarchitekt, Zürich
X. von Moos, Seminarlehrer, Luzern
W. Blaser, Innenarchitekt, Basel
H. Zangerl, Fachlehrerin Allg. Gewerbeschule Basel
A. Hablützel, Innenarchitekt, Bern
H. Kretschmar, Wissenschaftl. Mitarbeiter, Zürich
A. Senn, Innenarchitekt, Oberwil BL
E. Eggenschwyler, Ingenieur, Riggisberg
J. Müller, Innenarchitekt, Zürich
A. Aebersold, Innenarchitekt, Zollikon
H. Kronenberg, Industral Designer, Luzern
S. Sieboth, Architekt und Designer, Derendingen
E. Bandixen, Innenarchitekt, Stein a. Rhein
A. Christen,Designer, Zürich
U. Hettich, Architekt, Bern
V. Huber, Innenarchitektin, Redaktorin ‹Intérieur›, Zürich
F. Hochstrasser, Architekt, Ulm

‹Die gute Form› 1952–1968 im Spiegel der Jury-Protokolle

(Aus einem Brief der Bronzewarenfabrik AG Turgi an die Schweizer Mustermesse Basel (1953):
Wie Ihnen bekannt ist, haben wir das letzte Jahr bei dieser Aktion mitgemacht, und eine Anzahl unserer Leuchten sind auch ausgezeichnet worden. Es war uns jedoch nie recht klar aufgrund welcher Qualitäten die Beurteilung erfolgt, und wir wären Ihnen dankbar, wenn Sie uns hierüber noch Auskunft geben könnten, da wir nur dann bei dieser Aktion mitmachen möchten, wenn wir uns ein Bild darüber machen können, weshalb und aufgrund welcher Überlegung bestimmte Modelle, und andere nicht, ausgezeichnet werden. Anhand der letztjährigen Beurteilung haben wir uns tatsächlich kein richtiges Bild machen können.)

1952
Die Beurteilung fällt 1952 nicht allzu streng aus, wenn aber im nächsten Jahr immer noch die gleichen, kritisierten Mängel bei den Produkten vorkommen sollten, werden dieselben nicht mehr ausgewählt.
Für jeden ausgezeichneten Gegenstand wird eine Anerkennungsurkunde mit dem genau vermerkten Produkt und eine Marke verteilt. Diese dürfen (lt. Reglement) nur an den ausgewählten Objekten angebracht werden.
Entwurf der Anerkennungsurkunden und -marken: Der Entwurf der Urkunden und Marken wird von Graphiker A. Hofmann, Basel, ausgeführt.
Vorgesehen ist, mehr tägliche Gebrauchsgegenstände herauszugreifen (z. B. Blocher, Flaumer usw.) – die ausgezeichneten Objekte für Bureaux sind viel zahlreicher als diejenigen für die Wohnung.

1953
Die Photo-Kartothek der letztjährig ausgewählten Objekte befindet sich z. Zt. im Gewerbemuseum Basel in der Ausstellung ‹Die gute Form 1952›. Sie soll dieses Jahr ergänzt werden.

1954
Sehr erfreulich ist die Anwesenheit der drei ausländischen Juroren. Bischoff hofft, dass damit die Aktion ‹Die gute Form SWB› eine internationale Tragweite erhält.
Finsler begrüsst die Juroren im Namen des SWB und dankt den ausländischen Fachleuten für ihr Kommen – es wird interessant sein, die beiderseitigen Erfahrungen austauschen zu können.

1955
In der 2. Sitzung (18. April 1955) wird der I. Vorsitzende des DWB, Prof. Schwippert, begrüsst.
Bei der heutigen Technisierung ist es doppelt wichtig, dass die Form unserer Geräte gepflegt wird, und zwar in einer Weise, die den funktionellen und materiellen Gegebenheiten entspricht.
Es ist zu hoffen, dass mit dieser Aktion immer mehr auch auf den Geschmack des breiten Publikums eingewirkt werden kann.
Über eine weitere Ergänzung der Schau (evtl. mit ausländischen Produkten) in Zukunft soll noch in einer Jury-Sitzung gesprochen werden, ebenso über verschiedene Abteilungen (z. B. Wanduhren, Wecker, Radios, Besteck), welche sich auf dem Gebiete der Formgebung noch im Rückstand befinden.

1956
Durch Ruder wurden neue Reglemente, Urkunden und Etiquetten (worauf ebenfalls die Mustermesse erwähnt ist) geschaffen.
Altherr orientiert kurz über Firmen, die sich während des letzten Jahres nach einem Entwerfer erkundigten. Es wäre zu wünschen, dass die betreffenden Stände besonders sorgfältig begutachtet werden.
Bill wirft eine prinzipielle Frage auf: Soll die Beurteilung von Baubestandteilen, Maschinen und Apparaten nicht in die Auszeichnung miteinbezogen werden?
Lohse erwähnt die Vorbereitungen der Ortsgruppe Zürich SWB, in Zürich eine Schaufenster-Aktion ‹Die gute Form› mit 1956 ausgezeichneten Gegenständen aufzuziehen.
Es werden Befürchtungen laut, dass z. B. bei grossen Maschinen formal gute Produkte ausgezeichnet werden, die qualitativ nicht so gut sind wie die formal schlechteren; auch gibt es gewisse Gebiete (Textilien, Uhren), bei denen der eifersüchtige Konkurrenzkampf besonders stark ist; vor allem – so wird geäussert – sollten Gebiete erfasst werden, die in direkter Beziehung stehen zum Menschen; alltägliches Gebrauchsgerät sollte hervorgehoben werden.

1958
Die Aktion lebt sich immer mehr ein und gewinnt an Bedeutung.
Altherr bittet die Juroren, Prospekte und Blätter mitzubringen, die die Signete (eine geschützte und im Markenregister eingetragene Marke) aufweisen; z. B. die Bürstenfabrik Ebnat hat eigene Etiquetten gedruckt, was nicht erlaubt ist.
Zu diskutieren wären auch die offensichtlichen Plagiate: So wurde 1957 ein Bürostuhl der Metallwarenfabrik Sarmenstorf ausgezeichnet, der gegenüber dem altbekannten Embru-Bürostuhl nur kleine Abweichungen aufweist. Die Jury ist wohl nicht verpflichtet, bei solchen Kopien die rechtliche Seite zu prüfen, aber es fragt sich, ob ein solches Modell ausgezeichnet werden soll.
Die Diskussionen mit den angemeldeten Firmen über Detailfragen werden durch die heutigen Fragen «modern – modernistisch» bestimmt. Deren Klärung verlangt einen grösseren Zeitaufwand.

1959
Orientierungshalber nahm auch Madame des Cressonières vom «Signe d'or industriel», Brüssel, an der Sitzung teil. Wie vorgesehen hat sich die Gruppe der internationalen Juroren am Montagnachmittag diejenigen Stände angesehen, die Entwürfe von anderen Juroren aufweisen.
Huldt und von Grünigen haben die Beobachtung gemacht, dass verschiedene Firmen auf die Vorschläge der Jury im Vorjahr eingegangen sind und an der diesjährigen Messe ihre verbesserten Produkte vorweisen.

1960
Altherr verweist auf einen Briefwechsel mit Eckstein, Direktor der Neuen Sammlung in München. Er hat seinerzeit gebeten, von der Bezeichnung ‹Die gute Form› in Deutschland abzusehen, damit nicht unliebsame Überschneidungen mit der Schweizer Aktion entstehen würden. Dieser Wunsch wurde abgeschlagen. Dieser Tage gelangte nun der DWB Bayern erneut an den SWB, ihm für eine ähnliche Aktion Unterlagen zu überlassen. – Frau Seeger erklärt, dass in Deutschland schon lange über eine ähnliche Aktion gesprochen werde. In Bayern ist eine Schaufenster-Aktion in Vorbereitung. Bestimmt ist es schwierig, in der gleichen Sprache eine andere, ebenfalls gute Bezeichnung zu finden. Es entsteht überhaupt die Frage, ob eine andere Bezeichnung wünschbar ist, wo doch die Bemühungen um ‹Die gute Form› nicht regional, sondern zentral gerichtet sind. Von Grünigen weist darauf hin, dass die Bezeichnung ‹Die gute Form› im Schweiz. Markenregister eingetragen sei.

1961
Die Auszeichnung selbst wurde auf drei Jahre ausgedehnt, das heisst sie ist bis und mit Mustermesse 1964 gültig. Altherr bittet um eine schärfere Beurteilung. Es sollte darauf geachtet werden, dass die Objekte von Anfang an gut sind; in früheren Jahren wurde ein Gegenstand oft für ein Jahr ausgezeichnet mit der Bedingung, dass ein gewisses Detail im nächsten Jahr verbessert werden müsse, sonst werde die Auszeichnung nicht erneuert. Dies fällt nun weg.
Gugelot erwähnt eine Diskussion bei einer Kunststofffirma, welche eine falsche Auskunft gab: Der bei einem Plattenwärmer verwendete Thermoplast sei bis 160° erwärmbar, während sowohl Gugelot als auch eine neutrale Beratungsstelle wissen, es sei nur bis 90° möglich.
Copier meint, dass eine Firma, die gute Artikel, einen guten Stand und gute Prospekte habe, irgendwie erwähnt werden sollte.

1962
Altherr lässt einige Fotos zirkulieren und verweist auf Mängel, die 1961 in der Beurteilung gemacht wurden: Passap-Strickapparat ungenügend durchstudiert; Aro-Haushaltfriteuse mit schlechter Form und Beschriftung; Lükon-Spiegelboiler mit formal schlechter Armatur und fraglicher Cachierung des Boilers durch Spiegelkasten; Blitz-Staubsauger mit unbefriedigender Form; Havelco-Aufschnittmaschine mit schlechter Form; Metallwarenfabrik Zug-, Therma- und Le-Rêve-Kochherde mit schlechten, der Hand nicht gerecht werdenden Schaltern, die lediglich eine graphische Lösung darstellen, bei Therma kommt noch die unschöne Bombierung der Türen hinzu, die besonders bei Einbau mit anderen Elementen sehr störend wirkt.
Altherr ist ferner der Meinung, der Rückgang der Anmeldungen sei zum Teil mit der Überbelastung der Produzenten zu erklären.
Lüscher teilt mit, die Möbelfabrik Horgen- Glarus stelle mit verschiedenen Abänderungen die alten Thonet-Modelle wieder her. Altherr ist sehr für die Auszeichnung guter alter Modelle, diese speziellen Thonet-Stühle wurden aber von Horgen-Glarus abgeändert.

1963
Altherr ist überzeugt, dass in seiner Gruppe Fachleute waren, die fähig sind zu urteilen, doch ist er der Ansicht, dass ein Grossteil des Ausstellungsgutes nicht mehr überzeugend wirke, da viele Imitationen festzustellen seien.
Haefeli weist darauf hin, dass die Frage der Details auch für seine Gruppe aktuell war. So zum Beispiel bei einem Klapptisch der Möbelfabrik Horgen-Glarus. Der Tisch war an sich nicht schön, jedoch wies er gute Beschläge auf. Man war auch in seiner Gruppe nicht immer der gleichen Meinung.
Steiner weist speziell auf die Schwierigkeiten hin bei der Beurteilung von Teppichen. Man sollte festlegen, ob Teppiche überhaupt juriert werden können oder nicht. Seine Gruppe hat heute u. a. einen Türschliesser prämiert, der unsichtbar ist. Die Beurteilung einer chemischen Laborkapelle hat seiner Gruppe Schwierigkeiten gemacht.
Huldt bekennt mit Überzeugung, dass die Aktion weitergeführt werden sollte. Man sehe zwar viele hässliche Dinge, doch gebe es für ihn so viel, das wirklich gut und befriedigend sei. Es lohne sich deshalb, die Aktion weiter durchzuführen. Auf jeden Fall sollte jeder einzelne gut vorbereitet an die kommende Sitzung kommen, da es eine bedeutungsvolle Sitzung sein werde.

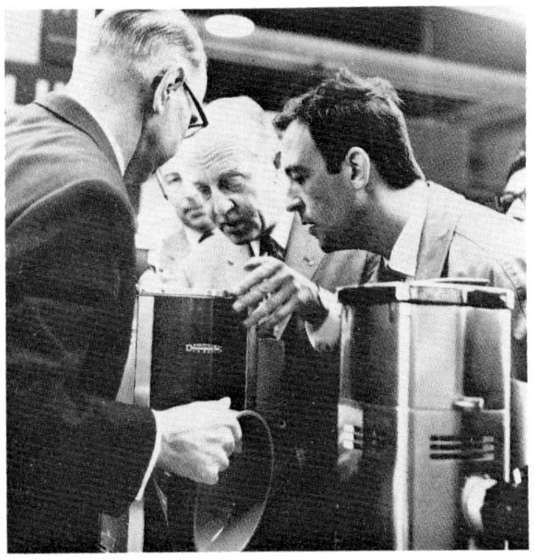

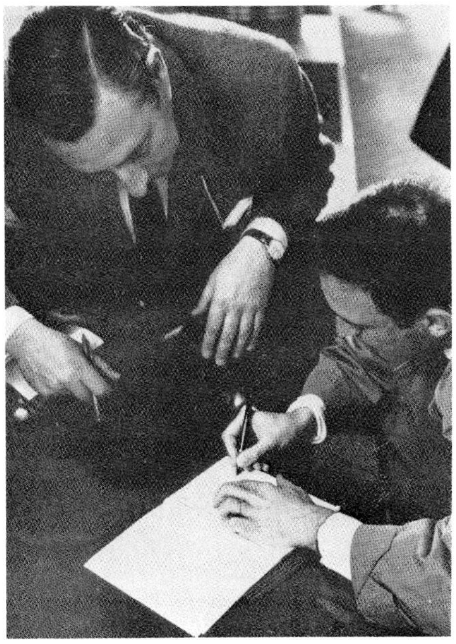

(INT)

Die gute Form 1952

Anerkennungsurkunde

TEPPICH 9000

A.TISCHHAUSER & CO., TEUFEN

Ausgezeichnet durch die Jury der Schweizer Mustermesse Basel und des Schweizerischen Werkbundes

Schweizer Mustermesse Basel:

Der Direktor: Prof. Dr. Th. Brogle

Schweizerischer Werkbund SWB:

Der 1. Vorsitzende: Hans Finsler

1964

Frau Giauque ist der Ansicht, dass wir verpflichtet seien, eine ganz andere Form der Ausstellung zu finden, da sie in ihrer jetzigen Form keine Schockwirkung mehr auslöse. Von Grünigen ist ebenfalls für eine «bessere Form» und erinnert sich, dass auch schon besprochen wurde, die Ausstellung in Fotos zu zeigen.

Frau Giauque wirft die Frage einer Auszeichnung von Schuhen, Taschen und Kleidern auf. Sie weist darauf hin, dass 99% dieser Produkte schlecht seien und findet es deshalb schade, dass wir diese Kategorie nicht einbeziehen können. Von Grünigen bemerkt, dass einmal Hemden ausgezeichnet wurden und man dabei sträflich gestraft worden sei.

Eine Jurygruppe der «guten Form» ist zum vornherein gegenüber den komplizierten Entwicklungsproblemen eines rein technischen Produktes limitiert. Um die objektiven Zusammenhänge zu erfassen, müssten oft eine Reihe von Spezialfachleuten gehört werden, was diese Auseinandersetzung, so wichtig sie ist, irgendwann einmal auch geistig unökonomisch erscheinen lässt.

Unsere Leistungen auf dem Gebiet der Formgebung und der Formbeurteilung liegen letzten Endes in einem glaubwürdigen Einfluss auf die Entscheidungen im Bereich der Prognosen für die Durchbildung der sichtbaren Umwelt.

1965

Lüscher überlässt im weitern die Auszeichnung des Ledersofas von der Wohnkultur der Jury. Entgegen der Meinung von Eggenschwyler, dass solch ausgesprochene Wohlstandsmöbel nicht ausgezeichnet werden sollten, entschliesst sich die Mehrheit für eine Auszeichnung. Nach Befragung der Jury können die Stühle von Eames der Firma Miller ausgezeichnet werden.

Man äussert sich noch zu der unerfreulichen Angelegenheit der Säntis-Küche von Möckli, die gegenwärtig in der Sonderschau ausgestellt ist, und zwar in einer Holzimitation.

Im Werkbund ist man der Meinung, dass diese Aktion zum Urbestand gehöre. Doch ist eine gewisse Belebung bestimmt notwendig geworden. Er wird im ZV den Vorschlag machen, dass Anfang Herbst eine Zusammenkunft vereinbart wird, um die nächstjährige Sonderschau neu zu konzipieren.

1966

Der heutige Nachmittag steht für eine Aussprache zur Verfügung. Das vom Werkbund vorgeschlagene Thema lautet «Was ist heute eine gute Form?».

Es wäre notwendig, die Sonderschau durch eine parallele pädagogische Schau zu ergänzen. Die Ausstellung könnte folgende Themen umfassen: 1. Was ist schöpferisch? 2. Was ist ökonomisch? 3. Was ist sozial? 4. Was bedeutet Reproduktion? 5. Was bedeutet Individualität?

Frau Giauque: Wäre es nicht unsere Pflicht, Spitzenprodukte zu suchen? Z. B. innerhalb der Muba. Natürlich gibt es bessere Objekte, aber eben nicht innerhalb der Messe.

Gomringer: Im SWB wird sich die Frage stellen, was spielt die Ästhetik in der Bewertung der guten Form für eine Rolle. Er weist auf die Publikation von Max Bill aus dem Jahre 1957 hin, worin die Kriterien über ‹Die gute Form› zusammengefasst wurden.

Füeg ist der Ansicht, dass man jetzt am Nerv des Problems angelangt sei und gleichzeitig an der Erkenntnis, es nicht lösen zu können, vor allem nicht innerhalb von zwei Tagen. Auch würden uns die fachlichen Kenntnisse dazu fehlen. Es gibt nicht die gute Form, sondern verschiedene. Wenn wir heute ein Objekt beurteilen, gehen wir nur von einem äusseren Eindruck aus, wir können es ja nur von aussen betrachten. Daran krankt das Problem. Was kann man tun? Am Schluss bleibt doch nur die Ästhetik. Oder dann sollte man die Aktion fallenlassen. Nach welchen Gesichtspunkten soll nun juriert werden? Wir stellen fest, es gibt die gute Form nicht, sie ist dem Wandel des Geschmacks ausgesetzt. Wir müssen die Erkenntnis gewinnen, dass wir in der Jurierung beschränkt sind.

Wir müssen einem grossen Publikum die Richtlinien geben. Gutmann erwähnt, dass die Sonderschau in Basel nur ein Teil der ganzen Aktion sei, viel wichtiger sei das Gespräch mit dem Firmenbesitzer am Stand. Dies stellt einen besonderen Pluspunkt dar. Huldt weist auf die pädagogische Bedeutung der Aktion hin, es sei aber nicht möglich, bei der Beurteilung eines Objektes in der kurzen zur Verfügung stehenden Zeit die Ideale der guten Form zu berücksichtigen. Wenn wir auch Gegenstände auswählen, die nicht ganz gut sind, können wir doch eine wichtige Aufgabe erfüllen. Wir haben auch Gelegenheit, mit den Fabrikanten zu diskutieren. Wir beklagen uns nun darüber, dass die Auswahl nicht mehr sensationell wäre und Spitzenprodukte fehlen. Wollen wir die guten Bestrebungen jurieren oder noch strenger werden?

1967

Gruppe Hochstrasser hatte gewisse Zweifel, ob überhaupt Bau- Systeme ausgezeichnet werden können, da für gewisse Systeme bereits ein Standard besteht.

1968

Ruder begrüsst die Anwesenden und orientiert die Juroren, dass nun zum ersten Mal der Versuch gemacht werde, die Objekte vor der Messe zu jurieren und noch im gleichen Jahr in einer Sonderschau zu präsentieren.

Es scheint sich die Meinung gebildet zu haben, diese Aktion unter ganz neuen Aspekten weiterzuführen. Jedenfalls sollte auf eine Auszeichnung in der bisherigen Form für 1969 verzichtet werden.

(Aktennotiz vom 28. März 1968, gez. B: zur Sitzung des Ausschusses der Ortsgruppe Basel:

Direktor E. Ruder referiert über die Tätigkeit der Jury und das magere Ergebnis. Der Grund für die schwache Beteiligung und die wenigen eingesandten wirklich guten Gegenstände wird sowohl in Anlaufschwierigkeiten gesehen, als vielmehr auch in einem tieferliegenden Malaise bei den Ausstellerfirmen.

Zum Schluss mündet die Diskussion in eine Infragestellung der ganzen Aktion überhaupt aus, das heisst, es drängt sich die Frage auf, ob die ganze Aktion der «guten Form» heute nicht zu einer «Anmassung» des Werkbunds gegenüber der Industrie geworden ist und ob der SWB überhaupt noch kompetent ist, sich zum Richter aufzuwerfen. Die Verhältnisse haben sich seit den Jahren des Beginns der Auszeichnung doch sehr stark kompliziert.)

Demokratisieren wir den Luxus: Die gute Form zerfällt

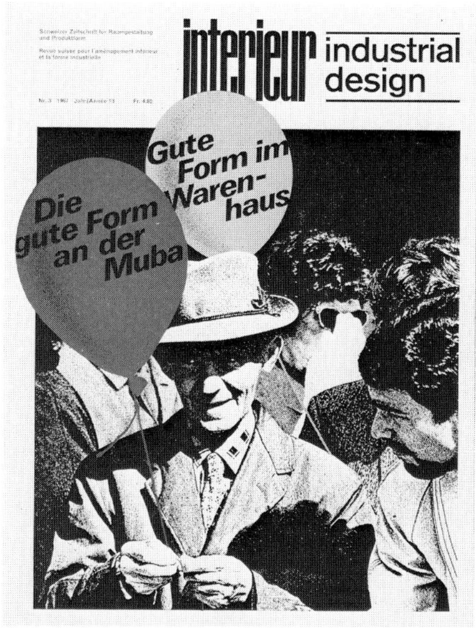

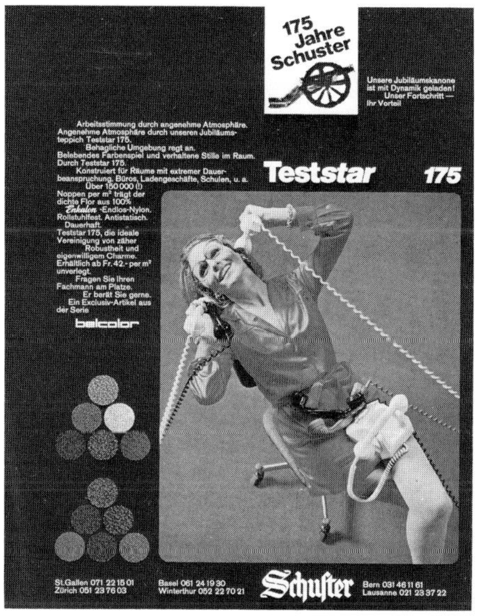

(INT 1967/3)

Inserat (W)

In gebotener Kürze seien einige Trends der 60er Jahre notiert, die Einfluss übten auf die Sphäre des Produkte-Design und die den Anliegen der ‹guten Form› zuwiderliefen. – Die ziemlich stetige **Konjunktur** nach dem Zweiten Weltkrieg wäre grundsätzlich zu erwähnen: der hiesige Konjunkturaufschwung nach dem Zweiten Weltkrieg zählt zu seinen wesentlichen Triebkräften den wissenschaftlich-technischen Fortschritt in der Folge der dritten industriellen Revolution sowie einen starken Bevölkerungszuwachs. Der Investitionsbereitschaft grosser Unternehmen war gewissermassen die Tür geöffnet, technologische Neuerungen warteten auf ihre nutzbringende Verwertung (→). «**Die Konkurrenz schläft nicht**» (→): nur jene Firmen, die befähigt und gewillt waren, das Neue durch das Neuste zu ersetzen, hatten eine mittel- und längerfristige Chance zu überleben. Zu beobachten war wirtschaftliche Konzentration: grosse und kapitalkräftige Firmen absorbierten kleinere. Das fortschrittliche Kapital profitierte auf Kosten jener rückständigen Unternehmen, die bei den alten Produktionsmethoden geblieben sind und die Produktionsmittel, Produktionsabläufe, Verwaltung und Verteiler nicht einem **effizienten Management** unterworfen haben. Die Teilbereiche der fortschrittlichen Unternehmen optimieren seit den 50er Jahren in verstärktem Mass ihre Aktivitäten hin auf ein **absatzförderndes** Ziel: sogenanntes Marketing (→) – aggressive gesamtunternehmerische Strategie verbesserte unter anderem die Absatzmöglichkeiten für Branchen (und Firmen), die ‹die Zeichen der Zeit› zu deuten wussten.

D. S. Landes zählt den Zuwachs an wissenschaftlichen Erkenntnissen und ihre Umsetzung in eine verblüffende Vielfalt neuer Techniken und Produkte zu den wichtigsten Expansionsfaktoren der Nachkriegszeit (elektronische, chemische Industrie). Siehe: Landes, D. S., Der entfesselte Prometheus, Köln 1973, S. 474. Im weiteren: 7. Kapitel: Wiederaufbau und Wachstum seit 1945.

Sumner, G. S., Die Konkurrenz schläft nicht (How I learnt the secret of success in advertising), Düsseldorf 1955.

Kaufmann, P., Aus dem Blickfeld des Warenhauses, Vortrag gehalten auf der SWB-Tagung ‹Funktion – Qualität – Preis›, 1961; 1962 publiziert in einem SWB-Sonderdruck. Dort heisst es: «Unser Ziel muss darin liegen, die einzelnen Abteilungen zu einer koordinierten Gesamtleistung hinzuführen. Das Merchandising darf, auf der Ebene der Gestaltungsgrundsätze und der wegleitenden Prinzipien, exekutiv nicht nur beim einzelnen Abteilungsleiter liegen. Der Zusammenklang muss vielmehr auf höherer Stufe, durch zielstrebige Führung sichergestellt sein». (...)

Zunehmend werten **verkaufsfördernde** und produkte**fremde** Massnahmen das Erscheinungsbild der Konsumgüter auf, nicht ohne Hinweise der Sozialwissenschaften zu Rate zu ziehen (→) und die jeweilige Ware mittels empirischer Recherchen auf die unterschiedlichen Teile der sozialen Formation abzustimmen (→).

Modellierung des Warenkörpers, Styling, Kosmetik nach tiefenpsychologischen Erkenntnissen, Markt- und Meinungsforschung, Verhaltenspsychologie.

Cohen, Fellmann, Widmer, 1967 (→):
«Wo informiert sich der Industrial Designer? Natürlich in erster Linie bei seinem **Auftraggeber**. Doch oft liegt es in der Natur der Aufgabe, dass der Designer weitere Informationen von Spezialisten der verschiedensten Wissens- und Forschungsbereiche einholen muss; vom **Marktforscher** bis zum Arbeitshygieniker.»

Ziele und Aufgaben des Industrial Design, Beilage der NZZ zur Mustermesse 1967, o. A.

Das Erscheinungsbild der ‹Firma› gewinnt an Bedeutung: Architektur, Werbung, Styling der Produkte sind einem genau umrissenen Code unterworfen (→). Der Industrial Designer kümmert sich fürderhin auch ums «Unternehmensbild» und die «Packungsgestaltung».

Siehe dazu Haug, W. F., op. cit. 1971

Cohen, Fellmann, Widmer 1967 (→):
«In den USA, wie in Europa (zeigt sich, dass) Design-Unternehmen nicht nur auf dem Bereich des eigentlichen ‹Industrial-Design› arbeiten, sondern daneben in einer besonderen Abteilung

Beilage der NZZ zur Mustermesse 1967 (o. A.) – ebenda beachtenswert: Hoesli, B., Die Architektur als Image eines Unternehmens . . .

auch Probleme des **Unternehmensbildes** und der **Packungsgestaltung** lösen. Wenn die beiden Bereiche in der Regel auch ganz unabhängig voneinander sind, führt doch in vielen Einzelfällen ein Weg von einer Abteilung zur andern (...). Im Interesse des Herstellers soll das sinnvoll entwickelte Produkt einer **Vergrösserung** des **Marktanteils** erlauben. Es soll mit möglichst **geringem Produktionsaufwand** fabriziert werden können, es soll bei möglichst wenig Investitionen in grossen Stückzahlen hergestellt werden können und soll in seiner **Form** einen **Fortschritt** manifestieren.»

Die anachronistische Struktur des Kleinhandels sieht sich mit neuen Formen des Grosshandels konfrontiert (Kettenläden, Versandgeschäfte, Shopping Centers, Discounthäuser, Supermarkt).

Kaufmann, 1961 (→):
«Man kauft nicht mehr wie früher in ‹seinem› Geschäft (...). Die Traditionsbeziehungen zu einzelnen Betriebsformen haben sich wesentlich gelockert (...). Spezialisierung ist der betriebspolitische Kunstgriff.»

Kaufmann, P., op. cit., 1961.

Spezifische Segmente der Gesellschaft, so die **Jugend**, werden als ansprechbare Zielgruppe entdeckt, die ‹Stätten des Handels› auf anzusprechende Konsumenten-Gruppen hin ausgestattet. Jugend, Jugendlichkeit ist in den Jahren der Hochkonjunktur zum Fetisch geworden.

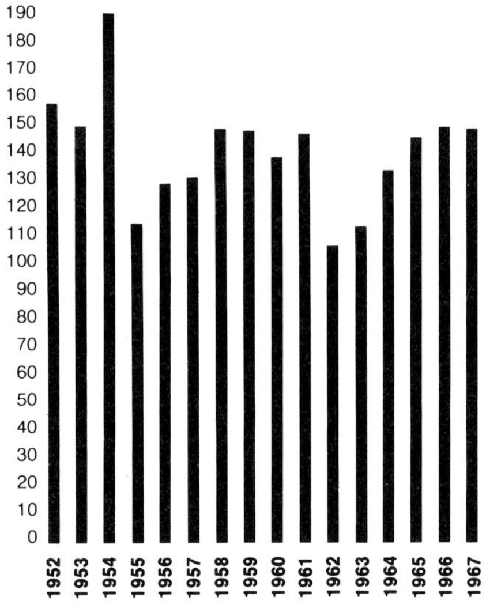

‹Die gute Form› 1952–1967
Anzahl angemeldete Firmen

Kaufmann, 1966 (→):
«Der Verbraucher **revoltiert** gegen das **Altwerden**! Der Vorwurf, man sei ‹rückständig› ist immer stossend. Aber der Hinweis, man werde ‹alt› ist heute die eigentliche Form der **Ehrbeleidigung**. Man will betont **jung** sein und **jung** bleiben. Hormonspritzen und Schlankheitskuren zeugen davon, kalte Waschungen sollen helfen, aber auch Konditionierungsapparate und die ungezählten Präparate, Tuben, Dosen, Büchsen, Schachteln und Dispenser (→), die auf den Badezimmertablaren selbst der Männer bereitgestellt sind. Man will nicht mehr, dass Männer riechen wie ‹Männer›. Das Klimakterium wird abgeschafft. Die Wohnung farbiger. Man wandert wieder in **alter** Hose und **neuer** Wildlederjacke in die nahen Wälder.»

Kaufmann, P., Der Verbraucher in der Revolte, in: interieur, 1967, Nr. 3.

Seit den frühen sechziger Jahren ist, als Folge der Automatisierung im Prozess der dritten industriellen Revolution, eine verstärkte Tendenz zur **Standardisierung** spürbar: die Rationalisierung findet ihren Niederschlag im Erscheinungsbild des Produkts, das nivelliert, grundsätzlich dem einzelunternehmerischen Bedürfnis nach Produktedifferenzierung ebensowenig entspricht wie dem Wunsch seiner Konsumenten, die **Spezifisches** suchen und ihre Emotionen an die Dinge des täglichen Bedarfs anbinden möchten, weil diese einen **Ausweg aus Zwang und Kontrolle der industriellen Sphäre** versprechen und die unverwechselbare (?) Eigenart ihrer Eigentümer repräsentieren. Die Reaktion auf die Rationalisierungsbemühungen der Nachkriegszeit heisst **Styling** (→).

Styling ist nicht neu für die Jahre der Hochkonjunktur. Nach 1960 wir es jedoch ausserordentlich forciert.

Toilettenschrank
Schelb Metallbau, Oberglatt
1963/1965

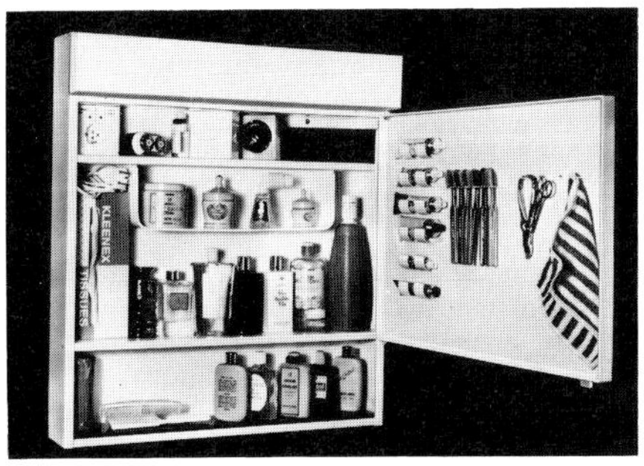

Kaufmann, 1961 (→):
«Unsere **Schau**fenster sollen **Schul**zimmer (!) der jungen Generation sein (...). Unser Zuhause ist nicht nur Sehraum, nicht nur Tast- und Wirkraum, sondern persönlich gestaltete und erlebnismässig stark verhaftete Umwelt. Ich freue mich immer wieder, wenn es **unseren Dekorateuren** gelingt, diesen Zusammenklang entstehen zu lassen. **Wir verkaufen die Summe der Eindrücke** (→), welche von Möbeln, Teppich, Vorhängen, Büchern, Blumen, Licht und Farbe ausgehen. **Wir verkaufen demnach Empfindungen und Gestaltungsnutzen** (...). Wir verkaufen nicht Einzelstücke. Nicht Material. Nicht Funktion. Nicht sachliche ‹Linie›. Sondern Wohnlichkeit.»

Kaufmann, P., op. cit., 1961.

Kaufmann, 1966 (→):
«Liegt ein genügend grosser Markt vor – und lässt er sich wirtschaftlich erschliessen? Lässt sich also dieses Produkt der Serienfertigung überhaupt absetzen? **Sind die angesprochenen Verbraucher bereit, Seriengefertigtes zu akzeptieren**? (...).
In der Tat: Der Verbraucher präsentiert sich uns in neuer Erscheinung – er **revoltiert**. Er ist in eine Welt gestellt, die sich in diesen Jahren und Jahrzehnten in vielschichtiger Weise wandelt. Und er revoltiert, weil er sich in **neue Umwelten** erst noch einfügen muss. Oft mit Bedenken und Widerwillen. Oft aber auch, weil er sich seine ,neue Umwelt' in anderer Weise vorstellt. Weil er sich in seiner eigenen Zukunft anders behaust sehen möchte. Weil er anders träumt als die Väter. Weil er anders träumt als die Mütter.» (...)
«Der Verbraucher revoltiert gegen die Eierköpfe und Technokraten! Die Welt der sechs Milliarden Seelen, welcher wir bis zur Jahrhundertwende entgegengehen – es sind doppelt so viele Menschen wie heute! – wird notwendigerweise **eine Welt straffer Organisation**, **exakter obrigkeitlicher Verfügung**, weiser Planung und Regelung sein müssen. Eine Welt der **Rechenschieber**(?) und der gesteuerten Funktionalität. Eine Welt, in welcher man mehr als bisher ‹Zukunft› denkt, sich prospektiv unterhält, das Brot aus der erbgesteuerten Sojabohne und die Proteine aus dem Erdöl zieht. Aus unterschwelligem Protest gegen die Unentrinnbarkeit solchen Fortschreitens ist jetzt die **‹weite Romantik›** ausgebrochen.
Noch nie sind so viele alte Truhen, Klostertische, Schiffstaue, Eisenbahnlaternen, Berberflinten, Wasseruhren, Wiegendrucke oder Maria-Theresien-Taler gesammelt worden (...). Auf breiter Front wird gegen Elternweisheit, Gruppenkodices, gesellschaftliche Normen, geheiligtes Brauchtum, Tabus, religiöse Gebote und Sittenregeln aller Art angerannt. Gewisse Tätigkeitswörter sind hierfür Ausdruck und haben solchen Abbau und selbst Abbruch fördern helfen: man ent-fremdet, man ent-larvt, man ent-zaubert, ent- mythologisiert, ent-ideologisiert. **Man ent-hemmt damit aber auch**. Im Guten und im Bösen.»

Kaufmann, P., op. cit., 1967, – Der Verbraucher revoltiert: nach 1967/68 auch gegen den unbekümmerten Konsum und was ihn stimuliert. Die erste Revolte der Zürcher Jugend ist als «Globuskrawall» in die Geschichte eingegangen. Kaufmann war ein Prophet.

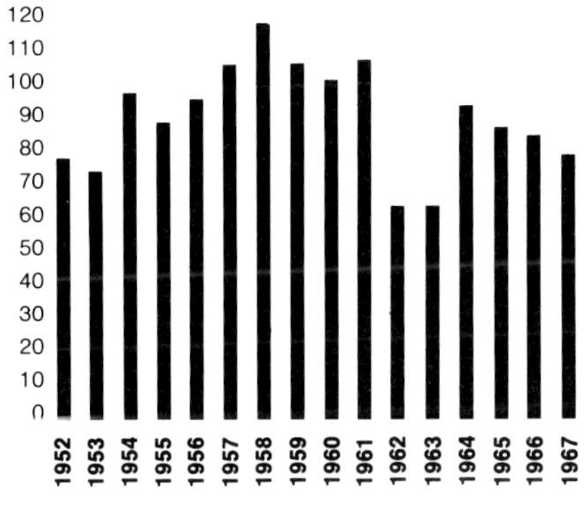

‹Die gute Form› 1952–1967
Anzahl Firmen mit Auszeichnung

Formale und technische Obsoleszenz als Strategie verringern den Gebrauchszyklus der Artefakte künstlich. Die Gebrauchszyklen sind kurz, die Produkte vielfach auf Verschleiss angelegt, ihre Reparaturfähigkeit ist nur noch ein Zugeständnis an «traditionelle Wünsche» der Konsumenten, die gleichwohl Gewohntes beibehalten möchten und einige **Konstanten** suchen im fluktuierenden Feld **modischer Zeichen**.

Burckhardt, 1961 (→):
«Zweifellos ist die Ersetzbarkeit gleichgültiger Dinge – Glühbirnen, Kochlöffel oder Kugelschreiber – ein Fortschritt, der zur Verbilligung des Lebens beiträgt. Aber die Ersetzbarkeit hat ihre Grenze dort, wo sie die **Beständigkeit** unserer Umwelt gefährdet. Der Mensch hat eine effektive Beziehung zu den ausdauernden Dingen in einer Welt des ewigen Fliessens, des Entstehens und Vergehens. Im Kreislauf der Jahreszeiten und der Generationen sind die von Menschen erstellten Dinge das Feste. Ihre Beständigkeit drückt sich aus in ihrer Unersetzlichkeit; deshalb liebt der Mensch unersetzbare Gegenstände – Gegenstände, deren Form **Einmaligkeit** ausdrückt. Wenn in den letzten Jahren, den Jahren des Durchbruchs des modernen Stils, die Preise für Antiquitäten so ungeheuer gestiegen sind, wenn an jeder Strassenecke eine Boutique entsteht, die Bauernmobel, Negerplastik, Eskimopantoffeln verkauft, so ist das nichts anderes als der **Ausdruck des Abirrens eines Bedürfnisses,** das durch die **moderne Formgebung nicht mehr befriedigt wird**, auf Gegenstände, welche **nicht** das Stigma der Ersetzbarkeit, des Warencharakters (→) tragen.»

Burckhardt, L., Soziologische Betrachtungen, Vortrag gehalten an der Werkbundtagung «Funktion – Qualität – Preis», publiziert in: SWB-Sonderdruck 1962.

Warenform sagt Karl Marx.

Inserat (W)

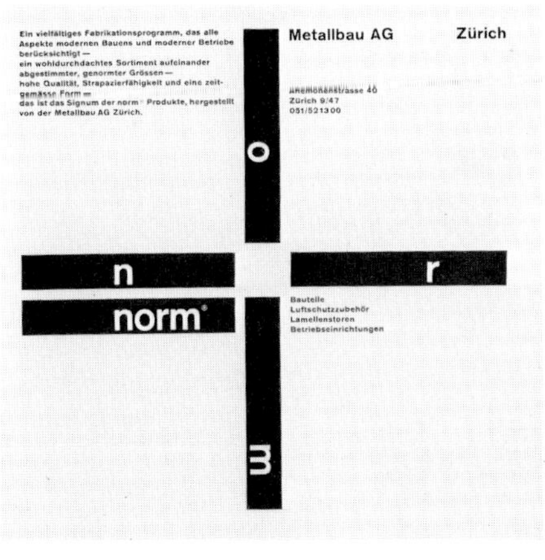

Vor allem sind es die hohen **Rüstungsausgaben**, Aufwendungen für soziale Zwecke und die Bereitschaft des Staates, konjunkturelle Rückschläge zu dämpfen und Arbeitslosigkeit zu verhindern, die eine wesentliche Rolle für die ziemlich stetige Konjunktur spielten. Diese akzellerierte nach 1958 zur Hochkonjunktur (→), in die dann auch die ersten Krisensymptome der ‹guten Form› fallen. – Illustrationen zum ‹Zeitgeist der Hochkonjunktur›?

Bickel, W., op. cit., 1971, S. 63.

Kaufmann, 1961 (→):
«**Demokratisieren wir den Luxus**! Freuen wir uns über jede Gelegenheit, wo wir das, was bisher nur wenigen durch die Gunst ihrer Umstände zur Verfügung stand, vielen nahebringen können (...). Jedem Kind seine **Schmier**wand oder **Schatz**grube – mit dem von uns allen erträumten schweren **Vorhängeschloss**» (!).

Kaufmann, P., op. cit. 1961.

Kaufmann erwähnt 1966 (→) zehn Aspekte des heutigen Verbrauchers in seiner Revolte: «Aber hinter solchem Protest und solcher Revolte verbergen sich die neuen Märkte, die in diesen Jahren herangewachsen sind, damit die gewohnten Produktionsstrukturen veränderten und manchem **jungen Unternehmer in Fabrikation und Handel die einmalige Chance des Hochkommens und Gelingens gaben**. Die neuen Weisen des Lebens und Gestaltens schufen **neue Märkte** – und damit Ansatz zur **Auflage und Serie**. Denn die Gegenwart will **Repetition der Freude** und **Multiplikation** des **Glücks**. Und solches **jetzt** – **nicht erst im Jenseits**.»

Kaufmann, P., op. cit., 1967.

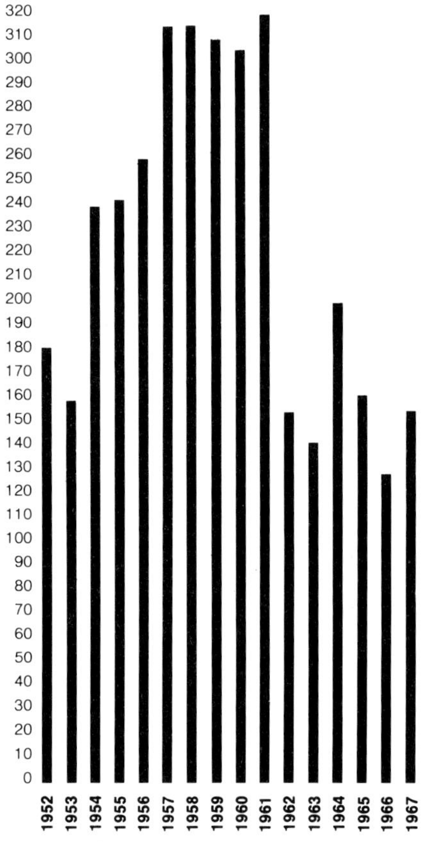

‹Die gute Form› 1952–1967
Anzahl ausgezeichnete Gegenstände

Menschen in ihrer Zeit
«Hilfio es Labirint.» (N 1961/16)

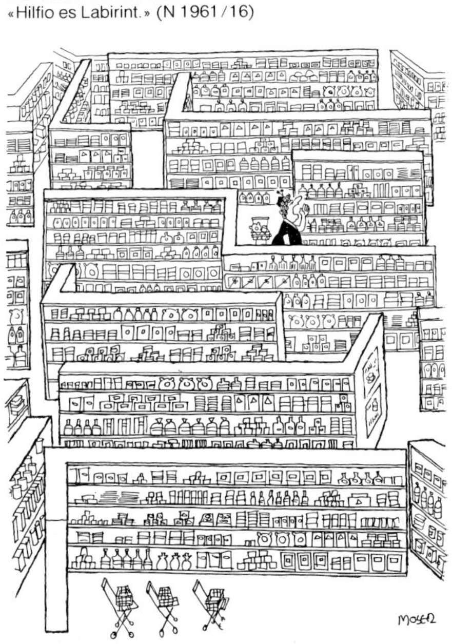

Hochkonjunktur, das bedeutet **hedonistische Euphorie**: das dringliche Glück der Waren, an die **Glücks**versprechen, easy life, Heil und Lust gebunden sind, fällt dem Konsumenten ohne grosse Anstrengung zu. Der Schein der Waren lockt und fasziniert. Die Sollwerte einer moralischen Instanz (SWB), die auf Wertbeständigem fundiert, erscheinen dem Produzenten ebenso hinderlich wie dem Konsumenten. Beflügelt vom konjunkturellen Aufschwung, angeregt, seine Kaufkraft auszuschöpfen und dem **Hang zum Luxus** nachzugeben, sieht der Konsument wenig Sinn darin, dem asketischen Gerät ‹guter Form› seine Treue zu beweisen. **Ästhetische Innovation**, Re-Design und jährlich neues Styling kommen dem Konsumenten auf halbem Weg entgegen. Ein schillerndes Angebot suggestiver Zeichen mit unmissverständlicher Appellfunktion, locken ihm das viele Geld aus der Tasche. Solide Güter, ‹gute Formen›, die zwar keinen Ewigkeitsanspruch erheben, aber doch für sich in Anspruch nehmen, längere Zeit zu dienen, sind jetzt kaum mehr gefragt. Das **Neue** durch das **Neuste** zu ersetzen gilt in den Zeiten rapiden wirtschaftlichen Wachstums als feste Regel. Es ist den Konsumenten nur recht, wenn die Produkte schnell ver**greis**en und bald über**alt**ert, die Grenze zur pejorativ beurteilten Zone überschreiten, die Missliebiges, Schrott und Bruch beherbergt. Die Kaufhungrigen sind aus dem randvollen Warenkorb gespiesen. Dieser überfliesst rhythmisch, im Takt. Die Wirtschaftsmaschinerie wird von der süchtigen Nachfrage der Abhängigen in Gang gehalten, der Markt ist einer **rasanten Zirkulation** ausgesetzt. Die erste Funktion der Güter ist ihr schneller Verschleiss, die erste Funktion der Waren ist es, nicht bloss den Status quo der grossen Maschinerie zu garantieren, sondern diese zu erweitern und zu perfektionieren. Die ‹gute Form› war den Warenproduzenten in einer Phase des internationalen Konkurrenzkampfes nach dem Krieg, als sinnliches Aufscheinen des Gebrauchswerts, Kennzeichen schweizerischen Qualitätsschaffens gut genug. Mit der Hochkonjunktur verliert sie diese Funktion zu einem guten Teil. Ihr **langfristiger Gültigkeitsanspruch** – unzerstörbarer Gebrauchswert und wenig ästhetische Produktever-

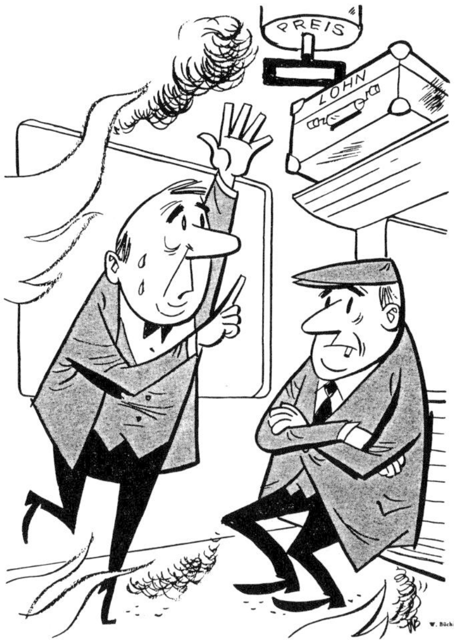

Im Zuge der Hochkonjunktur
«Wenn Sie Ihren Koffer etwas zurückschieben, kann ich die Notbremse ziehen!»
(N 1962/16)

greisung in der Tendenz – konstituieren ihre Grenze für die Verwertbarkeit (→). Das wertstabile Produkt läuft wider die periodische Neuinszenierung des Erscheinungsbildes der Waren (ästhetische Innovation), die offenbar in dieser Wirtschaftsordnung zum zirkulationsfördernden Massnahmebündel (fürs Kapital) gehört.

Siehe dazu: Haug, W. F., op. cit., 1971 (!).

Margit Staber, 1966 (→):
«In der Diskussion kam ein weiteres Problem zur Sprache, das sich aus den Ausführungen von Richard P. **Lohse** ableiten liess, nämlich die Konfliktsituation zwischen der **Werkbund-Maxime** nach **dauerhaften Standardprodukten** und der **Verschleisspolitik** der Konsumwirtschaft. Richard P. **Lohse** sprach von der bedauerlichen Relativierung der Werte, was gewiss zutrifft. Aber sollte man in bezug auf Konsumgüter nicht eher eine realistische Lösung anstreben, indem man diese Relativierung der Werte voraussetzt. Und dann sein Bestes tut. Man gebe der Kaffeetasse, was der Kaffeetasse ist, aber nicht mehr. Wie man einer Durchschnitts-Mietwohnung genügend Schrankraum ausspart; wie man die Unfallträchtigkeit einer Autokonstruktion vermindert; wie man ein Selbstbedienungsrestaurant menschenwürdig zum Funktionieren bringt; das scheinen mir – willkürlich herausgegriffen – koordinative Design-Probleme von relativ hoher Dringlichkeit. Da sollte sich der Werkbund nicht in der Defensive fühlen, sondern in der Offensive (→).»

Staber, M., Probleme im Schweizer Werkbund, in: Werk+Zeit, März 1966.

Die geschilderte Konfliktsituation berührt den grundsätzlichen Widerspruch innerhalb der Werkbünde.

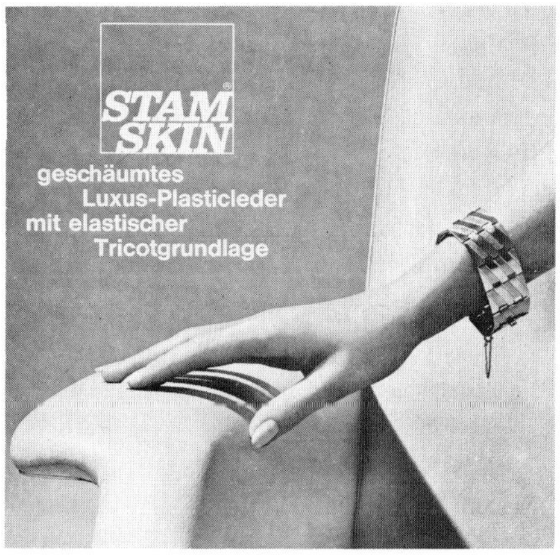

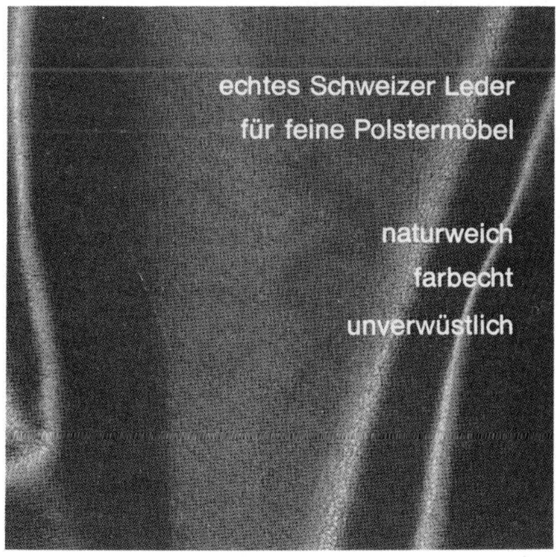

Inserat (INT)

Inserat (INT)

Zwischen 1949 und 1969 neigte der Schweizerische Werkbund dazu – vielleicht wie nie zuvor – die Form industrieller Produkte zu **dogmatisieren**. Nach 1960 ‹emanzipierten› sich die Produzenten wie die Konsumenten tendenziell von ‹ästhetischer Bevormundung›. Das **asketische Leitbild des SWB**, die Fehde gegen ein **verführerisches** (séduction) **Zeichenpotential** – die Summe seiner Signifakte wäre ein Spiegelbild, ein **Museum** der **unerfüllten Wünsche**, der damaligen Zeitbewohner – die Fehde des SWB gegen das Nutzlose, das in erster Linie bedeuten möchte und die Lücken im **spärlichen Sinn-Gefüge** zu füllen verspricht, ist ja nichts anderes als (wohlmeinende) **Zensur**. Finsler schreibt 1956, man habe von den «Richtern des Werkbundes» erwartet, dass sie «eindeutige und gleichbleibende Urteile fällen, als ob sie Götter wären oder Pedanten». Und Pedantisches, eindeutige Position im Vergleich zu den Ideologien, die wenig formuliert, ‹natürlich› erscheinen, quasi ‹gewachsen›, mag man offenbar nicht in einem Gefüge, das von ‹Freiheit› träumt, eher dem sanften Appell der ‹geheimen Verführer› (Packard) nachgibt als einem ideologischen Apparat (SWB), der offen argumentiert und sich bemüht, seine Normen, Leit- und Richtlinien darzustellen und zu kommunizieren. Die damaligen **Grenzsetzungen** des SWB stehen in einem krassen Gegensatz zur **Überfluss**gesellschaft, die täglich das **Grenzenlose** träumt, hineintaumelt in fiktive Freiheiten, grenzenlose Schlaraffenländer und miefig-bourgeoise Paradiese.

Die orthodoxe Lehre des SWB lässt ferner dem Unternehmer wenig Spielraum, seinen Waren ein **firmenspezifisches Profil** zu verleihen (Produktedifferenzierung), das sie vom Erzeugnis der Konkurrenz scheidet, und Marke, Firma, Herkunft signalisiert. Irgendwie ist ja der reine Code der ‹guten Form› ein Code der **klassenlosen** Gesellschaft – dies auch die Faszination – in der Höhergestelltes bereits heruntergeholt, Konkurrenz und Widersprüche endlich beigelegt, bisherige Kontrahenten friedlich vereint eine gemeinsame Kugel schieben. In der Überflussgesellschaft der Hochkonjunktur hingegen trachtet jeder danach, den anderen protzig zu über-trumpfen: Prestige ist käuflich.

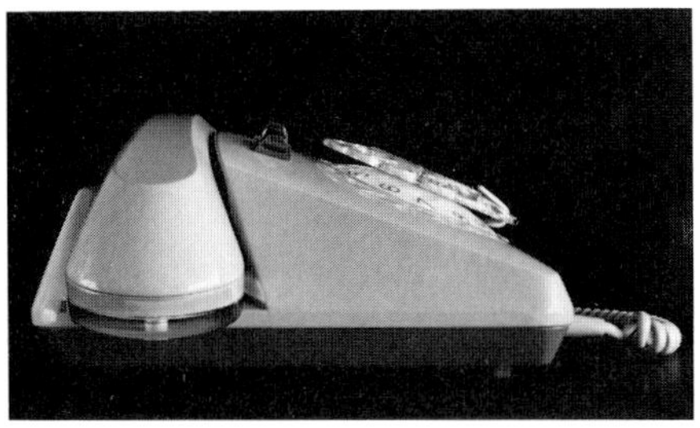

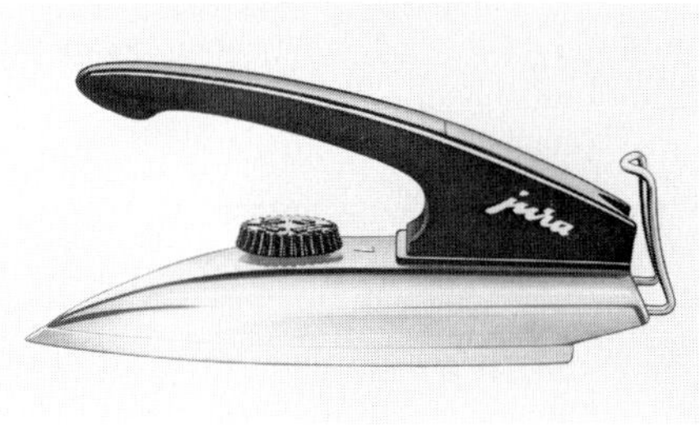

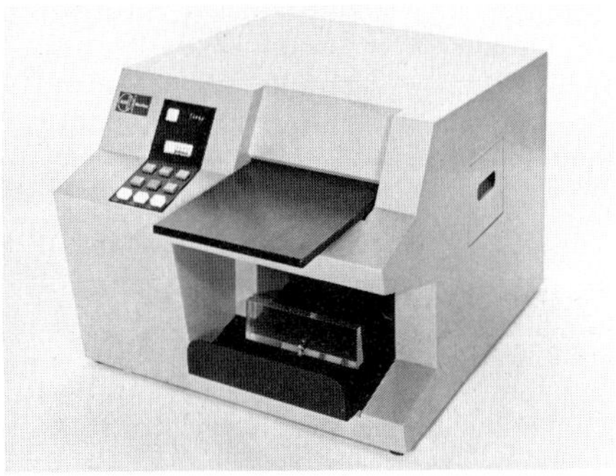

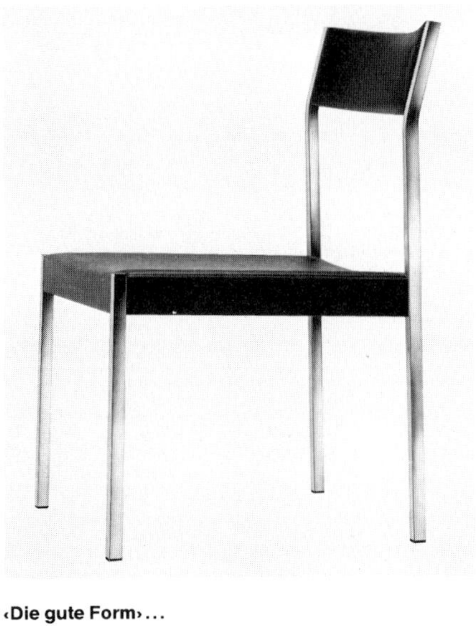

‹Die gute Form›...

Telefonstation
M. Meier/Chr. Gfeller AG, Bern
1965/1965

Reisebügelautomat
Jura-Elektroapparate, Niederbuchsiten
1965/1967

Alos Microflow
Alos AG, Zürich
1966

Polsterstuhl
Girsberger AG, Bützberg
1965

Eigentlich möchten die Leitlinien der ‹guten› Form in **zukünftige Räume** führen, in denen die soziale und die dringliche Realität in einem Einklang sind und jede Entfremdung aufgehoben ist. Die ‹gute Form› ist eine Vorwegnahme einer sozialästhetischen Utopie, die jetzt – der Warenkorb überbordet – von Phantasmagorien und Surrogaten verkrustet wird. Ihr (grundsätzlich) elitärer Code, der vom Konsumenten/Benutzer einen freiwilligen Verzicht auf prestigefördernden Zeichenmantel verlangt, spricht von nun an nur noch zu den selbstbewussteren, selbstsischeren Teilen der gesellschaftlichen Formation, zu einer **Elite**, einer **Minderheit**, einer **Randgruppe** je nach dem, die sich, deutlich seit 1968, wegen ihres diskreten Idiolekts der Lächerlichkeit preisgegeben sieht, und für ihre naive Beurteilung der Produktionsverhältnisse zu büssen hat. – Die Ideologen der ‹neuen Welle› (→) messen den **neuromantischen Populismen** (die, einmal mehr dem **Ethnokitsch** verpflichtet, ihre Vorbilder in der ‹Dritten Welt› finden und Afrikanisches, Chinesisches, Indisches, Südamerikanisches und Palästinensisches zum Kunterbunt vermengen), kritiklos den Wert des ‹Alternativen› zur hochindustrialisierten Welt zu. Spürbar gefährdet ist sie schon, die hochindustrialisierte Welt: wie nach der Jahrhundertwende wird nach 1970 einmal mehr ein ‹dritter Weg› gesucht (→), dessen Ränder wie damals **Exotismen** säumen, Bodenständiges, Rurales, das für sich in Anspruch nimmt, ehrlich und echt zu sein. Wie damals trägt der Wanderer auf diesem Weg **seichte Mystik** in seinem Gepäck, Naturfieber, **mickerige Ekstasen**, Körperkult und seine grosse Entdeckung, nämlich das Gefühl. Währenddessen produziert die grosse Maschinerie ihre technischen Gadgets; die grosse Androide animiert mit vielen Codes: Technoides für die aufgeschlossene Kundschaft, die, so oder anders fremd-zentriert – Instant-Bilder, high fidelity – an den Moden und dem Kult der kulturellen Zentren (→) partizipieren möchte. Und dort spürt es unablässig in den fremden Repertoires jener Zeichen und Symbolismen, die jenseits der Grenze entweder in der unmittelbaren Vergangenheit gesucht, oder aber der andern und ortsfernen Kultur angehören. Sie ‹postmodern› mischend mit den eigenen Phantasien kommt da eine auratische Masse, die ihre hilflosen Einschlüsse isolierend umgreift, zur allgemeinen **Orientierungslosigkeit** beiträgt und den Austausch zwischen den Menschen ziemlich belastet.

Bodenreform, Freiwirtschaftslehre, Röpke, Bernoulli, etc.

New York seit den späten 50er Jahren, London und, seit der Verschiebung des kulturellen Zentrums in die angelsächsischen Länder (POP), in einem geringeren Masse Paris.

Es fehlte, sowohl vor wie während des ‹Zeitalters der guten Form› nicht an Hinweisen auf den **fundamentalen Widerspruch** zwischen Warenwirtschaft und dem ethischen Imperativ des SWB, dessen (idealistische) Heilslehre, auf ideologischer Ebene, nur in jenen Phasen vom nationalen Kapital in Anspruch genommen worden ist, die vom erhöhten internationalen Konkurrenzdruck bei gleichzeitiger

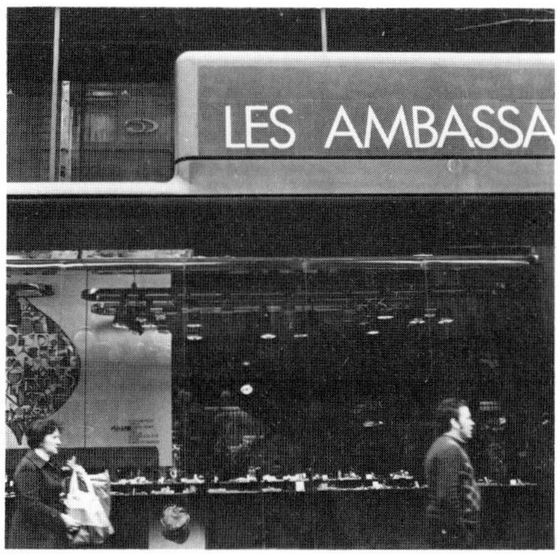

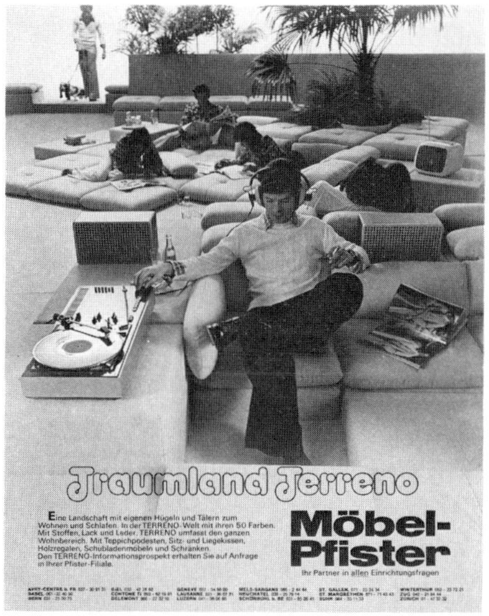

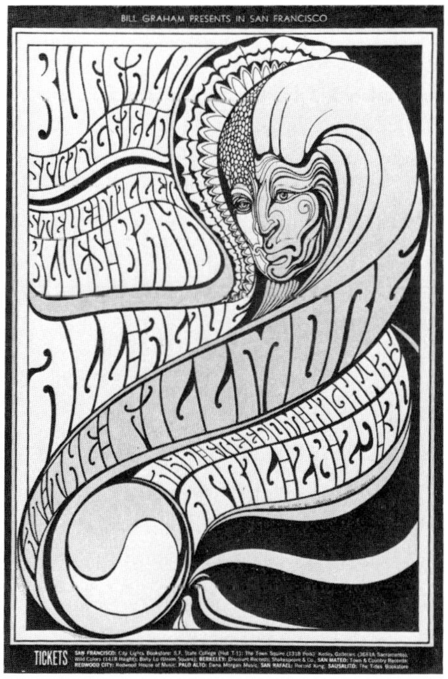

...und danach

Gefahr einer qualitativen Einbusse der erzeugten Produkte gezeichnet sind.

Richard Paul Lohses Stimme ist eine der wenigen, die in den 60er Jahren die strukturellen Ursachen der latenten Krise um die ‹gute Form› explizit bezeichnen. Sie erinnert an die Beurteilung eines Georg Schmidt.

1966 lesen wir in der «NZZ» (→):
«1966 geht es darum, ausgehend von der Auszeichnung ‹Die gute Form› das Problem von Funktion und Form des schweizerischen Industrial Design neu zu überdenken.
Vor 16 Jahren, als ‹Die gute Form› ins Leben gerufen worden war, nahm sich die Lage der Dinge ganz anders aus: die Produkte, die in die Qualitätsränge kamen, waren gering an Zahl, der Designer im heutigen Sinn existierte noch nicht, und die Industrie war sich der Bedeutung eines gut geformten Gegenstandes nur vage bewusst. ‹Heute stehen wir vor einer in bezug auf die Gebrauchsgüterproduktion quantitativ und psychologisch anders gearteten Situation› so bestimmt **Richard P. Lohse**, der zurzeit stellvertretend die Geschäfte des SWB führt, die Sachlage. Im Sektor des Industrial Design und der Wohnungsausstattung ist eine eigentliche **Verschleisswirtschaft** entstanden, die eine **echte Typisierung** der Erzeugnisse **verhindert**. Um den Absatz zu heben, wird ein dauernder Formwechsel propagiert, und die Qualität ist entsprechend vermindert. Diese Mentalität erzeugt bedeutende Schwierigkeiten, um den Dingen der Umwelt eine **notwendige Konstanz** zu geben, ohne die der Mensch letztlich nicht bestehen kann . . . Die Situation reduziert sich letztlich nicht nur auf eine **moralische**, sondern auch auf eine **gesellschaftspolitische Frage**. Die beruflichen Erfolge dürfen uns nicht darüber täuschen, dass das Bewusstsein der Berufung nur geringe Förderung erfahren hat. Wir stehen in einer sozusagen latenten Auseinandersetzung mit dem Problem der Umweltgestaltung, die jeden Einzelnen von uns positiv oder negativ unmittelbar berührt. Wenn in den zwanziger Jahren, die Kontraste ‹gut› oder ‹schlecht› eindeutig erschienen, so überfällt heute die **Flut der Gebrauchsgüter** den Konsumenten und schaltet das Urteilsvermögen aus . . . Es muss Aufgabe der Mitglieder des Werkbundes und ihrer sozialen Funktion sein, das Prinzip der Dauerhaftigkeit vor allem auf dem Gebiet der Wohnungen zu erhalten und zu fördern.»

Tradition und Neubeginn im Werkbund, in: NZZ vom 11. Februar 1966.

Georg Schmidt, 1963 (→):
«Die Hochkonjunktur nach 1955 – einerseits mit ihrer kontinuierlichen **Steigerung** der **Kaufkraft** immer breiterer Konsumentenschichten und anderseits mit ihrer unaufhaltsamen ‹schleichenden› **Inflation** – führte auf dem Gebiet der Konsumgüter zum höchst fragwürdigen Phänomen der **‹Verschleiss-Wirtschaft›**: Autos und Möbel sollen, wie Nahrungsmittel, zu möglichst **kurzfristigem Verbrauche** geschaffen und möglichst rasch durch neue ersetzt werden. Dieses hektische Tempo im Angebot immer neuer modischer Formen, nun vor allem aus Amerika und Italien, hat die Entwicklung **durchdachter, durchprobter, ausgereifter, ausgeruhter Formen** unmöglich gemacht. Ende der 50er Jahre ist die Flut der Kunststoffe hinzugekommen, die weniger auf ihre unbestreitbaren Vorteile gegenüber den Naturstoffen befragt wurden, als kraft ihrer leichten (charakterlosen) Formbarkeit in den Dienst eines noch **rascheren Modewechsels** genommen wurden.»

Schmidt, G., 1913 bis 1963, 50 Jahre Schweizerischer Werkbund, Separatdruck aus der Nationalzeitung, Basel, 25.10.1983.

Diese kritische Stimme hat den Werkbund seit Anbeginn begleitet; allerdings hat ihr der SWB wenig Gehör geschenkt.

Burckhard, 1961 (→):
«‹Die gute Form› ist kein **Osterei**, das man selbst verstecken und dann mit den lieben Kindern am Ostermorgen wiederfinden kann. Sie ist auch keine Barriere, die den Lauf der Entwicklung aufzuhalten vermag. In den letzten fünfzehn Jahren hat sich der kapitalistische Prozess, das **Mistbeet des Liberalismus**, des Designs bemächtigt: Unternehmer haben die der Form innewohnenden Kräfte bemerkt und heizen die Konjunktur jetzt durch einen **formalen Verschleiss**. Die Billigkeit wird aufgehoben durch den Aufwand, den uns die Geschäftswelt aufzwingt.»

Burckhard L., op. cit., 1961.

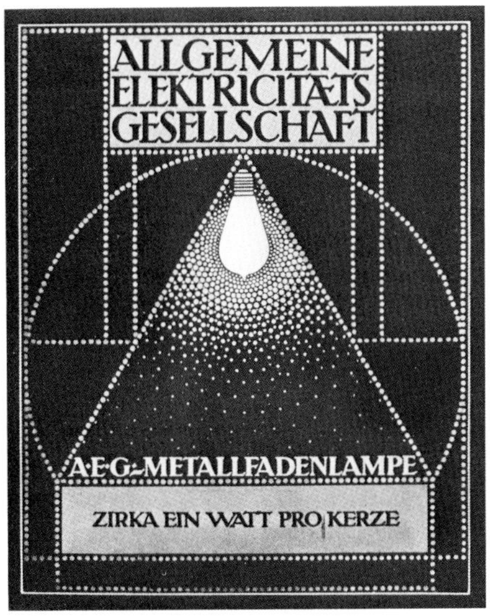

BRAUN

BRAUN

BRAUN

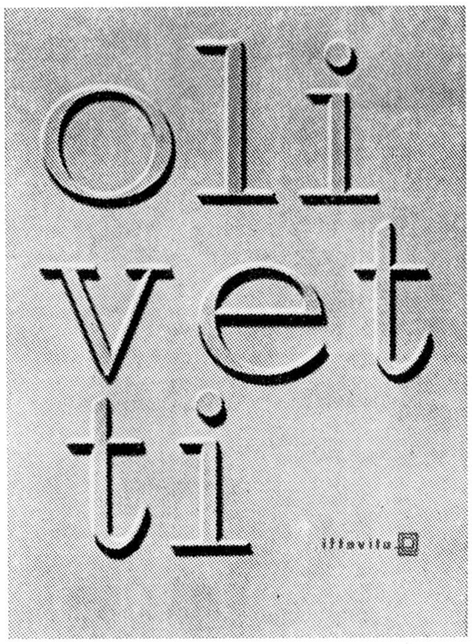

Gesamt-Design: Vorbilder

(IKB)

(BLGK)

(SO)

1966 versuchte sich der Werkbund zwar dem Wandel, hervorgerufen durch die Triebkräfte der Hochkonjunktur, anzupassen. Eine kleine thematische Schau mit dem Titel «Gesamtdesign» fanden die Besucher der Mustermesse am Eingang zur Sonderschau ‹Die gute Form 1965›.

Gomringer, 1966 (→):
«Die thematische Schau solle ‹Die gute Form› nicht allein auf dem Piedestal, sondern bezogen auf wirtschaftliche und soziale Aspekte zeigen».
«Am Beispiel von drei ausgewählten Firmen wurde darauf hingewiesen, dass die Grundsätze guter Gestaltung sowohl für die Schaffung der menschlichen Umgebung, der Architektur und Inneneinrichtung wie auch in der Information und Werbung dienen müssen. Der Vorteil einer solchen Design-Ausstellung ist der, dass nicht mehr eine mehr oder weniger zufällige Schar von Erzeugnissen zur Ausstellung gelangt, die vielleicht dem Experten zusagt, dem Konsumenten und Laien aber wenig Aufschluss gibt über den wahren Stand des Design, sondern dass der Sinn des Design, seine Beziehungen zur **gesamten Leistung** einer **Firma** aufgezeigt wird. Gesamt-Design heisst demnach: die Bestrebungen, die der **Herstellung** und **Verbreitung** der Produkte dienen, im Zu**sammen**hang sehen.
So betrachtet ist Gesamt-Design gewiss keine neue Forderung: Peter Behrens, der im ersten Jahrzehnt des Jahrhunderts das ganze Programm der Firma AEG von der **Architektur** bis zum **Briefkopf** überwachte, war zweifellos der erste moderne Designer eines Gesamt-Design.
Wichtig ist jedoch, dass wir heute in der Schweiz vermehrt auf diesen Ausschnitt unserer **Umweltgestaltung** hinweisen. Es ist zu hoffen, dass dadurch der ästhetische Aspekt der Einzelleistung nicht verlorengehet, dass er jedoch zugunsten der anständigen, aufgeschlossenen Gesinnung, die einen umfassenden Bereich ergreifen soll, zurücktritt. Und nicht zuletzt ist zu hoffen, dass es vielleicht auf diesem Weg gelingen möge, interessantere, aufschlussreichere Design-Ausstellungen zu machen.»

Gomriger, E., Die gute Form 1966, in: Technische Rundschau vom 5. August 1966

Gesamtdesign, das heisst Überwachung des Erscheinungsbildes einer Firma vom **Briefkopf** bis zur **Architektur**. Vorbild sind unter anderem die Firmen Braun und Olivetti (→). Was man in den Kommentaren des SWB vermisst, sind klare Analysen, etwa mit dem Hinweis auf den Zusammenhang zwischen Umsatzförderung und Firmenimage in einer Phase der technologischen Entwicklung, die auf Grund rationalisierender Massnahmen im Produktionssektor dazu tendiert, das Profil der produzierten Güter einzuebnen und einander anzugleichen. Stattdessen wird bei einem Hinweis auf «angesehene und vielbeschäftigte Firmen» so allgemein, naiv und unverbindlich gefordert, «die Grundsätze guter Gestaltung sollten auch für die Art der menschlichen Umgebung, der Architektur und der Inneneinrichtung und ebenso für die Information und Werbung zur Anwendung gelangen» (→).

Olivetti: 1961 zeigt das Zürcher Kunstgewerbemuseum die Ausstellung Stile Olivetti, Architektur, Industrie-Form, Werbung, Sozialfürsorge – die Firma Olivetti stellt sich in den 60er Jahren als mustergültiges Unternehmen im Rahmen kapitalistischen Wirtschaftens dar, das schon früh um Gesamt-Design bemüht gewesen ist und zu beweisen suchte, dass Gewinnstreben, Resistenz im Feld der ökonomischen Konkurrenz und hohe ethische Norm im Sinne des liberal-humanitären Leitbildes einander nicht ausschliessen.
Braun: Ähnliches gilt für die Firma Braun, die während der 50er Jahre intensive Beziehungen zur Hochschule für Gestaltung (Ulm) knüpfte. – «Design ist Aufgabe des gesamten Unternehmens», heisst es in einer Selbstdarstellung der Firma Braun. Und: «Design ist keine nachträgliche Einkleidung, keine Verschönerungstechnik.» Und: «Produkt und Kommunikation müssen einander entsprechen.» Und: «Für uns heisst gutes Design möglichst wenig Design.»

Gomringer, E., Die gute Form 1966, in: Technische Rundschau vom 5. August 1966.

1966: Der Schweizerische Werkbund ist sich seiner Krise bewusst. Ein Beitrag in der «NZZ» ist mit «Tradition und Neubeginn» übertitelt. Dort lesen wir, es sei unabdingbar, «Funktion und Form des schweizerischen Industrial Design neu zu überdenken.»

Gesamt-Design

1, 2, 3 SWB-Schaufenster-Ausstellung
Schweiz. Kreditanstalt, Zürich 1963
Gestaltung: G. Miedinger

Thematische Schau
in der Sonderschau «Die gute Form 1965»
MUBA 1966

Adolf Feller AG, Horgen

4, 5 Gestalter: C. Vivarelli
6 Montagehalle, Architekt: H. Fischli, 1953

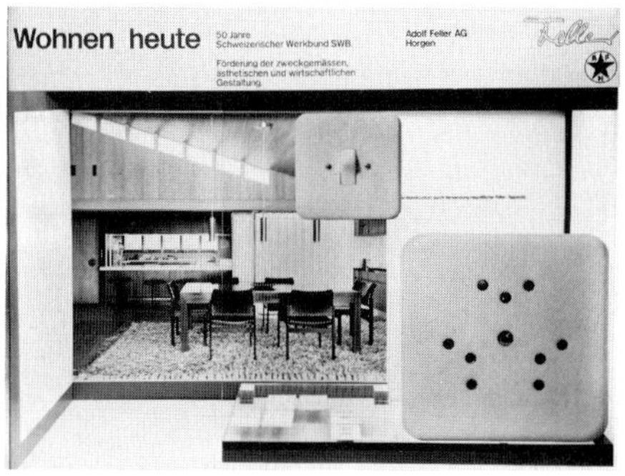

1

Aktiengesellschaft Karrer, Weber & Cie, Unterkulm

7, 8 Gestalter: Pinschewer

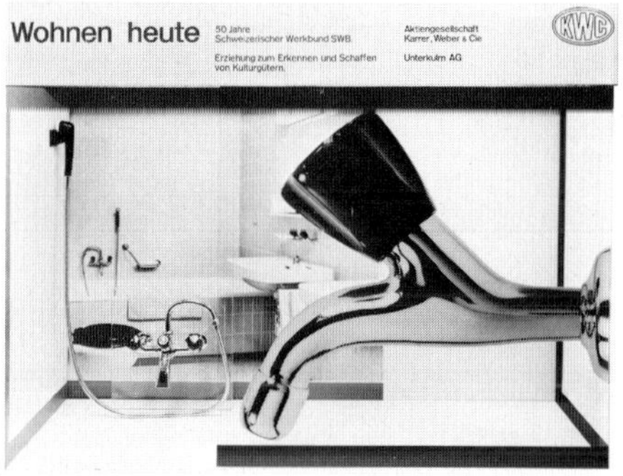

2

Therma AG, Schwanden

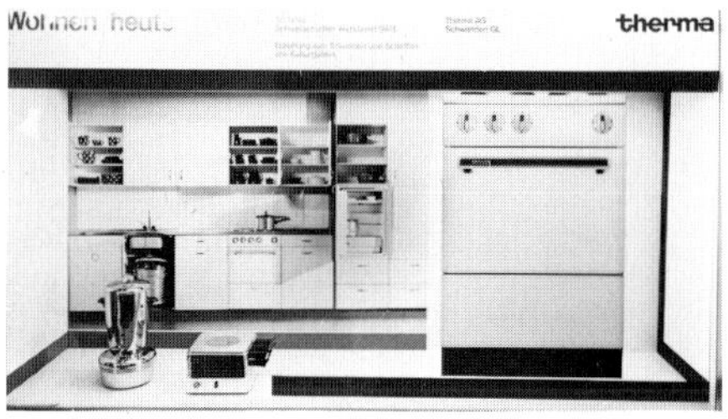

3

4
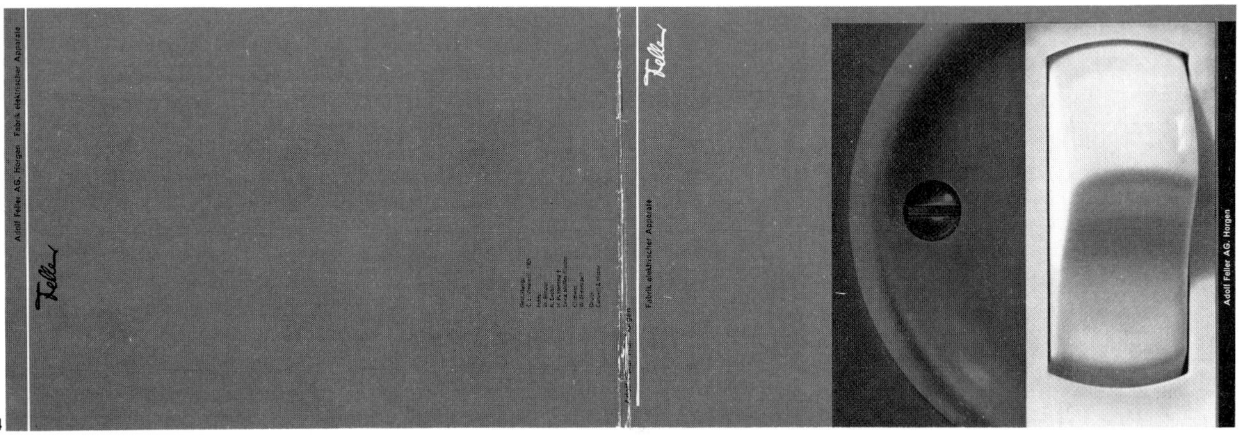
Adolf Feller AG. Horgen Fabrik elektrischer Apparate
Fabrik elektrischer Apparate
Adolf Feller AG. Horgen

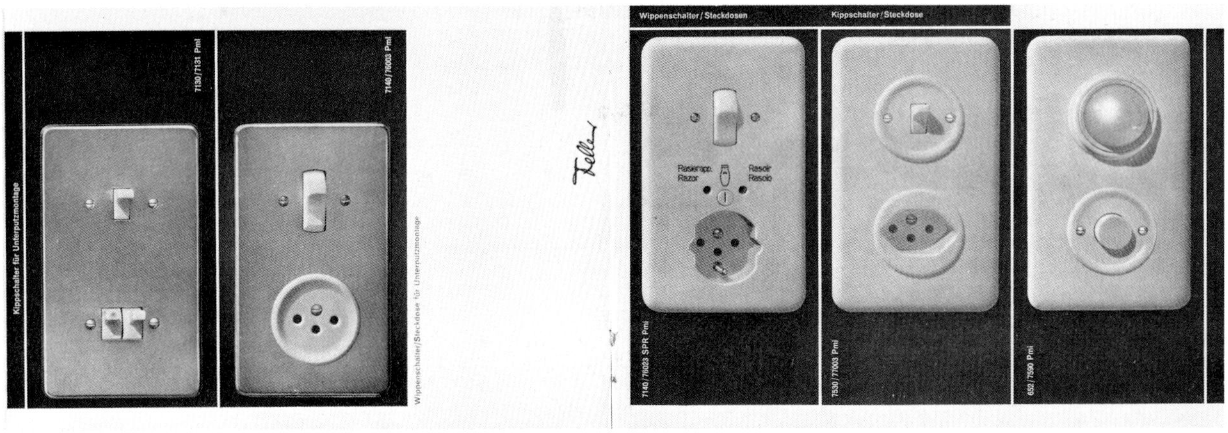
Kippschalter für Unterputzmontage
7130/7131 Pml
7140/76003 Pml
Wippenschalter/Steckdosen
Kippschalter/Steckdose
Rasierapp. Razor
Rasoir Rasoio
7140/76023 SPR Pml
7530/77003 Pml
652/7590 Pml

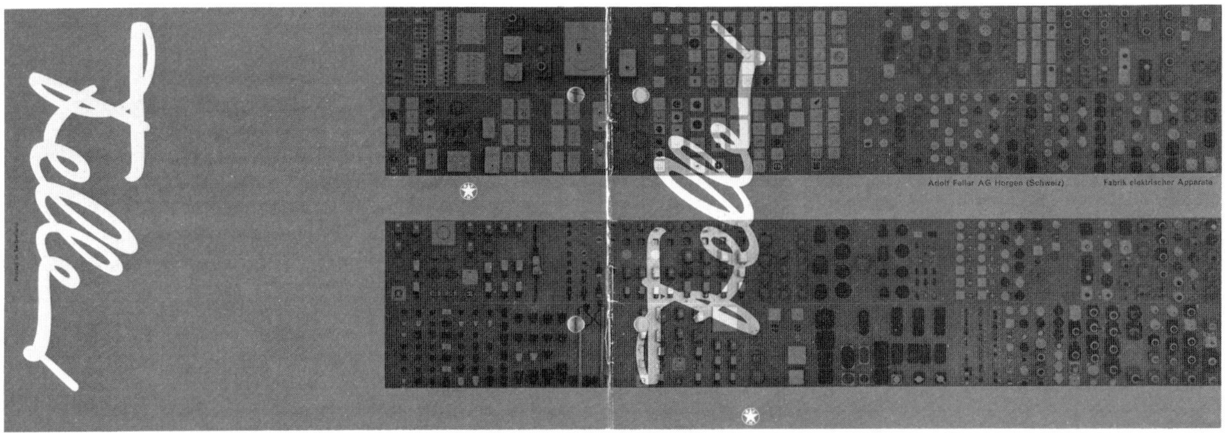
Adolf Feller AG Horgen (Schweiz)
Fabrik elektrischer Apparate

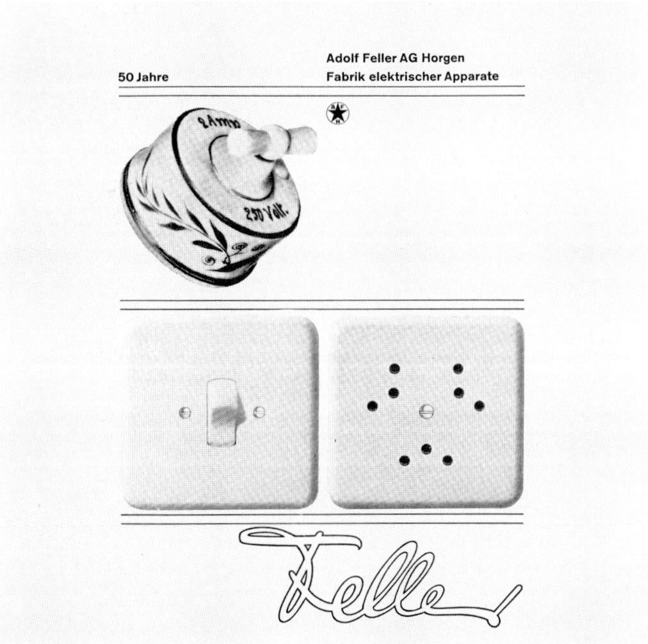
50 Jahre
Adolf Feller AG Horgen
Fabrik elektrischer Apparate
250 Volt.

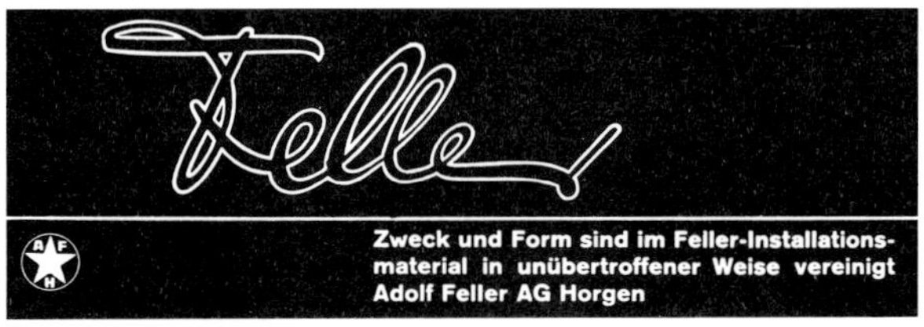
Zweck und Form sind im Feller-Installations-
material in unübertroffener Weise vereinigt
Adolf Feller AG Horgen

6
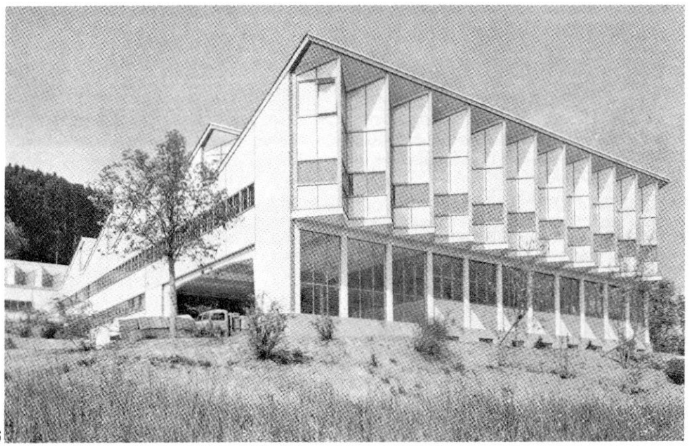

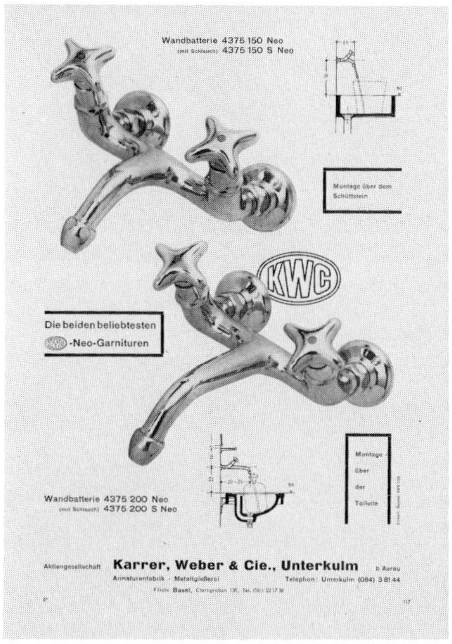
Wandbatterie 4375 150 Neo
(mit Schlauch) 4375 150 S Neo
Montage über dem Schüttstein
Die beiden beliebtesten
-Neo-Garnituren
Wandbatterie 4375 200 Neo
(mit Schlauch) 4375 200 S Neo
Montage über der Toilette
Aktiengesellschaft Karrer, Weber & Cie., Unterkulm b. Aarau
Armaturenfabrik · Metallgießerei
Telephon: Unterkulm (064) 3 81 44

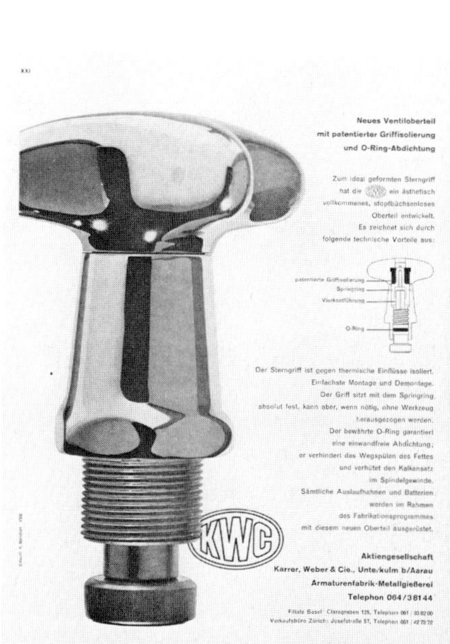
Neues Ventiloberteil
mit patentierter Griffisolierung
und O-Ring-Abdichtung
Zum ideal geformten Sterngriff hat die ein ästhetisch vollkommenes, stopfbüchsenloses Oberteil entwickelt. Es zeichnet sich durch folgende technische Vorteile aus:
O-Ring
Der Sterngriff ist gegen thermische Einflüsse isoliert. Einfachste Montage und Demontage. Der Griff sitzt mit dem Springring absolut fest, kann aber, wenn nötig, ohne Werkzeug herausgezogen werden. Der bewährte O-Ring garantiert eine einwandfreie Abdichtung; er verhindert das Wegspülen des Fettes und verhütet den Kalkansatz im Spindelgewinde. Sämtliche Auslaufhahnen und Batterien werden im Rahmen des Fabrikationsprogrammes mit diesem neuen Oberteil ausgerüstet.
Aktiengesellschaft
Karrer, Weber & Cie., Unterkulm b/Aarau
Armaturenfabrik-Metallgießerei
Telephon 064/38144
Filiale Basel: Claragraben 135, Telephon 061/33 82 00
Verkaufsbüro Zürich: Josefstraße 57, Telephon 051/42 72 72

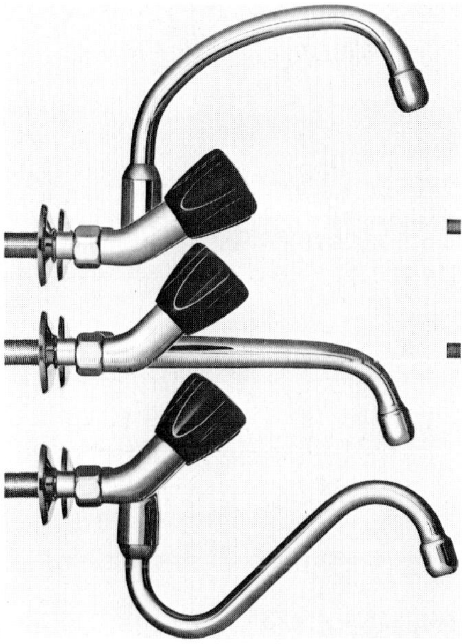

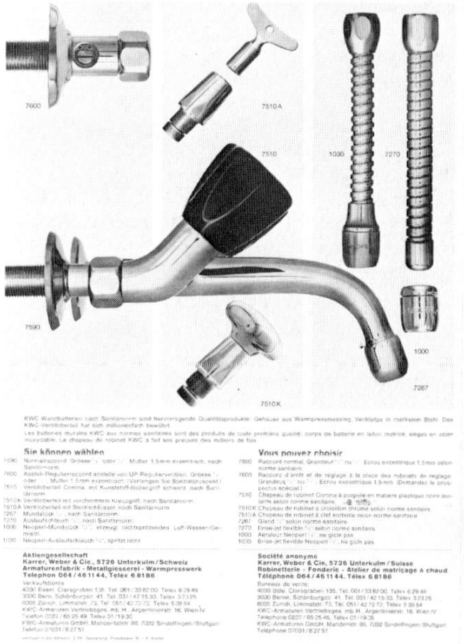
7600
7510A
7510
1030
7270
7590
1000
7267
7510K
Sie können wählen
Vous pouvez choisir
Aktiengesellschaft
Karrer, Weber & Cie., 5726 Unterkulm/Schweiz
Armaturenfabrik - Metallgiesserei - Warmpresswerk
Telephon 064/46 11 44, Telex 6 81 86
Société anonyme
Karrer, Weber & Cie, 5726 Unterkulm/Suisse
Robinetterie - Fonderie - Atelier de matriçage à chaud
Téléphone 064/46 11 44, Télex 6 81 86

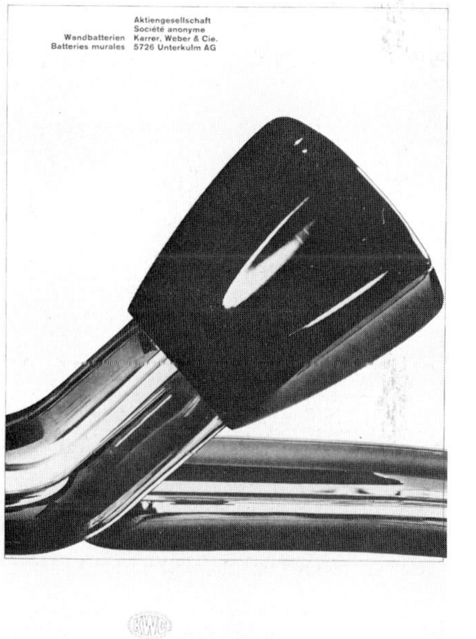
Aktiengesellschaft
Société anonyme
Wandbatterien Karrer, Weber & Cie.
Batteries murales 5726 Unterkulm AG

7

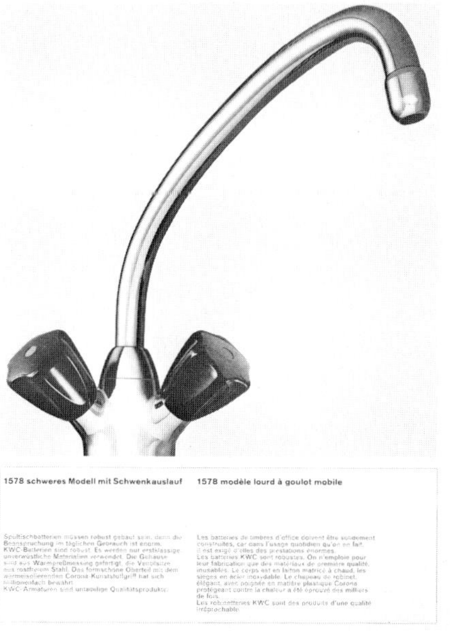
1578 schweres Modell mit Schwenkauslauf
1578 modèle lourd à goulot mobile

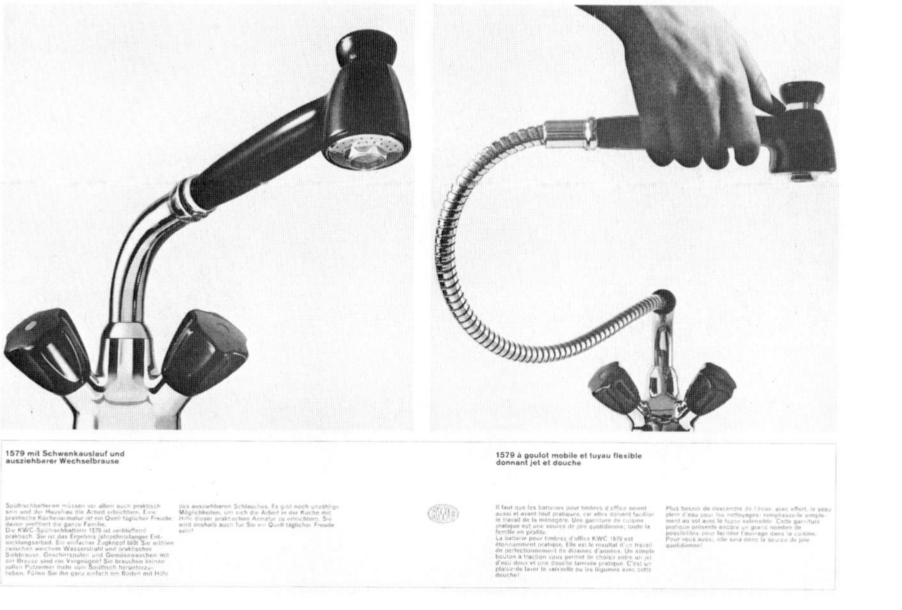
1579 mit Schwenkauslauf und ausziehbarer Wechselbrause
1579 à goulot mobile et tuyau flexible donnant jet et douche

8

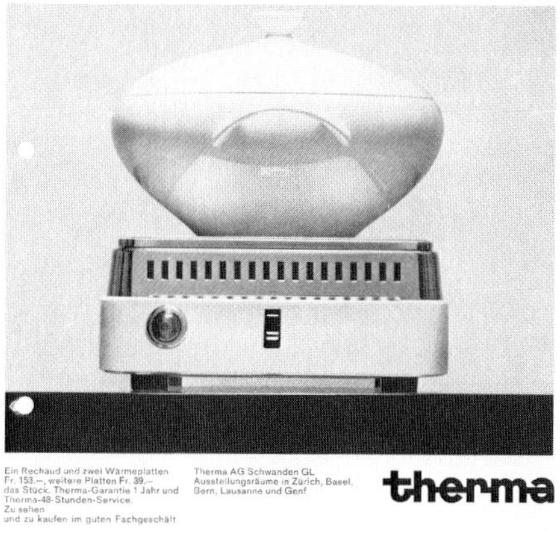

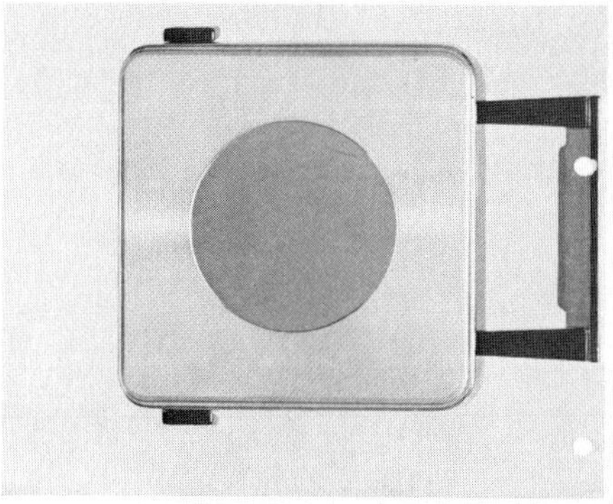

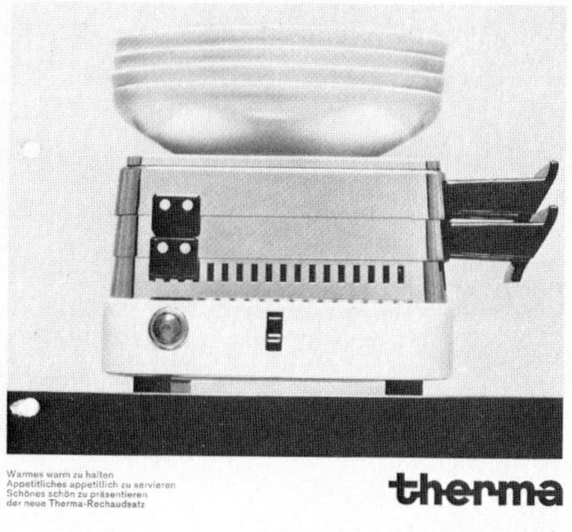

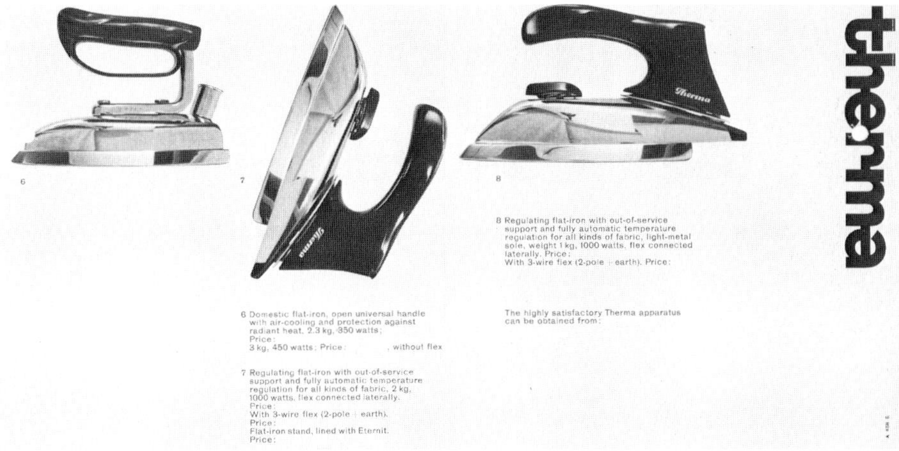

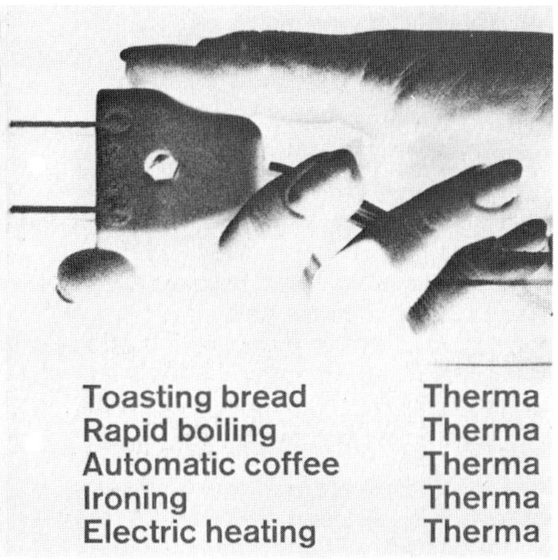

rma Herd Ein neuer therma Herd Ein neuer ther
rma une nouvelle cuisinière therma une nouvelle cuisinière ther
rma una nuova cucina therma una nuova cucina ther
Ein neuer therma Herd Ein neuer therma Herd
nouvelle cuisinière therma une nouvelle cuisinière therma une no
una nuova cucina therma una nuova cucina therma u
rma Herd Ein neuer therma Herd Ein neuer ther
rma une nouvelle cuisinière therma une nouvelle cuisinière ther
rma una nuova cucina therma una nuova cucina ther
Ein neuer therma Herd Ein neuer therma Herd
nouvelle cuisinière therma une rouvelle cuisinière therma une no

Dürfen wir fragen	was Sie von neuen Herdtypen erwarten, wenn Sie als Fachmann vom Bau disponieren, wenn Sie sich mit dem Benützer identifizieren?	Dass anstelle von Beschränkung und Uniformierung sich eine Reihe vom Einfachsten bis zum Luxuriösesten anbiete
der neue Therma-Herd	bietet zahlreiche Ausstattungsstufen, denn sein Hauptmerkmal ist Vielseitigkeit	Vielseitigkeit, erreicht mit einem durchkonstruierten System im Rahmen der Rationalisierung
gibt Antwort	auf Wünsche jeglicher Art, die in einer weiten Spanne von Komfortansprüchen liegen	denn aus den Ansprüchen heraus, die beim Benützer liegen, wurde das neue Programm entwickelt
		Therma AG Schwanden GL

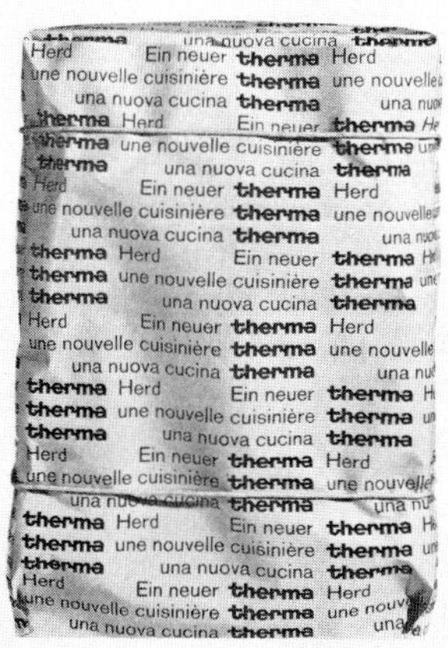

therma

Dürfen wir fragen	ob Sie 80 oder 85 oder 90 cm als Herdhöhe richtig finden?	der neue Therma-Herd stellt sich Ihnen in diesen 3 Höhen vor
Dürfen wir fragen	was Ihnen ein Gewinn von 13,5 cm Breite in einer Kleinküche bedeutet?	3 Herdbreiten: 415, 550, 965 mm, die eine davon mit nur 415 mm – ein Novum für einen Vollherd
Dürfen wir fragen	wie Sie die Leistung des Herdes auf die Erfordernisse abzustimmen wünschen?	zur Wahl: 2 bis 5 Kochplatten, 4 Grössen, Normal- und Schnell-Kochplatten
Dürfen wir fragen	wie Sie die Gewohnheitsansprüche und Komfortmöglichkeiten vom Minimum bis zum Maximum berücksichtigen möchten?	zur Wahl: 2 Backofengrössen, dreierlei Backofensteuerungen, Infrarotgrill, Schwergrillrost, automatischer Drehspiess, dreierlei Timer, Signallampen, Leuchtschalter
Exakte Antworten	finden Sie in der kompletten Dokumentation	Dürfen wir Sie Ihnen zusenden? Therma AG Schwanden GL Tel. 058/71441

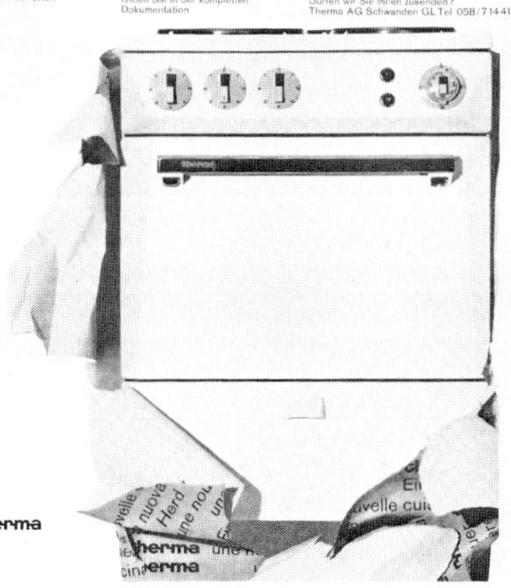

therma

therma

Gute Formen um 1935

Land- und Ferienhaus-Ausstellung, Basel 1935

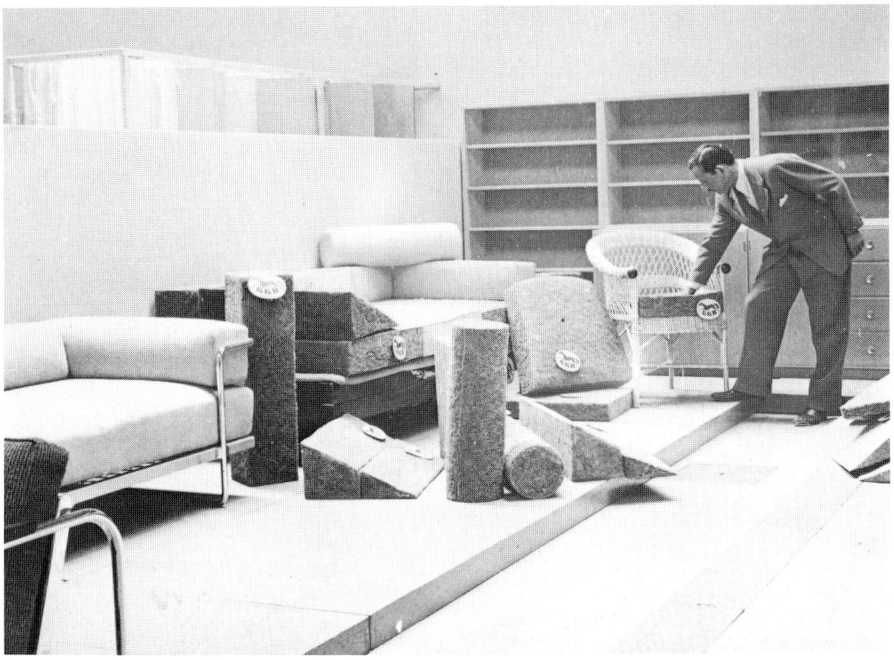

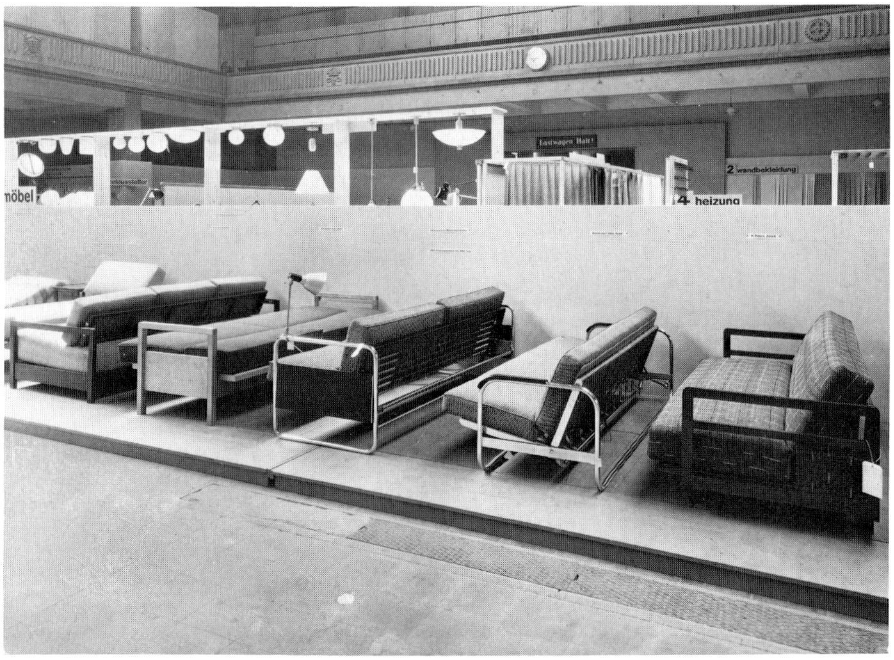

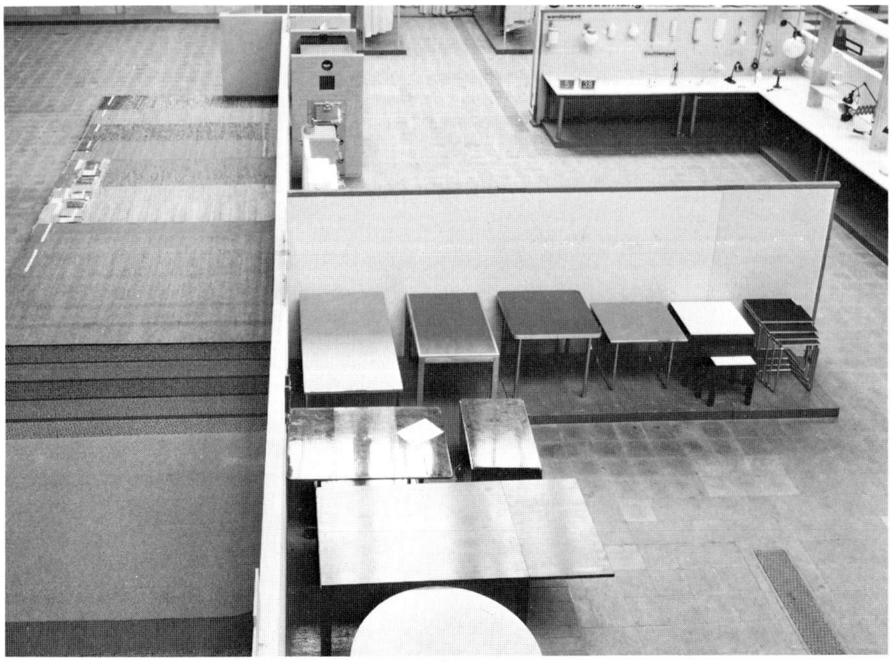

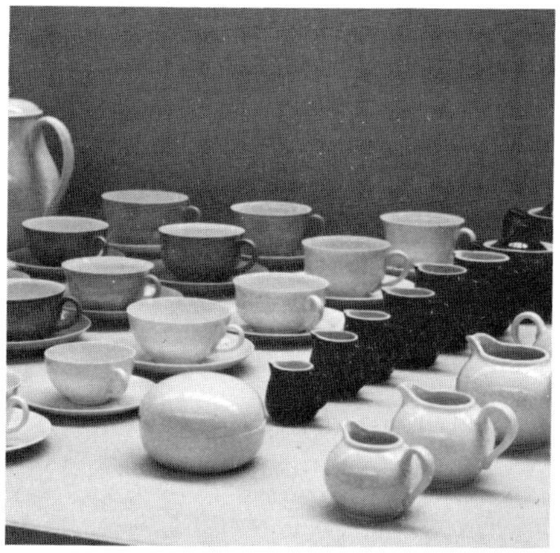
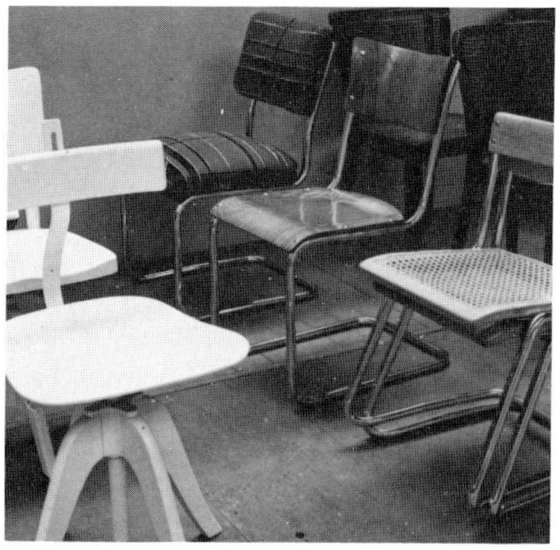
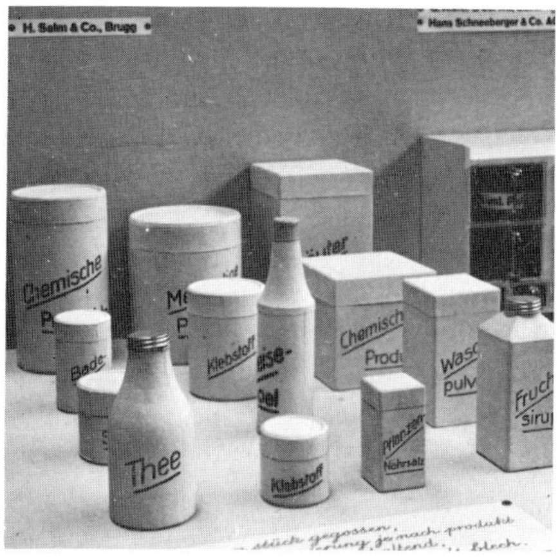
H. Salm & Co., Brugg
Chemische
Klebstoff
Thee
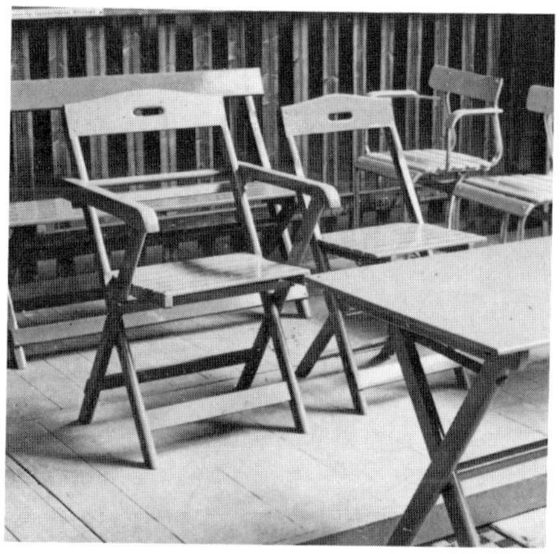
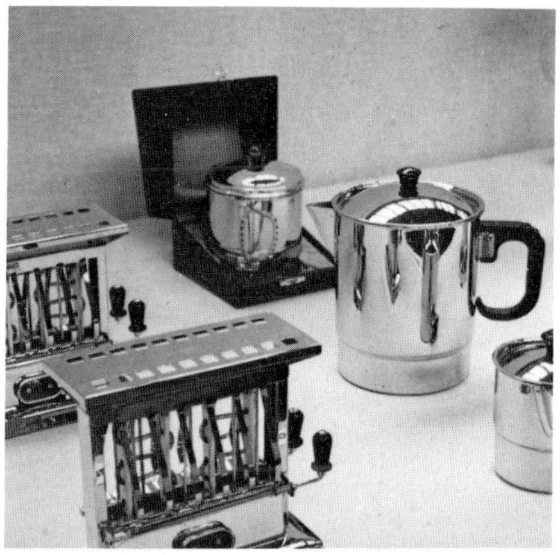
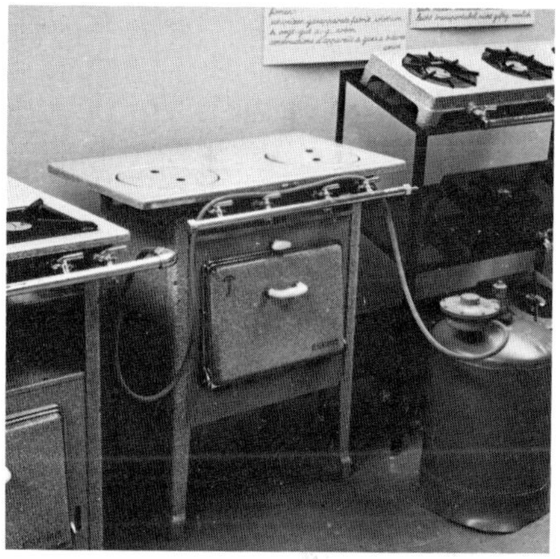
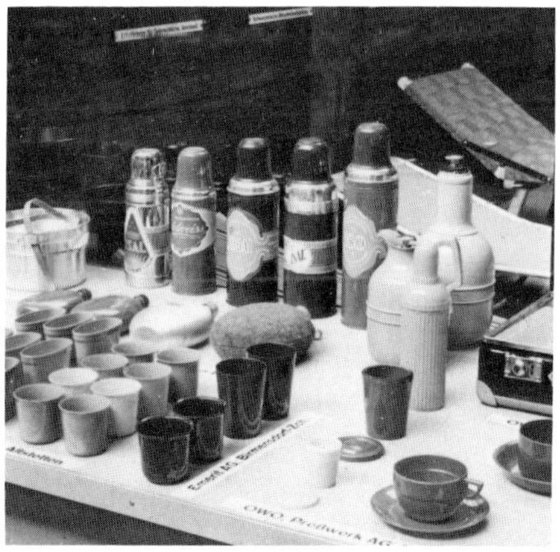
OWO Presswerk AG
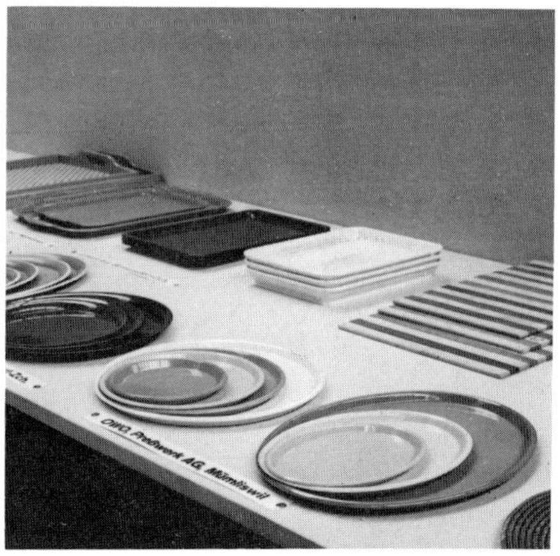
OWO Presswerk AG. Mümliswil
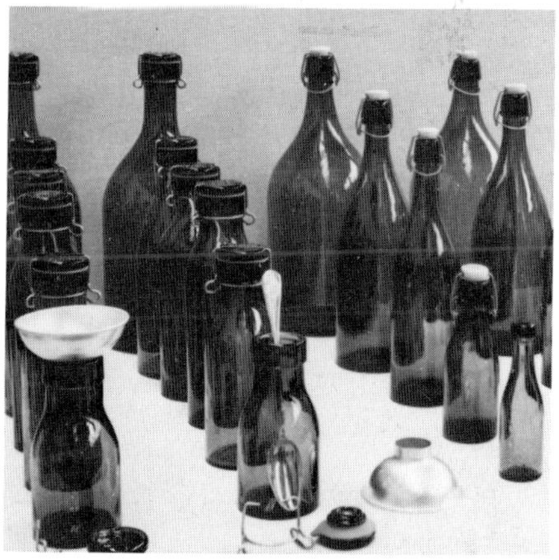
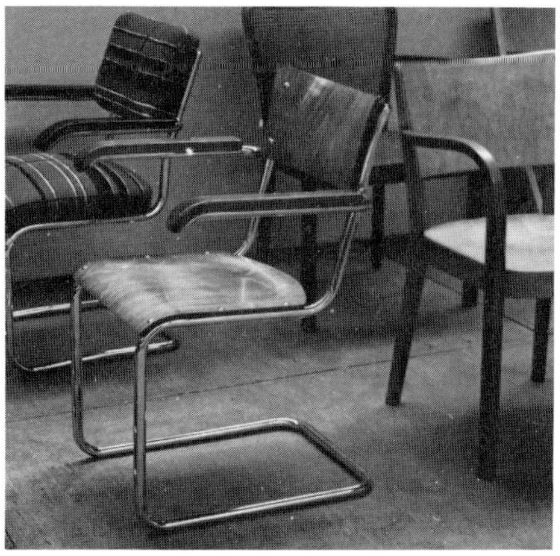
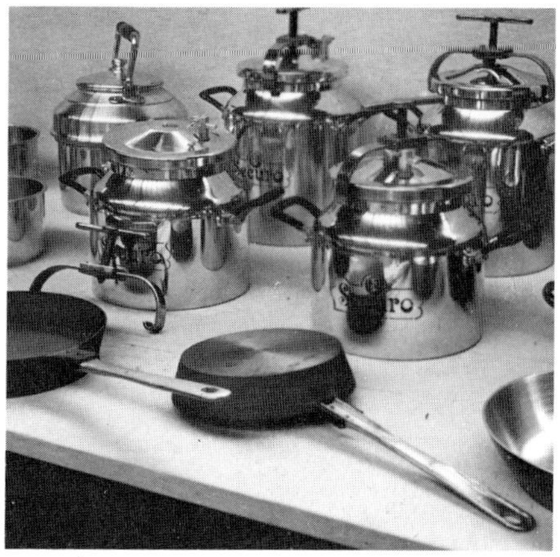
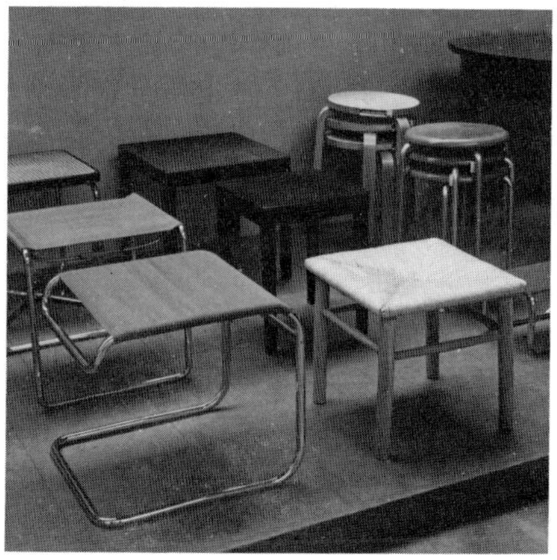

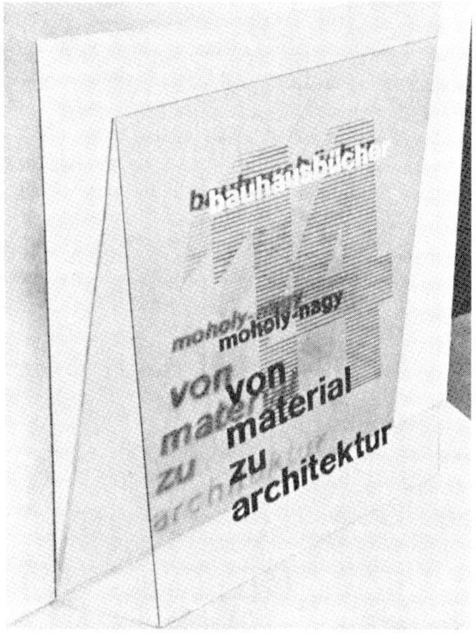
bauhausbücher
14
moholy-nagy
von
material
zu
architektur

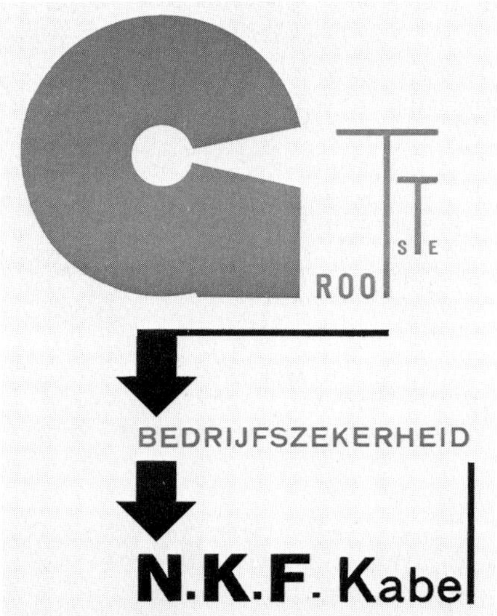
BEDRIJFSZEKERHEID
N.K.F. Kabe

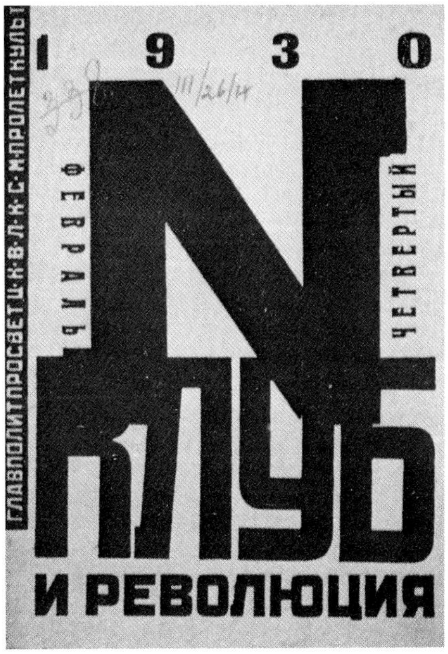
ГЛАВПОЛИТПРОСВЕТ Ц·К·В·Л·К·С·М·ПРОЛЕТКУЛЬТ
1930
ФЕВРАЛЬ
ЧЕТВЕРТЫЙ
N
КЛУБ
И РЕВОЛЮЦИЯ

Utopisches Potential: Rationalisierung und Wunschproduktion

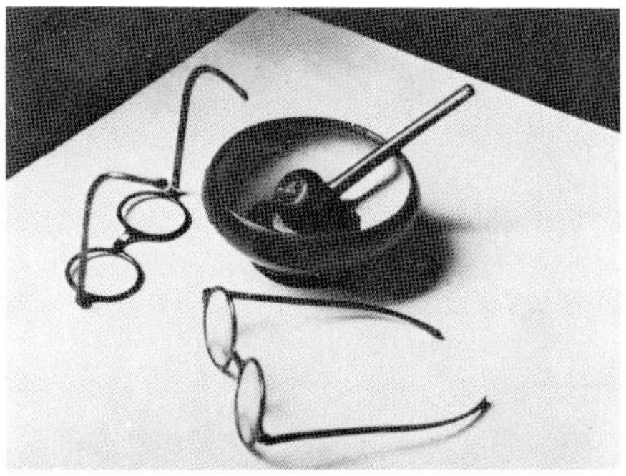

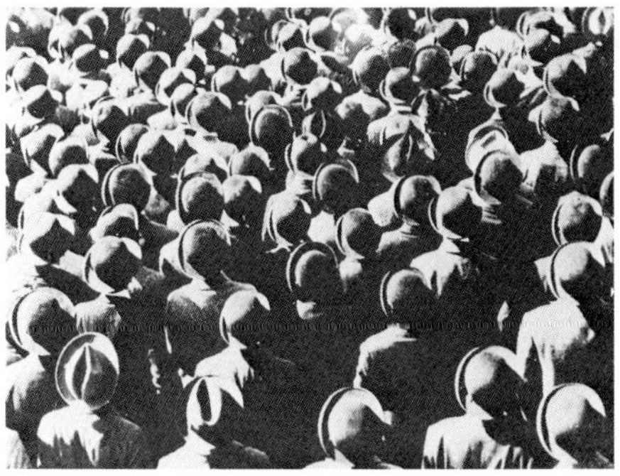

Kertész, Mondrians Brillen und Pfeife, 1926 (DS)

(AIR)

Die ‹gute Form› blickt zurück auf eine Vorgeschichte, die kurz nach der Jahrhundertwende ihren Anfang genommen hat; die ‹gute Form› war prolongierte Ideologie der «klassischen Moderne», deren Protagonisten und Nachfahren von neuem versuchten, den Schlüssel zu einem profanen Paradies bereitzulegen. Die zeitgenössischen Produktivkräfte bejahend, schickten sie sich an, einen Weg zum profanen Heil zu weisen in einer hochindustrialisierten Welt. In der Rekonstruktionsperiode nach 1945 ist kein tiefgreifender Neustrukturierungsversuch der Alltagskultur festzumachen. Insofern steht sie in einem Gegensatz zur Zeit nach 1918, die den Neubeginn radikal suchte und ihre revolutionäre Dingsprache in den Dienst einer sozialen Reformbewegung stellte (→). Kulturrevolutionäre Tendenzen sind eher selten in den Jahren nach dem zweiten imperialistischen Krieg: reale Design-Utopien blieben aus (→). Gert Selle meint, das Design der 50er Jahre habe die Funktion einer Klammer zwischen den Codes der Vor- und Nachkriegszeit übernommen: nebst der Rezeption «funktionaler Gestaltung» sind es etwa die Amerikanismen der späten 30er Jahre, die das Design der 50er Jahre prägten.

Für die Zeit nach 1905 sind eine Reihe (meist rückwärtsgewandter) Reformbewegungen zu erwähnen, die im Vergleich zu jenen der ‹klassischen Moderne› nahezu erfolglos geblieben sind. Ich denke etwa an ‹Fidus› und andere Formen nordischer Weihekunst, an östliche Heilslehren, an die Anthroposophen und die anarchistischen Programme. Siehe dazu etwa: Szeemann, H., Ausstellungskatalog Monte Verità, Zürich 1978.

Selle, G., Die Geschichte des Design in Deutschland von 1870 bis heute – Entwicklung der industriellen Produktkultur, Köln 1978, S. 162 f.

Die Protagonisten der ‹guten Form› pochen auf ihre Tradition. Gregor Paullson greift (1948) zurück ins 19. Jahrhundert, erwähnt die «South-Kensington-Bewegung», Muttergründung der Kunstindustrieschulen, die «Arts and Crafts»-Bewegung der Morris & Ruskin und endlich, als dritte Reformbewegung, Henry van de Velde, dessen Schrift «Die drei Sünden wider die Schönheit» 1918 erschienen ist.

Paullson, 1948 (→):
«Ruskin wurde aufgeschreckt durch die Hässlichkeit des neuen Industriemilieus. Er bäumte sich auf gegen diese **Sünde** wider die Natur. Morris bekämpfte den Verfall des Handwerks, in dem er eine Sünde wider die **Würde** des Menschen sah. Henry van de Velde protestierte gegen die Erzeugung von Dingen, die die menschliche **Vernunft** kränken und keinerlei Daseinsrecht, weder logisch noch zweckhaft, haben; er griff die Sünde wider die Vernunft an.
Auf dem Weg Van de Veldes, dem Wege der Vernunft, der Ratio, als der Schöpferin, hatten die modernsten Strömungen weitergearbeitet – ich nenne Le Corbusier, Marcel Breuer oder Alvar Aalto.»

Paullson, G., die soziale Aufgabe im kunstindustriellen Unterricht, in: Die gute Form, Vorträge an der SWB-Tagung 1948, op. cit. 1949.

Kramer, Kaffeekanne (DZJ)

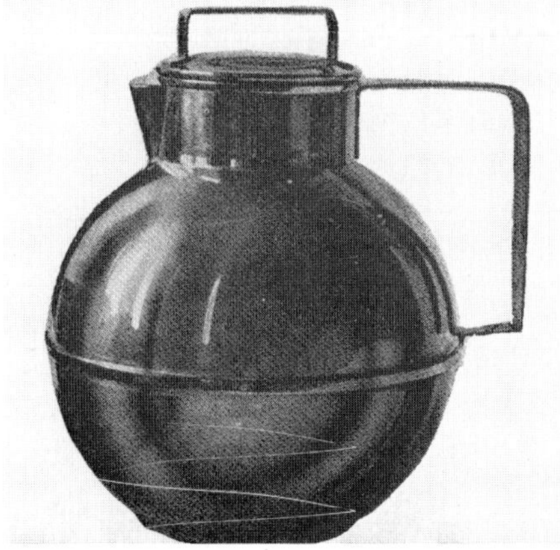

Max Bill, 1948 (→):
«Die Verbindung von ingenieurmässigem Rationalismus und konstruktiver Schönheit, die Henry van de Velde seinerzeit im Begriff **vernunftgemässe Schönheit** zusammengefasst hat, das ist das Signum, unter dem wir die Produktion von heute und morgen betrachten müssen.»

Bill, M., Schönheit aus Funktion und als Funktion, op. cit. 1949.

Max Bill erwähnt (→) das Bauhaus; die Bestrebungen zur seriösen Ausbildung von Gestaltern würden, sofern sie nicht rein modische Erscheinungen seien, auf den Einfluss des Bauhauses (1919 bis 1933) zurückgehen. Dies «Anknüpfen an die **heroische** Zeit» und was ihr richtungsweisend vorausgegangen ist,

Bill, M., op. cit. 1957.

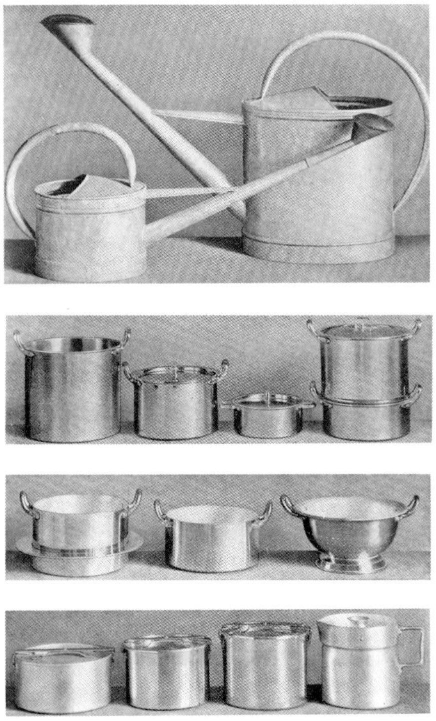

Deutsches Warenbuch 1915: gute Formen (DEWA)

ist kein Geheimnis: Hinweise auf mittel- oder unmittelbare Vorfahren, Ideologien, Entwerfer und Ideologen, liessen sich beinahe beliebig häufen (→).

Siehe: die diversen Jubiläumsschriften des SWB.

Eine wichtige Grösse im Feld der ‹klassischen Moderne› ist zweifellos die **Werkbundidee,** die es – aus verständlichen Gründen – im Hinblick auf die ‹gute Form› näher zu betrachten gilt. Ein zentrales Anliegen des Werkbundes, nämlich die Hebung der Qualität sämtlicher Gebrauchsgüter, ist in den 90er Jahren aus dem kritischen Rückblick auf das 19. Jahrhundert entstanden. Ausgehend von einer Kritik der negativen Folgen der industriellen Massenproduktion (→) verurteilte die Gründergeneration des Werkbundes in einer Phase **ästhetisch-handwerklicher Reaktionen** die sinnfälligste Grösse des industriellen Verbundes, nämlich die Maschine. Georg Schmidt apostrophiert die erste Periode der Werkbundidee (sie fällt ins Jahrzehnt zwischen 1895 und 1905) als **ästhetisch-aristokratische,** er nennt sie antidemokratisch und elitär. Die maschinelle Massenproduktion steigerte, bei gleichzeitiger qualitativer Verschlechterung der Erzeugnisse, die Produktion der Gebrauchsgüter quantitativ (→). Rückschliessend auf die Ursachen des Phänomens, waren es die neuen Produktionsmittel, allen voran die Produktionsinstrumente, die – aus naiver Optik – verantwortlich waren für den Missstand (→). Die Antwort auf den Zerfall der Qualität industriell gefertigter Güter um die Jahrhundertwende waren kunsthandwerkliche Produkte, war exemplarische Qualität, durchdacht, aus beständigen und wertvollen Materialien ausgeschnitten, gegossen und montiert, abgestimmt auf die exquisiten Bedürfnisse eines Grossbürgertums, das seine Lebenssphäre massenfeindlich ins Delikate stilisierte und sich abzugrenzen trachtete vom Gewöhnlichen und Banalen. Man tendierte auf eine Verfeinerung seiner ‹Ding-Kultur›, die neuromantische Naturmystik ebenso einzuschliessen wusste wie den modernistischen Eklat (→). Diese Antwort war wenig geeignet, die Wünsche und Bedürfnisse der untern bürgerlichen Schichten, des Proletariats und der bäuerlichen Bevölkerung zu befriedigen. – Eine **ästhetisch-demokratische** Periode der Werkbundidee situiert Georg Schmidt zwischen 1905 und dem ersten Weltkrieg. Ihr Kennzeichen ist die «formale» Verbesserung der Serienartikel. Von den kunstgewerblichen und kunsthandwerklichen Tendenzen werden, wenn nicht neue Leitbilder, so doch Anstoss und anregender Prototyp erwartet. Neu ist die intensive Zusammenarbeit zwischen der Industrie und dem selbständigen Entwerfer (Behrens); in diese zweite Phase fällt die Gründung der Werkbünde, die nun – freilich nicht nur ihrem ethischen Impetus folgend – zur Reform der Warenwirtschaft beigetragen und den misslichen Tendenzen, Surrogat und Schund ein Gegenbild entworfen haben, sondern ihre Funktion im zunehmend frostiger werdenden Kräftefeld wirtschaftlich konkurrierender Nationalstaaten beweisen. Das Erscheinungsbild der Waren hatte zu werben; visuelle Kommunikation: eine expressive Funktion des Gerätes (Mitteilungswert) ist es, auf dessen instrumentale Qualität (Gebrauchswert) hinzuweisen. Die Ethik des

Euphemismus für kapitalistisches Wirtschaften.

Angesprochen sind die Verwertungsinteressen der Industrie, forcierte Warenästhetik bei gleichzeitiger Reduktion des Gebrauchswerts, deren Folgen wesentlich waren für den Reform-Gedanken der Werkbünde.

Muthesius zur 2. Hälfte des 19. Jahrhunderts: «Surrogate und Imitationen feiern ihre Triumphe, Holz wurde in gepresster Steinpappe imitiert, Stein in Stuck, wenn nicht in Zinnblech, Bronze in Zinnguss. Man hatte alle Regeln des Anstandes in dieser Beziehung verloren.» (Muthesius, H., Die Bedeutung des Kunstgewerbes, in: Fischer, W. [Hrsg.], Zwischen Kunst und Industrie – der Deutsche Werkbund, München 1975, S. 43.)

van de Velde, Gallé, Gaudi, Hoffmann – der Jugendstil: ein «Wechselbalg der modischen Kunst» (Muthesius).

Wagenfeld: gute Form (IWW)

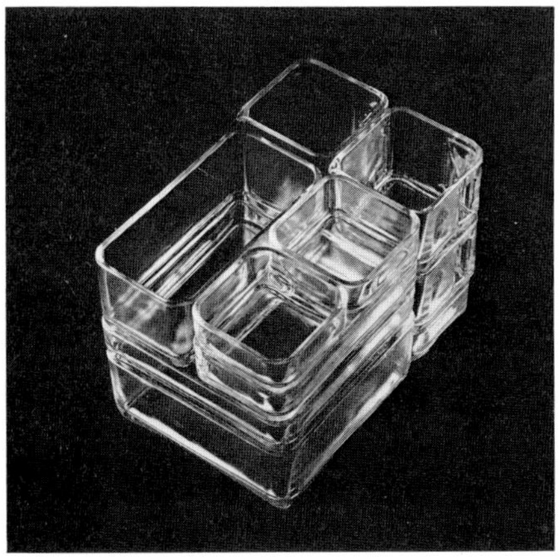

Werkbundes: Dem Gebrauchswertversprechen der Waren darf keine Enttäuschung folgen. Die Güter sollen nicht mehr versprechen, als sie zu halten vermögen – und alles ist daran zu setzen, Gebrauchswert und Gebrauchswertversprechen gleichermassen zu steigern und dergestalt den deutschen, den schweizerischen, den österreichischen, den schwedischen Waren eine erfolgsträchtige Ausgangsposition im Kampf um den Weltmarkt zu sichern. In erster Linie kümmerte sich der Werkbund um eine «**Reform** der **Ausdruckskultur**» (→), in deren Rahmen die Streitigkeiten um Typisierung und Kanon (Kontroverse Muthesius – van de Velde) zu stellen sind.

Muthesius 1911.

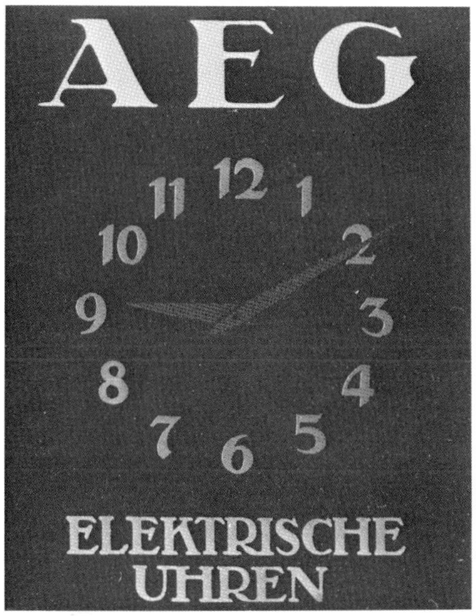

Behrens (IKB)

Hülle (→): Die ‹Produkte-Gestalter› der ästhetisch-demokratischen Phase der Werkbundidee sind in der Folge der zweiten industriellen Revolution mit einer gänzlich neuen Problemstellung konfrontiert worden. Mehr noch als der Verbrennungsmotor bedürfen elektrische Geräte einer Hülle, die zweifache instrumentale Funktion übernimmt. Zum einen hat sie den Benützer vor den unsichtbaren, geheimnisvollen und gefährlichen Kräften zu schützen, die nutzbringend in Anspruch genommen werden; zum andern aber hat sie den unsorgfältigen Eingriff ins heikle Innere der Apparate zu verhindern, das heisst, zu schützen vor unsorgfältigem Gebrauch. – Die Hülle ist ein notwendiger Bestandteil des Geräts. Bei aller funktional-funktionalistischen Abstimmung auf die Abmessungen der operativen Teile des Geräts bleibt die Form (und damit das Erscheinungsbild) der Hülle unter-determiniert. Anders: Der Freiheitsgrad des Entwerfers ist hier grösser als bei Artefakten, die keine tabuierte Zone aufweisen, kein Inneres, das dem Benützer verboten ist. – Peter Behrens war einer der ersten, die richtungsweisende Codes für die Bewältigung des Problems vorgeschlagen haben. Seine Entwürfe dienten sowohl der AEG zur Profilierung ihres Firmen-Images: die aufstrebenden und fortschrittlichen Einzelunternehmen der Industrienation Deutschland – sie überrundete England um 1870 – sahen im Konzept der AEG einen exemplarischen Fall, dem es nachzueifern galt. – Der hohe Freiheitsgrad bei der Konstitution der Hülle fördert Warenästhetik, das heisst Modellierung des Warenkörpers. Und dies direkt, aus den materiellen Bedingungen für den Entwurf. In der Tendenz ist der Produkte-Designer dazu veranlasst, einen sachfremden Code für sein Erzeugnis zu suchen. Der Mantel, die Hülle des Objekts, ist eine variable Grösse, die auf die vermuteten Wünsche des Käufers abgestimmt werden kann. Weit mehr als jene Artefakte, die über kein abzuschirmendes «Innenleben» verfügen, legt die Hülle (des Umhüllten) «Styling» nahe.

Und zur Zeit der ‹guten Form›: «Zahlreiche Gegenstände präsentieren sich heute (. . .) als Karosserien, das heisst als Schauformen, und es wäre in vielen Fällen sicher unmöglich, den Gegenstand anders zu behandeln: Wohin würde das bei einem Computer führen.» Gomringer, E., Ein kritischer Punkt bei der Bewertung «Die gute Form» in: interieur 1967, Nr. 3.

Bestimmend für die erfolgreiche Symbiose AEG/Behrens ist die wirtschaftliche Konjunktur zwischen 1895 und 1913 (→). Unterbrochen durch zwei Rezessionen (1903/1908) steigerte sie nicht nur die Industrieproduktion Deutschlands. Anders als in Frankreich und England beginnt Deutschland aber erst gegen Ende des 19. Jahrhunderts mit seiner kolonialistischen Expansion. Zu kurz gekommen bei der territorialen Aufteilung überseeischer Gebiete, ist es vermehrt dem Konkurrenzdruck auf dem Weltmarkt ausgesetzt. Zur Exportoffensive gezwungen, hatte Deutschland – und Ähnliches gilt für die Schweiz – dieses Manko (u. a.) mit dem Gebrauchswertversprechen der Ware wettzumachen. Die Anhänger der Typisierung (Muthesius) steuerten damals einen vaterländisch-nationalistischen Kurs. Dies mag dazu beigetragen haben, dass die Position van de Veldes – «emphatische» Ethik, Internationalität – in einem ideologischen Staatsapparat obsiegte, der sich in erster Linie als moralische Instanz verstanden hat. Muthesius ist 1914 von der Überzeugung ausgegangen, dass es für Deutschland «eine Lebensfrage ist, seine Produkte mehr und mehr zu veredeln», um «die Vorbedingungen für einen kunstindustriellen Export zu schaffen». – Behrens, der Praktiker, hat diese Aufforderung in seiner Tätigkeit für die AEG vorweggenommen.

Siehe: Jöhr, W.A., Die Konjunkturschwankungen, Tübingen und Zürich 1952.

Das volkswirtschaftliche Argument in einer Phase forcierter Konkurrenz – die nationalen Werkbünde argumentierten, wie zur Zeit der ‹guten Form›, mit

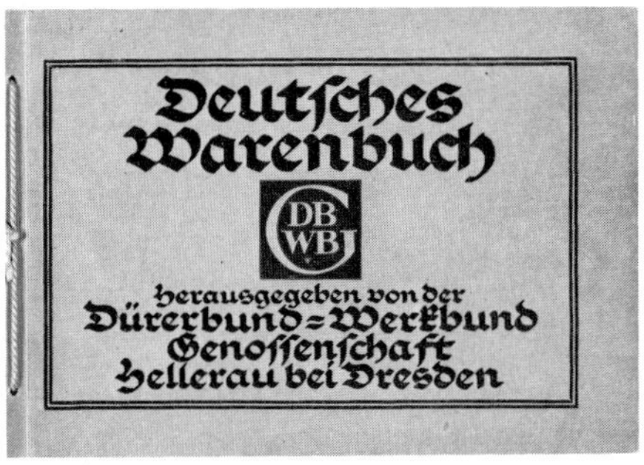

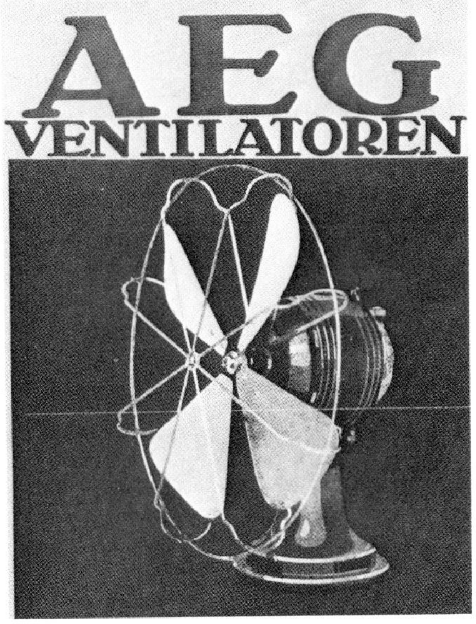

(DEWA)

Behrens (IKB)

dingsprachlichen Argumenten für ihre nationalen Ökonomien.

Muthesius, 1907 (→):
«Gerade der Kaufmann weiss, wie sehr das Renommee im Absatz von Waren mitspricht. Das erste, was zu tun ist, ist, das allgemeine deutsche künstlerische Renommee zu heben. Und das wird keine leichte Aufgabe sein. Denn in künstlerischen Dingen traut uns das Ausland bis heute noch fast nichts zu. So schrecklich und unnational es für den Deutschen klingen mag, jeder Mensch, der eine ausreichende Kenntnis des Auslandes hat, weiss, dass wir heute weder in der Malerei noch in der Bildhauerei mitzählen.»

Fischer, W., op. cit. 1975, S. 48.

Muthesius, 1914 (→):
«Vorläufig sind wir in Deutschland durchaus noch im Stadium der Etablierung unseres Rufes. Es ist aber des Schweisses der Edlen wert, dieses Geschäft mit Eifer und Hingabe zu betreiben. Wie leider von uns Deutschen die Notwendigkeit weltwirtschaftlicher Politik noch nicht immer erkannt wird, wie wir die zukünftigen Märkte in China oder wo es sei, allzuwenig pflegen, so wird es auch schwer halten, die kunstgewerbliche Weltpropaganda durchzusetzen. Der Deutsche Werkbund ist hierfür das Organ und musste hierin eine seiner hauptsächlichsten Aufgaben erblicken.»

Muthesius, H., Die Werkbundarbeit der Zukunft, in: Fischer, W. (Hrsg.), Zwischen Kunst und Industrie – Der Deutsche Werkbund, München 1975, S. 90.

«Von der Überzeugung ausgehend, dass es für Deutschland eine Lebensfrage ist, seine Produktion mehr und mehr zu veredeln, hat der deutsche Werkbund als eine Vereinigung von Künstlern, Industriellen und Kaufleuten sein Augenmerk darauf zu richten, die Vorbedingungen für einen kunstindustriellen Export zu schaffen.» (→)

Fischer, W., ebenda S. 96.

Als ideologischer Apparat hält der Werkbund in der Folge die Position eines Korrektivs inne, das danach trachtet, der **selbstzerstörerischen** Natur der Warenwirtschaft eine Grenze zu setzen (→).

Die Grenzen der Selbstregulierung des Systems? – Benötigt die freie Marktwirtschaft dieses Korrektiv?

Die **dritte** Periode der Werkbund-Idee heisst Georg Schmidt die «**technisch-soziale**». Die Produktionsverhältnisse der 20er Jahre forderten eine stärkere Konzentration auf den billigen, den erschwinglichen (Serien-)Artikel in zweifacher Weise. Die güterproduzierende Industrie der Nachkriegszeit hatte der Nachfrage einer weithin verarmten Bevölkerung zu genügen, die bei hohen Preisen für arbeitsintensive, gar für handwerklich oder manufakturmässig produzierte Konsumgüter (→) nicht in der Lage gewesen wäre, diese zu konsumieren. – Zum anderen übte die «berühmte Rationalisierung der 20er Jahre» (Landes) einen Einfluss auf die Produkte-Kultur; die Typisierung der Geräte gehört, nebst dem linearen Arbeitsfluss, der Arbeitsplatz-Organisation und Standardisierung der Produkte-Kontrolle, die alle im Kapitel der «wirtschaftlichen Betriebsführung» verzeichnet sind, in die Phase einer veränderten Massenproduktion. Proletarisierung bis hinein in die mittleren Schichten des Bürgertums: die Kaufkraft der Massen entspricht in keiner Weise der erhöhten Produktivität der Wirtschaft (→). Zwischen 1923 und 1929, in der Phase der relativen Stabilisierung des Kapitalismus, hat die Rationalisierung der Produktionsmittel einen ungeheuren Aufschwung genommen. Die Einzelunternehmen hatten zwangsläufig die Neuerungen zu akzeptieren; rationelle Ausnutzung der Arbeitskraft, rationelle Organisation des Produktionsprozesses hiessen die Gebote, um konkurrenzfähig zu bleiben im internationalen Konkurrenzgefüge. Über Normierung und Standarisierung zu wettern, interessante Streitgespräche zu führen, wie das auf den werkbündlerischen Veranstaltungen

Landes erwähnt als eine Ursache (unter andern) den rapiden Zuwachs der Heiratsziffer (und der Geburtenziffer) nach 1918 (Kriegsrückkehrer). Landes, D.S., op. cit. 1973, S. 335. In diesem Zusammenhang: die Wohnung fürs Existenzminimum.

Nebst einer Verarmung der Bevölkerung hatten die Inflationsjahre (1923) eine höhere Konzentration der Industrie und einen Machtzuwachs der Monopole zur Folge.

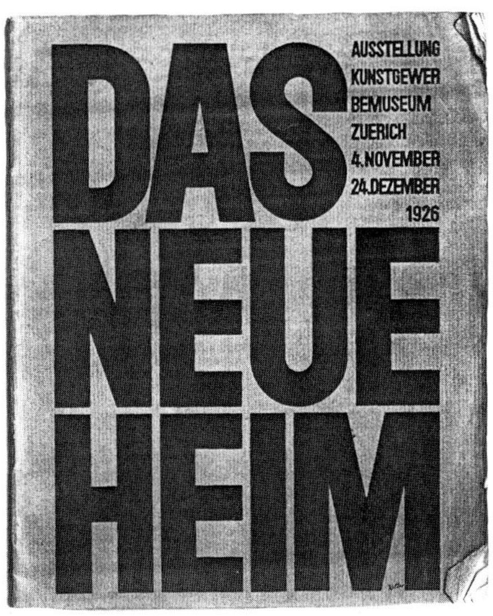

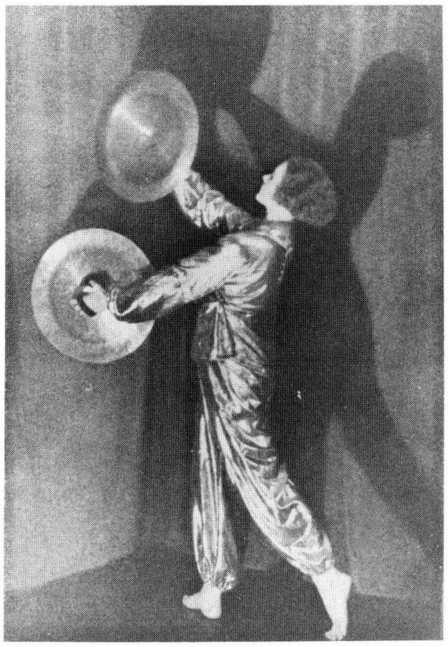

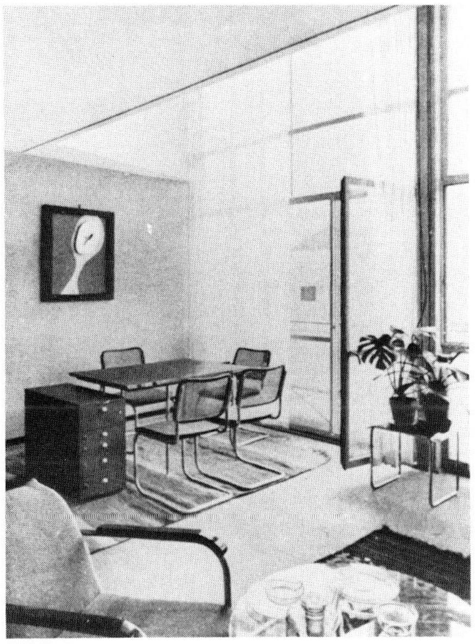

Emy Sauerbeck (TDG)

Jeanneret

Schweizer Pavillon an der Weltausstellung Paris 1937

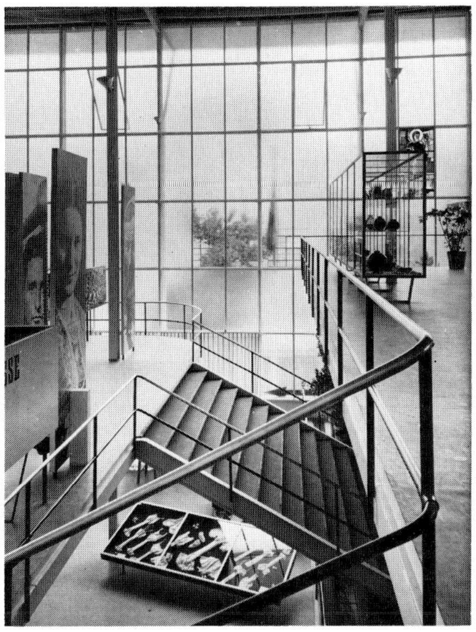

von 1914 noch der Fall war, wäre jetzt zeitferne Schöngeisterei. Die Widersprüche zwischen geringer Kaufkraft der Massen und einer **erhöhten Produktiviät**, die die Technikgläubigkeit und den Fortschrittsoptimismus jener Zeit motivierten, sind eine der Ursachen für die Weltwirtschaftskrise (1929) (→). Zwischen 1923 und 1929 haben die zaghaften Formulierungen der bildnerischen Avantgarde der Vorkriegszeit zu einem gültigen Konzept gefunden. Überwindung der Klassenstruktur und Umbau der Konkurrenzwirtschaft zur Bedarfswirtschaft sind Zielsetzungen, die das bildnerische Schaffen (Architektur, Geräte usw.) konnotiert. Der Entwurf des utopischen Potentials – es baut auf Technik und stellt dem Rationalen zuallererst in den bildnerischen Erzeugnissen einen exemplarischen Raum zur Verfügung – sucht seinesgleichen. Zukünftige Bewohner dieses Raumes wären frei gewesen von der schwerkräftigen Emblematik übernommener Herrschaftskulte; sie wären von Schwulst und Prunk, erstarrter Pose und restriktiver Ästhetik ebensowenig eingebunden worden wie von den Territorialisierungen einer hierarchisch organisierten sozialen Formation.

Siehe: Schmidt, G., op. cit. 1944.

Und nach 1929? Nach 1929: Überproduktion, keine kaufkräftigen Massen, Arbeitslosigkeit, Pessimismus in einem harschen Kontrast zu den «goldenen 20er Jahren». Die Maschinen sind stillgelegt, Handarbeit, zurück zum Handwerk, zurück zum antidemokratischen Ständestaat (Georg Schmidt) – und nach 1933, Nationalsozialismus, Bauhaus ade; die anwachsenden Nationalismen, Rückgriffe auf Heimatkunst, Heimatstil, Wurzelkunst und neuklassizistische Repertoires, die einmal mehr dem einzigen National-Staat die Aura des Ewigen, Hehren und Hohen zu verleihen hatten. Technik und Industrie: Schon noch – in der Sphäre der Antiproduktion, der Rüstung (→).

Die Eliminierung der ‹Neuen Zivilisation› hat ihre wichtigste Ursache in der konservativ-nationalistischen Reaktion, die fait-social-total fürs Europa der 30er Jahre ist und für die Parallelen in den USA wie im stalinistischen Russland (‹vordem Sowjetunion›) zu beobachten sind.

Der Werkbund sah Typisierung in der dritten Periode, der technisch-sozialen, nicht nur aus der Warte der Industrie, die ja Taylorisierung zu befürworten hatte, um konkurrenzfähig zu bleiben. Er engagiert sich für die Massen der Konsumenten, denen ein kühler, harter und ‹moderner› Text zugemutet worden ist. Die Moderne hat ihre Botschaft stellenweise pathetisch vorgetragen. Jeder Stückwerkpragmatik abhold, visierte sie aufs Ganze der sozialen und der dinglichen Realität und visualisierte klare, übersichtliche und transparente Ordnungen, unverdeckte Relationen, Abhängigkeit und Zuordnung autonomer Teile (→), das Engagement der Werkbünde für die Massen ist eine ideologische Offensive, die bald «liberal-humanitär», (→) bald «sozialistisch» getönt, mögliche Spiel- und Freiräume für Menschen entworfen hat, die weder kriecherisch und ängstlich ihre Knie am Boden wetzen, zurücksinken möchten in die «Mutter Erde», noch vor lauter Vornehmheit dünkel- und denkmalhaft auf ihrem Sockel verharrend, Distanz wahren zur mittleren und unspektakulären Schicht des Alltags.

R.P. Lohses Werk isoliert, repräsentiert und verdeutlicht diesen wesentlichen Charakterzug der Moderne in der Nachkriegszeit.

Siehe dazu: Mannheim, K., Ideologie und Utopie, Frankfurt a.M. 1969, S. 191 f. und S. 207 f. – Die liberal-humanitäre Idee: Kulturbejahung und Ethisierung des Seins (‹Die gute Form›) / Die sozialistisch-kommunistische Utopie: Radikalisierung der liberalen Utopie, Paralysierung des anarchischen Elements im Rahmen kapitalistischen Wirtschaftens.

Georg Schmidt, 1943 (→):
«Wenn uns die ‹Proletarisierung als erstrebtes Ideal› unterschoben wird, so ist das eine primitive Verwechslung von Demokrati-

Schmidt, G., Werkbund und Nachkriegszeit, op. cit. 1944.

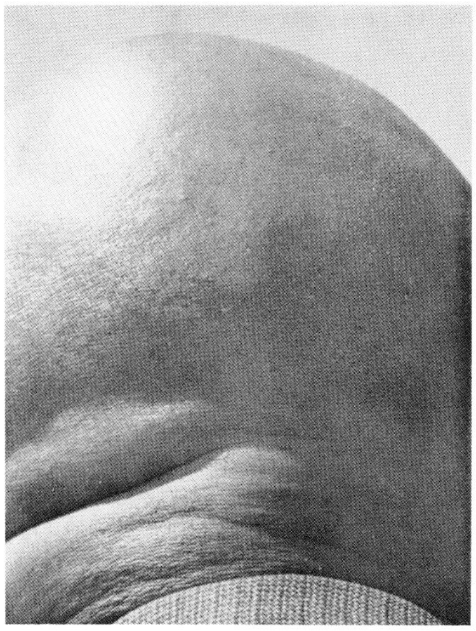

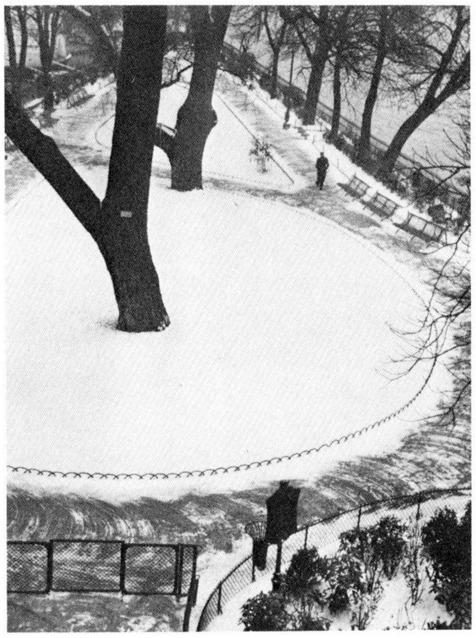

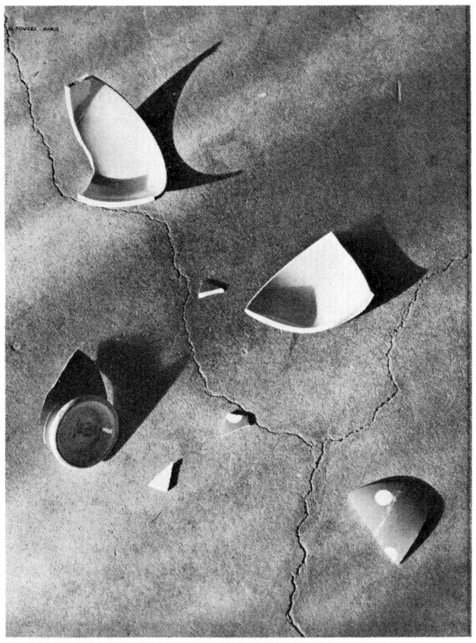

Feininger (NF!)

Kertész (P 1936)

..... (P 1933–34)

sierung (Gleichheit auf möglichst hoher Stufe der Kaufkraft) mit Proletarisierung (Gleichheit auf tiefster Stufe der Kaufkraft). Zugegeben: Es war – und ist – unsere Absicht, daran zu arbeiten, dass auch der **gute Geschmack** nicht das Privileg einer kleinen Minderheit bleibe. Peter Meiers Diskreditierung dieser, wie wir glauben entscheidenden erzieherischen Aufgabe unserer Zeit, betrachten wir als ‹Defätismus›. Noch schlimmer ist Peter Meiers Diskreditierung der von ihm offenbar gefürchteten Demokratisierung als ‹drohende Nivellierung und Vermassung› und als ‹Abgleiten auf das Niveau einer strukturlosen Masse›.»

Dem Werkbund ist besserwisserisch vorzuwerfen (→), er sei in der technisch-sozialen Phase, aber auch im Zeitalter der ‹guten Form›, zum Handlanger des Kapitals geworden, habe instrumentalisiert die Position eines Commis voyageur eingenommen und dort reformiert, wo eine radikalere «Umwälzung» not getan hätte. Dieser berechtigten Kritik steht allerdings die Wertschätzung der ideologischen Wirksamkeit bildnerischer Erzeugnisse entgegen, die zur Zeit der «Moderne» ein Gegenbild, frei von Mief und unreflektierten Populismen, entworfen haben. Restriktive Ideologien transportieren ihre Botschaft nicht nur verbal allein. Dingsprache und Habitus im Bereich der Praktiken und der Rituale üben einen Einfluss auf die Relationen zur dinglichen wie zur sozialen Realität (→). Freilich sind die Bestrebungen des Werkbundes zeitweise vom nationalen Kapital instrumentalisiert worden; auf ideologischer Ebene evozierten sie – deutlich in der technisch-sozialen Phase (→) – eine paradigmatische Bezugsweise zur «zweiten Natur», die bleibendes Vorbild für Hoffnung ist: Vorbild, Beispiel, Gegenbild zur engen Sphäre. – Die bildnerische Produktion der ‹klassischen Moderne› gegen mentale Kräfte abzuschotten, die ihrerseits von den materiellen und immateriellen Folgen konservativer Ideologie und lebensfeindlichen Produktionsverhältnissen bedingt sind, zeugt von einer bornierten Betrachtung der Epoche. Der menschlichen Schöpferkraft einen zukünftigen Raum zu definieren und nicht dem Technikpessimismus und der Perspektivelosigkeit anheim zu fallen, die – obgleich vieles dafür spricht – den latenten Zweifel und die Einsicht in die Unzulänglichkeit des Denkens und des Handelns vorbehaltlos zur konstanten und unabänderlichen Grösse nimmt, macht die Produkte der Moholy-Nagy, Lissitzky, Piscator, Mart Stamm und Hans Schmidt zu stimulierenden, bewegenden und befreienden Erzeugnissen. Die akademische Komponente der Kritik, die entweder ökonomistisch getönt nur die sogenannte Basis betont oder schöngeistig eine Formgeschichte recherchiert und in positiver Manier die Abhängigkeit zwischen dieser und jener Tendenz artikuliert, stellt selten die Frage nach dem Zusammenhang zwischen den Motivationen sozialer Kräfte und den Erzeugnissen, die diese bewirken. Man weist da etwa borniert auf die Fehler und Ungereimtheiten damaliger Theorien hin, ohne sich gross um die Botschaft der Artefakte zu kümmern (→).

Zur Verdeutlichung des Trends habe ich diese Position bei der Kritik der ‹guten Form› mit einer gewissen Ausschliesslichkeit vertreten.

Siehe dazu: Althusser, L., op. cit. 1973.

Georg Schmidt folgend nach 1918 – und während den Jahren der ‹guten Form›.

Typisch für den Konservatismus der Kunsthistoriker, die zu oft – ängstliche Faktentreue – an der verbalen Lektüre hängenbleiben.

Fehler und Ungereimtheiten: Es bleibe dahingestellt, inwieweit die Neuerungen der klassischen Moderne auf der instrumentalen und der utilitären Ebene einen Beitrag leisteten zur Verbesserung der Alltagskultur, inwiefern sie den Umgang mit den tagtäglichen Problemen im Bereich der Reproduktion erleichterten und dazu beigetragen haben, den Freiheitsgrad jener zu erhöhen, die notgedrungen oder aus freien Stücken ihre sachliche Option akzeptierten (→). Eine Studie, die die Modelle und Konzeptionen der ‹klassischen Moderne› (→) und zeitgleiche Modalitäten bewertend konfrontiert, hätte über die Gültigkeit der Muster «Neuen Bauens und Wohnens» zu informieren.

Vieles spricht dafür.

Etwa fürs Wohnen.

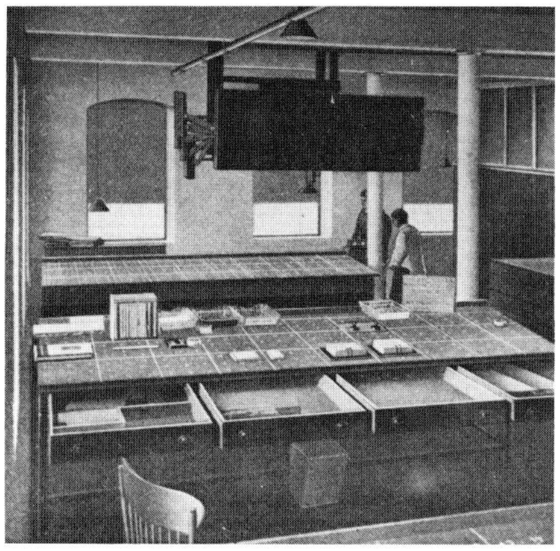

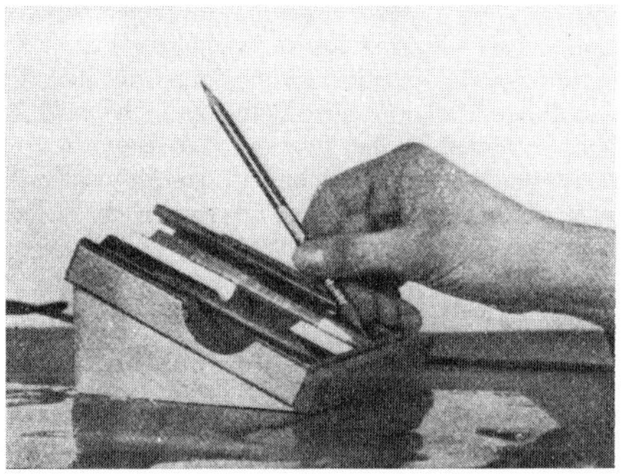

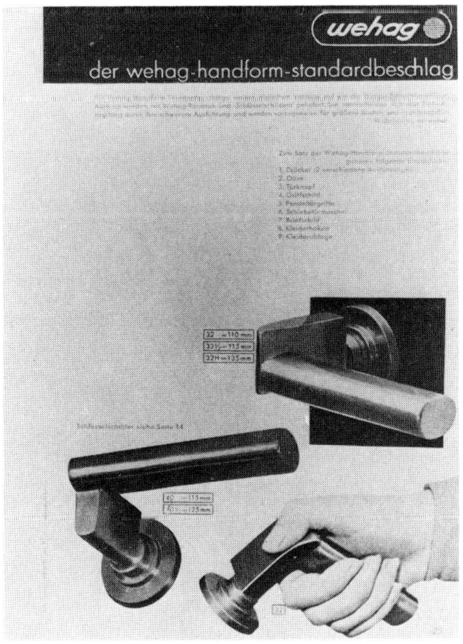

(DNHH)

(DNHH)

Die utilitäre und instrumentale Seite des Artefakts betrachtend, zeigt die ‹klassische Moderne› eine starke Beziehung zu Theorie und Praxis der Rationalisierungsbemühungen in der späten Folge der zweiten industriellen Revolution (→). Ihre Konzeption mutet – die Schriften F. W. Taylors und Frank B. Gilbreth herangezogen – wie verklärtes Scientific Management an, das geschönt, umbenannt (→), seiner missliebigen Aspekte entblösst, in den 20er Jahren zum erstrebenswerten Ideal erhoben wird. Unbeachtet bleiben – in den Schriften Gilbreths und Taylors wie in jenen der ‹klassischen Moderne› – die eigentlichen und ersten Nutzniesser der wissenschaftlichen Betriebsmethode, jene nämlich, die über die Produktionsmittel verfügen. Unbeachtet bleiben Stress und monotone Arbeit im Betrieb, die Tatsache, dass Menschen im perfektionierten Mensch-Maschine-System restlos instrumentalisiert, auf eine einzige Funktion reduziert werden: zum blossen Werkzeug, Annex der Maschine, dieser unter- und eingeordnet (→). Die Konzeption der klassischen Moderne folgt der wissenschaftlichen Betriebsmethode dort, wo der erzielte Erfolg in eine Relation zu den aufgewendeten Mitteln gesetzt ist, ein optimaler Erfolg bei möglichst geringem Aufwand erstrebenswert erscheint. Die Ideologie des Funktionalismus (→) ist dem Effizienzgedanken verpflichtet, den Gilbreth, Taylor und Ostwald propagierten. W. Ostwald (→) formulierte zeitgleich mit den erstgenannten: «Verschwende keine Energie, verwerte sie». Seine Lehre kulminierte im energetischen Imperativ; die Energie wird zum Wesen und zur Grundkraft aller Dinge erklärt.

Verbrennungsmotor, Elektromotor: nach 1870.

Neues Bauen, Neues Wohnen . . .

Chaplin: Modern Times / Die Taylorisierung in der Sowjetunion – Lenin zeigt sich begeistert / (Taylorisierung und) Amerikanisierung in den zwanziger Jahren: Brecht, Grosz, Heartfield, Mendelsohn.

1922/1949 (!).

W. Ostwald, Chemiker, Philosoph (1853 bis 1932): seine Energielehre (Energetik) repräsentiert die ‹Rationalisierung der 20er Jahre› auf der Ebene der Ideen.

Taylor formulierte (→): «Die grösste Prosperität ist das Resultat einer möglichst ökonomischen Ausnutzung des Arbeiters und der Maschinen, das heisst Arbeiter und Maschinen müssten ihre höchste Ergiebigkeit, ihren höchsten **Nutzeffekt** erreicht haben. Denn wenn ihre Arbeiter und Maschinen täglich nicht mehr produzieren als die der Nachbarn, so wird die Konkurrenz natürlich verhindern, dass sie ihren Arbeitern höhere Löhne zahlen als ihr Konkurrent den seinen, und was für die Möglichkeit höherer Löhnung bei zwei engen Konkurrenzfirmen gilt, das gilt auch für die ganzen Landesbezirke und sogar für konkurrierende Völker. Mit einem Worte, die grösste Prosperität kann nur die Folgeerscheinung grösserer Ergiebigkeit sein.»

Taylor, F.W., Die Grundsätze wissenschaftlicher Betriebsführung, München und Berlin 1913, S. 10.

Und (→): «In den meisten Fällen wird sich diese Wissenschaft (scientific management, p.e.) mit Hilfe einer verhältnismässig einfachen Analyse und Zeitmessung der zu einem der einzelnen kleinen Teile der arbeitsnotwendigen Bewegungen aufbauen lassen und kann von jemand gemacht werden, dessen ganze Ausrüstung in einer Stoppuhr und einem entsprechend linierten Notizbuch besteht. Hundert von diesen ‹Zeitstudien-Leuten› sind gegenwärtig daran,die elementarsten Kenntnisse einer Wissenschaft da aufzubauen, wo es bisher nur Faustregeln gab.»

Ebenda S. 125.

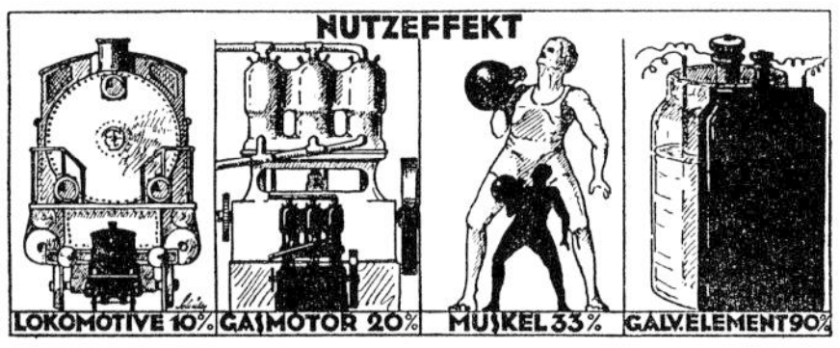

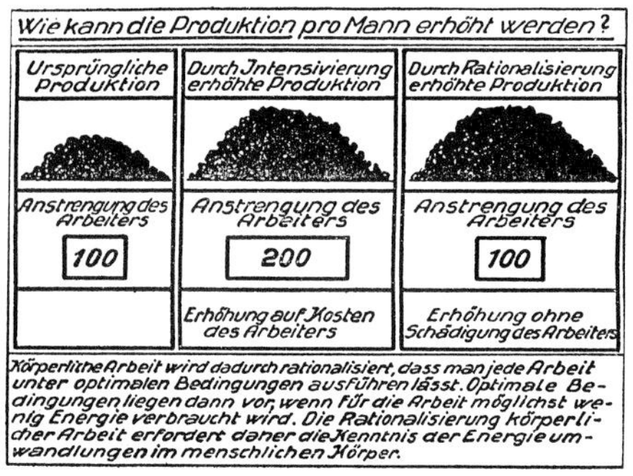

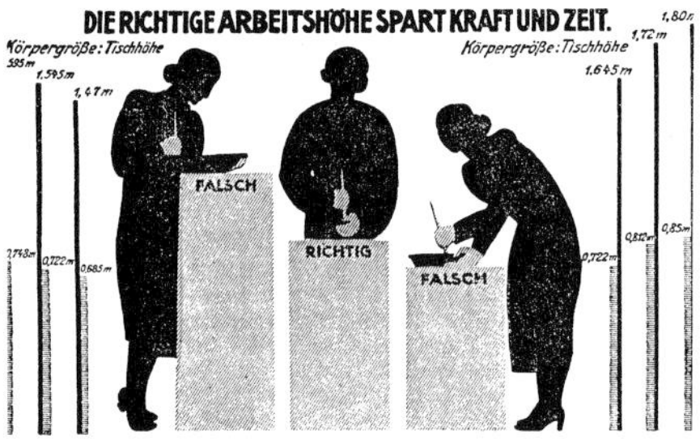

(DNHH)

Gilbreth (→):
«Jede einzelne Bewegung wird demnach auf **Zeitdauer** und **Zweckmässigkeit** hin untersucht, und nur die absolut notwendige beibehalten; oft sogar muss der ganze Arbeitsprozess von Grund auf geändert werden, da sich eben durch diese Beobachtungen und Studien ganz neue Möglichkeiten für eine raschere Ausführung der Arbeit ergaben.»

Gilbreth, F.B., Das ABC wissenschaftlicher Betriebsführung, Berlin 1917, S. 5, S. 7.

«Tausende führen täglich **Bewegungen** wie das Bücken zum Ziegelholen und das Gehen zum Mörtelschaft aus, die vollständig nutzlos zusammen doch ein wesentliches Quantum **Zeit** und **Kraft** kosten. Da ist eine Verschwendung von Kapital, wie man sie zu unserer Zeit nicht mehr zutrauen sollte, und wie sie auf dem Gebiet der Maschinentechnik schon lange nicht mehr vorkommt (...).»

«Hier setzt Taylor ein. Auch des **Menschen Arbeit** will er **rationalisieren** und **mechanisieren**, so dass Mensch und Maschine in gleicher Linie unter gleichen Gesichtspunkten zusammen arbeiten, nicht mehr wie bisher die Maschine nach rationalistischen, der Mensch nach empirischen Grundsätzen, was ein ewiges Gegeneinanderarbeiten zur Folge haben musste. Die Idee der Technik ist die Idee der **Sparsamkeit**. Sie folgt dem **Prinzip der Ökonomie**, dem Prinzip des **kleinsten Kraftmasses**, des **kürzesten Weges** und der **kleinsten Zeit**. Auch für des Menschen Kraft gilt, was Wilhelm Ostwald sagt, der energetische Imperativ, ‹**vergeude keine Energie, verwertet sie**›.»

«Das ABC der wissenschaftlichen Betriebsführung» und die «Vorschläge zur Steigerung der Leistungsfähigkeit des Arbeiters» (→) sind in die Sphäre der Produktion wie in jene der Reproduktion eingeflossen. Idealisiert hat sie die Ideologie des Funktionalismus für ihren Zweck und Sinn genutzt. – Ihr Einfluss auf den sinnfälligen Anteil des Geräts, nämlich die Form? Die Geräte sind dergestalt strukturiert – Gilbreth demonstrierte es unmissverständlich schon 1917 –, dass der Benutzer sich sofort orientieren kann und Überblick, Erkennbarkeit der instrumentellen Funktion, Kontrolle über den vorzunehmenden Arbeitsprozess objektseitig gewährleistet sind. Ordnungen, die prädestiniert sind zu diesem Zweck: das **kartesianische Raster**, **euklidische Geometrie**, **stereometrische** Konstrukte, die aus der Sphäre des Instrumentalen und Utilitären ihren Anteil leisten zur «reinen Form».

Gilbreth, F.B., Bewegungsstudien, Vorschläge zur Steigerung der Leistungsfähigkeit des Arbeiters, Berlin 1921.

Die Praxis?
W. Lotz schreibt 1930 (→):
«Aller Luxus ist ausser acht gelassen, berücksichtigt ist der Gebrauchsgegenstand in seiner modernen Form: Schönheit, Einfachheit und Zweckmässigkeit sind die Gesichtspunkte, nach denen ausgewählt wurde.»
«Alle diese Dinge sollen **leicht** zu **greifen** sein, ohne umständliche Verschlüsse, ohne im Schrank so hintereinander aufgestellt zu sein, dass man erst das Vordere wegräumen muss. Also geringe Tiefe der Schrankmöbel und sinngemässe Reihung nebeneinander. Alles muss so aufgestellt und angeordnet sein – bis zum letzten Löffel – dass es in der **Reihenfolge** der **Arbeitsgänge** leicht benutzt werden kann» (...).
«Weniges – aber gut, voll und richtig ausgenutzt: dann werden uns Wohnung und Möbel und Gerät wieder **ans Herz wachsen** können! Qualität auch beim einfachsten und letzten Stück: dann werden wir auch **stolz** sein auf unsere Wohnung.»

Lotz, W., Wie richte ich meine Wohnung ein, Berlin 1930, S. 5, S. 26, S. 49.

Kienzle, Junggesellenzimmer, 1928 (BW)

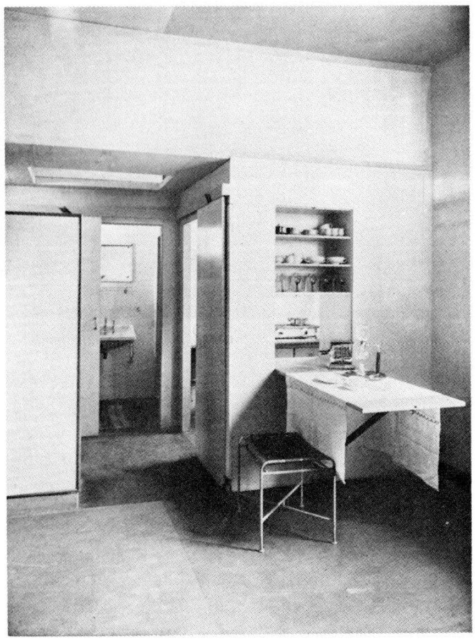

E. Meyer, 1926 (→):
«Das Streben nach der Erreichung eines bestimmten Erfolges mit **allergeringsten Mitteln,** mit dem denkbar **kleinsten Aufwand** an Material und an Kraft hat die Wissenschaft das ‹wirtschaftliche Prinzip› genannt. Wirtschaftlich arbeitet also nur der, der diesem Grundsatz Genüge leistet, dessen Aufwendungen an all dem, was er zur Erreichung seines bestimmten Einzelzieles braucht, wirklich so gering sind, dass niemand ihm eine bessere Ausnutzung des verwandten Stoffes oder der in die Arbeit hineingesteckten Kraft als möglich aufzeigen kann.»

Meyer, E., Der neue Haushalt, Stuttgart 1926, S. 7, S. 14, S. 17.

«Bei solcher Betrachtung der Erzeugungs- (Produktions-) Wirtschaft in weiterem Sinne vergass man allzuleicht – sogar die Wissenschaft hat das bisher bedauerlicherweise fast immer getan –, dass die Volkswirtschaft noch eine andere als diese **erzeugende**, nämlich die **verbrauchende** Seite hat und daher das Ziel **höchster Wirtschaftlichkeit** (Ökonomisierung) nur erreicht werden kann, wenn auch der Verbrauch entsprechend gestaltet wird. Die Notwendigkeit zwingt uns Hausfrauen, nun endlich einmal dieser Seite des Problems zu Leibe zu gehen und den Versuch zu machen, auch auf dem bisher fast unbeachteten, uns aber eigensten Gebiet des Verbrauchs dem Gesetz vom geringsten Aufwand zum siegreichen Durchbruch zu verhelfen.»
«Wie wir im vorigen Abschnitt gesehen haben, bedeutet die ‹wirtschaftliche› Gestaltung alles Tuns, also auch der Hausarbeit, dass jede **Verrichtung** mit dem denkbar **geringsten Aufwand** von **Zeit, Weg** und **Kraft** bei zugleich günstigster Ausnüztung des verwendeten Materials getan werden muss.
Unsere Wohnung ist zu einer so **zweckmässigen** Arbeitsstätte umzugestalten, unsere Arbeitsmethoden müssen so durchgebildet werden, dass die Arbeitstechnik des neuen Haushalts es der Frau ermöglicht, den Erfordernissen ihres gegen früher so völlig geänderten Lebens dennoch gerecht zu werden.»

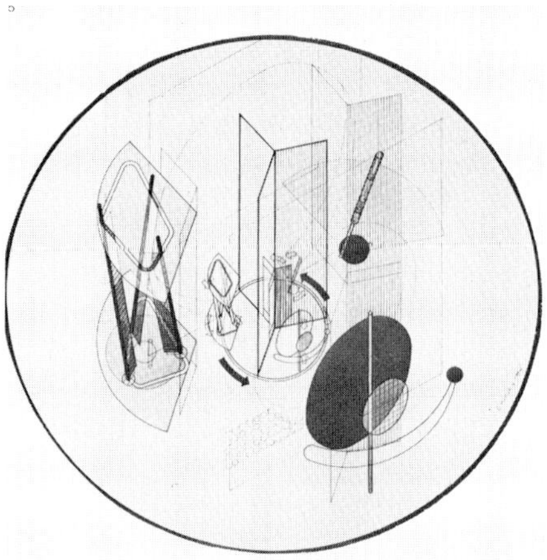

Moholy-Nagy, Mechanik des Lichtrequisits, 1922 bis 1930 (LMN)

Freilich wäre es falsch, die «reinen, konkreten Formen» nur aus den **Rationalisierungs**-Trends der Zwischenkriegszeit und einer **Hygiene**bewegung herzuleiten, die zurückreichend ins 19. Jahrhundert zu recherchieren wäre. Taylorisierung und Hygiene – Hygiene, Sauberkeit (→), Luft und Licht und Sonneneuphorie, glatte und makellose Oberflächen, auf denen Schmutz tout de suite registriert wird (→), können im Hinblick auf Form zur Hälfte als Rationalisierungen im Sinne der psychoanalytischen Vokabel bezeichnet werden. Sie erklären uns die formale Ausprägung der Artefakte aus der instrumentalen Funktion, die diese zu erfüllen haben (→): sind griffiges Argument der Moderne in ihrer Auseinandersetzung mit den retardierenden Trends, denen die Elementarisierung der Formen, die kühnen, technikfreundlichen Konstrukte, als Sakrileg erschienen sind, als Grenzverletzung einer Grenze, die das Neue vom Alten, das Zeitgenössische vom Anachronismus, das Authentische und Sachliche vom Verschleierten und Verdeckten geschieden hat. Das Bekenntnis der Moderne zum Gebrauchswert ist zwar realiter der expressiven Funktion ihrer Artefakte unlösbar verbunden. Die expressive Funktion dieser Artefakte hat jedoch – so ist zu vermuten – ihre eigene Geschichte, sie ist von Kräften erzeugt worden, die weitgehend isoliert zu erörtern sind und erst in der **Kumulation** mit den Hygiene- und Rationalisierungsbemühungen auf der Ebene der materiellen Produktion zum **nützlichen** und **mitteilsamen** Artefakt fanden. Die formale Ausprägung der Artefakte allein aus den produktionstechnischen Bedingungen und aus den benutzerorientierten Modalitäten zu begründen, redet nur einem Vulgärmaterialismus das Wort – sie würde hier das Komplement leugnen zum Utilitären, nämlich eine **Wunschproduktion** (→), die auf einem zeitspezifischen Verlangen gründet und diesem Verlangen folgend, **Gegenbilder** zum erfahrenen Konflikt und zur Summe dessen entwirft, was (real oder irreal) unerträgliche Spannungen, Angst und Furcht erzeugt. Das Verlangen kann durchaus zu einem guten Teil im Bereich des Symbolischen befriedigt werden, wenn die entworfenen, entdeckten oder wiederentdeckten Symbolismen kräftig genug sind, Kräfte zu binden, die auf ein formuliertes

Beachte: Hygiene und Sauberkeit im Rahmen der ‹guten Form›.

Vgl. dazu: Douglas, M., Purity and Danger, London 1966, S. 35.

Reinigung des Geräts.

Wunschproduktion: «In ‹Wunschräume› und ‹Wunschzeiten› flüchtet die von der jeweils gegebenen Wirklichkeit nicht befriedigte Phantasie.» Mannheim, K., Ideologie und Utopie, Frankfurt a.M. 1969, S. 179.

Anderes, Neues und Besseres hintendieren. Dort ist das Ziel, auf das die Prozesse hinsteuern müssten. Ein Ort ist bezeichnet in der mentalen Landschaft, jenseits der Grenzen, die es freilich noch zu überwinden gilt – und je nach Fertigkeiten, Fähigkeiten und Vermögen des imaginierenden Subjekts wird dieser Ort nicht nur gedanklich konstruiert, sondern, die Zukunft vorwegnehmend, im Hier und Jetzt modellhaft bewerkstelligt. So mittels jener Artefakte, deren expressive Funktionen dem Wunsch keine Antwort schuldig bleiben. Die Wunschproduktion der klassischen Moderne, der hohe Ordnungsgrad ihrer stereometrischen Konstrukte, ihr Wunsch zu ‹aufrichtigen›, elementaren Formen zu finden, die den Rezipienten nicht orientierungslos im Wirrwarr der Zeichen belassen und ihr Anspruch, gleichsam das Wesen der Artefakte darzustellen (→), zeugt vom erfahrenen sozialen Chaos, Hackordnung, Triebstau, zeugt von «Mahagonny» und vom «Dickicht der Städte», sie ist eine Antwort auf die soziale Katastrophe des ersten Weltkriegs, eine Antwort aber auch auf den Prunk der Belle Epoque, die aus Lüge und Dämmerlicht, steifem Ritual und zugeknöpfter Moral heraus ihre Kinder in die wüste Landschaft der Schützengräben schickte. Der **offene** Raum (→), die dezisen und offenen Formen der Moderne brechen radikal mit den Werten ihrer Vätergeneration, den nationalistischen und konservativen Ideologien, dem männischen Gehabe, den Werten der Ehre und den Formen sinnloser Tapferkeit: grundsätzlich mit all jenen konvergenten Trends, die im stilistischen Mantelwerk der Jahrhundertwende konnotiert sind (→). Die erstarrten Nationalismen weckten den Wunsch nach Austausch und Verständigung, Mondialität, Internationalismus, nach grenzüberschreitendem Austausch, wie er zu gleichen Teilen in der Idee des Liberalismus und in jener des Sozialismus vorgezeichnet ist. Die Poetisierung des Rationalen ist eine gefühlsbetonte Antwort auf den zugeknöpften Bourgeois, der getrieben von der fortschreitenden Entwicklung der Produktivkräfte den Gebrauch- und Mitteilungswert seiner Güter nur als funktionalen Annex der Waren sieht.

Gropius, W., Grundsätze der Bauhausproduktion: «Ein Ding ist bestimmt durch sein Wesen. Um es so zu gestalten, dass es richtig funktioniert – ein Gefäss, ein Stuhl, ein Haus –, muss sein Wesen zuerst erforscht werden; (. . .).»

Geschlossenheit und Durchbruch: «Durch die Sprengung der Geschlossenheit (Mauern usw.) haben wir die Dualität zwischen Innen und Aussen aufgehoben.» De Stijl, Manifest V, in: Conrads, U., op. cit. 1964.

So etwa die Irrationalität völkischer Ideologien, diverse Konservatismen: «Der Geist als Widersacher der Seele» (Klages), «Der Mythus des 20. Jahrhunderts (Rosenberg), «Der Untergang des Abendlandes» (Spengler), usw.

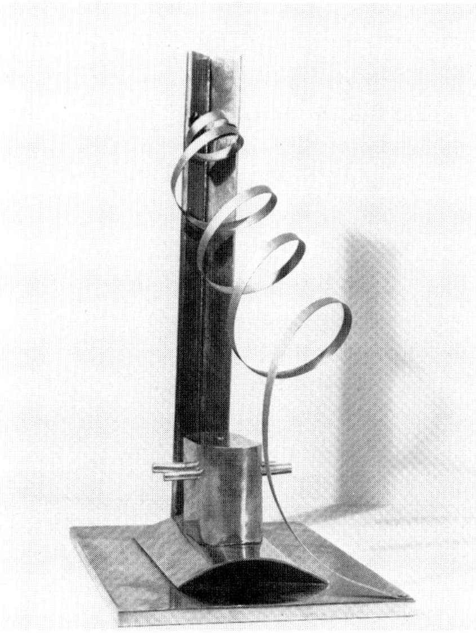

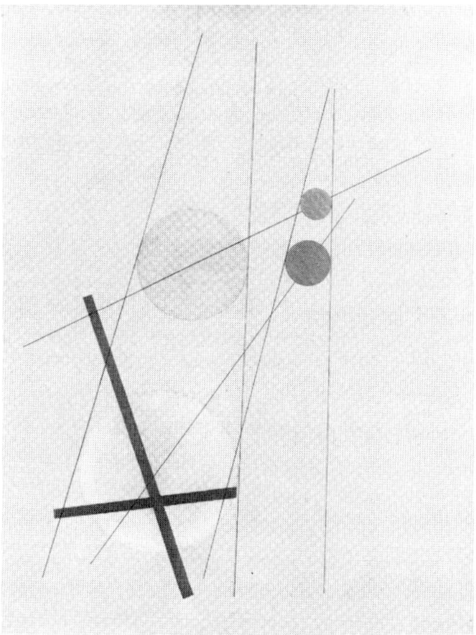

Moholy-Nagy (LMN)

Moholy-Nagy (LMN)

Die «Aktion Vatermord» (→) des expressionistischen Jahrzehnts suchte die brüchig gewordene «Ganzheit» des bürgerlichen Rituals, so den Fetisch Vaterland, zu zerstören. Ihre Zerstörungsmanöver, die von den höhnisch, launisch und lauthals herauslachenden Arp, Huelsenbeck und Konsorten ergänzt worden sind, waren die notwendige Lockerungsarbeit, um die verkrustenden Symbolismen für den Entwurf einer neuen Massenkultur aufzubrechen. – Die neuen bildnerischen Erzeugnisse sind weniger Form als Formation. Die Montagetechnik (→) reflektiert Distanz zum Malerischen: Die diskreten Elemente des bildnerischen Systems – sie sind eingebunden ins Konstrukt und bewahren trotzdem ihre Autonomie – widerspiegeln nur teilweise die Struktur der industriellen Montagetechnik. Die Resultate der Montagetechnik zeigen eher das Zusammenspiel divergierender Ordnungen im Bildgefüge (→) und demonstrieren so auf der Bildebene die Gültigkeit des dialektischen Ansatzes, dem «störende» Komponen-

«Sturz und Schrei» (Pinthus, 1919): Revolte gegen die Vätergeneration, die verantwortlich gewesen ist für den 1. Weltkrieg.

Siehe dazu Hirdina, K., Pathos der Sachlichkeit, Traditionen materialistischer Ästethik, Berlin 1981, S. 37 ff. Hirdinas Studie gehört zweifellos zu den ‹stichhaltigsten› Darstellungen der ‹klassischen Moderne›. Sie hat meine eigenen Ansätze vielerorts bestätigt – und ergänzt!

Lissitzky, Konstruktivisten.

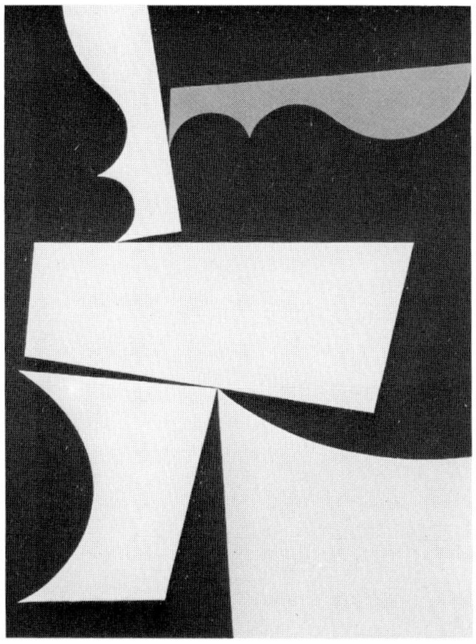

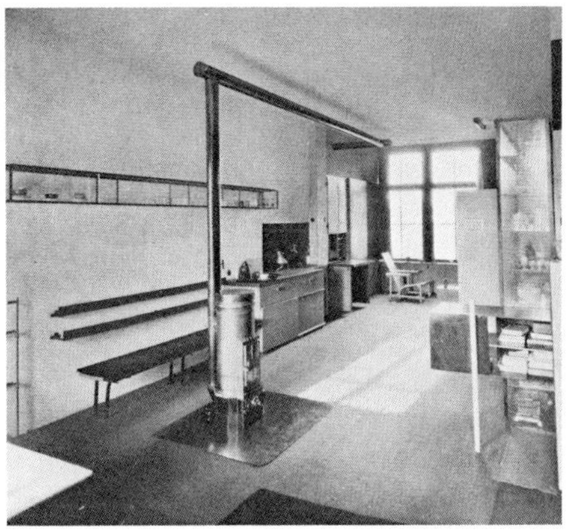

Taeuber-Arp, Plans profilés en courbes et plan, 1935 (STA)

Rietveldt, Wohnzimmer, 1925 (BW)

ten willkommen sind, um das gestörte Gefüge zu einer neuen Qualität zu steigern. Vermieden ist eine voreilige Versöhnung diskrepanter Momente; der Code der Moderne konfrontiert auf syntaktischer Ebene seine Zeichen und Superzeichen, er bindet sie nicht widerspruchslos ein in die Grossform. Die weisse Wand und das konkrete Gefüge helfen den Bewohnern dieser Räume zu einem eigenständigen Profil. Die Bewohner sind nicht blosses Akzidens des Raumes, lebendiges Dekor, sie sind Figur auf abgehobenem Grund – und eben dieses sinnfällige Zusammenspiel zwischen Figur und Grund begegnet dem Vorwurf der Kritik, die Sprache der Moderne konnotiere die Entfremdung des Menschen von den (selbstproduzierten) Gütern (→).

Dies eine liebendgerne akzeptierte These seit Beginn der sogenannten Funktionalismuskritik / (Berndt, H., Lorenzer, K., Horn, K., Architektur als Ideologie, Frankfurt a.M. 1968), die auch von den Protagonisten der Werkbünde bis heute mit Eifer vertreten wird.

Geometrie, Askese, die Licht- und Sonneneuphorie und der Geometrismus der 20er Jahre widerspiegeln den Wunsch der Epoche, das Reine zu finden und auf der symbolischen Ebene einen Pol zu bezeichnen, der jenseits der Grenze liegt, die das Profane vom Sakralen scheidet. Jenseits dieser Grenze ist es strahlend hell, die Dinge, die signifikant sind für diese Zone, weisen auf eine ideale Ordnung, die traditional ihre Repräsentanten unter anderem in den artifiziellen Gebilden der euklidischen Geometrie sucht: die Faszination für die weisse (strahlende) Fläche, die Elementarfarben und die stereometrische Form sind nur bedingt aus den Rationalisierungs- und Hygienebemühungen zu erklären. Traditional ist die ideal-geometrische eine «göttliche» Ordnung.

Für den objektiven Idealismus Platons «ist die Geometrie brauchbar, wenn sie zur Schau des Seins zwingt»: Die Erkenntnis der Geometrie geht um das ewig Seiende (...), also müssen wir in höchstem Grad darauf achten, dass die Bewohner dieses Musterstaates sich um keinen Preis von der Geometrie fern halten. Denn auch die Nebenvorteile sind nicht gering. Und «beim grösseren Teil von ihr, der weiter fortschreitet, muss man bedenken, ob er etwas für unseren Zweck beiträgt, die Idee des **Guten** leichter erkennen zu lassen. Das ist aber, so sagen wir, bei allem der Fall, was die Seele zwingt, sich dorthin zu wenden, wo das Seligste alles Seienden wohnt, dass sie auf jede Weise erschauen muss.»
«Du hast recht!» gab Glaukon zu.
«Also ist die Geometrie brauchbar, wenn sie zur Schau des Seins zwingt, andernfalls nicht!»
«Einverstanden» (→).

Platon, Der Staat, Siebentes Buch.

Die Hinweise auf Campanellas Sonnenstaat, der nicht frei ist von den Ideen Platons, auf Descartes und Hobbes, für die die euklidische Geometrie das Muster aller wahren Wissenschaft gewesen ist, mögen an dieser Stelle genügen. – Geometrie, das formale Vorbild aller Wissenschaft, beweist ihre Gültigkeit bei den gedanklichen Konstruktionen grosser Artefakte (Staat) im Zeitalter des Rationalismus (Spinoza, Newton, Descartes).
Neuzeitlich scheint sie der Phoronomie der Himmelskörper eingeschrieben. In Analogie zu den Bewegungen im grenzenlosen Raum hatten sich im absolutistischen Zeitalter die Teile des zentralfeudalistischen Staates um ihren (Sonnen-)König zu bewegen (→). Der französische Garten, auch geometrischer Garten genannt, zählt dies Muster zu seinem wichtigsten Werkzeug, den Herrschaftsanspruch über die dingliche Realität darzustellen und in der Enklave restlos kontrollierter Natur das Leitbild seiner Ordnung – eine organisatorische Vision – zu entwerfen. Geometrie ist daselbst unlösbar der Herrschaft verbunden. Lewis Mumfort (→) erörtert die Relation Geometrie-Herrschaft diachron seit der Konstitution der ersten Megamaschinen. Michel Foucault zählt sie zu den Voraussetzungen der Dressur und der Disziplin (→), sinnfällig in der soldatischen Formation, sinnfällig geworden in den «Ornamenten der Masse» (→), den Massenformationen zur Zeit des «Dritten Reichs». Geometrie kann dergestalt zu einer Bedingung des Reinen werden, zum Symbolismus, der auf unbeschränkte Beherrschung der sozialen und der dinglichen Realität hindeutet, durch eine höhere Instanz. Instrumentalisiert ist sie traditionell der höchsten, das heisst bestbewerte-

Analogie: Staat – Uhren – Universum.

Mumford, L., Mythos der Maschine, Frankfurt a.M. 1977. Der Autor zeigt etwa die Homologien der Megamaschinen (Arbeiterarmeen) zur Zeit der ersten Hochkulturen mit der neuzeitlichen Maschine.

Foucault, M., Überwachen und Strafen, Die Geburt des Gefängnisses, Frankfurt a.M. 1979.

Krakauer, S., Das Ornament der Masse, Essays, Frankfurt a.M., 1977

van Doesburg, Entwurf für ein Blumenzimmer, 1924/25 (DS)

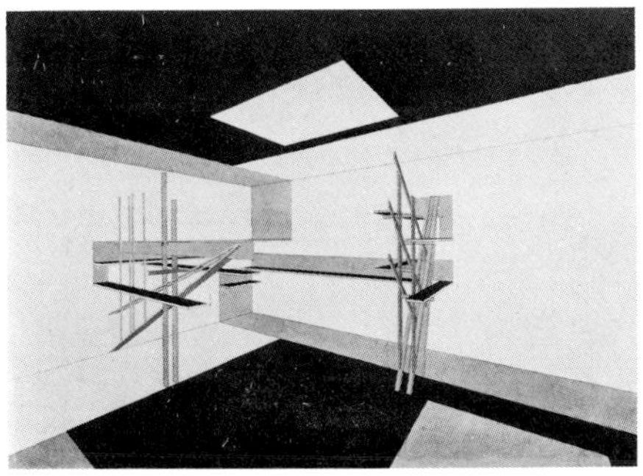

ten Position auf einer axiologischen Skala zugeordnet. Die entscheidenden Fragen: Zu welchem Zweck ist sie instrumentalisiert worden? Wie heisst der Gegenstand, den es mit diesem Mittel zu beherrschen gilt? Sind es Menschen, denen dies Muster mit dem Ziel aufgezwungen wird, sie zu einem überblick- und kontrollierbaren, zu einem beherrschbaren Ganzen zu formieren – oder ist es die Dingwelt, die übersichtlich in der Folge der geometrischen Strukturierung zur beherrschten Sphäre wird, so formiert, dass sie der Aneignung durch die Menschen keinen Widerstand leistet? Die Fragen: steigert die Geometrisierung der dinglichen Realitäten den Freiheitsgrad ihrer Eigner – und in welcher Richtung neigt sich das Machtgefälle, zugunsten des Benutzers oder zugunsten des Dings? Wer beherrscht wen?

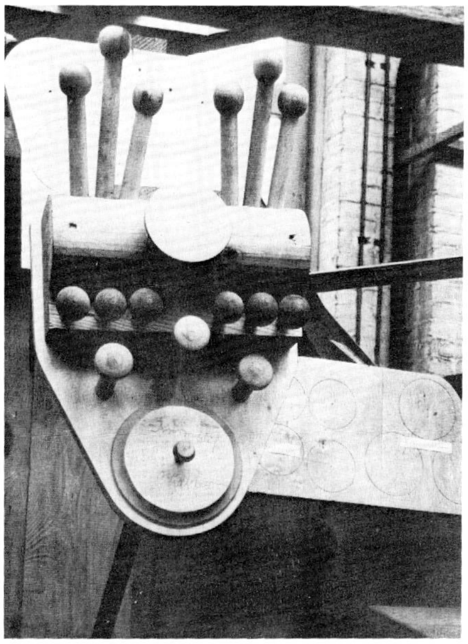

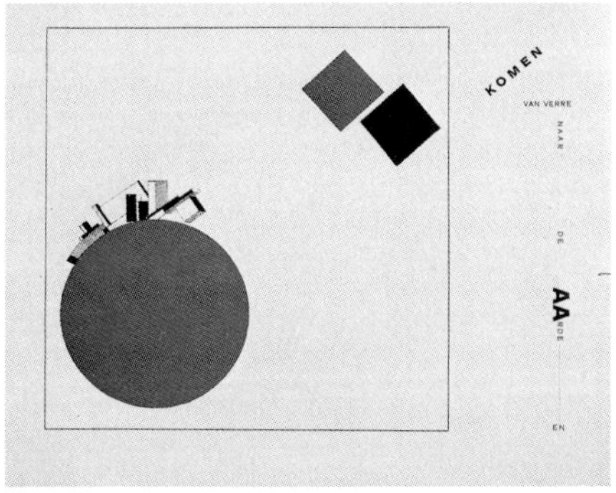

Rohrbach-Metallflugzeugbau, Modell einer Flugzeugschaltung (FA)

El Lissitzky, Eine Seite aus «Von zwei Quadraten», 1922 (DS)

Wir halten fest: Der Code der Moderne war einzig auf die Beherrschung der «zweiten Natur» gerichtet. Ihre geometrischen Formulierungen den Codes des «Überwachens und Strafens» gleichzusetzen, zeugt von einem Mangel an Differenzierungsvermögen, obgleich, epistemologisch betrachtet, hier wie dort dieselben Muster vorausgesetzt sind. – Die klassische Moderne verzichtet etwa auf eine strikte Hierarchisierung der verwendeten Elemente. Symmetrie und Stufung der Teile (→) sind tunlichst vermieden. Geometrie erhöhte den Freiheitsgrad, der geometrische Raster hat Orientierungsfunktionen (→) und zeigt die mögliche Zuordnung und die Vielfalt der Relationen zwischen den Elementen der Formation an. Den bildnerischen Erzeugnissen der Moderne fehlt das Moment der Abschottung. Geometrie wird zum Werkzeug eines Befreiungsversuches, der allerdings nicht auf chaotische Divergenz hintendiert. Die Deterritorisierungen der Moderne sind mit den Mitteln einer Territorialisierung vorgetragen, die ihre Befürworter nicht orientierungslos in einer Wirrnis belässt, die den Freiheitsgrad schmälern würde. Ihre ideale Geometrie meint eine Zukunft, deren Ordnung zu gleichen Teilen Kräfte freizusetzen hätte für den Austausch zwischen den Individuen wie zwischen grösseren Teilen der sozialen Formation. Genau das ist dann auch die Basis ihres Technik-Bezugs, der heute fälschlicherweise einem zeitbedingten Technizismus allein gleichgesetzt wird. Versachlichung und Sachlichkeit sind appropate Mittel, den Formen der Entfremdung zu begegnen. Die Unzulänglichkeiten und Fehler der ‹Moderne›, die (zuweilen) mangelnde Tauglichkeit ihrer Erzeugnisse im Utilitären, verlieren hinsichtlich des Mitteilungswerts der Botschaft an Gewicht. Und dass sie missionarisch und harsch ihre Inhalte predigte, auf ihre Ethik pochte und das Reine, Elementare und Geometrische wie den offenen Raum bekennerisch zum höchsten Gut stilisierte, nimmt ihr niemand übel, der einen Blick ins Innere der konservativen Ideologien und Strömungen geworfen hat, die zeitgleich zur Modernen die kurzen «Tausend Jahre» gedanklich vorwegnehmen (→). Ihr elitärer Anspruch, Avantgardismus und Avantgarde-Kult, gründen auf einem humanitären Programm, das Aufrichtigkeit und unverdeckte Relationen zur Voraussetzung einer «Neuen Menschlichkeit» zählt. Sie ist weit mehr als ein verbales Glaubensbekenntnis: Sie hat ihre Ethik in Häuser, Geräte und Bilder umgesetzt, deren expressive Funktion zu beachten ist.

Siehe Erni, P., Höhenkult und Wurzelkunst, in: archithese 1981, Nr. 3.

Koordinatennetz.

Vs. Ortega y Gasset, Spengler u.ä.

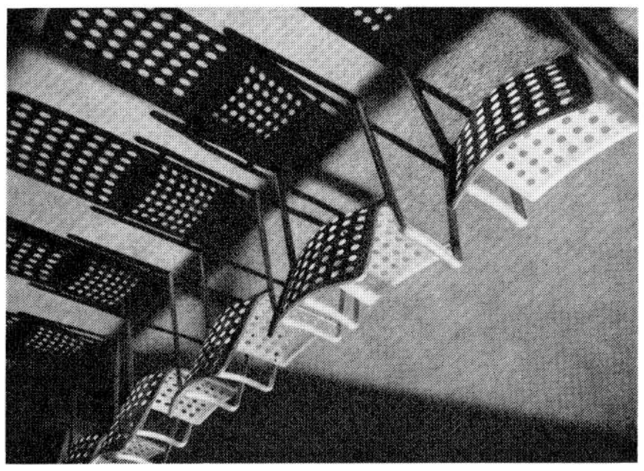

Bild Finsler

Finsler, Glühbirne (FA)

Lohse,
Sechs horizontale Bänder mit je sechs formal gleichen Farbgruppen, 1950/55/71

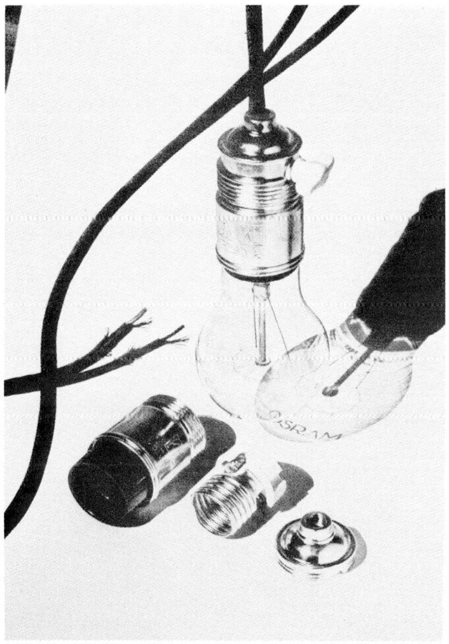

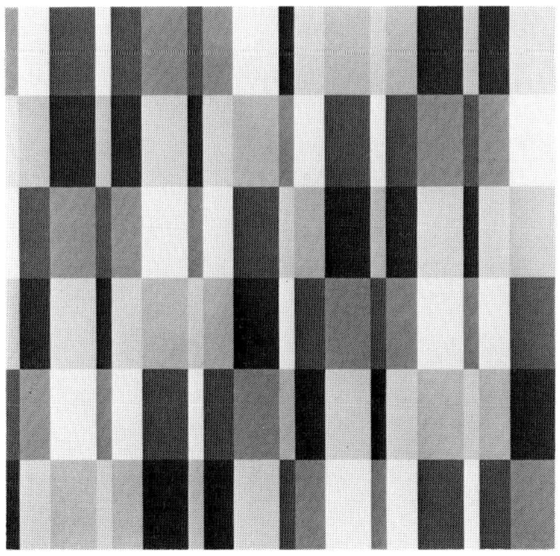

Wie auch immer die klassische Moderne beurteilt wird, meist zentristisch, ahistorisch und borniert aus heutiger Perspektive allein: unbestreitbar sind ihre Bemühungen um eine demokratische Massenkultur. Allein die Tatsache, dass damals Formulierungen für den Alltag der Massen versucht, das Kollektiv, die Masse akzeptiert worden ist, allein die Tatsache, dass Fraternité, Egalité und Liberté ihre Representanten in einer demokratischen Gegenkultur gefunden haben, müsste uns Heutige aufhorchen lassen. Die Parolen der bürgerlichen Revolution ernst nehmen, heisst den Gang der Geschichte zum «Besseren» akzellerieren – sie richten sich entschieden gegen Territorialisierungsmanöver konservativer Tendenzen. Ausdruckswert und Gebrauchswert, expressive und instrumentale Funktion sind in den Produkten der Wagenfeld, Jucker, Tschichold, Ferdinand Kramer und Piet Zwart unlösbar verbunden. Der Ausdruckswert ist die ideelle Komponente des Gebrauchswerts (Hirdina), der nicht nur auf diesen, sondern auch auf eine zukünftige Lebensweise produzierender Individuen unter den Bedingungen vergesellschafteter Produktion hinweist. Mitnichten ist die Produktesprache der Moderne nur formale Innovation, mit dem Zweck, die Ungereimtheiten menschlichen Zusammenlebens zu verhüllen (→) und dem kapitalistischen Profitstreben ein ideales Kleid zu schneidern.

Dies typisch für die ökonomistische, vulgärmaterialistischen Kritik.

Sachlichkeit, rationale Organisation, die ja in den 20er Jahren nicht operationelle Rationalität, eher schon Vernunft im Sinne der Aufklärung meinte, sind heute nicht hoch im Kurs. Zukunftsarbeit schaut man heutzutage aus einer Warte, die der Zukunft noch eine Chance gibt, meist in den Formen des Regresses. Typisierung und Standardisierung laufen wider den momentanen Hang zur Eigenbrötelei. Die Produktesprache ist heute stark individualistisch getönt, und den strikten und eindeutigen Formulierungen, die eher kollektive Subjektivität betonen, wird nachgesagt, sie wären als Identifikationsobjekte ungeeignet, zuwenig stimmungsvoll, ungemütlich, monoton und leer. Ungenügend als Identifikationsobjekte sind sie vorzüglich für jene, deren Emphase vorzeitig abgeblockt worden ist, die sich im Dunst behütender Zeichen wohlfühlen und die modischen Trends wechseln wie das Hemd. Gutes Beispiel ist der müde Humor des postmodernen Palavers, die Symbiose von Architekturkritik und Architekturproduzenten: Der Architekt schmückt seine Produkte mit Emblemen und Motiven, die er in der Architekturgeschichte aufgestöbert hat – und der Kritiker, dem dieselben Quellen, dieselben Autoren und Verlage zur Verfügung stehen wie dem Architekten, sieht sich in seiner Funktion bestätigt, den Hinweis auf jeweilige Vorbilder zu erbringen und den Bogen vom Heute in eine Vergangenheit zu schlagen, die selten auf ideologische und politische Voraussetzungen hin betrachtet wird. Und unsere «Alternativen»: elementare Geometrie, Serielles, analytisches Prozedere und Montage sind von der Profitrationalität ‹unserer› Konkurrenzwirtschaft weitgehend okkupiert, so dass unsere «Alternativen» schwer sich tun mit den Codes der modernen Tradition und diese Sprache

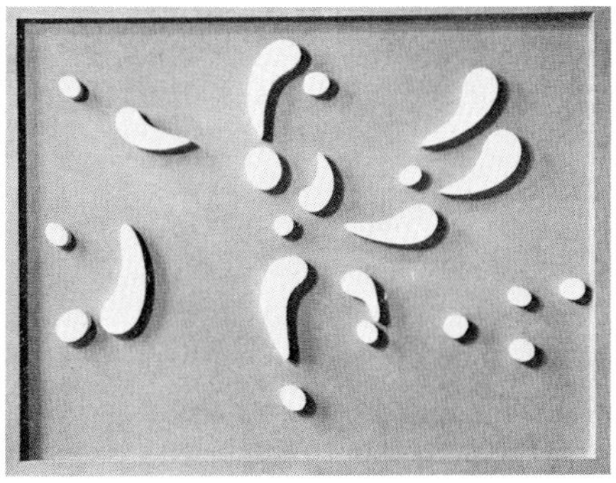

Arp, Nach dem Gesetz des Zufalls geordnet, 1943 (W 1963/10)

ihrem Gegner unbedacht überlassen. Sie wagen keinen Aneignungsversuch, vermeiden es, ihr individualistisches Repertoire, Holz und Wolle und Bast, zugunsten eines konzeptionellen Ansatzes, wie ihn die Moderne probierte, zu verlassen. Sie setzen Technikbezug, der akzeptierte Technik im kleineren Netz sein könnte, gleich einem Technizismus, in dessen Sphäre nur die Machbarkeit der Dinge zählt. Versachlichung ist ihnen gleichviel wie Entfremdung, offener Raum, Bewegungsräume, ja die Poetisierung des Rationalen und der Konstruktion (→), gilt ihnen als blosse Mythisierung der Technik. Bildnerische Produkte, die Mobilität repräsentieren und ohne stilistischen Schleier eine kühle, sachliche Welt entwerfen, haben im Angstraum hinterwäldlerischer Holzschnitzerei und modernistischer Euphemismen wenig Geltung. Das kuschelt sich ängstlich ein; dem ist populistisches Getue, wie es von diversen «Volksgemeinschaften» ‹aller Herren (!) Länder› schon tunlichst propagiert worden ist, lieber als die Suche nach den verwischten Spuren einer demokratischen Massenkultur, der man kaum die Chance gegeben hat, ihre Pragmatik zu beweisen. In den spärlichen Grenzen der «Neuen Bauten» darf Skurriles aufleuchten, das im Dunstkreis heutiger Neuromantizismen absäuft wie ein Stein. Die Konstrukte der Moderne evozieren eine Vielheit von Bedeutungen. – Technikpessimismus ohne Rest ist ein fundamentaler Zweifel an der Schöpfungskraft des Menschen. Technik heisst ja nicht nur Technologie der «grossen sozialen Maschinerie». Technik zu leugnen und nicht alles daran zu setzen, sie einer Kontrolle zu unterwerfen, andauernd die verpönte Sinnfrage (→) differenziert zu stellen, ist ein Symptom latenter Perspektivelosigkeit. Dies meint jetzt wirklich nicht Naturbeherrschung auf Kosten der ersten Natur, meint nicht Kontrolle der innern Natur zugunsten jener anonymen Mächte, die ähnlich Doktor Mabuse, ihr Stahlnetz über uns gebreitet haben, das meint schon gar nicht die Kontrolle der sozialen Apparate, die wir täglich erfahren. Dies meint einzig Technik- Optimismus im Gefüge des momentanen Zwanglaufs, konsequentes Ausschöpfen des Wissens- und Erkenntnispotentials, das uns die Technologie zur Verfügung stellt, mit dem Ziel, dies den Massen zugänglich zu machen, sie teilhaben zu lassen am Produkt, das sie erwirkt haben.

Deutlich bei Sophie Taeuber-Arp.

Sinn liegt nicht auf der Strasse – eine sinnlose Welt kann zwei Reaktionen zur Folge haben; Resignation oder eigene Sinnproduktion. Man entscheide sich fürs zweite. Die Gefahr: Eigensinn als Resultat.

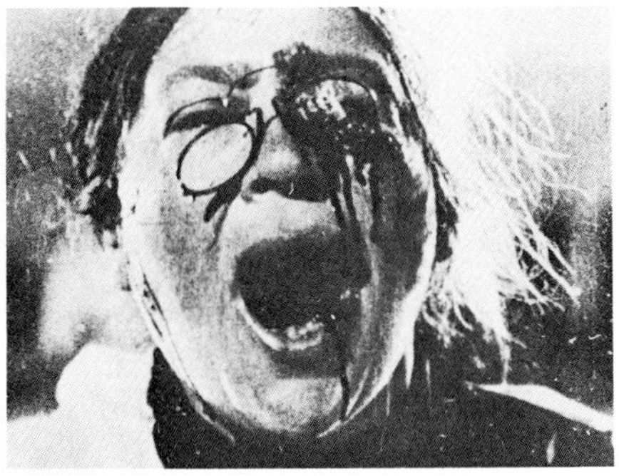

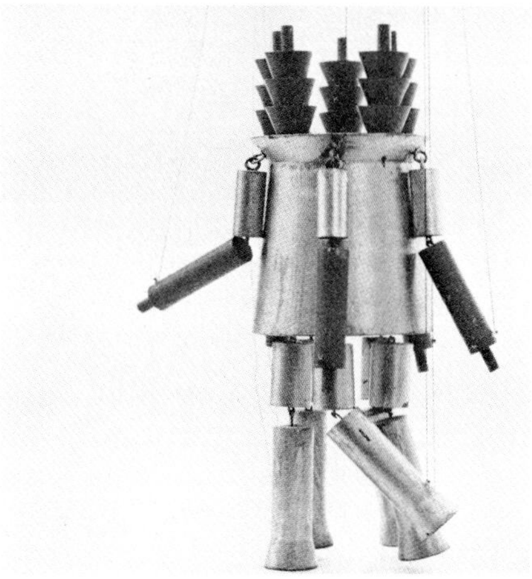

Eisenstein, «Schlachtschiff Potemkin», 1925 (AIR)

Taeuber, Marionetten, 1918 (W 1963/10)

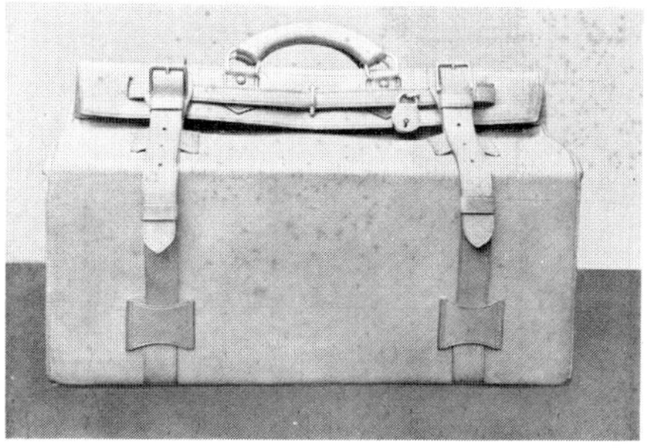

(FO)

(PS: Unweigerlich rücke ich, die damaligen Dinge so betrachtend, in den Sog dieser weltverbesserischen Leitbilder, von denen einer wohl träumen darf, wenn brütend stumpfe Ignoranz, schräge Einfalt und cleveres Kalkül einander unter dem Vorwand den Ball zuspielen, den Fortgang des grossen Spiels schadlos zu prolongieren. Die Figuren des Zorns und des Unmuts grenzt uns Hiesigen die harsche Abwehr jener biederen Kälber ein, die übervoll von Mief, frei allein sich entscheiden für ihren Metzger und den Schlachthof. Man hüte sich vor ironischer Zuspitzung: Der Stachel bleibt in der obersten Haut des «Grossen Leibes». Und die Formen der pathetischen Rede ersticken bald im eigenen Spott: man hätte sie ebenso zu meiden wie jene der versöhnlichen Sarkasmen und des liebevollen Zorns, wenn da der Wunsch nicht wäre, sich von kleinmacherischer Resignation freizuhalten. Mit einem gewissen Neid schaue ich zurück auf die Moderne, die tagträumerisch und dezis trotzdem, den radikalen Gegenpol zum konservativen Netz- und Bindewerk imaginierte und dort einen Sinn entworfen hat, wo keiner war. Gewissermassen neidisch schaue ich zurück auf die «zwanzig Jahre prätentiöse Bescheidenheit», während denen – vielleicht naiv – eine weitere Generation dem selbstzerstörerischen Zwanglauf und den alten Mustern der Domination und der Unterwerfung mit produktesprachlichen Gegenbildern zu widersprechen suchte).

Zwart, Auge, 1930 (PZ)

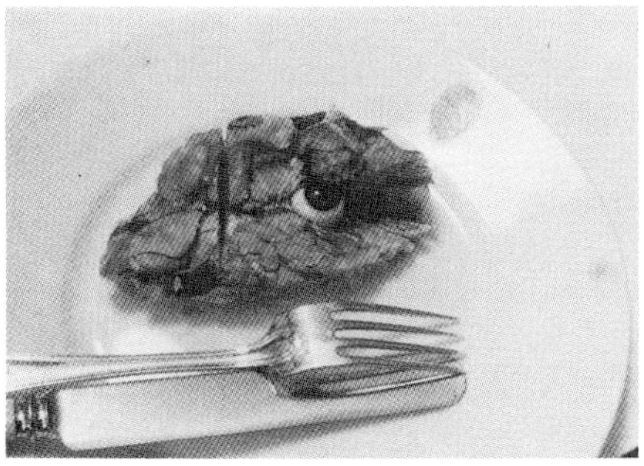

Bibliographie zur Aktion ‹Die gute Form›

SWB-Geschäftsberichte 1949–1969

Formgebung in der Industrie,
Sonderdruck WERK 1946 (Mai 1946),
Streiff, E.,
18 S., A4, brosch., m. Abb.

Die gute Form,
Sonderschau des SWB an der Muba 1949,
Vorträge an der SWB-Tagung in Basel 1948,
Sonderdruck WERK 1949 (August 1949),
Mit Beiträgen von H. van de Velde, Th. Brogle,
G. Paulsson, M. Bill,
39 S., A4, brosch., m. Abb.

Die gute Form,
Sonderschau an der Schweizer Mustermesse Basel
1949,
veranstaltet vom SWB,
nach Idee und Plan von M. Bill,
16 S., 10,5 × 29,5 cm, brosch., m. Abb.

Die gute Form,
Wanderausstellung des SWB,
Gewerbemuseum Bern,
24. Sept. bis 16. Okt. 1949,
24 S., A5, brosch., m. Abb.

Schweizer Warenkatalog 1949,
SWB (Hrsg.),
57 S., A4, brosch., m. Abb.

SWB,
Ausstellung der Ortsgruppe Zürich des SWB,
Kunstgewerbemuseum Zürich, 3. Juni bis 20. Aug.
1950,
Wegleitung 184 des Kunstgewerbemuseums Zürich,
50 S., A5, brosch., m. Abb.

Sonderschau des Schweiz. Werkbundes an der
Mustermesse Basel 1950,
in: WERK 1950, Nr. 6

Form & Farbe,
Sonderschau an der Schweizer Mustermesse Basel
1951,
veranstaltet vom SWB,
44 × 50 cm (11 × 25 cm), Faltprospekt, m. Abb.

Form und Farbe,
Ausstellung des SWB im Kantonalen Gewerbemuseum
Bern 1951
24 S., A5, brosch., m. Abb.

Pavillon des Schweizerischen Werkbundes an der
Mustermesse Basel 1951,
Beitrag von W. Rotzler, in: WERK 1951, Nr. 9

Form
Eine Bilanz über die Formentwicklung um die Mitte des
20. Jahrhunderts,
M. Bill,
Basel 1952

Die gute Form SWB 1952,
Ausstellung der durch die Schweizer Mustermesse Basel
und den SWB 1952 ausgezeichneten Gegenstände,
44 × 50 cm (11 × 25 cm), Faltprospekt, m. Abb.

Die gute Form,
Ausstellung der durch die Schweizer Mustermesse Basel
und den SWB 1953 ausgezeichneten Gegenstände,
44 × 60 cm (11 × 30 cm), Faltprospekt, m. Abb.

Die gute Form (Schweiz, Deutschland, Österreich,
England, Holland),
in: WERK 1953, Nr. 4

Die gute Form an der Mustermesse Basel,
Beitrag von A. Roth zur Aktion des Schweizerischen
Werkbundes,
in: WERK 1953, Nr. 4

Die gute Form, SWB 1954
Wander-Ausstellung veranstaltet vom SWB,
Wegleitung 202 des Kunstgewerbemuseums,
28 S., A5, brosch., m. Abb.

Schweizer Warenkatalog 1954,
SWB (Hrsg.),
A4, brosch., m. Abb.

Die gute Form 1954,
Aufsatz von H. Finsler,
in: WERK 1954, Nr. 11

Schweiz,
Internationale Wohnausstellung «H 55»,
Hälsingborg – Schweden, 1955,
Im Auftrag des Eidg. Departement des Innern
durchgeführt vom SWB,
8 S., 10,5 × 29,5 cm, Faltprospekt

‹Die gute Form›,
Beitrag von A. Altherr (?),
in: WERK 1955, Nr. 9

Die gute Form SWB, o. A.,
in: Die Wochen Zeitung vom 9. Juni 1955

Die gute Form SWB,
M. Seeger,
Werk und Zeit, Monatszeitung des Deutschen
Werkbundes, 1955, Nr. 7

Die gute Form 1956,
Aktion der Ortsgruppe Zürich des SWB zur Förderung
des gut geformten Gebrauchsgerätes,
10 S., 10 × 21 cm, Faltprospekt

Die gute Form 1954,
Beitrag von A. Roth,
in: WERK 1956, Nr. 9

Das Warenhaus und die gute Form,
Ansprache des Generaldirektors der Magazine Globus
(E. H. Mahler) anlässlich der Eröffnung der Ausstellung
amerikanischer Gebrauchsgegenstände,
publiziert in: WERK 1956, Nr. 9

Die gute Form,
6 Jahre Auszeichnung ‹Die gute Form› an der
Schweizer Mustermesse Basel,
M. Bill,
Direktion der Schweizer Mustermesse Basel &
Zentralvorstand SWB,
Winterthur 1957,
38 S., 14 × 15 cm, brosch. m. Abb.

gute form aus der schweiz,
Architektur-Industrieprodukte,
Katalog zur Ausstellung, Die neue Sammlung München,
10. Juli bis 8. September 1957,
39 S., A5, brosch., m. Abb.

Good Design in Switzerland,
Traveling Exhibition of the Swiss Werkbund,
Organization and layout of the exhibition:
Alfred Altherr, 1957,
41 S., 21 × 15 cm, brosch., m. Abb.

Ausstellung des Schweizerischen Werkbundes im
Mehrfamilienhaus an der Interbau Berlin,
14. September bis 27. Oktober 1957,
Projekt des Mehrfamilienhauses: Otto Senn,
Inneneinrichtung: Wohnbedarf AG/R. Haussmann/
A. Altherr,
6 S., 10 × 21 cm, Faltprospekt, m. Abb.

Die gute Form 1958,
Auszeichnung und Sonderschau der Schweizer
Mustermesse Basel 1958,
A4, Einzelblatt

Gute Form hilft verkaufen!,
Zum Problem des «industrial Design»,
in: Schweizerische Handelszeitung vom 28. August
1958

Gesucht und gefunden an der Basler Mustermesse,
Die gute Form, F. L.,
Die Woche, 14. bis 20. April 1958

Die gute Form 1959,
Ausstellungsverzeichnis,
A4, Einzelblatt

Die gute Form 1959,
Auszeichnung und Sonderschau der Schweizer
Mustermesse Basel 1959,
A4, Einzelblatt

Swiss Design,
Swiss Fortnight in Great Britain,
An exhibition of standard Swiss Design for everyday use,
sponsored by Schweizerischer Werkbund SWB,
Ceylon Tea Centre, London, Oct. 1959,
29 S., A7, brosch., m. Abb.

Good Design in Switzerland,
Eine Wanderausstellung des SWB,
A. Roth,
in: Neue Zürcher Zeitung vom 5. Dezember 1959

Die gute Form 1960,
Auszeichnung und Sonderschau des SWB und der
Schweizer Mustermesse Basel,
A4, Einzelblatt

Wohnen heute,
Warenkatalog des Schweizerischen Werkbundes
(Hrsg.),
Nr. 3/1960, 167 S.,
21 × 21 cm, brosch., m. Abb.
Niederteufen 1960

Die gute Form 1961,
Auszeichnung und Sonderschau des SWB und der
Schweizer Mustermesse Basel,
10 × 20 cm, Faltprospekt, m. Abb.

This is Switzerland,
Ausstellung im Warenhaus Shirohiya, Tokio,
November 1961, 16 S., A5, m. Abb.

Aktion ‹Die gute Form›,
Aus der Tätigkeit des Schweizerischen Werkbundes,
E. Gomringer,
in: Tagesanzeiger vom 5. April 1961

Die gute Form,
E. Gomringer,
in: Aargauer Tagblatt vom 28. April 1961

Die gute Form 1962,
Auszeichnung und Sonderschau des SWB und der
Schweizer Mustermesse Basel,
6 S., 10 × 21 cm, Faltprospekt

Vom Sinn der Aktion ‹Die gute Form› 1962,
Gestaltung und Text H. Neuburg,
6 S., 10 × 21 cm, Faltprospekt

Wohnen heute,
Warenkatalog des Schweizerischen Werkbundes
(Hrsg.),
Nr. 4/1962/63,
158 S., 21 × 21 cm, brosch., m. Abb.

Die gute Form 1964,
Auszeichnung und Sonderschau des SWB und der
Schweizer Mustermesse Basel,
10 × 21 cm, brosch., m. Abb.

Schweizer Mustermesse in Basel 1964,
W. Schm.,
in: md moebel interior design, Stuttgart 7/64

Die gute Form 1965,
Auszeichnung und Sonderschau des SWB und der
Schweizer Mustermesse Basel,
20 × 20 cm, brosch., m. Abb.

Die Aktion ‹Die gute Form›,
Ein Bericht, E. Gomringer,
in: Technische Rundschau vom 30. Juli 1965

Wohnen heute,
Warenkatalog des Schweizerischen Werkbundes
(Hrsg.),
Nr. 5/1965/66,
119 S., 21 × 21 cm, brosch., m. Abb.

Die gute Form 1966,
E. Gomringer,
Technische Rundschau vom 5. August 1966

Probleme im Schweizer Werkbund,
M. Staber,
in: Werk + Zeit, März 1966

Tradition und Neubeginn im Werkbund,
in: Neue Zürcher Zeitung vom 11. Februar 1966

SWB auch in Zukunft aktuell,
gute Form – gute Umwelt,
Hrsg. im Auftrag des SWB von der Ortsgruppe Basel in
Zusammenhang mit der Sonderschau ‹Die gute Form›
an der Schweizer Mustermesse Basel 1967,
21 S., 10,5 × 30 cm, brosch., m. Abb.

Ein kritischer Punkt bei der Bewertung
‹Die gute Form›,
E. Gomringer,
in: Interieur 1967, Nr. 3

Nach 15 Jahren: Bilanz der ‹guten Form›,
A. Hernandez,
in: WERK 1967, Nr. 11

Der Verbraucher in der Revolte,
P. Kaufmann,
in: Interieur 1967, Nr. 3

Ziele und Aufgaben des Industrial Design,
mit Beiträgen von: N. Cohen, H.-R. Fellmann, B. Hoesli,
R. Villiger,
Beilage der Neuen Zürcher Zeitung zur Mustermesse
1967, ohne Angaben, m. Abb.

Wohnen heute,
Warenkatalog des Schweizerischen Werkbundes
(Hrsg.),
Nr. 6/1967/68,
108 S., 21 × 21 cm, brosch., m. Abb.

Die ‹gute Form› am Ende ihrer Möglichkeiten,
A. Hernandez,
in: WERK 1968, Nr. 6

Wohnen heute,
Warenkatalog des Schweizerischen Werkbundes
(Hrsg.),
Nr. 7/1969/70, 84 S., 21 × 21 cm, brosch., m. Abb.

SWB

Werkbund und Nachkriegszeit,
Drei Vorträge gehalten an der Jahrestagung des SWB, Basel 1943, von Georg Schmidt, Jean Mussard, B. von Grüningen,
54 S., A4, brosch.

Warum Werkbund?,
Vorträge von Åke H. Huldt, Hans Schwippert, Hans Finsler,
Tagung des SWB, St. Gallen 1955,
39 S., A5, brosch.

Kunststoffe,
Synthetische Materialien und ihre Anwendung,
Ausstellung im Kant. Gewerbemuseum Bern, 16. Mai bis 28. Juni 1959,
Beiträge von W. Kohler, A. Altherr, A. Reverdin, S. Hess,
40 S., A5, brosch., m. Abb.

SWB und Heimatschutz,
Vorträge von A. Roth, H. Marti, H. Peter, S. Giedion,
Tagung des SWB, Lenzburg 1958,
35 S., A5, brosch.

Wohnen heute,
Ausstellung moderner Möbel und Bilder,
organisiert durch die Ortsgruppe Luzern des SWB,
Kunstmuseum Luzern, 23. Januar bis 21. Februar 1960,
50 S., 15 × 10 cm, brosch., m. Abb.

Funktion – Qualität – Preis,
Tagung des SWB, Basel 1961,
Vorträge von A. Roth, L. Burckhardt, E. Kadler, E. Anderegg, P. Kaufmann,
40 S., A5, brosch.

50 Jahre Schweizerischer Werkbund,
Werkbund-Tagung, Oktober 1963 in Zürich,
10,5 × 29,5 cm, brosch., m. Abb.

SWB: 50 Jahre schöpferische Mitarbeit an der kulturellen Entwicklung unseres Landes,
6 S., A4, Faltprospekt

SWB Design Center Zürich 1964,
Einladung zur Teilnahme am SWB-Design Center,
Mappe, A4,
Beilagen: 1. Anmeldeformular/2. Das SWB-Design Center/3. Ausstellungstarife/4. Skizzen über Podest und Gestell/5. Rasteraufteilung der Ausstellungsräume

Literatur-Verzeichnis

Althusser, L.,
Marxismus und Ideologie,
Berlin 1973

Bahr, H.-D.,
Missgestalten, Über bürgerliches Leben,
Lollar, Lahn 1976

Barthes, R.,
Mythen des Alltags,
Frankfurt a. M. 1970

Bickel, W.,
Wachstum und Strukturwandel der Werkschaft,
in: Die Schweiz nach 1945 (Hrsg. Erich Guner),
Bern 1971

Bill, M.,
Die mathematische Denkweise in der Kunst unserer Zeit,
in: WERK 1949, Nr. 3

Blaser, W., Burckhardt, L., Hernandez, A.,
Nach 50 Jahren
in: WERK 1963, Nr. 10

Bornemann, E.,
Psychoanalyse des Geldes,
Frankfurt a. M. 1977

Bourdieu, P.,
Die feinen Unterschiede, Kritik an der gesellschaftlichen Urteilskraft,
Frankfurt a. M. 1982

Bourdieu, P.,
Zur Soziologie der symbolischen Form,
Frankfurt a. M. 1970

Braun-Feldweg,
Normen und Formen industrieller Produktion,
Ravensburg 1954

Bruckmann, A. (Hrsg.),
Die schöne Wohnung,
München 1959

Conrads, U. (Hrsg.),
Programme und Manifeste zur Architektur des 20. Jahrhunderts,
Berlin 1964

Curjel, H.,
Marginalien zur Triennale 1954,
in: WERK 1955, Nr. 2

Douglas, M.,
Purity and Danger,
London 1966

Elias, N.,
Über den Prozess der Zivilisation,
soziogenetische und psychogenetische Untersuchungen,
2 Bände,
Frankfurt a. M. 1977

Erni, P.,
Höhenkult und Wurzelkunst, zur symbolischen Form nationaler Architektur im Zeitalter des militanten Nationalismus
in: Architese 1981, Nr. 3

Farner, K.,
Der Aufstand der Abstrakt-Konkreten,
Neuwied und Berlin 1970

Finsler, H.,
Der Werkbund und die Dinge,
Vortrag gehalten an der Generalversammlung des SWB 1956,
in: WERK 1956, Nr. 9

Fischer, W.,
Zwischen Kunst und Industrie –
Der Deutsche Werkbund,
München 1975

Forme Nouve in Italia,
Ausstellungskatalog Kunstgewerbemuseum Zürich 1954
(Wegleitung 201)

Foucault, M.,
Überwachen und Strafen,
Die Geburt des Gefängnisses,
Frankfurt a. M. 1979

Freud, S.,
Totem und Tabu, Studienangaben Bd. IX,
Frankfurt a. M. 1982

Fromm, E.,
Anatomie der menschlichen Destruktivität,
Stuttgart 1974

Giedion, S.,
Befreites Wohnen,
Zürich 1929

Gilbreth, F. B.,
Bewegungsstudien,
Vorschläge zur Steigerung der Leistungsfähigkeit des Arbeiters,
Berlin 1921

Gilbreth, F. B.,
Das ABC wissenschaftlicher Betriebsführung,
Berlin 1917

Haug, W. F.,
Kritik der Warenästhetik,
Frankfurt a. M. 1971

Hirdina, K.,
Pathos und Sachlichkeit,
Traditionen materialistischer Ästhetik,
Berlin 1981

Hollstein, W.,
Familienideologie und Familienwirklichkeit –
Einige Bemerkungen über spärliche Daten,
in: Wohlstand und Ordnung?
Zur Soziologie der Schweiz heute,
(Beiträge von Höpflinger, F. et al.)
Basel 1978

Höpflinger, F.,
Kleinstaat und Grossunternehmen,
in: Wohlstand und Ordnung?
Zur Soziologie der Schweiz heute,
Basel 1978

Huber, B.,
Das finnische Kunsthandwerk und seine Schöpfer,
in: WERK 1959, Nr. 11

Huber, B.,
Zweitausend Jahre schwedische Form,
in: WERK 1957, Nr. 4

Jöhr, W. A.,
Die Konjunkturschwankungen,
Tübingen und Zürich 1952

Kepes, G. (Hrsg.),
Modul, Proportion, Symmetrie, Rhythmus,
Brüssel 1969

Kienzle, H.,
«Heimatstil», Vortrag gehalten im Rahmen der Wanderausstellung
‹unsere Wohnung›, in: WERK 1943, Nr. 4

Kracauer, S.,
Das Ornament der Masse, Essays,
Frankfurt a. M. 1977

Landes, D. S.,
Der entfesselte Prometheus,
Technologischer Wandel und industrielle Entwicklung in Westeuropa
von 1750 bis zur Gegenwart,
Köln 1973

Lefèbvre, H.,
Einführung in die Modernität, Zwölf Präludien,
Frankfurt a. M. 1978

Lefèbvre, H.,
Kritik des Alltagslebens,
Grundrisse einer Soziologie der Alltäglichkeit,
München 1974, Bd. I

Leroi-Gourhan, A.,
Hand und Wort, Die Evolution von Technik, Sprache und Kunst,
Frankfurt a. M. 1930

Linton R.,
Gesellschaft, Kultur, Individuum,
Frankfurt a. M. 1974

Lotz, W.,
Wie richte ich meine Wohnung ein (?),
Berlin 1930

Maenz, P.,
Die 50er Jahre,
Formen eines Jahrzehnts,
Stuttgart 1978

Mandel, E.,
Marxistische Wirtschaftstheorie,
Frankfurt a. M. 1971

Mannheim, K.,
Ideologie und Utopie,
Frankfurt a. M. 1969

Marcuse, H.,
Der eindimensionale Mensch,
Studien zur Ideologie der fortgeschrittenen Industriegesellschaft,
Neuwied und Berlin 1967

Meikle, J. L.,
Twenthieth Century Limited,
Philadelphia 1979

Meyer, E.,
Der neue Haushalt,
Stuttgart 1926

Moles, A.,
Psychologie des Kitsches,
München 1972

Moles, A.,
Kunst und Computer,
Köln 1973

Mumford, L.,
Mythos der Maschine,
Frankfurt a. M. 1977

Naeff, K.,
Vom dänischen Möbelbau,
in: WERK 1952, Nr. 2

Oestreich, D.,
Formtendenzen unserer Zeit – Das Plastisch-Organische,
in: WERK 1953, Nr. 6

Roth, A.,
Die Bedeutung der Umwelt für die ästhetische und moralische Erziehung der Jugend,
in: WERK 1951, Nr. 3

Roth, A.,
Zum 50jährigen Bestehen des Schweizerischen Werkbundes
in: Werk 1963, Nr. 10

Schaff, A.,
Strukturalismus und Marxismus,
Essays,
Wien 1974

Schmidt, G.,
Schenk, R. (Hrsg.),
Kunst und Naturform,
Basel 1960

Schmidt, G.,
1913–1963, 50 Jahre Werkbund,
Separatdruck aus der National-Zeitung,
Basel, Nr. 483,
25. Okt. 1963

Schuler, J. E. (Hrsg.),
Das schöne Zuhause,
Stuttgart 1960

Selle G.,
Ideologie und Utopie des Design,
Zur gesellschaftlichen Theorie der industriellen Formgebung,
Köln 1973

Selle, G.,
Die Geschichte des Design in Deutschland von 1870 bis heute – Entwicklung der industriellen Produktkultur,
Köln 1978

Sombart, W.,
Der Bourgeois, Zur Geistesgeschichte des modernen Wirtschaftsmenschen,
München und Leipzig 1913

Taylor, F. W.,
Die Grundsätze wissenschaftlicher Betriebsführung,
München und Berlin 1913

Weber, M.,
Die protestantische Ethik I,
Eine Aufsatzsammlung (Hrsg. Winckelmann, J.),
Tübingen 1979

Wittmann, W.,
Wohin treibt die Schweiz?
Bern 1979

1875–1975
Hundert Jahre Kunstgewerbemuseum der Stadt Zürich,
Zürich 1975

Siglen-Verzeichnis der Bildquellen

Zeitschriften und Periodika

ADA Art d'aujourd'hui, Paris

B+W Bauen + Wohnen, Zürich

D Domus, Mailan

DB Deutsche Bauzeitschrift

DIH Das ideale Heim, Winterthur

INT Interieur (industrial design), Zürich

MHB Mehr Holz in die Bauten, Zürich

N Nebelspalter, Rorschach

SI Stile Industria, Mailand

W Werk, Zürich

WBW Wegweiser zum Bauen und Wohnen, Zürich

DWK Deutsche Warenkunde (DWB), Stuttgart

P Photographie, Paris

SW Schweizer Warenkatalog (SWB), Zürich

WH Wohnen heute (SWB), Zürich

Kataloge

AIR Art in Revolution
Soviet Art and Design since 1917,
Hayward Gallery London,
London 1971

DFJ Die 50er Jahre,
Aspekte und Tendenzen,
Wuppertal 1977

DS De Stijl: 1917–1931,
Walker Art Center (Hrsg.),
New York 1982

FO Form ohne Ornament,
Kunstgewerbemuseum Zürich,
Wegleitung 70
Zürich 1927

GDS Good Design in Switzerland,
Wanderausstellung USA und Kanada,
SWB (Hrsg.),
Zürich 1957

GSM Gueti Schwyzer Möbel,
Möbel-Pfister (Hrsg.)
Sortimentskatalog, Suhr 1945

IKB Industriekultur,
Peter Behrens und die AEG 1907–1914,
T. Buddensieg, Mailand 1978

IWW Industrieware von Wilhelm Wagenfeld,
Kunstgewerbemuseum Zürich,
Wegleitung 236,
Zürich 1960

KIP «Kunst in die Produktion!»
Akademie der Künste, Berlin,
Neue Gesellschaft für Bildende Kunst Berlin (Hrsg.),
Berlin 1977

LMN Laszlo Moholy-Nagy,
Kunstgewerbemuseum Zürich 1975 (u. a.),
Stuttgart 1974

MB Metalen Buisstoelen 1925–1940,
Holland 1975

PTSF Pel and Tubular Steel Furniture of the Thirties,
The Architectural Association (Hrsg.),
London 1977

SD Swiss Design,
Ausstellung im Ceylon Tea Centre, London,
SWB (Hrsg.),
Zürich 1959

SO Stile Olivetti,
Kunstgewerbemuseum Zürich,
Wegleitung 239
Zürich 1961

STA Sophie Taeuber-Arp 1889–1943,
Museo Comunale Ascona,
Ascona 1983

UHMP Unser Heim von Möbel-Pfister,
Möbel-Pfister (Hrsg.),
Sortimentskatalog, Suhr 1963

Bücher

ABC Das ABC wissenschaftlicher Betriebsführung,
Gilbreth,
Berlin 1921

AG Arbeitsgestaltung,
E. Grandjean,
Thun 1963

BD Braun Design –
Die Verwirklichung eines
Unternehmenskonzepts,
Braun AG (Hrsg.),
Kronberg 1976

BF Braun Firmengeschichte,
Braun AG (Hrsg.),
Kronberg 1976

BL Leitlinien für die Gestaltung der Kommunikation
von Braun
Braun AG (Hrsg.),
Kronberg 1976

BW Befreites Wohnen,
E. Schäfer (Hrsg.),
Zürich 1929

CH Die Schweiz,
E. Egli (Hrsg.),
Konstanz 1958

DEWA Deutsches Warenbuch,
Dürerbund-Werkbund Genossenschaft (Hrsg.),
München 1915

DGF Die gute Form,
Separatdruck WERK 1949, Nr. 8,

DNHH Der neue Haushalt,
E. Meyer,
Stuttgart 1926

DSZ Das schöne Zuhause,
J. E. Schuler (Hrsg.),
Stuttgart 1960

DZJ Die 20er Jahre und das Neue Frankfurt,
Ein Gespräch mit Ferdinand Kramer,
Frankfurt a. M. 1978

F Form,
M. Bill,
Basel 1952

FA Foto-Auge,
F. Roh, J. Tschichold,
Tübingen 1973

GG Gebrauchsgerät,
G. Schmidt,
Separatdruck aus ‹Moderne Bauformen›,
Stuttgart, Sept. 1932

HVSS Hässlichkeit verkauft sich schlecht,
R. Loewy,
Düsseldorf 1953

LCPJ Le Corbusier & P. Jeanneret,
M. Bill,
Zürich 1939

MOO Henry Moore,
S. Walter,
Köln o. J.

MPSR Modul, Proportion, Symmetrie, Rhythmus,
G. Kepes (Hrsg.),
Brüssel 1969

NF! Es kommt der neue Fotograf!,
W. Gräff,
Berlin 1929

NFIP Normen und Formen industrieller Produktion,
W. Braun-Feldweg,
Ravensburg 1954

PJ Paul Jaray, Stromlinienpionier,
Hp. Bröhl,
Bern 1978

PZ Piet Zwart 1885–1977,
K. Broos,
Den Haag und Amsterdam 1973/1982

SD The Streamlined Decade,
D. J. Bush,
New York 1975

SKW Struktur in Kunst und Wissenschaft,
G. Kepes (Hrsg.),
Brüssel 1967

SWB Der Schweizerische Werkbund,
SWB (Hrsg.),
Zürich o. J.

TAG Tänzerinnen der Gegenwart,
Fred Hildenbrandt,
Zürich 1931

TCL Twentieth Century Limited,
J. L. Meikle,
Philadelphia 1979

WKB Wesen und Kunst der Bewegung,
G. Kepes (Hrsg.),
Brüssel 1969

WW? Wie richte ich meine Wohnung ein,
W. Lotz,
Berlin 1930

ZP Piet Zwart,
F. Müller,
Teufen 1966

Dieses Buch ist dem anonymen Gestalter gewidmet.

Verlag und Autor sind folgenden Personen und Institutionen zu grossem Dank verpflichtet: Barbara Flückiger, Gertrud Frei, Bettina Kaufmann, Veronika Martin, Alois Müller, Line Müller, Gaby Schmid; Georg Schmidt, Denise und Regula; Serge Müller (Techn. Dienst der Mustermesse Basel), Fritz Hobi (Gewerbemuseum Winterthur) und den Autoren des Beiblattes – im weiteren aber dem Schweizerischen Werkbund, der uns sein Archiv öffnete und die Photokartothek ‹Die gute Form› zur Verfügung stellte. Ohne ein Stipendium des Schweizerischen Nationalfonds, das dem Autor dieser Publikation aus- und ergiebige Studien auch zum angeschnittenen Problemkreis gestattete, wäre es ihm nicht möglich gewesen, diese Schrift in nützlicher Frist zu schreiben. Er benützt die Gelegenheit, dem Nationalfond und damit dem unbekannten Steuerzahler herzlich zu danken.

Für ihren unermüdlichen Einsatz bei der Produktion dieses Buches gebührt besonderer Dank: Herrn Buzzi und Herrn Weber, Buchdruckerei AG Baden, Herrn Küchlin, Neue Chemigraphie AG, Zürich, Herrn Studer, Buchbinderei Burkhardt, Zürich, und allen Mitarbeitern.

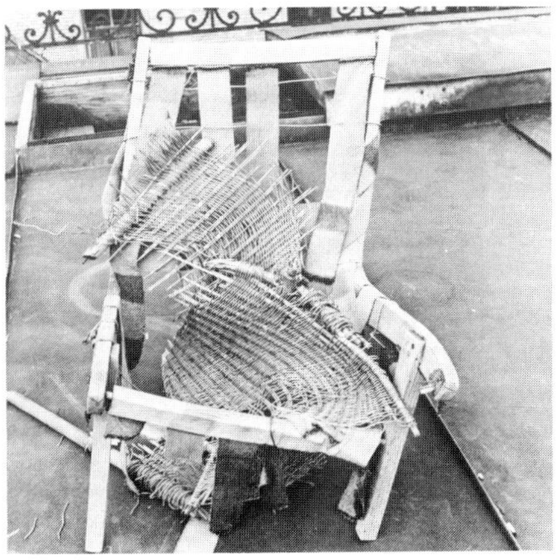